微积分（下册）

WEIJIFEN

主　编　钟　琴
副主编　周　鑫　赵春燕
主　审　韩　泽　闵心畅

重庆大学出版社

内容提要

基于教育教学改革和应用型本科办学定位,结合独立学院培养应用型人才的办学宗旨,我们编写了这套《微积分》教材,以适应各专业对人才培养的要求.

全书分为上下两册.本书为下册,共5章,内容包括空间解析几何与向量代数,多元函数微分法,二重积分,无穷级数,以及三重积分、曲线积分和曲面积分.本书在保证教学内容完整的前提下,对教材内容编排进行了大胆的调整,将三重积分、曲线积分和曲面积分作为最后一章,供理工科各专业学生学习,同时也便于学有余力的经济管理类专业学生拓展学习.本书根据独立学院学生的特点,遵循重视基本概念和培养基本能力的原则,不过分强调烦琐的理论证明;在习题的编排上,突出丰富性和层次性,每章均配有基础题、提高题和应用题3种类型;在提高题部分,精选了近年来的考研真题,以训练学生的综合解题能力.

本书可供普通高等院校经济管理类专业和理工科各专业学生使用,也可作为其他相关专业教师和学生的参考书.

图书在版编目(CIP)数据

微积分.下册/钟琴主编.--重庆:重庆大学出版社,2020.6(2024.7重印)
ISBN 978-7-5689-2192-3

Ⅰ.①微… Ⅱ.①钟… Ⅲ.①微积分—高等学校—教材 Ⅳ.①O172

中国版本图书馆CIP数据核字(2020)第092557号

微积分
(下册)
主 编 钟 琴
副主编 周 鑫 赵春燕
主 审 韩 泽 闵心畅
责任编辑:姜 凤 版式设计:李定群
责任校对:刘志刚 责任印制:邱 瑶
*
重庆大学出版社出版发行
出版人:陈晓阳
社址:重庆市沙坪坝区大学城西路21号
邮编:401331
电话:(023) 88617190 88617185(中小学)
传真:(023) 88617186 88617166
网址:http://www.cqup.com.cn
邮箱:fxk@cqup.com.cn (营销中心)
全国新华书店经销
重庆升光电力印务有限公司印刷
*
开本:720mm×960mm 1/16 印张:18.75 字数:339千
2020年6月第1版 2024年7月第5次印刷
ISBN 978-7-5689-2192-3 定价:47.00元

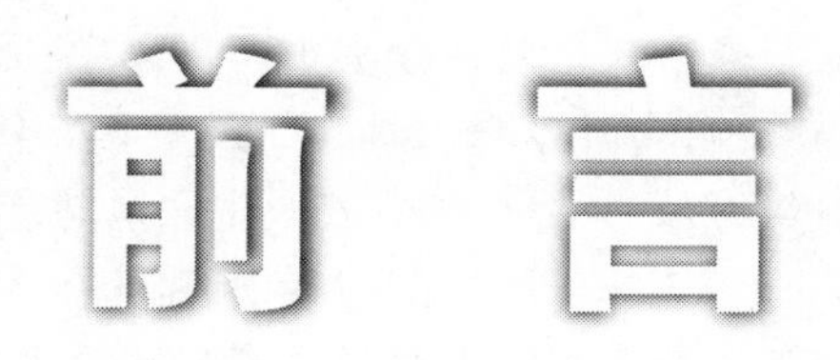

前言

随着社会的进步和科技的发展,数学与越来越多的新领域相互渗透,形成交叉学科.现代社会对人们的数学素养要求也越来越高,“高新技术的本质就是数学技术”的观点已被越来越多的人所接受.“微积分”是普通高等院校各专业重要的基础课.通过学习,不仅能提升学生的数学素养和创新能力,还能激发学生的创造力,提高思维的逻辑性.因此,对于低年级大学生而言,学好“微积分”这门课程显得尤为重要.

本书是四川大学锦江学院校本特色教材和“一师一优”课题项目研究成果.本书以培养和提高学生的数学素养、创新意识、分析和解决实际问题的能力为宗旨,根据四川大学锦江学院教育教学改革和应用型本科办学定位,结合独立学院培养应用型人才的办学宗旨和近年来全国硕士研究生入学考试大纲的内容和要求编写而成.在编写过程中,我们教学团队特别关注了独立院校数学基础课程的特点,总结了数年来在大学数学基础课程教学第一线的教学经验和实践.编写的教材具有以下特点:

1. 本书是完全按照普通应用型本科高校学生培养计划和目标编写的,即本书面向的对象为应用型普通本科高校的学生.

2. 对全书的内容进行锤炼和调整.在保证教学内容完整的前提下,将三重积分、曲线积分和曲面积分作为下册的最后一章,供理工科各专业学生学习,同时也便于学有余力的经济管理类专业学生拓展学习.

3. 根据独立学院学生的知识基础和实用性要求,在编写时重视基本概念的引入与讲授,强调解题思路,便于学生熟悉计算过程,精通解题技巧,提高解题能力.在内容上,做到合理取舍,避免烦琐的理论证明,以适应应用型本科生的需要.

4. 在习题的编排上,突出丰富性和层次性,每章均配有基础题、提高题和应用题3种类型.基础题是针对基本方法的训练而编写的;提高题部分精选近年来的考研真题,用以训练学生的综合解题能力;应用题多选自与实际生活和工程问题贴近的数学应用案例,以培养学生用数学知识分析和解决实际问题的能力.

本书上下两册分别由四川大学锦江学院数学教学部陈相兵、王妍和钟琴主编.下册由钟琴任主编,周鑫、赵春燕任副主编,韩泽、闵心畅主审.其中,参与下册编写的作者有赵春燕(负责第7章)、周鑫(负责第8章)、钟琴(负责第9章)、黄玉杰(负责第10章)、肖继红(负责第11章),四川大学锦江学院数学教学部办公室负责人郑巧凤老师也做了大量工作.在此书出版之际,我们非常感谢原四川大学数学学院副院长、现四川大学锦江学院数学教学部主任韩泽教授,以及四川大学数学学院教授、四川大学锦江学院数学教学部执行主任闵心畅老师,是他们在百忙中抽出时间来牵头,并悉心指导、督促我们编写团队的编写工作,我们的编写任务才得以顺利完成.同时,编写中还参阅了大量优秀的教材及文献资料,谨向这些教材、文献的编者及出版单位致以诚挚的谢意!

由于作者水平所限,时间仓促,书中难免有疏漏和不足之处,敬请专家、同行及读者不吝赐教,我们深表感谢.

编　者

2020年5月

目 录

第7章　空间解析几何与向量代数

作为数学分支"几何学"的重要组成部分,空间解析几何是学习多元函数微积分以及线性代数课程必不可少的基础,同时也是学习物理学以及其他工程技术学科所必须具备的数学知识.

在初等数学中,几何与代数是彼此独立的两个分支;在方法上,它们也是互不相关的. 解析几何(即坐标几何)的建立不仅在内容上引入了变量的研究而开创了变量数学,而且在方法上也使几何方法与代数方法结合起来. 解析几何通过平面直角坐标系和空间直角坐标系,建立点与实数对之间的一一对应关系,从而建立起曲线或曲面与方程之间的一一对应关系,因而就能用代数方法研究几何问题,或用几何方法研究代数问题了.

在迪沙格和帕斯卡开辟了射影几何的同时,笛卡儿和费尔马开始构思现代解析几何的概念. 这两项研究之间存在一个根本区别:前者是几何学的一个分支,后者是几何学的一种方法.

1637 年,笛卡儿发表了《方法论》及其 3 个附录,他对解析几何的贡献,就在第三个附录"几何学"中,他提出了几种由机械运动生成的新曲线. 在《平面和立体轨迹导论》中,费尔马解析地定义了许多新的曲线. 在很大程度上,笛卡儿从轨迹开始,然后求它的方程;费尔马则从方程出发,然后来研究轨迹. 这正是解析几何基本原则两个相反的方面,"解析几何"的名称是以后才定下来的.

今天人们所使用的坐标、横坐标、纵坐标这几个术语,是莱布尼茨于 1692 年提出的. 1733 年,年仅 18 岁的克雷洛出版了《关于双重曲率曲线的研究》一书,这是最早的一部空间解析几何著作. 1748 年,欧拉写的《无穷分析概要》,可以说是符合现代意义的第一部解析几何学教程. 1788 年,拉格朗日开始研究有向线段的理论. 1844 年,格拉斯曼提出了多维空间的概念,并引入向量的记号.

于是，多维解析几何出现了.

本章首先介绍向量及其运算，并建立空间坐标系，然后介绍平面与直线、曲面与曲线等空间解析几何的基本内容.

7.1 向量及其运算

向量来源力学. 本节将从力学上引入向量运算的定义，并给出其运算规律以及向量平行、垂直的重要定理.

7.1.1 向量的概念

在研究力学以及其他应用科学时，常会遇到如力、力矩、位移、速度、加速度等这类既有大小又有方向的量，称为**向量**（或称**矢量**）.

在数学上，用一条有方向的线段（称为有向线段）来表示向量. 有向线段的长度表示向量的大小，有向线段的方向表示向量的方向. 以 A 为起点、B 为终点的有向线段所表示的向量记作$\overrightarrow{AB}$，向量也可用黑体字母 $\boldsymbol{a}$，$\boldsymbol{b}$，$\boldsymbol{c}$ 或字母上加箭头 $\vec{a}$，$\vec{b}$，$\vec{c}$表示，如图 7-1 所示. 符号$|\overrightarrow{AB}|$表示向量$\overrightarrow{AB}$的大小，称为向量$\overrightarrow{AB}$的模. 同样，$|\boldsymbol{a}|$表示向量 $\boldsymbol{a}$ 的模，$|\vec{a}|$表示向量$\vec{a}$的模.

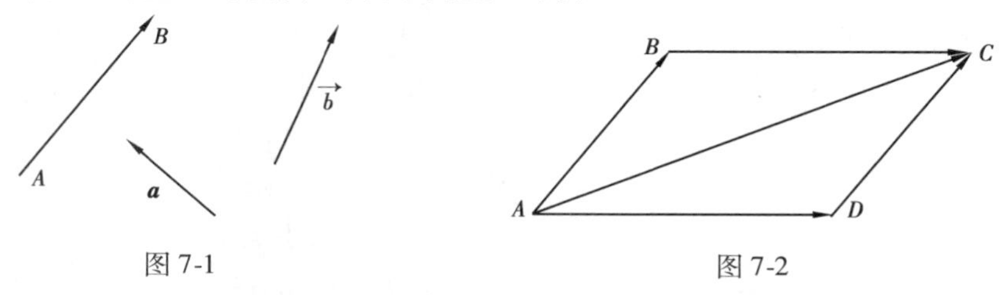

图 7-1　　　　图 7-2

由于一切向量的共性是它们都有大小和方向. 因此，在数学上我们只研究与起点无关的向量，并称这种向量为**自由向量**，简称向量.

定义 1　如果两个向量 $\boldsymbol{a}$ 和 $\boldsymbol{b}$ 的大小相等（模相等），并且方向相同，则称两向量**相等**，记为 $\boldsymbol{a}=\boldsymbol{b}$.

显然，相等的向量经过平移后可完全重合. 如图 7-2 所示的平行四边形 $ABCD$，向量$\overrightarrow{AB}=\overrightarrow{DC}$，$\overrightarrow{AD}=\overrightarrow{BC}$.

定义 2 如果两个向量 $\boldsymbol{a}$ 和 $\boldsymbol{b}$ 的大小相等(模相等),但方向相反,则称 $\boldsymbol{b}$ 为 $\boldsymbol{a}$ 的**负向量**,或称 $\boldsymbol{a}$ 为 $\boldsymbol{b}$ 的负向量,记为 $\boldsymbol{a}=-\boldsymbol{b}$ 或 $\boldsymbol{b}=-\boldsymbol{a}$.

如图 7-2 所示的平行四边形 $ABCD$,向量 $\overrightarrow{AB}=-\overrightarrow{CD}$,$\overrightarrow{CD}=-\overrightarrow{AB}$.

定义 3 长度为零(模等于零)的向量,称为**零向量**,记为 $\vec{0}$. 在不至于混淆的情况下,也可写为"$\mathbf{0}$". 由于零向量的起点与终点重合,故称**点向量**,无一定的方向. 因此,它的方向可看成任意的.

定义 4 长度为一个单位(模等于 1)的向量,称为**单位向量**. 一个向量 $\boldsymbol{a}$ 的单位向量为与 $\boldsymbol{a}$ 方向相同、长度为一个单位的向量,记为 $\boldsymbol{a}^0$.

定义 5 两个非零向量如果它们的方向相同或相反,则称这两个向量**平行**. 向量 $\boldsymbol{a}$ 与 $\boldsymbol{b}$ 平行,记作 $\boldsymbol{a}/\!/\boldsymbol{b}$. 零向量被认为与任何向量都平行.

当两个平行向量的起点放在同一点时,它们的终点和公共的起点在一条直线上. 因此,两向量平行又称两向量**共线**.

类似还有共面的概念. 设有 $k(k\geqslant 3)$ 个向量,当把它们的起点放在同一点时,如果 k 个终点和公共起点在一个平面上,则称这 k 个向量**共面**.

7.1.2 向量的线性运算

1)向量的加法

在力学中,两个力的合力用"平行四边形法则"确定(见图 7-3(a)),向量 $\overrightarrow{OA}$ 与 $\overrightarrow{OB}$ 表示两个力,以 OA,OB 为邻边作平行四边形 $OACB$,对角线为 OC,则向量 $\overrightarrow{OC}$ 是 $\overrightarrow{OA}$ 与 $\overrightarrow{OB}$ 的合力,记为 $\overrightarrow{OA}+\overrightarrow{OB}=\overrightarrow{OC}$,这便是向量加法的"平行四边形法则".

"平行四边形法则"也可化简为"三角形法则"(见图 7-3(b)、(c)),记 $\overrightarrow{OA}=\overrightarrow{BC}=\boldsymbol{a}$,$\overrightarrow{OB}=\overrightarrow{AC}=\boldsymbol{b}$,则

$$\overrightarrow{OC}=\boldsymbol{a}+\boldsymbol{b}=\boldsymbol{b}+\boldsymbol{a}.$$

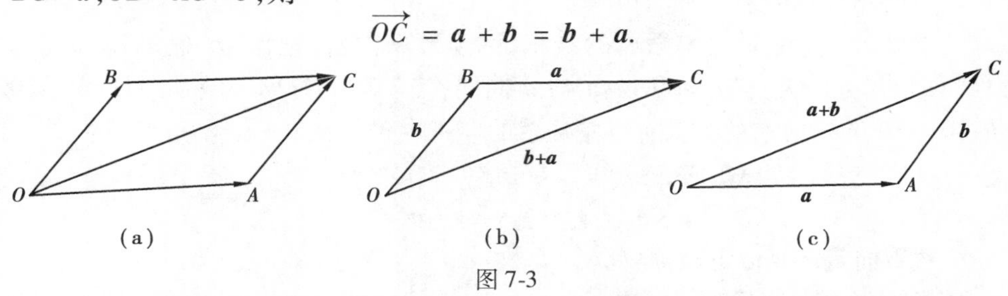

图 7-3

定义 6 设有两个向量 $\boldsymbol{a}$ 与 $\boldsymbol{b}$,若平移向量使 $\boldsymbol{b}$ 的起点与 $\boldsymbol{a}$ 的终点重合,此时从 $\boldsymbol{a}$ 的起点到 $\boldsymbol{b}$ 的终点的向量为 $\boldsymbol{a}$ 与 $\boldsymbol{b}$ 的和,记作 $\boldsymbol{a}+\boldsymbol{b}$,称为"$\boldsymbol{a}$ 加 $\boldsymbol{b}$";若平移向量使 $\boldsymbol{a}$ 的起点与 $\boldsymbol{b}$ 的终点重合,则从 $\boldsymbol{b}$ 的起点到 $\boldsymbol{a}$ 的终点的向量为 $\boldsymbol{b}+\boldsymbol{a}$,

称为“$\boldsymbol{b}$ 加 $\boldsymbol{a}$”.

由“三角形法则”可知,向量的加法满足交换律,即

$$\boldsymbol{a}+\boldsymbol{b}=\boldsymbol{b}+\boldsymbol{a}.$$

从两个向量相加的“三角形法则”,不难推广到多个向量相加的“封闭多边形法则”. 如图 7-4 所示,设向量 $\boldsymbol{a},\boldsymbol{b},\boldsymbol{c},\boldsymbol{d}$,作加法 $\boldsymbol{a}+\boldsymbol{b}+\boldsymbol{c}+\boldsymbol{d}$,则只要把向量 $\boldsymbol{a},\boldsymbol{b},\boldsymbol{c},\boldsymbol{d}$ 依次首(起点)尾(终点)相连. 那么,从向量 $\boldsymbol{a}$ 的起点到向量 $\boldsymbol{d}$ 的终点的向量,即为 $\boldsymbol{a}+\boldsymbol{b}+\boldsymbol{c}+\boldsymbol{d}$.

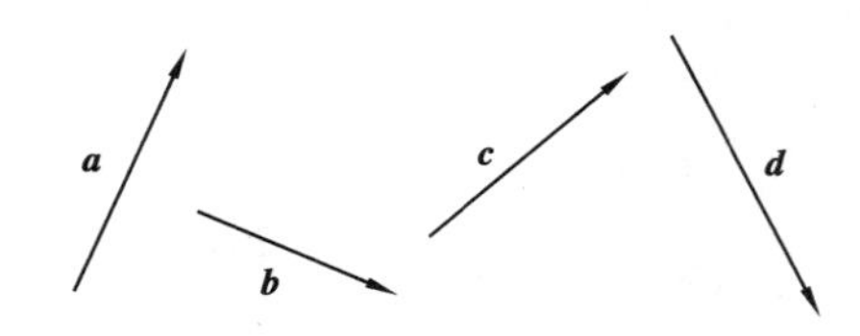

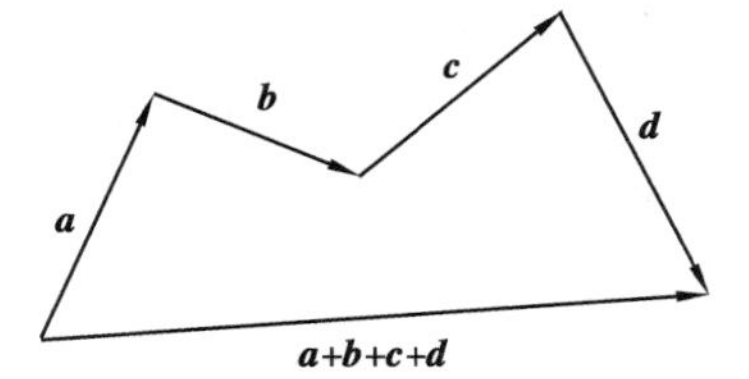

图 7-4

“代数”中引入负数后,加法的逆运算减法就当成代数和了,即减一个数相当于加该数的相反数. 向量的运算也同样如此. 向量 $\boldsymbol{a}$ 减向量 $\boldsymbol{b}$ 相当于 $\boldsymbol{a}$ 加 $\boldsymbol{b}$ 的负向量“$-\boldsymbol{b}$”,即 $\boldsymbol{a}-\boldsymbol{b}=\boldsymbol{a}+(-\boldsymbol{b})$,如图 7-5 所示.

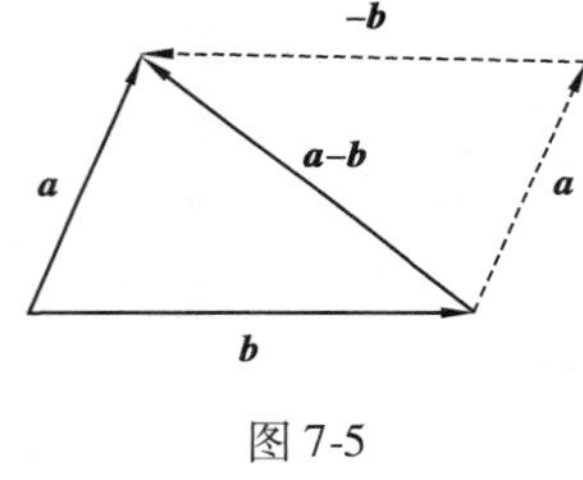

图 7-5

向量的加法与数的加法类似,满足以下规律:

(1)若 $\boldsymbol{a}+\boldsymbol{b}=\boldsymbol{0}$,则 $\boldsymbol{a}=-\boldsymbol{b},\boldsymbol{b}=-\boldsymbol{a}$;

(2)$\boldsymbol{a}+\boldsymbol{0}=\boldsymbol{a}$;

(3)$\boldsymbol{a}+\boldsymbol{b}=\boldsymbol{b}+\boldsymbol{a}$(交换律);

(4)$\boldsymbol{a}+\boldsymbol{b}+\boldsymbol{c}=\boldsymbol{a}+(\boldsymbol{b}+\boldsymbol{c})$(结合律);

(5)若 $\boldsymbol{a}+\boldsymbol{b}=\boldsymbol{a}+\boldsymbol{c}$,则 $\boldsymbol{b}=\boldsymbol{c}$(消去律).

2)向量与数的乘法

定义 7 向量 $\boldsymbol{a}$ 与实数 k 的乘积,称为**数乘向量**,记作 $k\boldsymbol{a}$. 它的模 $|k\boldsymbol{a}|=|k||\boldsymbol{a}|$. 其方向为:当 $k>0$ 时,$k\boldsymbol{a}$ 与 $\boldsymbol{a}$ 同向;当 $k<0$ 时,$k\boldsymbol{a}$ 与 $\boldsymbol{a}$ 反向;当 $k=0$ 时,$0\cdot\boldsymbol{a}=\boldsymbol{0}$,这时它的方向可以是任意的.

特别地,当 $k=\pm1$ 时,有

$$1\cdot\boldsymbol{a}=\boldsymbol{a},\quad(-1)\cdot\boldsymbol{a}=-\boldsymbol{a}.$$

数乘向量满足以下规律(k,l 为实数):

(1)$k\boldsymbol{a}=\boldsymbol{a}k$(交换律);

(2)$k(l\boldsymbol{a})=(kl)\boldsymbol{a}$(结合律);

(3)$(k+l)\boldsymbol{a}=k\boldsymbol{a}+l\boldsymbol{a},k(\boldsymbol{a}+\boldsymbol{b})=k\boldsymbol{a}+k\boldsymbol{b}$(分配律);

(4)若 $k\neq 0$,$k\boldsymbol{a}=k\boldsymbol{b}$,则 $\boldsymbol{a}=\boldsymbol{b}$;若 $\boldsymbol{a}\neq\boldsymbol{0}$,$k\boldsymbol{a}=l\boldsymbol{a}$,则 $k=l$(消去律).

由(4)可知,若向量 $\boldsymbol{a}$ 为非零向量,即 $|\boldsymbol{a}|\neq 0$,则因为 $\boldsymbol{a}=|\boldsymbol{a}|\boldsymbol{a}^0$,所以

$$\boldsymbol{a}^0=\frac{1}{|\boldsymbol{a}|}\boldsymbol{a}.$$

向量加法与数乘向量,统称向量的**线性运算**.设任意二实数 k,l,与两个向量 $\boldsymbol{a},\boldsymbol{b}$ 的运算 $k\boldsymbol{a}+l\boldsymbol{b}$,称为向量 $\boldsymbol{a},\boldsymbol{b}$ 的线性运算.

显然,当 $k=l=1$ 时,为 $\boldsymbol{a}+\boldsymbol{b}$;当 $l=0$ 时,为 $k\boldsymbol{a}$.因此,向量的线性运算包含向量加法和数乘向量.

线性运算又称**线性组合**,即 $k\boldsymbol{a}+l\boldsymbol{b}$ 为 $\boldsymbol{a}$ 与 $\boldsymbol{b}$ 的线性组合.若 $\boldsymbol{c}=k\boldsymbol{a}+l\boldsymbol{b}$,又称向量 $\boldsymbol{c}$ 可被 $\boldsymbol{a}$ 与 $\boldsymbol{b}$ 线性表示.这些都是线性代数课程中讨论的概念,其几何意义在于向量共线与共面的问题.

关于向量共线与共面有以下常用的结论(大家可作为练习自行证明):

结论1 零向量与任何向量共线.

结论2 若向量 $\boldsymbol{a}$ 与 $\boldsymbol{b}$ 有等式 $\boldsymbol{a}=k\boldsymbol{b}$ 成立,则 $\boldsymbol{a}$ 与 $\boldsymbol{b}$ 共线(即数乘向量与原向量平行).

结论3 向量 $\boldsymbol{a}$ 与 $\boldsymbol{b}$ 共线的充分必要条件是存在不全为零的数 k_1,k_2,使得 $k_1\boldsymbol{a}+k_2\boldsymbol{b}=\boldsymbol{0}$ 成立.

结论4 若向量 $\boldsymbol{a},\boldsymbol{b},\boldsymbol{c}$ 满足关系 $k_1\boldsymbol{a}+k_2\boldsymbol{b}=\boldsymbol{c}$($k_1,k_2$ 为实数),则 $\boldsymbol{a},\boldsymbol{b},\boldsymbol{c}$ 三向量共面.

结论5 3个向量 $\boldsymbol{a},\boldsymbol{b},\boldsymbol{c}$ 共面的充分必要条件是存在不全为零的数 k_1,k_2,k_3,使得 $k_1\boldsymbol{a}+k_2\boldsymbol{b}+k_3\boldsymbol{c}=\boldsymbol{0}$ 成立.

7.1.3 两向量的数量积

由力学可知,在力 $\boldsymbol{F}$ 的作用下使物体作直线运动而产生位移 $\boldsymbol{s}$ 时所做的功(见图7-6)为

$$W=|\boldsymbol{F}||\boldsymbol{s}|\cos\theta.$$

定义8 两个向量 $\boldsymbol{a}$ 与 $\boldsymbol{b}$ 的**数量积**(内积),等于它们的模与它们夹角的余弦的乘积.记作 $\boldsymbol{a}\cdot\boldsymbol{b}$,即

$$\boldsymbol{a}\cdot\boldsymbol{b}=|\boldsymbol{a}||\boldsymbol{b}|\cos\theta.$$

式中,$\theta=\langle\boldsymbol{a},\boldsymbol{b}\rangle$ 为 $\boldsymbol{a}$ 与 $\boldsymbol{b}$ 的夹角,即平移两向量使起点重合为角的顶点,以两向量为边所成的角,规定 $0\leqslant\theta\leqslant\pi$.

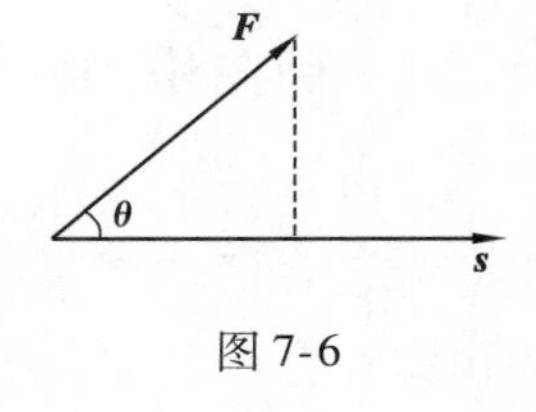

图7-6

特别地,当 $\theta=\frac{\pi}{2}$ 时,$\boldsymbol{a}$ 与 $\boldsymbol{b}$ 垂直;零向量与任何向量都垂直.

数量积满足以下规律：

(1)$\boldsymbol{a}\cdot\boldsymbol{b}=\boldsymbol{b}\cdot\boldsymbol{a}$(交换律)；

(2)$(\boldsymbol{a}+\boldsymbol{b})\cdot\boldsymbol{c}=\boldsymbol{a}\cdot\boldsymbol{c}+\boldsymbol{b}\cdot\boldsymbol{c}$(分配律)；

(3)$(k\boldsymbol{a})\cdot\boldsymbol{b}=\boldsymbol{a}\cdot(k\boldsymbol{b})=k(\boldsymbol{a}\cdot\boldsymbol{b})$($k$ 为实数)；

(4)$\boldsymbol{a}^2=\boldsymbol{a}\cdot\boldsymbol{a}=|\boldsymbol{a}|^2$.

这里要注意，对 3 个向量 $\boldsymbol{a},\boldsymbol{b},\boldsymbol{c}$，$(\boldsymbol{a}\cdot\boldsymbol{b})\cdot\boldsymbol{c}$ 与 $\boldsymbol{a}\cdot(\boldsymbol{b}\cdot\boldsymbol{c})$ 未必相等，并且 $\boldsymbol{a}\cdot\boldsymbol{b}\cdot\boldsymbol{c}$ 是无意义的.

由数量积的定义可推出两个重要公式. 设 $\boldsymbol{a}$ 与 $\boldsymbol{b}$ 为非零向量，则：

(1)$\boldsymbol{a}$ 与 $\boldsymbol{b}$ 的夹角的余弦

$$\cos\theta=\frac{\boldsymbol{a}\cdot\boldsymbol{b}}{|\boldsymbol{a}||\boldsymbol{b}|};$$

(2)$\boldsymbol{a}$ 在 $\boldsymbol{b}$ 上的投影

$$\mathrm{Prj}_{\boldsymbol{b}}\,\boldsymbol{a}=|\boldsymbol{a}|\cos\theta=\frac{\boldsymbol{a}\cdot\boldsymbol{b}}{|\boldsymbol{b}|};$$

(3)$\boldsymbol{b}$ 在 $\boldsymbol{a}$ 上的投影

$$\mathrm{Prj}_{\boldsymbol{a}}\,\boldsymbol{b}=|\boldsymbol{b}|\cos\theta=\frac{\boldsymbol{a}\cdot\boldsymbol{b}}{|\boldsymbol{a}|}.$$

定理 1　两个向量 $\boldsymbol{a}$ 与 $\boldsymbol{b}$ 垂直的充分必要条件是 $\boldsymbol{a}\cdot\boldsymbol{b}=0$.

证明　(1)必要性：若 $\boldsymbol{a}$ 与 $\boldsymbol{b}$ 垂直，则向量 $\boldsymbol{a}$ 与 $\boldsymbol{b}$ 的夹角 $\theta=\frac{\pi}{2}$，故

$$\boldsymbol{a}\cdot\boldsymbol{b}=|\boldsymbol{a}||\boldsymbol{b}|\cos\frac{\pi}{2}=0.$$

(2)充分性：若 $\boldsymbol{a}\cdot\boldsymbol{b}=0$，则 $|\boldsymbol{a}||\boldsymbol{b}|\cos\theta=0$. 当 $\boldsymbol{a}$ 与 $\boldsymbol{b}$ 至少有一个零向量时，因零向量与任何向量都垂直，故 $\boldsymbol{a}$ 与 $\boldsymbol{b}$ 垂直；当 $\boldsymbol{a}$ 与 $\boldsymbol{b}$ 均为非零向量时，即 $|\boldsymbol{a}|\neq0$，$|\boldsymbol{b}|\neq0$，那么由 $|\boldsymbol{a}||\boldsymbol{b}|\cos\theta=0$ 得 $\cos\theta=0$，又因 $0\leqslant\theta\leqslant\pi$，故向量 $\boldsymbol{a}$ 与 $\boldsymbol{b}$ 的夹角 $\theta=\frac{\pi}{2}$，即两向量垂直.

7.1.4　两向量的向量积

在研究物体转动问题时，不但要考虑物体所受的力，还要分析这些力所产生的力矩. 如图 7-7 所示，悬臂长为 $\boldsymbol{S}$，悬臂端作用力为 $\boldsymbol{F}$，则 $\boldsymbol{F}$ 与力臂 $\boldsymbol{S}$ 产生的力矩的大小等于 $|\boldsymbol{F}||\boldsymbol{S}|\sin\theta$，方向规定为右手法则.

定义 9　两个向量 $\boldsymbol{a}$ 与 $\boldsymbol{b}$ 的**向量积**仍为一个向量，记作 $\boldsymbol{a}\times\boldsymbol{b}$，它的模等于两向量的模与两向量夹角的正弦的乘积，即

$$|\boldsymbol{a}\times\boldsymbol{b}| = |\boldsymbol{a}||\boldsymbol{b}|\sin\theta.$$

式中,$\theta=\langle\boldsymbol{a},\boldsymbol{b}\rangle$为$\boldsymbol{a}$与$\boldsymbol{b}$的夹角;$\boldsymbol{a}\times\boldsymbol{b}$的方向垂直于$\boldsymbol{a}$与$\boldsymbol{b}$所决定的平面,按右手规则指定的方向,如图7-8所示.

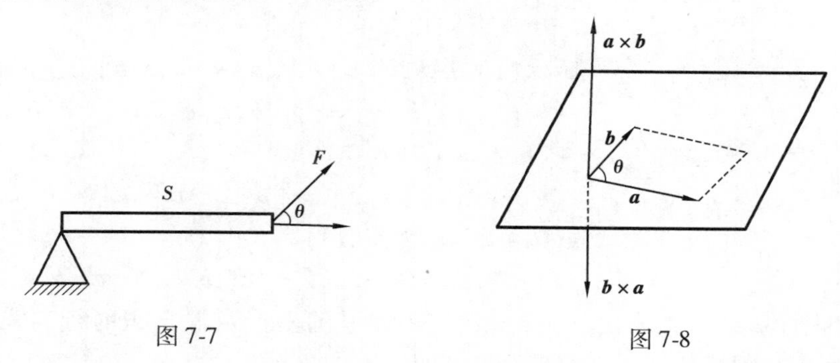

图7-7　　图7-8

因为$|\boldsymbol{a}\times\boldsymbol{b}|=|\boldsymbol{a}||\boldsymbol{b}|\sin\theta$,所以$\boldsymbol{a}\times\boldsymbol{b}$的模等于以$\boldsymbol{a},\boldsymbol{b}$为邻边所构成平行四边形的面积.

向量积满足下列规律:

(1)$\boldsymbol{a}\times\boldsymbol{a}=\boldsymbol{0}$;

(2)$\boldsymbol{a}\times\boldsymbol{b}=-\boldsymbol{b}\times\boldsymbol{a}$;

(3)$(k\boldsymbol{a})\times\boldsymbol{b}=\boldsymbol{a}\times(k\boldsymbol{b})=k(\boldsymbol{a}\times\boldsymbol{b})$($k$为实数);

(4)$(\boldsymbol{a}+\boldsymbol{b})\times\boldsymbol{c}=\boldsymbol{a}\times\boldsymbol{c}+\boldsymbol{b}\times\boldsymbol{c},\boldsymbol{c}\times(\boldsymbol{a}+\boldsymbol{b})=\boldsymbol{c}\times\boldsymbol{a}+\boldsymbol{c}\times\boldsymbol{b}$(分配律).

这里要注意,对向量积只有分配律成立,交换律与结合律都不成立,即$(\boldsymbol{a}\times\boldsymbol{b})\times\boldsymbol{c}$与$\boldsymbol{a}\times(\boldsymbol{b}\times\boldsymbol{c})$未必相等,并且$\boldsymbol{a}\times\boldsymbol{b}\times\boldsymbol{c}$与$\boldsymbol{a}\cdot\boldsymbol{b}\cdot\boldsymbol{c}$同样无意义.

定理2　两个向量$\boldsymbol{a}$与$\boldsymbol{b}$平行的充分必要条件是$\boldsymbol{a}\times\boldsymbol{b}=\boldsymbol{0}$.

证明　(1)必要性:若$\boldsymbol{a}$与$\boldsymbol{b}$平行,则向量$\boldsymbol{a}$与$\boldsymbol{b}$的夹角$\theta=0$或$\theta=\pi$,所以

$$|\boldsymbol{a}\times\boldsymbol{b}| = |\boldsymbol{a}||\boldsymbol{b}|\sin\theta = 0,$$

故$\boldsymbol{a}\times\boldsymbol{b}=\boldsymbol{0}$.

(2)充分性:若$\boldsymbol{a}\times\boldsymbol{b}=\boldsymbol{0}$,则$|\boldsymbol{a}\times\boldsymbol{b}|=|\boldsymbol{a}||\boldsymbol{b}|\sin\theta=0$.当$\boldsymbol{a}$与$\boldsymbol{b}$至少有一个零向量时,因零向量与任何向量都平行,故$\boldsymbol{a}$与$\boldsymbol{b}$平行;当$\boldsymbol{a}$与$\boldsymbol{b}$均为非零向量时,即$|\boldsymbol{a}|\neq0$, $|\boldsymbol{b}|\neq0$,那么由$|\boldsymbol{a}\times\boldsymbol{b}|=|\boldsymbol{a}||\boldsymbol{b}|\sin\theta=0$,得$\sin\theta=0$.又因$0\leqslant\theta\leqslant\pi$,故向量$\boldsymbol{a}$与$\boldsymbol{b}$的夹角$\theta=0$或$\theta=\pi$,即$\boldsymbol{a}$与$\boldsymbol{b}$平行.

7.1.5　混合积

定义10　3个向量$\boldsymbol{a},\boldsymbol{b},\boldsymbol{c}$的积$(\boldsymbol{a}\times\boldsymbol{b})\cdot\boldsymbol{c}$称为**混合积**,记作$[\boldsymbol{a},\boldsymbol{b},\boldsymbol{c}]$.

设向量$\boldsymbol{a}\times\boldsymbol{b}$与$\boldsymbol{c}$的夹角为$t$,$\boldsymbol{a}$与$\boldsymbol{b}$的夹角为$\theta$,则

$$(\boldsymbol{a}\times\boldsymbol{b})\cdot\boldsymbol{c}=|\boldsymbol{a}\times\boldsymbol{b}||\boldsymbol{c}|\cos t=|\boldsymbol{a}\times\boldsymbol{b}|\mathrm{Prj}_{\boldsymbol{a}\times\boldsymbol{b}}\boldsymbol{c}.$$

如图 7-9 所示，混合积$[\boldsymbol{a},\boldsymbol{b},\boldsymbol{c}]$的绝对值$|[\boldsymbol{a},\boldsymbol{b},\boldsymbol{c}]|$等于以$\boldsymbol{a},\boldsymbol{b},\boldsymbol{c}$ 3 个向量为棱所构成的平行六面体的体积.

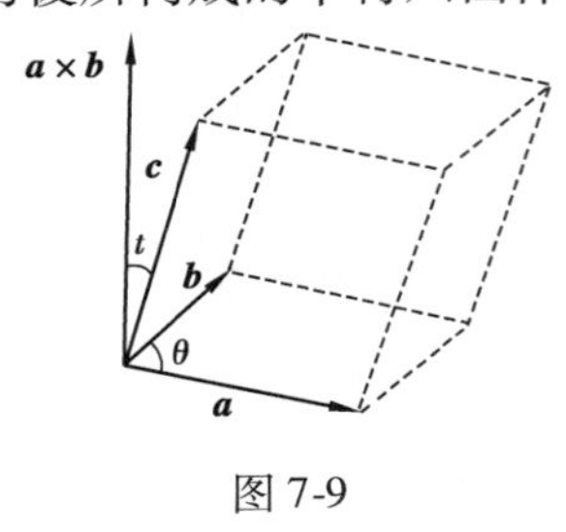

图 7-9

混合积具有下列性质：

(1) $[\boldsymbol{a},\boldsymbol{b},\boldsymbol{c}]=[\boldsymbol{b},\boldsymbol{c},\boldsymbol{a}]=[\boldsymbol{c},\boldsymbol{a},\boldsymbol{b}]$（轮换性）；

(2) $[\boldsymbol{a},\boldsymbol{b},\boldsymbol{c}]=-[\boldsymbol{b},\boldsymbol{a},\boldsymbol{c}]=-[\boldsymbol{c},\boldsymbol{b},\boldsymbol{a}]=-[\boldsymbol{a},\boldsymbol{c},\boldsymbol{b}]$（对换变号）；

(3) $[k\boldsymbol{a},\boldsymbol{b},\boldsymbol{c}]=[\boldsymbol{a},k\boldsymbol{b},\boldsymbol{c}]=[\boldsymbol{a},\boldsymbol{b},k\boldsymbol{c}]=k[\boldsymbol{a},\boldsymbol{b},\boldsymbol{c}]$（$k$ 为实数）；

(4) $[\boldsymbol{a}_1+\boldsymbol{a}_2,\boldsymbol{b},\boldsymbol{c}]=[\boldsymbol{a}_1,\boldsymbol{b},\boldsymbol{c}]+[\boldsymbol{a}_2,\boldsymbol{b},\boldsymbol{c}]$.

以上性质在 7.2 节建立坐标系后，用向量的坐标及混合积的行列式表达式，再根据行列式的性质很容易给出证明.

定理 3　3 个向量$\boldsymbol{a},\boldsymbol{b},\boldsymbol{c}$共面的充分必要条件是$[\boldsymbol{a},\boldsymbol{b},\boldsymbol{c}]=0$.

证明　(1) 必要性：若向量$\boldsymbol{a},\boldsymbol{b},\boldsymbol{c}$共面，则向量$\boldsymbol{a}\times\boldsymbol{b}$与$\boldsymbol{c}$垂直，故

$$[\boldsymbol{a},\boldsymbol{b},\boldsymbol{c}]=(\boldsymbol{a}\times\boldsymbol{b})\cdot\boldsymbol{c}=|\boldsymbol{a}\times\boldsymbol{b}||\boldsymbol{c}|\cos\frac{\pi}{2}=0.$$

(2) 充分性：若$[\boldsymbol{a},\boldsymbol{b},\boldsymbol{c}]=0$，即$|\boldsymbol{a}\times\boldsymbol{b}||\boldsymbol{c}|\cos t=0$，则$|\boldsymbol{a}\times\boldsymbol{b}|=0$或$|\boldsymbol{c}|=0$或$\cos t=0$. 若$|\boldsymbol{a}\times\boldsymbol{b}|=0$，则$\boldsymbol{a}\times\boldsymbol{b}=\boldsymbol{0}$，故$\boldsymbol{a}$与$\boldsymbol{b}$平行，所以$\boldsymbol{a},\boldsymbol{b},\boldsymbol{c}$共面；若$|\boldsymbol{c}|=0$，则$\boldsymbol{c}=\boldsymbol{0}$；故零向量$\boldsymbol{c}$与$\boldsymbol{a},\boldsymbol{b}$共面；若$\cos t=0$，则$t=\frac{\pi}{2}$，即向量$\boldsymbol{a}\times\boldsymbol{b}$与$\boldsymbol{c}$垂直，所以$\boldsymbol{a},\boldsymbol{b},\boldsymbol{c}$共面.

综上所述，当$[\boldsymbol{a},\boldsymbol{b},\boldsymbol{c}]=0$时，$\boldsymbol{a},\boldsymbol{b},\boldsymbol{c}$共面.

习题 7-1

基础题

1. 对向量$\boldsymbol{a},\boldsymbol{b},\boldsymbol{c}$，有(　　).

A. 若$\boldsymbol{a}\cdot\boldsymbol{b}=0$，则$\boldsymbol{a},\boldsymbol{b}$中至少有一个零向量

B. $(\boldsymbol{a}+\boldsymbol{b})\cdot\boldsymbol{c}=\boldsymbol{a}\cdot\boldsymbol{c}+\boldsymbol{b}\cdot\boldsymbol{c}$

C. $(\boldsymbol{a}\cdot\boldsymbol{b})\cdot\boldsymbol{c}=\boldsymbol{a}\cdot(\boldsymbol{b}\cdot\boldsymbol{c})$

D. $(\boldsymbol{a}\cdot\boldsymbol{b})(\boldsymbol{a}\cdot\boldsymbol{b})=0$

2. 设 $\boldsymbol{a},\boldsymbol{b},\boldsymbol{c}$ 为3个任意向量,则 $(\boldsymbol{a}+\boldsymbol{b})\times\boldsymbol{c}=$(　　).

A. $\boldsymbol{a}\times\boldsymbol{b}+\boldsymbol{c}\times\boldsymbol{b}$　　B. $\boldsymbol{c}\times\boldsymbol{a}+\boldsymbol{c}\times\boldsymbol{b}$

C. $\boldsymbol{a}\times\boldsymbol{c}+\boldsymbol{b}\times\boldsymbol{c}$　　D. $\boldsymbol{c}\times\boldsymbol{a}+\boldsymbol{b}\times\boldsymbol{c}$

3. 设 $|\boldsymbol{a}|=3$, $|\boldsymbol{b}|=4$,且 $\boldsymbol{a}\perp\boldsymbol{b}$,则 $|(\boldsymbol{a}+\boldsymbol{b})\times(\boldsymbol{a}-\boldsymbol{b})|=$(　　).

A. 24　　B. 0　　C. 7　　D. 12

4. 已知 $|\boldsymbol{a}|=1$, $|\boldsymbol{b}|=\sqrt{2}$,且 $\langle\boldsymbol{a},\boldsymbol{b}\rangle=\frac{\pi}{4}$,则 $|\boldsymbol{a}+\boldsymbol{b}|=$(　　).

A. 1　　B. $1+\sqrt{2}$　　C. 2　　D. $\sqrt{5}$

5. 已知向量 $\boldsymbol{a},\boldsymbol{b}$ 满足条件 $|\boldsymbol{a}|=1$, $|\boldsymbol{b}|=1$,又它们的夹角为 $\frac{\pi}{2}$,且有 $\boldsymbol{m}=2\boldsymbol{a}+\boldsymbol{b}$, $\boldsymbol{n}=3\boldsymbol{a}-\boldsymbol{b}$,求向量 $\boldsymbol{m}$ 与 $\boldsymbol{n}$ 的夹角.

提高题

1.【2005年数一】设 $\boldsymbol{a},\boldsymbol{b},\boldsymbol{c}$ 均为向量,下列等式中正确的是(　　).

A. $(\boldsymbol{a}+\boldsymbol{b})\cdot(\boldsymbol{a}-\boldsymbol{b})=|\boldsymbol{a}|^2-|\boldsymbol{b}|^2$　　B. $\boldsymbol{a}\cdot(\boldsymbol{a}\boldsymbol{b})=|\boldsymbol{a}|^2\boldsymbol{b}$

C. $(\boldsymbol{a}\cdot\boldsymbol{b})^2=|\boldsymbol{a}|^2\cdot|\boldsymbol{b}|^2$　　D. $(\boldsymbol{a}+\boldsymbol{b})\times(\boldsymbol{a}-\boldsymbol{b})=\boldsymbol{a}\times\boldsymbol{a}-\boldsymbol{b}\times\boldsymbol{b}$

2. 设向量 $\boldsymbol{a}\neq\boldsymbol{0}$, $\boldsymbol{b}\neq\boldsymbol{0}$,指出以下结论中的正确结论(　　).

A. $\boldsymbol{a}\cdot\boldsymbol{b}=0$ 是 $\boldsymbol{a}\perp\boldsymbol{b}$ 的充要条件　　B. $\boldsymbol{a}\cdot\boldsymbol{b}=0$ 是 $\boldsymbol{a}/\!/\boldsymbol{b}$ 的充要条件

C. $\boldsymbol{a}\times\boldsymbol{a}=\boldsymbol{b}\times\boldsymbol{b}$　　D. 若 $\boldsymbol{a}=\lambda\boldsymbol{b}$,则 $\boldsymbol{a}\cdot\boldsymbol{b}=0$

3.【1995年数一】设 $(\boldsymbol{a}\times\boldsymbol{b})\cdot\boldsymbol{c}=2$,则 $[(\boldsymbol{a}+\boldsymbol{b})\times(\boldsymbol{b}+\boldsymbol{c})]\cdot(\boldsymbol{c}+\boldsymbol{a})=$ ______________.

4. 设 $\boldsymbol{a},\boldsymbol{b},\boldsymbol{c}$ 两两互相垂直,且 $|\boldsymbol{a}|=1$, $|\boldsymbol{b}|=\sqrt{2}$, $|\boldsymbol{c}|=1$,求向量 $\boldsymbol{s}=\boldsymbol{a}+\boldsymbol{b}-\boldsymbol{c}$ 的模.

应用题

用向量方法证明正弦定理: $\frac{a}{\sin A}=\frac{b}{\sin B}=\frac{c}{\sin C}$.

7.2 坐标系及向量的坐标

本节将建立空间直角坐标系，把向量及其运算数量化.

7.2.1 坐标系

初等代数中的数轴使直线上的点与实数建立了一一对应的关系，平面解析几何中的直角坐标系与极坐标系使平面上的点与二元有序数组一一对应.

为了确定空间中的一点在一定参考系中的位置，按规定的方法选取的有序数组（或一个数），称为点的**坐标**. 这种规定坐标的方法，称为**坐标系**.

规定坐标的方法必须使每一个点的坐标是唯一的，不同的坐标表示不同的点. 因此，能使点与有序数组（或数）一一对应便可构成坐标系，通常用**网格法**与**向量法**构成坐标系. 网格法多用于几何空间. 为了便于推广到抽象的 n 维空间，还需掌握向量法.

网格法 如在平面直角坐标系中 x 与 y 为任意实数时，分别表示相互垂直的两簇直线构成密布整个平面的网，平面上任意一点均是 x 与 y 为某实数所代表的两条直线的交点，使得二元有序数组 (x,y) 与平面上的点一一对应，称 (x,y) 为平面上点的坐标.

极坐标系是由极点 O 所引出的一簇射线及以 O 为圆心的一系列同心圆构成一张网覆盖整个平面，实数 θ 表示射线，非负数 r 表示圆，除 $r=0$ 表示极点外，平面上其他的点均是某条射线与某个圆的交点. 因此，可用二元有序数组 (r,θ) 确定点的位置，称为点的坐标.

地图上的经度、纬度组成球面上的坐标系统，经线与纬线构成覆盖整个球面的网，除南北极点外，球面上的点均是某条经线与某条纬线的交点. 因此，可用经度与纬度确定球面上某点的位置.

向量法 在一条直线上，取一个非零向量 $\boldsymbol{e}$，则直线上任意一个向量 $\boldsymbol{a}$ 与 $\boldsymbol{e}$ 共线，所以存在实数 x，使得 $\boldsymbol{a}=x\boldsymbol{e}$. 若把直线上的向量的起点均确定在一定点 O（称为**原点**），这样给定一个实数 x 就确定一个向量. 这个向量的终点也同时确定，因此数 x 称为向量的**坐标**，也称向量的终点坐标. 如果向量 $\boldsymbol{e}$ 是单位向量，则此直线上点的坐标与数轴一致.

在平面上取一定点 O（为原点），以点 O 为起点的两个不共线的向量 $\boldsymbol{e}_1$ 和

$\boldsymbol{e}_2$,则平面上任意一个向量 $\boldsymbol{a}$ 都存在唯一确定的有序数组(x_1,x_2),使得 $\boldsymbol{a}=x_1\boldsymbol{e}_1+x_2\boldsymbol{e}_2$. 同样,把平面上的任意向量的起点均确定在点 O,那么(x_1,x_2)确定向量终点的位置,所以(x_1,x_2)称为向量的终点坐标,也称向量 $\boldsymbol{a}$ 的坐标. 如果向量 $\boldsymbol{e}_1$,$\boldsymbol{e}_2$ 为相互垂直的单位向量,则称为平面上的**正交系**,也就是平面直角坐标系. 只需把(x_1,x_2)用(x,y)表示,那么便与平面直角坐标系一致.

上面对直线上和平面上的坐标系作了简要的介绍,并按其构成特征分为网格法和向量法. 下面介绍空间直角坐标系. 空间直角坐标系既可看成由向量法构成的坐标系,又可看成由网格法构成的坐标系.

首先在空间中取一定点 O,作 3 个以点 O 为起点的两两垂直的单位向量 $\boldsymbol{i}$,$\boldsymbol{j}$,$\boldsymbol{k}$,就确定了 3 条都以点 O 为原点的两两垂直的数轴 O_x,O_y,O_z,依次记为 x 轴(横轴)、y 轴(纵轴)、z 轴(竖轴),统称坐标轴,并依 O_x,O_y,O_z 的顺序按右手法则规定坐标轴的正向. 这样,就由向量法建立了一个空间直角坐标系,如图 7-10 所示. 显然,在 x 轴、y 轴、z 轴上点的坐标分别为$(x,0,0)$,$(0,y,0)$,$(0,0,z)$.

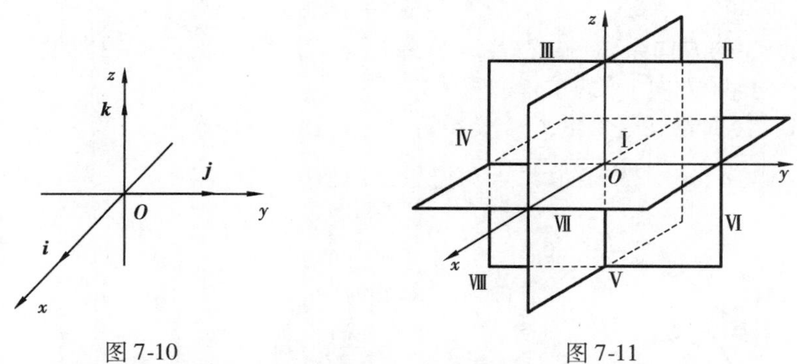

图 7-10　　　　图 7-11

在空间直角坐标系中,任意两个坐标轴可确定一个平面,这种平面称为坐标面. 其中,由 x 轴和 y 轴所确定的坐标面,称为 xOy 面,另两个坐标面分别是 yOz 面和 zOx 面. 上述坐标面上点的坐标分别为$(x,y,0)$,$(0,y,z)$,$(x,0,z)$.

3 个坐标面把空间分成 8 个部分,每一部分称为卦限. 含有 3 个正半轴的卦限,称为第一卦限,它位于 xOy 面的上方. 如图 7-11 所示,在 xOy 面的上方,按逆时针方向排列着第二卦限、第三卦限和第四卦限. 在 xOy 面的下方,与第一卦限对应的是第五卦限,按逆时针方向还排列着第六卦限、第七卦限和第八卦限. 8 个卦限分别用字母Ⅰ,Ⅱ,Ⅲ,Ⅳ,Ⅴ,Ⅵ,Ⅶ,Ⅷ表示.

设空间直角坐标系下,任意一点 M 的坐标为(x,y,z),记为 $M(x,y,z)$,则向量$\overrightarrow{OM}$的坐标也是(x,y,z),记为$\overrightarrow{OM}=(x,y,z)$或$\overrightarrow{OM}=x\boldsymbol{i}+y\boldsymbol{j}+z\boldsymbol{k}$. 向量$\overrightarrow{OM}$可简写为 $\boldsymbol{r}_M$,它的模为

$$|\boldsymbol{r}_M| = \sqrt{x^2+y^2+z^2}, \tag{7-1}$$

即点 M 与原点 O 的距离. $\boldsymbol{r}_M$ 的单位向量为

$$\boldsymbol{r}_M^0 = \frac{1}{|\boldsymbol{r}_M|}\boldsymbol{r}_M = \frac{1}{\sqrt{x^2+y^2+z^2}}(x,y,z)$$

$$= \left(\frac{x}{\sqrt{x^2+y^2+z^2}},\frac{y}{\sqrt{x^2+y^2+z^2}},\frac{z}{\sqrt{x^2+y^2+z^2}}\right) \tag{7-2}$$

设 $\boldsymbol{r}_M$ 与 $\boldsymbol{i},\boldsymbol{j},\boldsymbol{k}$ 的夹角分别为 α,β,γ,即$\overrightarrow{OM}$与 x 轴、y 轴、z 轴正向的夹角,把它们称为 $\boldsymbol{r}_M$ 的**方向角**,且

$$\cos\alpha = \frac{x}{\sqrt{x^2+y^2+z^2}},$$

$$\cos\beta = \frac{y}{\sqrt{x^2+y^2+z^2}}, \tag{7-3}$$

$$\cos\gamma = \frac{z}{\sqrt{x^2+y^2+z^2}}$$

称为向量 $\boldsymbol{r}_M$ 的**方向余弦**. 显然,$\boldsymbol{r}_M^0=(\cos\alpha,\cos\beta,\cos\gamma)$,即可用向量的方向余弦表示该向量(方向上)的单位向量.

例 1 设向量 $\boldsymbol{a}=(2,3,6)$,求 $\boldsymbol{a}$ 的单位向量与方向余弦.

解 由 $|\boldsymbol{a}|=\sqrt{2^2+3^2+6^2}=7$,得单位向量为

$$\boldsymbol{a}^0 = \frac{1}{7}(2,3,6) = \left(\frac{2}{7},\frac{3}{7},\frac{6}{7}\right),$$

故方向余弦为

$$\cos\alpha = \frac{2}{7},\quad \cos\beta = \frac{3}{7},\quad \cos\gamma = \frac{6}{7}.$$

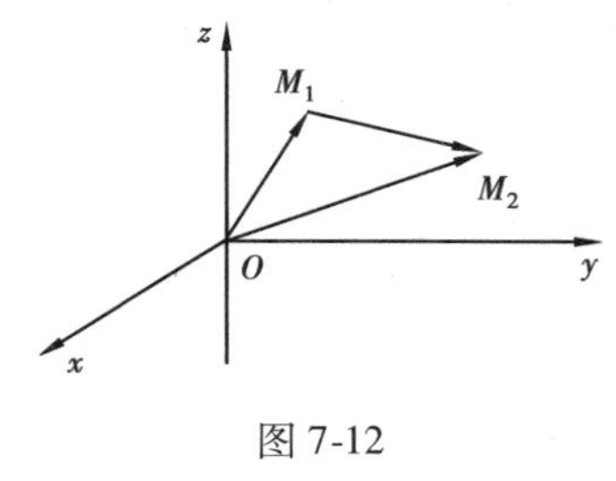

图 7-12

设空间直角坐标系下任意两点 $M_1(x_1,y_1,z_1)$ 及 $M_2(x_2,y_2,z_2)$,如图 7-12 所示. 由“三角形法则”及向量加法运算的坐标表示,可得向量$\overrightarrow{M_1M_2}$的坐标为

$$\overrightarrow{M_1M_2} = \boldsymbol{r}_{M_2} - \boldsymbol{r}_{M_1} = (x_2,y_2,z_2)-(x_1,y_1,z_1)$$

$$= (x_2-x_1,y_2-y_1,z_2-z_1).$$

7.2.2 向量运算的坐标表示

设向量

$$\boldsymbol{a} = a_1\boldsymbol{i}+a_2\boldsymbol{j}+a_3\boldsymbol{k} = (a_1,a_2,a_3),$$

$$\boldsymbol{b}=b_1\boldsymbol{i}+b_2\boldsymbol{j}+b_3\boldsymbol{k}=(b_1,b_2,b_3),$$
$$\boldsymbol{c}=c_1\boldsymbol{i}+c_2\boldsymbol{j}+c_3\boldsymbol{k}=(c_1,c_2,c_3).$$

由向量的坐标及向量运算的规则,可得出向量运算的坐标表达式如下:

1)向量的线性运算

$$\begin{aligned}\boldsymbol{a}\pm\boldsymbol{b}&=(a_1\boldsymbol{i}+a_2\boldsymbol{j}+a_3\boldsymbol{k})\pm(b_1\boldsymbol{i}+b_2\boldsymbol{j}+b_3\boldsymbol{k})\\&=(a_1\pm b_1)\boldsymbol{i}+(a_2\pm b_2)\boldsymbol{j}+(a_3\pm b_3)\boldsymbol{k},\end{aligned}$$

$$\boldsymbol{a}\pm\boldsymbol{b}=(a_1\pm b_1,a_2\pm b_2,a_3\pm b_3).\tag{7-4}$$

$$\lambda\boldsymbol{a}=\lambda(a_1\boldsymbol{i}+a_2\boldsymbol{j}+a_3\boldsymbol{k})=\lambda a_1\boldsymbol{i}+\lambda a_2\boldsymbol{j}+\lambda a_3\boldsymbol{k},$$

$$\lambda\boldsymbol{a}=(\lambda a_1,\lambda a_2,\lambda a_3).\tag{7-5}$$

利用向量的坐标也可判断两个向量的平行关系. 因 $\boldsymbol{a}/\!/\boldsymbol{b}\Leftrightarrow\boldsymbol{a}=\lambda\boldsymbol{b}$,即

$$\boldsymbol{a}/\!/\boldsymbol{b}\Leftrightarrow(a_1,a_2,a_3)=\lambda(b_1,b_2,b_3)=(\lambda b_1,\lambda b_2,\lambda b_3),$$

若 $\boldsymbol{b}$ 为非零向量,则有

$$\boldsymbol{a}/\!/\boldsymbol{b}\Leftrightarrow\frac{a_1}{b_1}=\frac{a_2}{b_2}=\frac{a_3}{b_3}.\tag{7-6}$$

2)向量的数量积

因为 $\boldsymbol{i}\cdot\boldsymbol{j}=\boldsymbol{j}\cdot\boldsymbol{k}=\boldsymbol{k}\cdot\boldsymbol{i}=0$,且 $\boldsymbol{i}^2=\boldsymbol{j}^2=\boldsymbol{k}^2=1$,所以

$$\boldsymbol{a}\cdot\boldsymbol{b}=(a_1\boldsymbol{i}+a_2\boldsymbol{j}+a_3\boldsymbol{k})\cdot(b_1\boldsymbol{i}+b_2\boldsymbol{j}+b_3\boldsymbol{k})=a_1b_1+a_2b_2+a_3b_3.\tag{7-7}$$

设 $\boldsymbol{a}$ 与 $\boldsymbol{b}$ 均为非零向量,且夹角为 θ,则两向量夹角的余弦的坐标表示为

$$\cos\theta=\frac{\boldsymbol{a}\cdot\boldsymbol{b}}{|\boldsymbol{a}||\boldsymbol{b}|}=\frac{a_1b_1+a_2b_2+a_3b_3}{\sqrt{a_1^2+a_2^2+a_3^2}\sqrt{b_1^2+b_2^2+b_3^2}}.\tag{7-8}$$

3)向量的向量积

因为 $\boldsymbol{i}\times\boldsymbol{j}=\boldsymbol{k},\boldsymbol{j}\times\boldsymbol{k}=\boldsymbol{i},\boldsymbol{k}\times\boldsymbol{i}=\boldsymbol{j}$,且 $\boldsymbol{i}\times\boldsymbol{i}=\boldsymbol{j}\times\boldsymbol{j}=\boldsymbol{k}\times\boldsymbol{k}=\boldsymbol{0}$,所以

$$\begin{aligned}\boldsymbol{a}\times\boldsymbol{b}&=(a_1\boldsymbol{i}+a_2\boldsymbol{j}+a_3\boldsymbol{k})\times(b_1\boldsymbol{i}+b_2\boldsymbol{j}+b_3\boldsymbol{k})\\&=(a_2b_3-a_3b_2)\boldsymbol{i}-(a_1b_3-a_3b_1)\boldsymbol{j}+(a_1b_2-a_2b_1)\boldsymbol{k}\\&=\begin{vmatrix}a_2&a_3\\b_2&b_3\end{vmatrix}\boldsymbol{i}-\begin{vmatrix}a_1&a_3\\b_1&b_3\end{vmatrix}\boldsymbol{j}+\begin{vmatrix}a_1&a_2\\b_1&b_2\end{vmatrix}\boldsymbol{k}\\&=\begin{vmatrix}\boldsymbol{i}&\boldsymbol{j}&\boldsymbol{k}\\a_1&a_2&a_3\\b_1&b_2&b_3\end{vmatrix}.\end{aligned}\tag{7-9}$$

4)向量的混合积

$$[\boldsymbol{a},\boldsymbol{b},\boldsymbol{c}]=(\boldsymbol{a}\times\boldsymbol{b})\cdot\boldsymbol{c}=\left(\begin{vmatrix}a_2&a_3\\b_2&b_3\end{vmatrix},-\begin{vmatrix}a_1&a_3\\b_1&b_3\end{vmatrix},\begin{vmatrix}a_1&a_2\\b_1&b_2\end{vmatrix}\right)\cdot(c_1,c_2,c_3)$$

$$= c_1\begin{vmatrix} a_2 & a_3 \\ b_2 & b_3 \end{vmatrix} - c_2\begin{vmatrix} a_1 & a_3 \\ b_1 & b_3 \end{vmatrix} + c_3\begin{vmatrix} a_1 & a_2 \\ b_1 & b_2 \end{vmatrix}$$

$$= \begin{vmatrix} a_1 & a_2 & a_3 \\ b_1 & b_2 & b_3 \\ c_1 & c_2 & c_3 \end{vmatrix}. \tag{7-10}$$

例 2 已知三角形的顶点坐标为 $M(1,1,1)$，$A(2,2,1)$，$B(2,1,2)$，求 $\angle AMB$.

解 记从 M 到 A 的向量为 $\boldsymbol{a}$，从 M 到 B 的向量为 $\boldsymbol{b}$，则 $\angle AMB$ 就是向量 $\boldsymbol{a}$ 与 $\boldsymbol{b}$ 的夹角. 由

$$\boldsymbol{a} = \overrightarrow{MA} = \boldsymbol{r}_A - \boldsymbol{r}_M = (2,2,1) - (1,1,1) = (1,1,0)$$
$$\boldsymbol{b} = \overrightarrow{MB} = \boldsymbol{r}_B - \boldsymbol{r}_M = (2,1,2) - (1,1,1) = (1,0,1)$$

得

$$\boldsymbol{a} \cdot \boldsymbol{b} = 1 \times 1 + 1 \times 0 + 0 \times 1 = 1,$$
$$|\boldsymbol{a}| = \sqrt{1^2 + 1^2 + 0^2} = \sqrt{2},$$
$$|\boldsymbol{b}| = \sqrt{1^2 + 0^2 + 1^2} = \sqrt{2}.$$

故

$$\cos\angle AMB = \frac{\boldsymbol{a} \cdot \boldsymbol{b}}{|\boldsymbol{a}||\boldsymbol{b}|} = \frac{1}{\sqrt{2} \cdot \sqrt{2}} = \frac{1}{2},$$

从而 $\angle AMB = \frac{\pi}{3}$.

例 3 设 $\boldsymbol{a} = (2,1,-1)$，$\boldsymbol{b} = (1,-1,2)$，计算 $\boldsymbol{a} \times \boldsymbol{b}$.

解

$$\boldsymbol{a} \times \boldsymbol{b} = \begin{vmatrix} \boldsymbol{i} & \boldsymbol{j} & \boldsymbol{k} \\ 2 & 1 & -1 \\ 1 & -1 & 2 \end{vmatrix}$$
$$= 2\boldsymbol{i} - \boldsymbol{j} - 2\boldsymbol{k} - \boldsymbol{k} - 4\boldsymbol{j} - \boldsymbol{i}$$
$$= \boldsymbol{i} - 5\boldsymbol{j} - 3\boldsymbol{k}$$
$$= (1,-5,-3).$$

例 4 已知 $\triangle ABC$ 顶点分别是 $A(1,2,3)$，$B(3,4,5)$，$C(2,4,7)$，求 $\triangle ABC$ 的面积.

解 根据向量积的定义，可知 $\triangle ABC$ 的面积为

$$S_{\triangle ABC} = \frac{1}{2}|\overrightarrow{AB}||\overrightarrow{AC}|\sin\angle A = \frac{1}{2}|\overrightarrow{AB} \times \overrightarrow{AC}|.$$

由于

$$\overrightarrow{AB} = \boldsymbol{r}_B - \boldsymbol{r}_A = (3,4,5) - (1,2,3) = (2,2,2),$$
$$\overrightarrow{AC} = \boldsymbol{r}_C - \boldsymbol{r}_A = (2,4,7) - (1,2,3) = (1,2,4).$$

因此

$$\overrightarrow{AB} \times \overrightarrow{AC} = \begin{vmatrix} \boldsymbol{i} & \boldsymbol{j} & \boldsymbol{k} \\ 2 & 2 & 2 \\ 1 & 2 & 4 \end{vmatrix} = \left(\begin{vmatrix} 2 & 2 \\ 2 & 4 \end{vmatrix}, -\begin{vmatrix} 2 & 2 \\ 1 & 4 \end{vmatrix}, \begin{vmatrix} 2 & 2 \\ 1 & 2 \end{vmatrix} \right) = (4, -6, 2),$$

于是

$$S_{\triangle ABC} = \frac{1}{2} |\overrightarrow{AB} \times \overrightarrow{AC}| = \frac{1}{2} \sqrt{4^2 + (-6)^2 + 2^2} = \sqrt{14}.$$

例 5　已知四面体的顶点分别是 $A(0,0,2)$，$B(3,0,5)$，$C(1,1,0)$，$D(4,1,2)$，求此四面体的体积.

解　根据混合积的定义，以$\overrightarrow{AB}$，$\overrightarrow{AC}$，$\overrightarrow{AD}$ 3 个向量为棱所构成的平行六面体的体积为

$$V_0 = |[\overrightarrow{AB}, \overrightarrow{AC}, \overrightarrow{AD}]|,$$

其中

$$\overrightarrow{AB} = \boldsymbol{r}_B - \boldsymbol{r}_A = (3,0,5) - (0,0,2) = (3,0,3),$$
$$\overrightarrow{AC} = \boldsymbol{r}_C - \boldsymbol{r}_A = (1,1,0) - (0,0,2) = (1,1,-2),$$
$$\overrightarrow{AD} = \boldsymbol{r}_D - \boldsymbol{r}_A = (4,1,2) - (0,0,2) = (4,1,0).$$

而

$$[\overrightarrow{AB}, \overrightarrow{AC}, \overrightarrow{AD}] = \begin{vmatrix} 3 & 0 & 3 \\ 1 & 1 & -2 \\ 4 & 1 & 0 \end{vmatrix} = -3,$$

所求四面体的体积为

$$V = \frac{1}{6} V_0 = \frac{1}{6} |[\overrightarrow{AB}, \overrightarrow{AC}, \overrightarrow{AD}]| = \frac{1}{6} \cdot |-3| = \frac{1}{2}.$$

基础题

1. 设 $\boldsymbol{m}=(3,5,8)$，$\boldsymbol{n}=(2,-4,-7)$ 和 $\boldsymbol{p}=(5,1,-4)$，求向量 $\boldsymbol{a}=4\boldsymbol{m}+3\boldsymbol{n}-\boldsymbol{p}$ 的坐标，并指出所在卦限.

2. 设已知两点 $M_1(4,\sqrt{2},1)$ 和 $M_2(3,0,2)$，计算 $\overrightarrow{M_1M_2}$ 的模、方向余弦、方向角及单位向量.

3. 设 $\boldsymbol{a}=(3,-1,2)$，$\boldsymbol{b}=(1,2,-1)$，求 $\boldsymbol{a}\cdot\boldsymbol{b}$ 与 $\boldsymbol{a}\times\boldsymbol{b}$.

4. 设 $\boldsymbol{a}=(2,-3,2)$，$\boldsymbol{b}=(-1,1,2)$，$\boldsymbol{c}=(1,0,3)$，求 $(\boldsymbol{a}\times\boldsymbol{b})\cdot\boldsymbol{c}$.

5. 设向量 $\boldsymbol{\alpha}=-\boldsymbol{i}+3\boldsymbol{j}+\boldsymbol{k}$，$\boldsymbol{\beta}=\boldsymbol{i}+\boldsymbol{j}+t\boldsymbol{k}$，且已知 $\boldsymbol{\alpha}\times\boldsymbol{\beta}=-4\boldsymbol{i}-4\boldsymbol{k}$，求 t 的值.

提高题

1.【2008 年数一】设向量 $\boldsymbol{\alpha}=\boldsymbol{i}+2\boldsymbol{j}+3\boldsymbol{k}$，$\boldsymbol{\beta}=\boldsymbol{i}-3\boldsymbol{k}-2\boldsymbol{k}$，则与 $\boldsymbol{\alpha},\boldsymbol{\beta}$ 都垂直的单位向量为（　　）.

A. $\pm(\boldsymbol{i}+\boldsymbol{j}-\boldsymbol{k})$　　B. $\pm\dfrac{1}{\sqrt{3}}(\boldsymbol{i}-\boldsymbol{j}+\boldsymbol{k})$

C. $\pm\dfrac{1}{\sqrt{3}}(-\boldsymbol{i}+\boldsymbol{j}+\boldsymbol{k})$　　D. $\pm\dfrac{1}{\sqrt{3}}(\boldsymbol{i}+\boldsymbol{j}-\boldsymbol{k})$

2.【2006 年数一】已知向量 $\boldsymbol{\alpha}=\boldsymbol{i}+a\boldsymbol{j}-3\boldsymbol{k}$，$\boldsymbol{\beta}=a\boldsymbol{i}-3\boldsymbol{j}+6\boldsymbol{k}$，$\boldsymbol{\gamma}=-2\boldsymbol{i}+2\boldsymbol{j}+6\boldsymbol{k}$，若 $\boldsymbol{\alpha},\boldsymbol{\beta},\boldsymbol{\gamma}$ 共面，则 a 等于（　　）.

A. 1 或 2　　B. -1 或 2　　C. -1 或 -2　　D. 1 或 -2

3. 若 α,β,γ 为向量 $\boldsymbol{a}$ 的方向角，则 $\cos^2\alpha+\cos^2\beta+\cos^2\gamma=$ ________；$\sin^2\alpha+\sin^2\beta+\sin^2\gamma=$ ________.

4. 确定下列各组向量间的位置关系：

(1) $\boldsymbol{a}=(1,1,-2)$ 与 $\boldsymbol{b}=(-2,-2,4)$；

(2) $\boldsymbol{a}=(2,-3,1)$ 与 $\boldsymbol{b}=(4,2,-2)$.

应用题

证明 $A(1,1,1)$，$B(4,5,6)$，$C(2,3,3)$，$D(10,15,17)$ 4 点共面.

7.3 平面与直线

平面解析几何重点讨论曲线与方程,空间解析几何同样要求对已知曲面或曲线建立方程,或对已知方程作出所表示的曲面或曲线.这样的方程称为曲面或曲线的方程,即曲面或曲线上的点的坐标满足方程,且满足方程的点都在曲面或曲线上.其中,平面与直线分别是曲面与曲线的特例.

7.3.1 平面方程

过一定点且与已知非零向量垂直的平面是唯一确定的,如图7-13所示.设定点 $M_0(x_0,y_0,z_0)$,非零向量 $\boldsymbol{n}=(A,B,C)$,对平面上任意一点 $M(x,y,z)$,若 $\overrightarrow{M_0M}\perp\boldsymbol{n}$,则 $\overrightarrow{M_0M}\cdot\boldsymbol{n}=0$.因为

$$\begin{aligned}\overrightarrow{M_0M}&=\boldsymbol{r}_M-\boldsymbol{r}_{M_0}=(x,y,z)-(x_0,y_0,z_0)\\&=(x-x_0,y-y_0,z-z_0)\end{aligned}$$

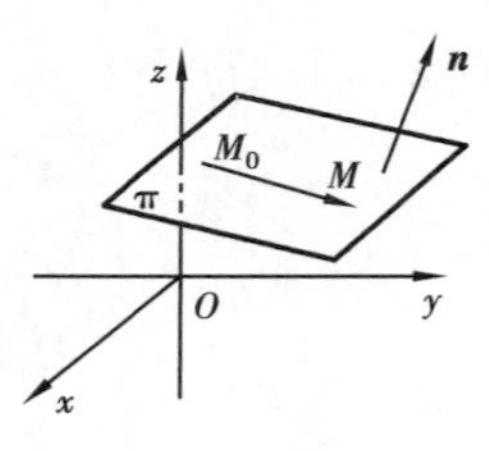

图7-13

所以得到平面方程为

$$A(x-x_0)+B(y-y_0)+C(z-z_0)=0. \tag{7-11}$$

式(7-11)称为平面的**点法式方程**,向量 $\boldsymbol{n}$ 称为此平面的**法向量**.显然,与 $\boldsymbol{n}$ 平行的所有非零向量均可作为此平面的法向量.

例1 求过点(2,-3,0)且以 $\boldsymbol{n}=(1,-2,3)$ 为法向量的平面的方程.

解 根据平面的点法式方程,得所求平面的方程为

$$1\cdot(x-2)+(-2)\cdot(y+3)+3\cdot(z-0)=0,$$

即 $x-2y+3z-8=0$.

例2 已知不在同一直线上的3点 $M_1(2,-1,4)$,$M_2(-1,3,-2)$ 和 $M_3(0,2,3)$,求过这3点的平面方程.

解 所求平面过定点 M_1,且垂直于向量 $\overrightarrow{M_1M_2}\times\overrightarrow{M_1M_3}$,即可用 $\overrightarrow{M_1M_2}\times\overrightarrow{M_1M_3}$ 作为平面的法向量 $\boldsymbol{n}$.因为

$$\begin{aligned}\overrightarrow{M_1M_2}&=\boldsymbol{r}_{M_2}-\boldsymbol{r}_{M_1}=(-1,3,-2)-(2,-1,4)\\&=(-3,4,-6),\\\overrightarrow{M_1M_3}&=\boldsymbol{r}_{M_3}-\boldsymbol{r}_{M_1}=(0,2,3)-(2,-1,4)\\&=(-2,3,-1),\end{aligned}$$

所以

$$\boldsymbol{n}=\overrightarrow{M_1M_2}\times\overrightarrow{M_1M_3}=\begin{vmatrix}\boldsymbol{i}&\boldsymbol{j}&\boldsymbol{k}\\-3&4&-6\\-2&3&-1\end{vmatrix}$$

$$=14\boldsymbol{i}+9\boldsymbol{j}-\boldsymbol{k}=(14,9,-1).$$

根据平面的点法式方程,得所求平面的方程为

$$14\cdot(x-2)+9\cdot(y+1)+(-1)\cdot(z-4)=0,$$

即

$$14x+9y-z-15=0.$$

一般地,已知不在同一直线上的 3 点 $M_1(x_1,y_1,z_1)$,$M_2(x_2,y_2,z_2)$和$M_3(x_3,y_3,z_3)$,则此 3 点可确定一个平面. 所求平面过定点 M_1,且垂直于向量$\overrightarrow{M_1M_2}\times\overrightarrow{M_1M_3}$,即法向量 $\boldsymbol{n}=\overrightarrow{M_1M_2}\times\overrightarrow{M_1M_3}$. 因为

$$\overrightarrow{M_1M_2}=\boldsymbol{r}_{M_2}-\boldsymbol{r}_{M_1}=(x_2,y_2,z_2)-(x_1,y_1,z_1)$$
$$=(x_2-x_1,y_2-y_1,z_2-z_1),$$
$$\overrightarrow{M_1M_3}=\boldsymbol{r}_{M_3}-\boldsymbol{r}_{M_1}=(x_3,y_3,z_3)-(x_1,y_1,z_1)$$
$$=(x_3-x_1,y_3-y_1,z_3-z_1),$$

$$\boldsymbol{n}=\overrightarrow{M_1M_2}\times\overrightarrow{M_1M_3}=\begin{vmatrix}\boldsymbol{i}&\boldsymbol{j}&\boldsymbol{k}\\x_2-x_1&y_2-y_1&z_2-z_1\\x_3-x_1&y_3-y_1&z_3-z_1\end{vmatrix}$$

$$=\left(\begin{vmatrix}y_2-y_1&z_2-z_1\\y_3-y_1&z_3-z_1\end{vmatrix},-\begin{vmatrix}x_2-x_1&z_2-z_1\\x_3-x_1&z_3-z_1\end{vmatrix},\begin{vmatrix}x_2-x_1&y_2-y_1\\x_3-x_1&y_3-y_1\end{vmatrix}\right).$$

所以平面方程为

$$\begin{vmatrix}y_2-y_1&z_2-z_1\\y_3-y_1&z_3-z_1\end{vmatrix}(x-x_1)-\begin{vmatrix}x_2-x_1&z_2-z_1\\x_3-x_1&z_3-z_1\end{vmatrix}(y-y_1)+$$
$$\begin{vmatrix}x_2-x_1&y_2-y_1\\x_3-x_1&y_3-y_1\end{vmatrix}(z-z_1)=0.$$

根据行列式的展开式,得过不在同一直线上 3 点的平面方程可写为

$$\begin{vmatrix}x-x_1&y-y_1&z-z_1\\x_2-x_1&y_2-y_1&z_2-z_1\\x_3-x_1&y_3-y_1&z_3-z_1\end{vmatrix}=0. \tag{7-12}$$

式(7-12)称为平面的**三点式方程**.

例3　若例2中的3点分别为$A(a,0,0)$,$B(0,b,0)$和$C(0,0,c)$,即已知平面与三坐标轴的交点,a,b,c称为平面在三坐标轴的截距. 此时,平面方程为

$$\begin{vmatrix} x-a & y & z \\ 0-a & b-0 & 0-0 \\ 0-a & 0-0 & c-0 \end{vmatrix}=0,$$

整理后,得

$$\frac{x}{a}+\frac{y}{b}+\frac{z}{c}=1. \tag{7-13}$$

式(7-13)称为平面的**截距式方程**.

平面的**一般式方程**为

$$Ax+By+Cz+D=0. \tag{7-14}$$

特殊情况:

(1)若$D=0$,则平面过原点;

(2)若$A=0$,或$B=0$,或$C=0$,则平面分别平行于x轴、y轴、z轴;

(3)若$A=D=0$,或$B=D=0$,或$C=D=0$,则平面分别过x轴、y轴、z轴.

例4　已知平面的一般式方程为$2x+y+z-6=0$,求平面的点法式方程和截距式方程.

解　因为$2x+y+z-6=2(x-1)+(y-2)+(z-2)$,所以点法式方程为

$$2(x-1)+(y-2)+(z-2)=0.$$

由此可知,在平面的一般式方程$Ax+By+Cz+D=0$中,x,y,z的系数所构成的向量$\boldsymbol{n}=(A,B,C)$即为平面的法向量.

又因$2x+y+z=6$,则可得平面的截距式方程为

$$\frac{x}{3}+\frac{y}{6}+\frac{z}{6}=1.$$

其中,3,6,6分别为平面在x轴、y轴、z轴上的截距.

7.3.2　直线方程

过一定点且与已知非零向量平行的直线是唯一确定的,如图7-14所示. 设定点$M_0(x_0,y_0,z_0)$,非零向量$\boldsymbol{s}=(m,n,p)$,对直线上任意一点$M(x,y,z)$,若$\overrightarrow{M_0M}/\!/\boldsymbol{s}$,从而有$\overrightarrow{M_0M}=t\boldsymbol{s}=(tm,tn,tp)$. 又因为

$$\begin{aligned}\overrightarrow{M_0M}=\boldsymbol{r}_M-\boldsymbol{r}_{M_0}&=(x,y,z)-(x_0,y_0,z_0)\\&=(x-x_0,y-y_0,z-z_0),\end{aligned}$$

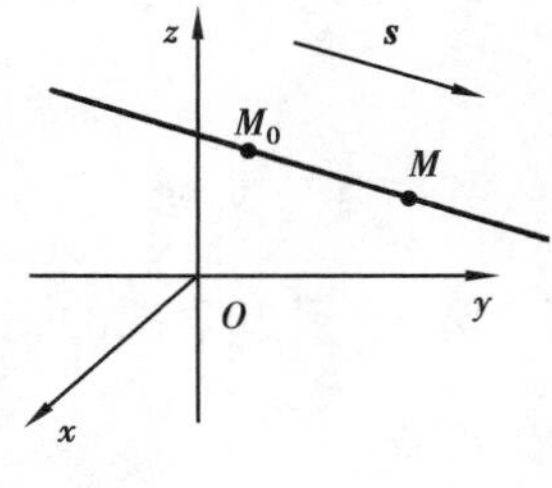

图7-14

所以得 $x-x_0=tm, y-y_0=tn, z-z_0=tp$,故直线方程为

$$\frac{x-x_0}{m}=\frac{y-y_0}{n}=\frac{z-z_0}{p}. \tag{7-15}$$

式(7-15)称为直线的**点向式方程**,又称直线的**对称式方程**或**标准方程**. 其中,直线的任一方向向量 $\boldsymbol{s}$ 的坐标 m,n,p,称为**方向数**;向量 $\boldsymbol{s}$ 的方向余弦,称为该直线的方向余弦. 显然,与 m,n,p 成比例的任何一组(不全为零的)数均为同一直线的方向数.

由直线的对称式方程容易导出直线的**参数式方程**. 设

$$\frac{x-x_0}{m}=\frac{y-y_0}{n}=\frac{z-z_0}{p}=t,$$

得方程组

$$\begin{cases}x=x_0+mt\\y=y_0+nt\\z=z_0+pt\end{cases}. \tag{7-16}$$

式中,t 是参变量.

由于空间直线可看成两个平面的交线,因此,直线的**一般式方程**为

$$\begin{cases}A_1x+B_1y+C_1z+D_1=0\\A_2x+B_2y+C_2z+D_2=0\end{cases}. \tag{7-17}$$

式(7-17)又称直线的**交面式方程**. 因为一般式方程为两平面的交线,所以两平面的法向量不能平行. 通过空间一条直线的平面有无限多个,只要在这无限多个平面中任意选取两个,把它们的方程联立起来,所得的方程组就表示该空间直线了.

例 5 已知不同的两点 $M_1(x_1,y_1,z_1)$ 和 $M_2(x_2,y_2,z_2)$,求过这两点的直线方程.

解 因为直线平行于 $\overrightarrow{M_1M_2}$,所以 $\overrightarrow{M_1M_2}$ 可作为该直线的方向向量. 由 $\overrightarrow{M_1M_2}=\boldsymbol{r}_{M_2}-\boldsymbol{r}_{M_1}=(x_2,y_2,z_2)-(x_1,y_1,z_1)=(x_2-x_1,y_2-y_1,z_2-z_1)$,得直线的方程为

$$\frac{x-x_1}{x_2-x_1}=\frac{y-y_1}{y_2-y_1}=\frac{z-z_1}{z_2-z_1}. \tag{7-18}$$

式(7-18)又称直线的**两点式方程**.

例 6 已知直线的一般式方程为 $\begin{cases}x+y+z=1\\2x-y+3z=4\end{cases}$,求此直线的对称式方程及参数方程.

解 先求直线上的一点. 取 $x=1$,有

$$\begin{cases} y + z = -2 \\ -y + 3z = 2 \end{cases},$$

解此方程组，得 $y = -2, z = 0$. 即 $(1, -2, 0)$ 就是直线上的一点.

再求这直线的方向向量 $\boldsymbol{s}$. 以平面 $x + y + z = 1$ 和 $2x - y + 3z = 4$ 的法向量的向量积作为直线的方向向量 $\boldsymbol{s}$，则

$$\boldsymbol{s} = (\boldsymbol{i} + \boldsymbol{j} + \boldsymbol{k}) \times (2\boldsymbol{i} - \boldsymbol{j} + 3\boldsymbol{k})$$

$$= \begin{vmatrix} \boldsymbol{i} & \boldsymbol{j} & \boldsymbol{k} \\ 1 & 1 & 1 \\ 2 & -1 & 3 \end{vmatrix} = 4\boldsymbol{i} - \boldsymbol{j} - 3\boldsymbol{k} = (4, -1, -3).$$

因此，所给直线的对称式方程为

$$\frac{x-1}{4} = \frac{y+2}{-1} = \frac{z}{-3}.$$

令 $\frac{x-1}{4} = \frac{y+2}{-1} = \frac{z}{-3} = t$，得所给直线的参数方程为

$$\begin{cases} x = 1 + 4t \\ y = -2 - t \\ z = -3t \end{cases}.$$

7.3.3　点到平面与点到直线的距离

1）点到平面的距离

设平面 $\pi: Ax + By + Cz + D = 0$，平面 π 外一点 $M_0(x_0, y_0, z_0)$，如图 7-15 所示. 在平面 π 上任取一点 $M_1(x_1, y_1, z_1)$，那么向量 $\overrightarrow{M_1M_0}$ 在平面 π 的法向量 $\boldsymbol{n}$ 上的投影的绝对值为点 M_0 到平面 π 的距离.

因为

$$\overrightarrow{M_1M_0} = \boldsymbol{r}_{M_0} - \boldsymbol{r}_{M_1} = (x_0 - x_1, y_0 - y_1, z_0 - z_1), \quad \boldsymbol{n} = (A, B, C),$$

所以

$$|\mathrm{Prj}_{\boldsymbol{n}} \overrightarrow{M_1M_0}| = \frac{|\overrightarrow{M_1M_0} \cdot \boldsymbol{n}|}{|\boldsymbol{n}|} = \frac{|A(x_0 - x_1) + B(y_0 - y_1) + C(z_0 - z_1)|}{\sqrt{A^2 + B^2 + C^2}}$$

$$= \frac{|Ax_0 + By_0 + Cz_0 - (Ax_1 + By_1 + Cz_1)|}{\sqrt{A^2 + B^2 + C^2}}.$$

由于点 $M_1(x_1, y_1, z_1)$ 在平面 π 上，因此，$Ax_1 + By_1 + Cz_1 + D = 0$，则有

$$-(Ax_1 + By_1 + Cz_1) = D.$$

于是，点 M_0 到平面 π 的距离为

$$d=\frac{|Ax_0+By_0+Cz_0+D|}{\sqrt{A^2+B^2+C^2}},$$

这便是**点到平面的距离公式**.

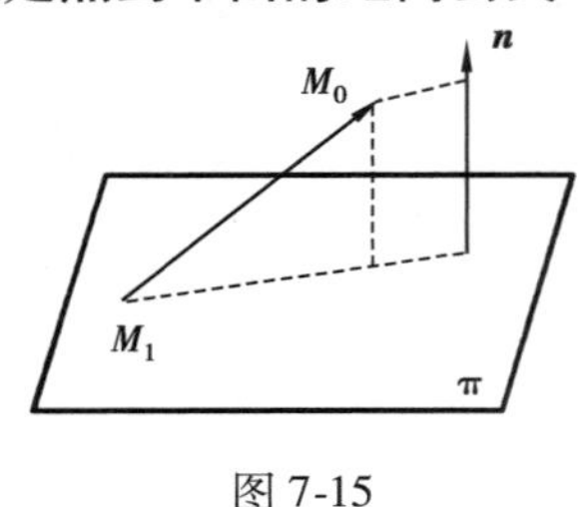

图 7-15

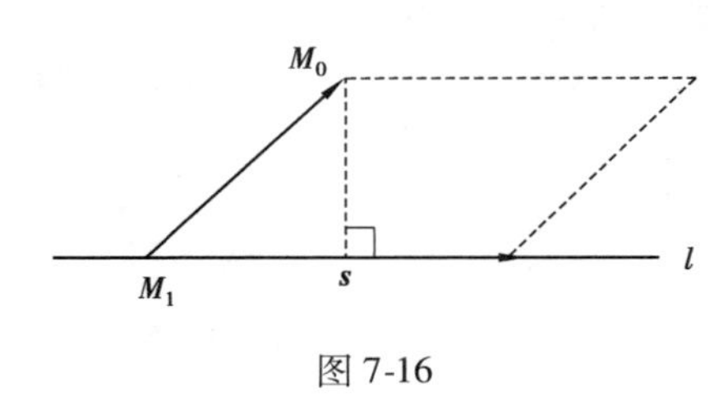

图 7-16

2）点到直线的距离

设直线 $l:\frac{x-x_1}{m}=\frac{y-y_1}{n}=\frac{z-z_1}{p}$，直线 l 外一点 $M_0(x_0,y_0,z_0)$，如图 7-16 所示. 若直线上一点 $M_1(x_1,y_1,z_1)$，直线的方向向量 $\boldsymbol{s}=(m,n,p)$，则向量 $\overrightarrow{M_1M_0}$ 与 $\boldsymbol{s}$ 所构成的平行四边形在 $\boldsymbol{s}$ 边上的高为点 M_0 到直线 l 的距离.

平行四边形的面积 $S=|\boldsymbol{s}\times\overrightarrow{M_1M_0}|$，$|\boldsymbol{s}|$ 为平行四边形底边长，故点 M_0 到直线 l 的距离公式为

$$d=\frac{|\boldsymbol{s}\times\overrightarrow{M_1M_0}|}{|\boldsymbol{s}|},$$

式中

$$|\boldsymbol{s}|=\sqrt{m^2+n^2+p^2},$$

$$\overrightarrow{M_1M_0}=\boldsymbol{r}_{M_0}-\boldsymbol{r}_{M_1}=(x_0-x_1,y_0-y_1,z_0-z_1),$$

$$|\boldsymbol{s}\times\overrightarrow{M_1M_0}|=\sqrt{\begin{vmatrix} n & p \\ y_0-y_1 & z_0-z_1\end{vmatrix}^2+\begin{vmatrix} m & p \\ x_0-x_1 & z_0-z_1\end{vmatrix}^2+\begin{vmatrix} m & n \\ x_0-x_1 & y_0-y_1\end{vmatrix}^2}.$$

例 7 求点 $(2,1,1)$ 到平面 $x+y-z+1=0$ 的距离.

解

$$\begin{aligned} d&=\frac{|Ax_0+By_0+Cz_0+D|}{\sqrt{A^2+B^2+C^2}}\\ &=\frac{|1\times2+1\times1+(-1)\times1+1|}{\sqrt{1^2+1^2+(-1)^2}}\\ &=\frac{3}{\sqrt{3}}=\sqrt{3}.\end{aligned}$$

7.3.4　两平面、两直线及平面与直线的位置关系

1)两平面的位置关系

设有两个平面

$$\pi_1: A_1x + B_1y + C_1z + D_1 = 0,\quad \boldsymbol{n}_1 = (A_1, B_1, C_1);$$
$$\pi_2: A_2x + B_2y + C_2z + D_2 = 0,\quad \boldsymbol{n}_2 = (A_2, B_2, C_2),$$

则不难证明以下结论:

(1)两平面 π_1 与 π_2 平行$\Leftrightarrow \frac{A_1}{A_2} = \frac{B_1}{B_2} = \frac{C_1}{C_2} \neq \frac{D_1}{D_2}$ $\left(当 \frac{A_1}{A_2} = \frac{B_1}{B_2} = \frac{C_1}{C_2} = \frac{D_1}{D_2}\right.$时,两平面重合$\left.\right)$;

(2)两平面 π_1 与 π_2 相交$\Leftrightarrow A_1 : B_1 : C_1 \neq A_2 : B_2 : C_2$;

(3)两平面 π_1 与 π_2 垂直$\Leftrightarrow A_1A_2 + B_1B_2 + C_1C_2 = 0$;

(4)两平面 π_1 与 π_2 夹角为 $\theta\left(0 \leqslant \theta \leqslant \frac{\pi}{2}\right)$,则

$$\cos\theta = \frac{|A_1A_2 + B_1B_2 + C_1C_2|}{\sqrt{A_1^2 + B_1^2 + C_1^2} \cdot \sqrt{A_2^2 + B_2^2 + C_2^2}}.$$

2)两直线的位置关系

设有两直线

$$l_1: \frac{x - x_1}{m_1} = \frac{y - y_1}{n_1} = \frac{z - z_1}{p_1},\quad \boldsymbol{s}_1 = (m_1, n_1, p_1);$$
$$l_2: \frac{x - x_2}{m_2} = \frac{y - y_2}{n_2} = \frac{z - z_2}{p_2},\quad \boldsymbol{s}_2 = (m_2, n_2, p_2).$$

点 $M_1(x_1, y_1, z_1)$ 和 $M_2(x_2, y_2, z_2)$ 分别在直线 l_1 与 l_2 上,则有以下结论:

(1)两直线 l_1 与 l_2 为异面直线$\Leftrightarrow [\boldsymbol{s}_1, \boldsymbol{s}_2, \overrightarrow{M_1M_2}] \neq 0$;

(2)两直线 l_1 与 l_2 平行$\Leftrightarrow \boldsymbol{s}_1 /\!/ \boldsymbol{s}_2$ 但不与$\overrightarrow{M_1M_2}$平行(当 $\boldsymbol{s}_1 /\!/ \boldsymbol{s}_2 /\!/ \overrightarrow{M_1M_2}$时,两直线 l_1 与 l_2 重合);

(3)两直线 l_1 与 l_2 相交$\Leftrightarrow [\boldsymbol{s}_1, \boldsymbol{s}_2, \overrightarrow{M_1M_2}] = 0$ 且 $\boldsymbol{s}_1$ 与 $\boldsymbol{s}_2$ 不平行;

(4)两直线 l_1 与 l_2 的夹角为 $\theta\left(0 \leqslant \theta \leqslant \frac{\pi}{2}\right)$,则

$$\cos\theta = \frac{|m_1m_2 + n_1n_2 + p_1p_2|}{\sqrt{m_1^2 + n_1^2 + p_1^2} \cdot \sqrt{m_2^2 + n_2^2 + p_2^2}}.$$

特别地，两直线 l_1 与 l_2 垂直$\Leftrightarrow m_1m_2+n_1n_2+p_1p_2=0$.

3）平面与直线的位置关系

设

直线 l：$\dfrac{x-x_1}{m}=\dfrac{y-y_1}{n}=\dfrac{z-z_1}{p}$，$\boldsymbol{s}=(m,n,p)$；

平面 π：$Ax+By+Cz+D=0$，$\boldsymbol{n}=(A,B,C)$.

点 $M_1(x_1,y_1,z_1)$ 在直线 l 上，点 $M_2(x_2,y_2,z_2)$ 在平面 π 上，则有以下结论：

（1）直线 l 与平面 π 平行$\Leftrightarrow \boldsymbol{s}\cdot\boldsymbol{n}=0$ 且 $\boldsymbol{n}\cdot\overrightarrow{M_1M_2}\neq 0$（当 $\boldsymbol{s}\cdot\boldsymbol{n}=0$ 且 $\boldsymbol{n}\cdot\overrightarrow{M_1M_2}=0$ 时，直线 l 与平面 π 上）；

（2）直线 l 与平面 π 垂直$\Leftrightarrow \boldsymbol{s}/\!/\boldsymbol{n}$；

（3）直线 l 与平面 π 相交$\Leftrightarrow \boldsymbol{s}\cdot\boldsymbol{n}\neq 0$；

（4）直线 l 与平面 π 的夹角为 $\theta\left(0\leqslant\theta\leqslant\dfrac{\pi}{2}\right)$，则

$$\sin\theta=\frac{|\boldsymbol{s}\cdot\boldsymbol{n}|}{|\boldsymbol{s}|\cdot|\boldsymbol{n}|}=\frac{|Am+Bn+Cp|}{\sqrt{m^2+n^2+p^2}\cdot\sqrt{A^2+B^2+C^2}}.$$

例 8 求直线 $l_1:\dfrac{x-1}{1}=\dfrac{y}{-4}=\dfrac{z+3}{1}$和 $l_2:\dfrac{x}{2}=\dfrac{y+2}{-2}=\dfrac{z}{-1}$的夹角.

解 两直线的方向向量分别为 $\boldsymbol{s}_1=(1,-4,1)$ 与 $\boldsymbol{s}_2=(2,-2,-1)$. 设两直线的夹角为 φ，则

$$\cos\varphi=\frac{|1\times2+(-4)\times(-2)+1\times(-1)|}{\sqrt{1^2+(-4)^2+1^2}\cdot\sqrt{2^2+(-2)^2+(-1)^2}}=\frac{1}{\sqrt{2}}=\frac{\sqrt{2}}{2},$$

所以 $\varphi=\dfrac{\pi}{4}$.

例 9 求平面 $\pi_1:x-y+2z-6=0$ 和 $\pi_2:2x+y+z-5=0$ 的夹角.

解 因为法向量分别为

$$\boldsymbol{n}_1=(A_1,B_1,C_1)=(1,-1,2),$$
$$\boldsymbol{n}_2=(A_2,B_2,C_2)=(2,1,1).$$

所以

$$\cos\theta=\frac{|A_1A_2+B_1B_2+C_1C_2|}{\sqrt{A_1^2+B_1^2+C_1^2}\cdot\sqrt{A_2^2+B_2^2+C_2^2}}$$

$$= \frac{|1 \times 2 + (-1) \times 1 + 2 \times 1|}{\sqrt{1^2 + (-1)^2 + 2^2} \cdot \sqrt{2^2 + 1^2 + 1^2}} = \frac{1}{2},$$

则所求夹角为 $\theta = \frac{\pi}{3}$.

例 10　求通过两点 $M_1(1,1,1)$ 和 $M_2(0,1,-1)$ 且垂直于平面 $x+y+z=0$ 的平面方程.

解　方法 1:已知从点 M_1 到点 M_2 的向量为 $\boldsymbol{n}_1 = \overrightarrow{M_1M_2} = (-1,0,-2)$,平面 $x+y+z=0$ 的法向量为 $\boldsymbol{n}_2 = (1,1,1)$. 设所求平面的法向量为 $\boldsymbol{n} = (A,B,C)$. 因为点 $M_1(1,1,1)$ 和 $M_2(0,1,-1)$ 在所求平面上,所以 $\boldsymbol{n} \perp \boldsymbol{n}_1$,得 $-A-2C=0$,即

$$A = -2C.$$

因为所求平面垂直于平面 $x+y+z=0$,所以 $\boldsymbol{n} \perp \boldsymbol{n}_2$,得 $A+B+C=0$. 又因为 $A=-2C$,所以 $B=C$.

于是,由点法式方程得所求平面为

$$-2C(x-1) + C(y-1) + C(z-1) = 0,$$

即

$$2x - y - z = 0.$$

方法 2:已知从点 M_1 到点 M_2 的向量为 $\boldsymbol{n}_1 = (-1,0,-2)$,平面 $x+y+z=0$ 的法向量为 $\boldsymbol{n}_2 = (1,1,1)$. 设所求平面的法向量为 $\boldsymbol{n} = (A,B,C)$,则有

$$\boldsymbol{n} = \boldsymbol{n}_1 \times \boldsymbol{n}_2 = \begin{vmatrix} \boldsymbol{i} & \boldsymbol{j} & \boldsymbol{k} \\ -1 & 0 & -2 \\ 1 & 1 & 1 \end{vmatrix}$$

$$= 2\boldsymbol{i} - \boldsymbol{j} - \boldsymbol{k} = (2,-1,-1),$$

所求平面方程为 $2(x-1)-(y-1)-(z-1)=0$,即

$$2x - y - z = 0.$$

设直线 l 的交面式方程为 $\begin{cases} A_1x+B_1y+C_1z+D_1=0 \\ A_2x+B_2y+C_2z+D_2=0 \end{cases}$,则方程

$$A_1x + B_1y + C_1z + D_1 + \lambda(A_2x + B_2y + C_2z + D_2) = 0$$

和

$$A_2x + B_2y + C_2z + D_2 + \lambda(A_1x + B_1y + C_1z + D_1) = 0$$

称为过直线 l 的**平面束方程**. 其中,λ 取不同值时,表示过直线 l 的不同平面,在解决某些问题时用平面束方程较为方便.

例 11　求过直线 l:$\begin{cases} x+y-z+1=0 \\ y+z=0 \end{cases}$ 且垂直于平面 π:$2x-y+2z=0$ 的平面

方程.

解 过直线 l 的平面束方程为 $x+y-z+1+\lambda(y+z)=0$,即

$$x+(1+\lambda)y+(\lambda-1)z+1=0.$$

因为所求平面与已知平面 π 垂直,则两平面的法向量垂直,所以

$$(1,1+\lambda,\lambda-1)\cdot(2,-1,2)=0,$$

即

$$2-(1+\lambda)+2(\lambda-1)=0,$$

解得 $\lambda=1$,代入平面束方程得所求平面方程为

$$x+2y+1=0.$$

基础题

1. 分别求满足下列条件的平面方程:

(1)平行 y 轴,且过点 $P(1,-5,1)$ 和 $Q(3,2,-1)$.

(2)过点(1,2,3)且平行于平面 $2x+y+2z+5=0$.

(3)过点 $M_1(1,1,1)$ 和 $M_2(0,1,-1)$ 且垂直于平面 $x+y+z=0$.

2. 用对称式方程及参数式方程表示直线 $\begin{cases}x+y+z+1=0\\2x-y+3z+4=0\end{cases}$.

3. 分别求满足下列条件的直线方程:

(1)过点(3,4,-4),且直线的方向向量的方向角为 $\frac{\pi}{3},\frac{\pi}{4},\frac{2\pi}{3}$.

(2)过点(0,-3,2),且平行两点 $M_1(3,4,-7)$ 和 $M_2(2,7,-6)$ 的连线.

(3)过点(-1,2,1),且与两平面 $x+2y-z+1=0$ 和 $x+y-2z-1=0$ 平行.

4. 判别下列两平面之间的位置关系:

(1) $x+2y-4z=0$ 与 $2x+4y-8z=1$.

(2) $2x-y+3z=1$ 与 $3x-2z=4$.

5. 判别下列各直线之间的位置关系:

(1) $L_1:-x+1=\frac{y+1}{2}=\frac{z+1}{3}$ 与 $L_2:\begin{cases}x=1+2t\\y=2+t\\z=3\end{cases}$.

(2) $L_1: -x=\frac{y}{2}=\frac{z}{3}$ 与 $L_2: \begin{cases}2x+y-1=0\\3x+z-2=0\end{cases}$.

提高题

1.【2010 年数一】设直线方程为 $\begin{cases}x=t+1\\y=2t-2\\z=-3t+3\end{cases}$，则该直线(　　).

A. 过点 $(-1,2,-3)$，方向向量为 $\boldsymbol{i}+2\boldsymbol{j}-3\boldsymbol{k}$

B. 过点 $(-1,2,-3)$，方向向量为 $-\boldsymbol{i}-2\boldsymbol{j}+3\boldsymbol{k}$

C. 过点 $(1,2,-3)$，方向向量为 $\boldsymbol{i}-2\boldsymbol{j}+3\boldsymbol{k}$

D. 过点 $(1,-2,3)$，方向向量为 $-\boldsymbol{i}-2\boldsymbol{j}+3\boldsymbol{k}$

2.【2006 年数一】设平面 $\boldsymbol{\pi}$ 的方程为 $3x-4y-5z-2=0$，以下选项中错误的是(　　).

A. 平面 $\boldsymbol{\pi}$ 过点 $(-1,0,-1)$

B. 平面 $\boldsymbol{\pi}$ 的法向量为 $-3\boldsymbol{i}+4\boldsymbol{j}+5\boldsymbol{k}$

C. 平面 $\boldsymbol{\pi}$ 在 z 轴的截距是 $-\frac{2}{5}$

D. 平面 $\boldsymbol{\pi}$ 与平面 $-2x-y-2z+2=0$ 垂直

3.【2005 年数一】过点 $M(3,-2,1)$ 且与直线 $l: \begin{cases}x-y-z+1=0\\2x+y-3z+4=0\end{cases}$ 平行的直线方程是(　　).

A. $\frac{x-3}{1}=\frac{y+2}{-1}=\frac{z-1}{-1}$　　B. $\frac{x-3}{2}=\frac{y+2}{1}=\frac{z-1}{-3}$

C. $\frac{x-3}{4}=\frac{y+2}{-1}=\frac{z-1}{3}$　　D. $\frac{x-3}{4}=\frac{y+2}{1}=\frac{z-1}{3}$

4.【2005 年数一】过 z 轴和点 $(1,2,-1)$ 的平面方程是(　　).

A. $x+2y-z-6=0$　　B. $2x-y=0$

C. $y+2z=0$　　D. $x+z=0$

5.【2009 年数一】设平面方程 $x+y+z+1=0$，直线的方程是 $1-x=y+1=z$，则直线与平面(　　).

A. 平行　　B. 垂直

C. 重合　　D. 相交但不垂直

应用题

指出下列各平面方程所表示平面的特殊位置,并作草图.

(1) $x=0$.　　(2) $3y-1=0$.　　(3) $x-2z=0$.

(4) $y+z=1$.　　(5) $x-\sqrt{3}y=0$.　　(6) $2x-3y-6=0$.

7.4 曲面与曲线

在7.3节中利用向量建立了平面与直线方程,而平面与直线仅仅是曲面与曲线的特例.本节讨论一般的曲面与曲线方程.

7.4.1 曲面方程

现在来看几个用向量建立常见的球面、圆柱面、圆锥面方程的例子.

例1 求以点 $M_0(x_0,y_0,z_0)$ 为球心,半径为 R 的球面的方程.

解 如图7-17所示,设 $M(x,y,z)$ 是球面上的任意一点,则有

$$\overrightarrow{M_0M}=\boldsymbol{r}_M-\boldsymbol{r}_{M_0}=(x,y,z)-(x_0,y_0,z_0)$$
$$=(x-x_0,y-y_0,z-z_0).$$

因为 $\overrightarrow{M_0M}=R$,即 $\sqrt{(x-x_0)^2+(y-y_0)^2+(z-z_0)^2}=R$,所以以点 $M_0(x_0,y_0,z_0)$ 为球心、半径为 R 的球面方程为

$$(x-x_0)^2+(y-y_0)^2+(z-z_0)^2=R^2.$$

特殊地,球心在原点、半径为 R 的球面的方程为

$$x^2+y^2+z^2=R^2.$$

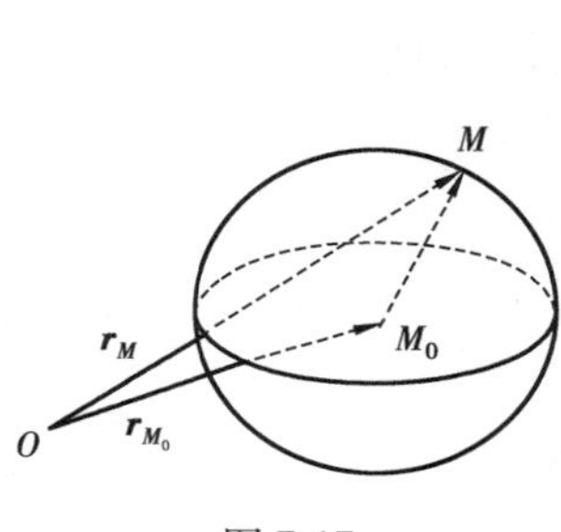

图7-17

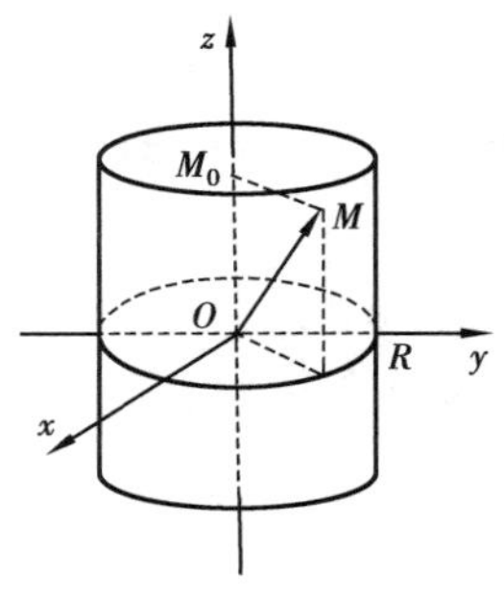

图7-18

例 2　求以 z 轴为中心轴、半径为 R 的圆柱面的方程.

解　如图 7-18 所示,设 $M(x,y,z)$ 是圆柱面上的任意一点,则点 M 在 z 轴上的投影点为 $M_0(0,0,z)$,那么

$$\overrightarrow{M_0M} = \boldsymbol{r}_M - \boldsymbol{r}_{M_0} = (x,y,z) - (0,0,z) = (x,y,0).$$

因此,由 $|\overrightarrow{M_0M}| = R$,得 $\sqrt{x^2+y^2}=R$,故以 z 轴为中心轴、半径为 R 的圆柱面方程为

$$x^2 + y^2 = R^2.$$

例 3　求顶点在原点,以 z 轴为中心轴、母线与 z 轴夹角为 θ 的圆锥面的方程.

解　如图 7-19 所示,设 $M(x,y,z)$ 是圆锥面上的任意一点,即 $\boldsymbol{r}_M=(x,y,z)$,则 $|\boldsymbol{r}_M| = \sqrt{x^2+y^2+z^2}$. 因为 $\boldsymbol{r}_M$ 与 z 轴夹角为 θ,即向量 $\boldsymbol{r}_M$ 与向量 $\boldsymbol{k}$ 的夹角为 θ,又 $|\boldsymbol{k}|=1$,所以

$$\boldsymbol{r}_M \cdot \boldsymbol{k} = |\boldsymbol{r}_M||\boldsymbol{k}|\cos\theta = \sqrt{x^2+y^2+z^2}\cos\theta,$$

$$\boldsymbol{r}_M \cdot \boldsymbol{k} = (x,y,z)\cdot(0,0,1) = z,$$

则

$$\sqrt{x^2+y^2+z^2}\cos\theta = z.$$

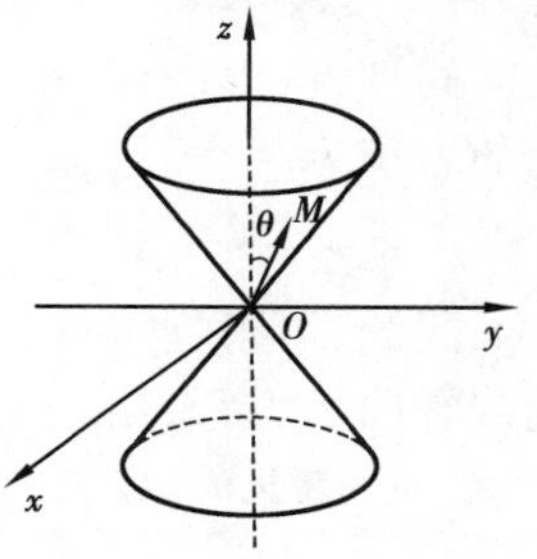

图 7-19

设 $\cos\theta = \dfrac{b}{a}$, $|b| \leqslant |a|$,则

$$z = \frac{b}{a}\sqrt{x^2+y^2+z^2}, \quad \frac{z^2}{b^2} = \frac{x^2+y^2}{a^2} + \frac{z^2}{a^2}.$$

又设 $\dfrac{1}{b^2} - \dfrac{1}{a^2} = \dfrac{1}{c^2}$,故圆锥面方程为

$$\frac{x^2+y^2}{a^2} - \frac{z^2}{c^2} = 0.$$

通过上例以及 7.3 节的平面方程这些曲面的特例,可给出一般曲面方程的定义.

定义 1　在空间解析几何中,任何曲面都可看成点的几何轨迹. 在这样的意义下,如果曲面 Σ 与三元方程 $F(x,y,z)=0$ 满足下述关系:

(1)曲面 Σ 上任一点的坐标都满足方程 $F(x,y,z)=0$;

(2)不在曲面 Σ 上的点的坐标都不满足方程 $F(x,y,z)=0$,

则称方程 $F(x,y,z)=0$ 为曲面 Σ 的方程.

定义 2　曲线(或直线)绕某直线(称为旋转轴)旋转所得的曲面,称为**旋转曲面**. 显然,球面、圆柱面、圆锥面都是旋转曲面.

如图 7-20 所示,若 yOz 面上的曲线 $F(y,z)=0\ (x=0)$,绕 z 轴旋转所得旋

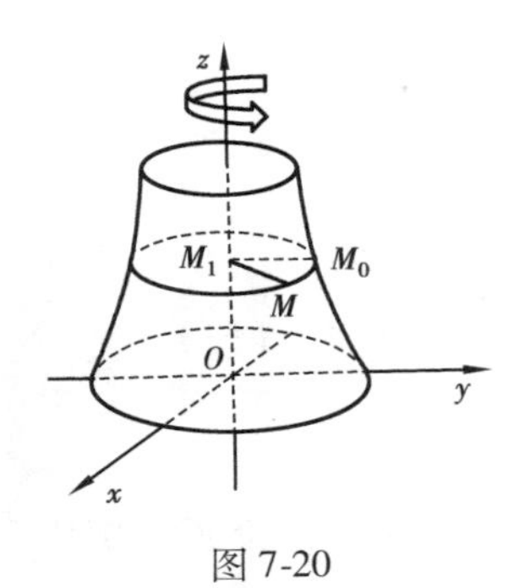

图 7-20

转曲面为 Σ. 设曲面 Σ 上任意一点为 $M(x,y,z)$，则点 $M(x,y,z)$ 为 yOz 面上的点 $M_0(0,y_0,z)$ 绕 z 轴旋转所得. 点 M_0 与 M 在 z 轴上的投影均为 $M_1(0,0,z)$，且 $|\overrightarrow{M_1M_0}| = |\overrightarrow{M_1M}|$，所以 $x^2+y^2=y_0^2$，即

$$y_0 = \pm\sqrt{x^2+y^2}.$$

又 $F(y_0,z)=0$，所以 yOz 面上的曲线 $F(y,z)=0$ $(x=0)$ 绕 z 轴旋转所得旋转曲面的方程为

$$F(\pm\sqrt{x^2+y^2},z) = 0.$$

同理，可得曲线 yOz 面上的曲线 $F(y,z)=0$ $(x=0)$ 绕 y 轴旋转所得旋转曲面的方程为

$$F(y,\pm\sqrt{x^2+z^2}) = 0.$$

因此，可得到常见的 yOz 面上直线与二次曲线分别绕 z 轴及 y 轴旋转所得的旋转曲面方程，见表 7-1.

表 7-1　常见的 yOz 面上直线与二次曲线分别绕 z 轴及 y 轴旋转所得的旋转曲面方程

yOz 面上的曲线方程 $(x=0)$	绕 z 轴旋转所得的曲面与曲面方程		绕 y 轴旋转所得的曲面与曲面方程	
$y=R$ 直线	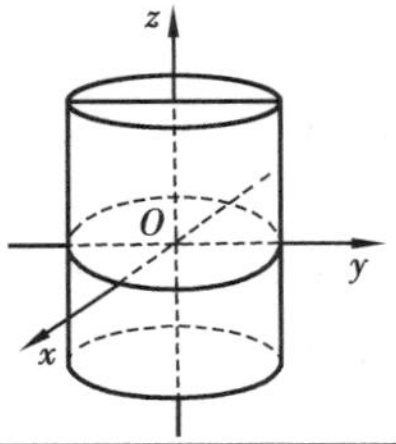	$x^2+y^2=R^2$ 圆柱面	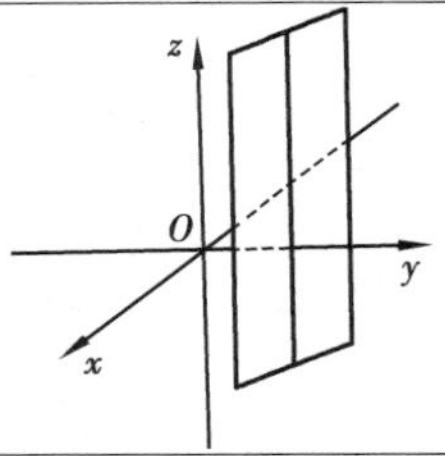	$y=R$ 平面
$y=\frac{b}{c}z$ 直线	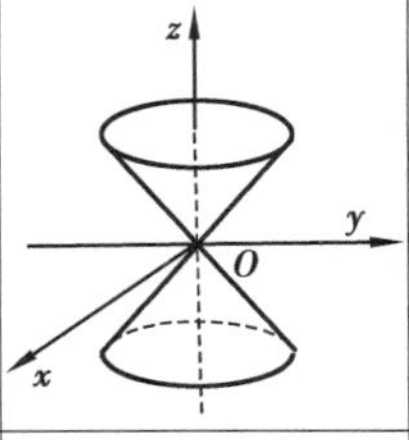	$\frac{x^2+y^2}{b^2}-\frac{z^2}{c^2}=0$ 圆锥面	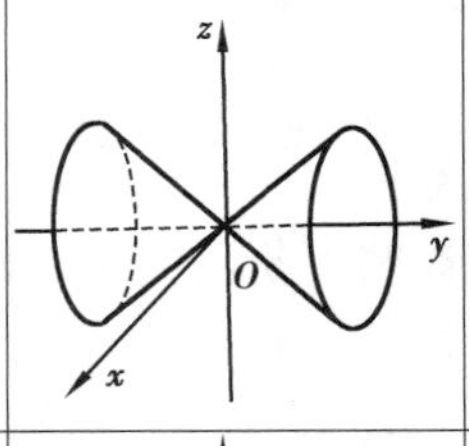	$\frac{y^2}{b^2}-\frac{x^2+z^2}{c^2}=0$ 圆锥面
$y^2+z^2=R^2$ 圆	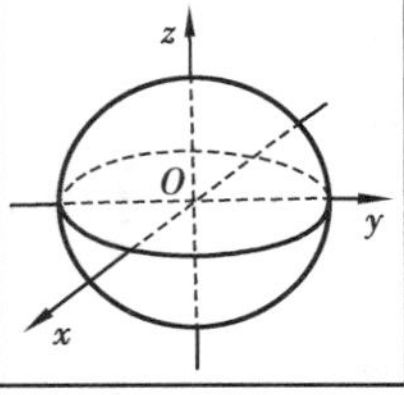	$x^2+y^2+z^2=R^2$ 球面	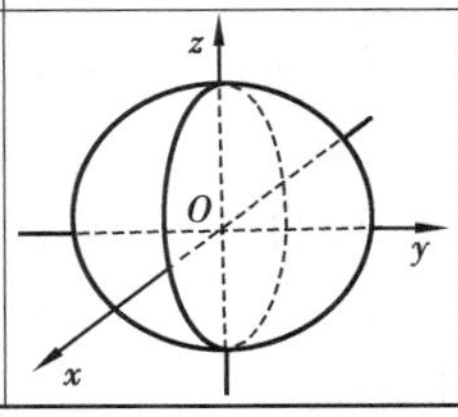	$x^2+y^2+z^2=R^2$ 球面

续表

yOz 面上的曲线方程（$x=0$）	绕 z 轴旋转所得的曲面与曲面方程		绕 y 轴旋转所得的曲面与曲面方程	
$\dfrac{y^2}{b^2}+\dfrac{z^2}{c^2}=1$ 椭圆	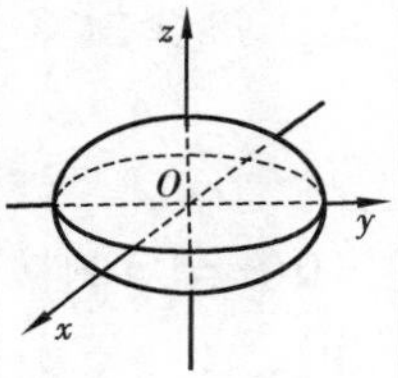 z O y x	$\dfrac{x^2+y^2}{b^2}+\dfrac{z^2}{c^2}=1$ 旋转椭球面	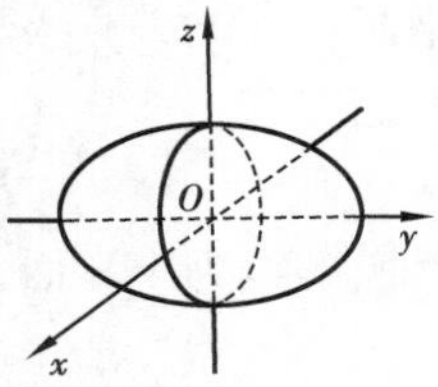 z O y x	$\dfrac{y^2}{b^2}+\dfrac{x^2+z^2}{c^2}=1$ 旋转椭球面
$\dfrac{y^2}{b^2}-\dfrac{z^2}{c^2}=1$ 双曲线	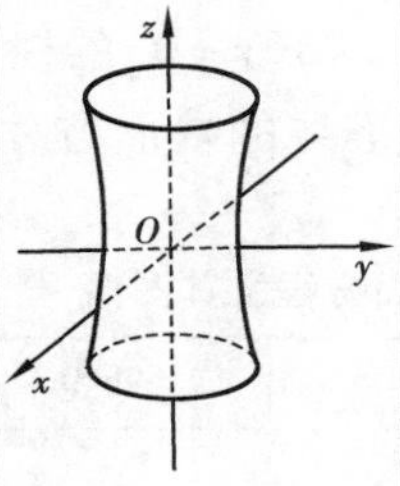 z O y x	$\dfrac{x^2+y^2}{b^2}-\dfrac{z^2}{c^2}=1$ 单叶旋转双曲面	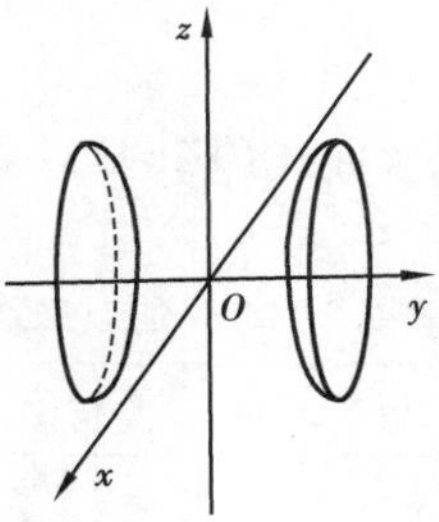 z O y x	$\dfrac{y^2}{b^2}-\dfrac{x^2+z^2}{c^2}=1$ 双叶旋转双曲面
$y^2=2pz$（$p>0$）抛物线	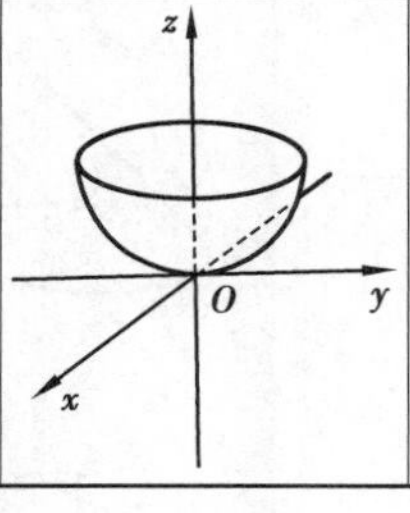 z O y x	$x^2+y^2=2pz$ 旋转抛物面	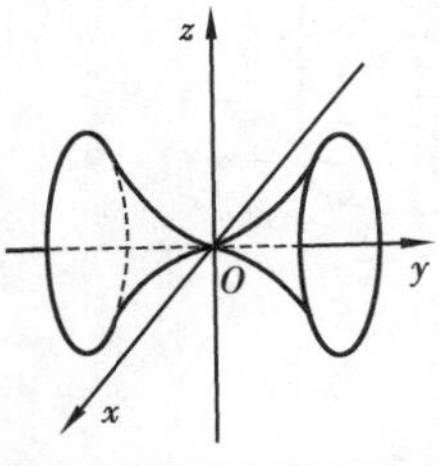 z O y x	$y^4=4p^2(x^2+z^2)$ 喇叭面

下面介绍另一种重要的曲面——柱面.

定义3　直线与某一定曲线相交，并沿着此曲线平行移动的轨迹，称为**柱面**. 该动直线称为柱面的**母线**，定曲线称为柱面的**准线**.

柱面与旋转曲面分别为直线与曲线运动的轨迹. 直线保持过某一定点且与某一定曲线相交并沿此曲线运动的轨迹，称为**锥面**. 同样，该动直线称为锥面的**母线**，定曲线称为锥面的**准线**，定点则称为锥面的**顶点**. 圆锥面为锥面的一个特例，一般锥面不在此讨论.

下面只讨论准线为某坐标面上的曲线，且母线平行于与该坐标面垂直的坐标轴的柱面方程.

设 xOy 面上的曲线 $F(x,y)=0(z=0)$，则在空间中曲面方程

$$F(x,y)=0$$

表示 z 可取任何实数，即曲面上的点 (x,y,z) 中，z 可取任意值. 而 (x,y) 满足 $F(x,y)=0$，所以此曲面为母线平行于 z 轴、准线为曲线 $F(x,y)=0(z=0)$ 的柱面方程. 如例 2 中圆柱面 $x^2+y^2=R^2$ 为母线平行于 z 轴、准线为 xOy 面上的圆.

同理，可得曲面方程

$$F(y,z)=0$$

为母线平行于 x 轴、准线为 yOz 面上的曲线 $F(y,z)=0(x=0)$ 的柱面方程.

曲面方程

$$F(x,z)=0$$

为母线平行于 y 轴、准线为 zOx 面上的曲线 $F(x,z)=0(y=0)$ 的柱面方程.

常见的以二次曲线（椭圆、双曲线、抛物线）为准线的柱面方程及其图像见表 7-2.

表 7-2　常见的以二次曲线为准线的柱面方程及其图像

类型	母线平行于 z 轴	母线平行于 y 轴	母线平行于 x 轴
椭圆柱面	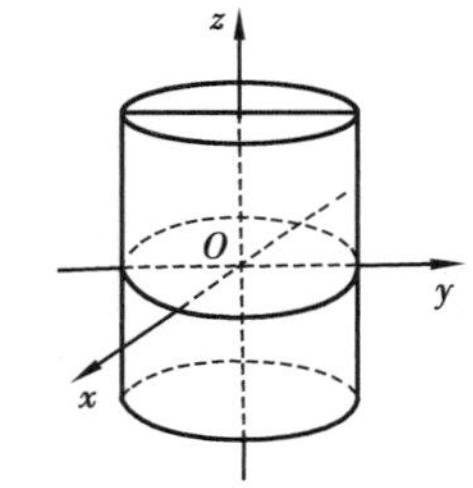 $\frac{x^2}{a^2}+\frac{y^2}{b^2}=1$	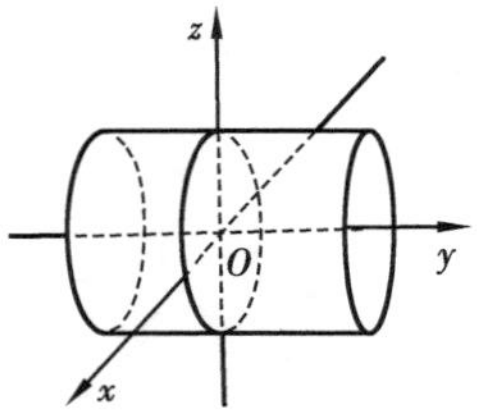 $\frac{x^2}{a^2}+\frac{z^2}{c^2}=1$	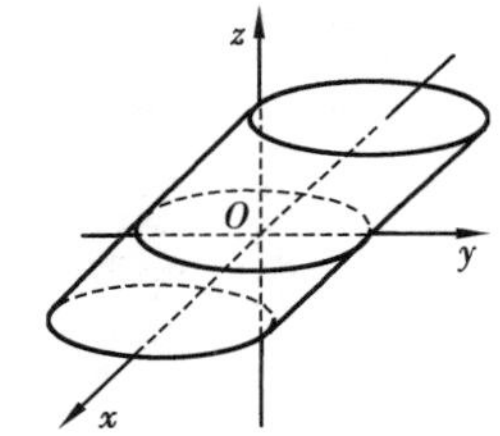 $\frac{y^2}{b^2}+\frac{z^2}{c^2}=1$
双曲柱面	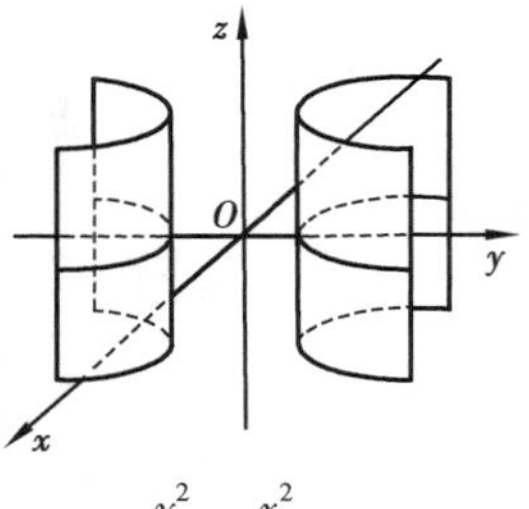 $\frac{y^2}{b^2}-\frac{x^2}{a^2}=1$	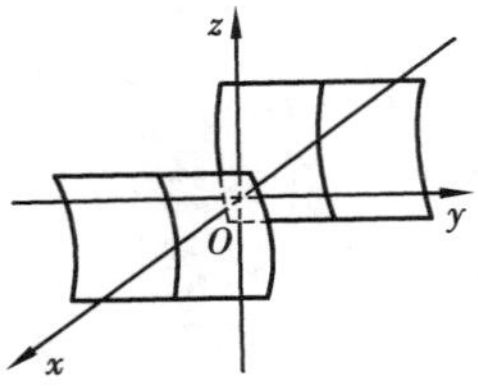 $\frac{x^2}{a^2}-\frac{z^2}{c^2}=1$	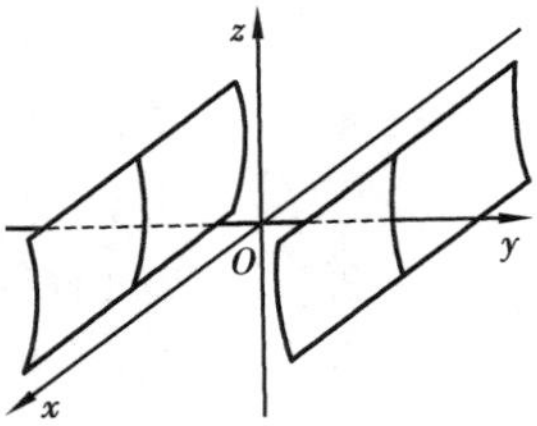 $\frac{y^2}{b^2}-\frac{z^2}{c^2}=1$

续表

类型	母线平行于 z 轴	母线平行于 y 轴	母线平行于 x 轴
抛物柱面	$x^2=2py(p>0)$	$x^2=2pz(p>0)$	$z^2=2py(p>0)$

显然,在椭圆柱面方程中,当 $a=b$ 或 $a=c$ 或 $b=c$ 时,为圆柱面方程. 因此,圆柱面仅是椭圆柱面的特例.

7.4.2　曲线方程

1)曲线的一般式方程

直线的一般式方程

$$\begin{cases}A_1x+B_1y+C_1z+D_1=0\\A_2x+B_2y+C_2z+D_2=0\end{cases}$$

为两平面的交线,又称直线的交面式方程. 同样,空间曲线可看成两个曲面的交线,故可将两个曲面联立方程组的形式来表示曲线. 设两曲面方程分别为 $F(x,y,z)=0$ 与 $G(x,y,z)=0$,若此两曲面相交为曲线(或直线),则方程组

$$\begin{cases}F(x,y,z)=0\\G(x,y,z)=0\end{cases}$$

为曲线的交面式方程,也称**一般式方程**.

例如,三坐标面上的曲线方程分别为柱面与坐标面的交线,表示如下:

xOy 面上的曲线方程为

$$\begin{cases}F(x,y)=0\\z=0\end{cases},$$

zOx 面上的曲线方程为

$$\begin{cases}F(x,z)=0\\y=0\end{cases},$$

yOz 面上的曲线方程为

$$\begin{cases}F(y,z)=0\\x=0\end{cases}.$$

例 4 圆锥面 $x^2+y^2-z^2=0$ 与平面 $\pi_1:y=2,\pi_2:y+z=1,\pi_3:y+4z=1$ 的交线方程分别为：

$l_1:\begin{cases}x^2+y^2-z^2=0\\y=2\end{cases}$ 是双曲线；

$l_2:\begin{cases}x^2+y^2-z^2=0\\y+z=1\end{cases}$ 是抛物线；

$l_3:\begin{cases}x^2+y^2-z^2=0\\y+4z=1\end{cases}$ 是椭圆.

这便是平面切割圆锥面所得的 3 种圆锥曲线，读者可作为练习画出其图像.

例 5 旋转抛物面 $z=x^2+y^2$ 与平面 $x+y=1$ 的交线如图 7-21 所示，其交线方程为

$$\begin{cases}z=x^2+y^2\\x+y=1\end{cases}.$$

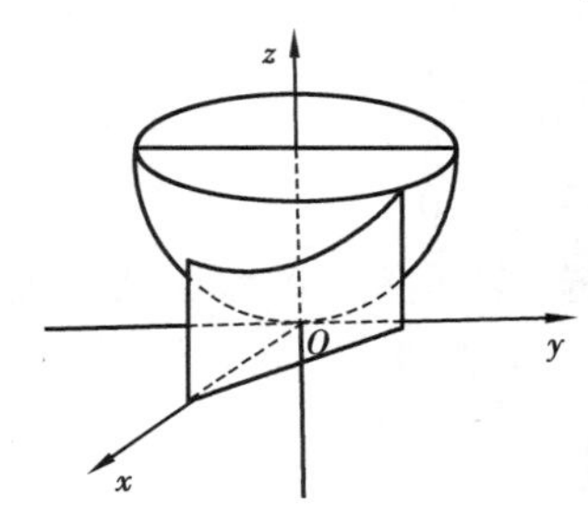

图 7-21

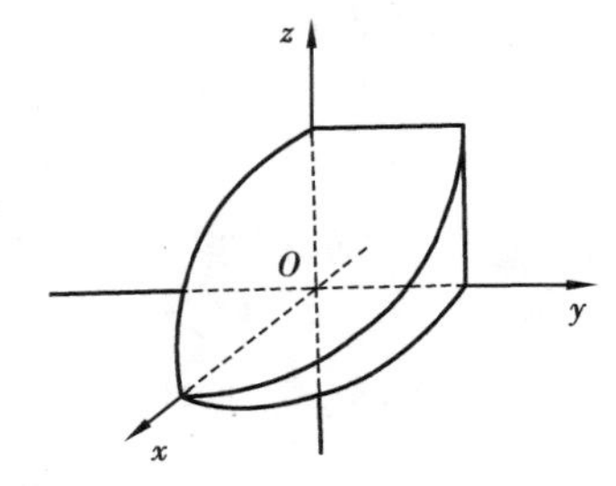

图 7-22

例 6 中心轴分别为 z 轴与 y 轴、半径均为 R 的两个圆柱面，相交在第一卦限部分的交线如图 7-22 所示. 其交线方程为

$$\begin{cases}x^2+y^2=R^2\\x^2+z^2=R^2\end{cases}\quad(x\geqslant 0,y\geqslant 0,z\geqslant 0).$$

2）曲线的参数式方程

直线有参数式方程，同样曲线方程

$$\begin{cases}x=x(t)\\y=y(t)\\z=z(t)\end{cases}$$

称为曲线的**参数式方程**.

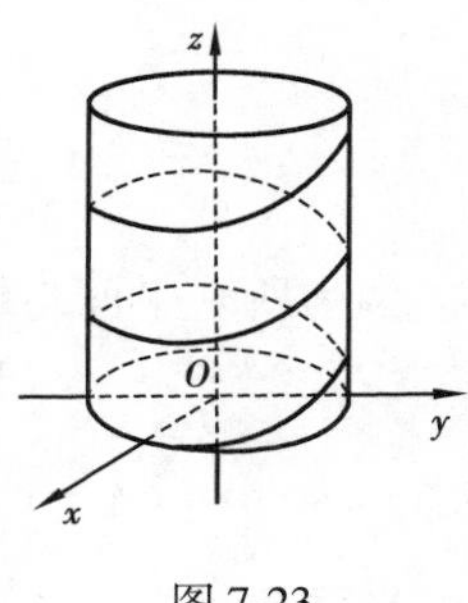

图 7-23

例 7 参数式方程

$$\begin{cases} x = a\cos t \\ y = a\sin t \\ z = bt \end{cases} \quad (a > 0, b > 0)$$

为**圆柱面螺旋线**. 如图 7-23 所示,曲线上的点满足 $x^2 + y^2 = a^2$,即曲线在圆柱面上,曲线上的点(x,y,z)随着 t 的增加,而不断地在圆柱面上绕 z 轴螺旋式上升.

参数式方程

$$\begin{cases} x = a\cos t \\ y = b\sin t \\ z = ct \end{cases} \quad (a > 0, b > 0, c > 0)$$

称为**椭圆柱面螺旋线**. 所表示的曲线上的点满足$\dfrac{x^2}{a^2} + \dfrac{y^2}{b^2} = 1$,即曲线在椭圆柱面上,曲线上的点随着 t 的增加而不断地在椭圆柱面上绕 z 轴螺旋式上升.

参数式方程

$$\begin{cases} x = t\cos t \\ y = t\sin t \\ z = t \end{cases}$$

称为**圆锥面螺旋线**. 曲线上的点满足 $x^2 + y^2 - z^2 = 0$,即曲线在圆锥面上,曲线上的点随着 t 的增加而不断地在圆锥面上绕 z 轴螺旋式上升.

7.4.3 投影曲线

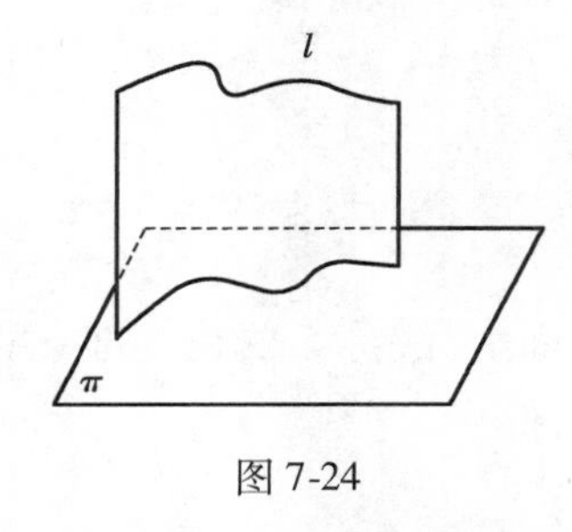

图 7-24

空间曲线 l 向平面 π 上投影,则以曲线 l 为准线作母线垂直于平面 π 的柱面,称为**投影柱面**. 投影柱面与平面 π 的交线,称为曲线 l 在平面 π 上的**投影曲线**,如图 7-24 所示.

例 8 求直线 l: $\begin{cases} x + 2y - z + 3 = 0 \\ 2x + 3z - 1 = 0 \end{cases}$ 在平面 $\pi: x - y + z - 4 = 0$ 上的投影直线方程.

解 准线为直线的柱面为平面,只需过直线 l 作垂直于平面 π 的平面,即为投影柱面. 过直线 l 的平面束方程为

$$x+2y-z+3+\lambda(2x+3z-1)=0,$$

即

$$(1+2\lambda)x+2y+(3\lambda-1)z+3-\lambda=0.$$

因为所求平面与已知平面 π 垂直,则两平面的法向量垂直,所以

$$(1+2\lambda,2,3\lambda-1)\cdot(1,-1,1)=0,$$

即 $1+2\lambda-2+3\lambda-1=0$,解得 $\lambda=\frac{2}{5}$,代入平面束方程得过直线 l 垂直于平面 π 的平面方程为

$$\frac{9}{5}x+2y+\frac{1}{5}z+\frac{13}{5}=0,$$

整理得

$$9x+10y+z+13=0.$$

于是,所求投影直线方程为

$$\begin{cases}9x+10y+z+13=0\\x-y+z-4=0\end{cases}.$$

例 8 只是直线在平面上投影的一个例子,而一般空间曲线在平面上的投影复杂得多. 下面介绍工程技术上以及多元函数积分学中常用的空间曲线在坐标面上的投影.

工程制图中,把曲线在 xOy 面上的投影,称为俯视图;在 yOz 面上的投影,称为正视图;在 zOx 面上的投影,称为侧视图. 工程制图需要精确描绘出投影曲线的图像,而在空间解析几何中不要求精确作图,只需作投影曲线的草图,但要求写出准确的投影曲线方程.

设空间曲线 l 的一般方程为

$$l:\begin{cases}F(x,y,z)=0\\G(x,y,z)=0\end{cases},$$

如果方程组中消去变量 z 得到方程

$$H(x,y)=0,$$

称为母线平行于 z 轴的柱面方程. 显然,曲线在此柱面上,故称为**曲线 l 向 xOy 面上投影的投影柱面**,又称**母线平行于 z 轴的投影柱面**.

曲线方程

$$\begin{cases}H(x,y)=0\\z=0\end{cases}$$

称为**曲线 l 在 xOy 面上的投影曲线方程**.

同理,可求出空间曲线在其他坐标面上的投影曲线.如果在空间曲线 l 的方程组中消去变量 y 得到方程

$$I(x,z)=0,$$

则称为**母线平行于 y 轴的投影柱面**.曲线方程

$$\begin{cases}I(x,z)=0\\y=0\end{cases}$$

称为**曲线 l 在 zOx 面上的投影曲线方程**.

如果在空间曲线 l 的方程组中消去变量 x 得到方程

$$J(y,z)=0,$$

则称为**母线平行于 x 轴的投影柱面**.曲线方程

$$\begin{cases}J(y,z)=0\\x=0\end{cases}$$

称为**曲线 l 在 yOz 面上的投影曲线方程**.

例9 求圆锥面 $x^2+y^2-z^2=0$ 分别与平面 $\pi_1:y=2,\pi_2:y+z=1,\pi_3:y+4z=1$ 的交线在 zOx 面上的投影曲线方程.

解 (1)交线方程为

$$l_1:\begin{cases}x^2+y^2-z^2=0\\y=2\end{cases},$$

消去变量 y 得母线平行于 y 轴的投影柱面方程为

$$-\frac{x^2}{2^2}+\frac{z^2}{2^2}=1,$$

为双曲柱面.在 zOx 面上的投影曲线方程为

$$\begin{cases}-\dfrac{x^2}{2^2}+\dfrac{z^2}{2^2}=1\\y=0\end{cases}.$$

(2)交线方程为

$$l_2:\begin{cases}x^2+y^2-z^2=0\\y+z=1\end{cases},$$

消去变量 y 得母线平行于 y 轴的投影柱面方程为

$$x^2=2\left(z-\frac{1}{2}\right),$$

为抛物柱面.在 zOx 面上的投影曲线方程为

$$\begin{cases}x^2 = 2\left(z - \dfrac{1}{2}\right).\\ y = 0\end{cases}$$

（3）交线方程为

$$l_3:\begin{cases}x^2 + y^2 - z^2 = 0\\ y + 4z = 1\end{cases},$$

消去变量 y 得母线平行于 y 轴的投影柱面方程为

$$\frac{x^2}{\left(\dfrac{1}{\sqrt{15}}\right)^2} + \frac{\left(z - \dfrac{4}{15}\right)^2}{\left(\dfrac{1}{15}\right)^2} = 1,$$

为椭圆柱面. 在 zOx 面上的投影曲线方程为

$$\begin{cases}\dfrac{x^2}{\left(\dfrac{1}{\sqrt{15}}\right)^2} + \dfrac{\left(z - \dfrac{4}{15}\right)^2}{\left(\dfrac{1}{15}\right)^2} = 1\\ y = 0\end{cases}.$$

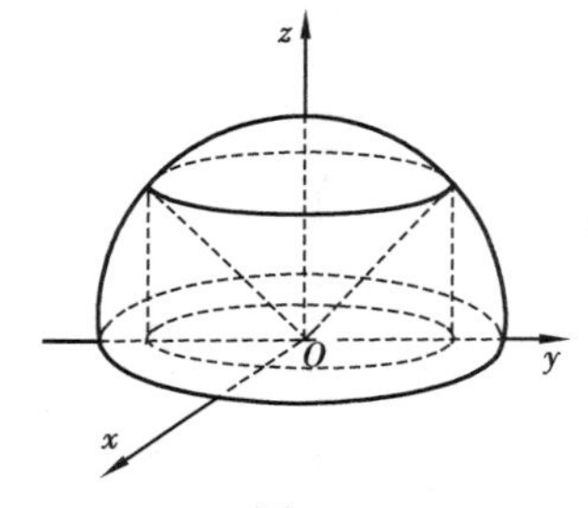

图 7-25

例 10　设一个立体由上半球面 $z = \sqrt{4 - x^2 - y^2}$ 和锥面 $z = \sqrt{3(x^2 + y^2)}$ 所围成，如图 7-25 所示. 求它在 xOy 面上的投影.

解　半球面与锥面交线方程为

$$l:\begin{cases}z = \sqrt{4 - x^2 - y^2}\\ z = \sqrt{3(x^2 + y^2)}\end{cases},$$

消去 z 得母线平行于 z 轴的投影柱面方程为

$$x^2 + y^2 = 1,$$

为圆柱面. 在 xOy 面上的投影曲线方程为

$$\begin{cases}x^2 + y^2 = 1\\ z = 0\end{cases},$$

即 xOy 平面上的以原点为圆心、1 为半径的圆. 立体在 xOy 平面上的投影为圆所围成的部分，即

$$\begin{cases}x^2 + y^2 \leqslant 1\\ z = 0\end{cases}.$$

空间立体在坐标面上的投影区域，是后面学习计算重积分所必须掌握的知识. 因此，曲线在坐标面上的投影也是本章重点要了解的内容.

基础题

1.【2007 年数一】下列方程中代表单叶双曲面的是(　　).

A. $\frac{x^2}{2}+\frac{y^2}{3}-z^2=1$　　B. $\frac{x^2}{2}+\frac{y^2}{3}+z^2=1$

C. $\frac{x^2}{2}-\frac{y^2}{3}-z^2=1$　　D. $\frac{x^2}{2}+\frac{y^2}{3}+z^2=0$

2.【2008 年数一】下列方程中代表锥面的是(　　).

A. $\frac{x^2}{3}+\frac{y^2}{2}-z^2=0$　　B. $\frac{x^2}{3}+\frac{y^2}{2}-z^2=1$

C. $\frac{x^2}{3}-\frac{y^2}{2}-z^2=1$　　D. $\frac{x^2}{3}+\frac{y^2}{2}+z^2=1$

3.【2011 年数一】在三维空间中方程 $y^2-z^2=1$ 所代表的图形是(　　).

A. 母线平行 z 轴的双曲柱面　　B. 母线平行 y 轴的双曲柱面

C. 母线平行 z 轴的双曲柱面　　D. 双曲线

4. 求下列旋转曲面的方程:

(1)直线 L:$\frac{x-1}{0}=\frac{y}{1}=\frac{z}{1}$绕 z 轴旋转一周.

(2)zOx 面上的抛物线$\begin{cases}z^2=5x\\y=0\end{cases}$绕 x 轴旋转一周.

(3)xOy 面上的双曲线$\begin{cases}4x^2-9y^2=36\\z=0\end{cases}$分别绕 x 轴及 y 轴旋转一周.

5. 已知准线方程为$\begin{cases}2x^2+y^2+z^2=16\\x^2-y^2+z^2=0\end{cases}$分别求母线平行于 x 轴及 y 轴的柱面方程.

6. 求下列曲线在给定坐标面上的投影曲线的方程:

(1)曲线$\begin{cases}x+y+z=3\\x+2y=1\end{cases}$在 yOz 面上的投影.

(2)曲线$\begin{cases}x=a\cos t\\y=a\sin t\\z=bt\end{cases}$分别在三坐标面上的投影.

提高题

1.【2005 年数一】将椭圆$\begin{cases}\dfrac{x^2}{9}+\dfrac{z^2}{4}=1\\ y=0\end{cases}$绕 x 轴旋转一周所生成的旋转曲面的方程是(　　).

A. $\dfrac{x^2}{9}+\dfrac{y^2}{9}+\dfrac{z^2}{4}=1$　　B. $\dfrac{x^2}{9}+\dfrac{z^2}{4}=1$

C. $\dfrac{x^2}{9}+\dfrac{y^2}{4}+\dfrac{z^2}{4}=1$　　D. $\dfrac{x^2}{9}+\dfrac{y^2}{4}+\dfrac{z^2}{9}=1$

2.【2006 年数一】球面 $x^2+y^2+z^2=9$ 与平面 $x+z=1$ 的交线在 xOy 坐标面上投影的方程是(　　).

A. $x^2+y^2+(1-x)^2=9$　　B. $\begin{cases}x^2+y^2+(1-x)^2=9\\ z=0\end{cases}$

C. $(1-z)^2+y^2+z^2=9$　　D. $\begin{cases}(1-z)^2+y^2+z^2=9\\ x=0\end{cases}$

3. 已知准线方程为$\begin{cases}x+y-z-1=0\\ x-y+z=0\end{cases}$,母线平行于直线 $x=y=z$,求此柱面方程.

4. 求曲线$\begin{cases}z=y^2\\ x=0\end{cases}$绕 z 轴旋转的曲面与平面 $x+y+z=1$ 的交线在 xOy 平面的投影曲线的方程.

应用题

1. 在空间直角坐标系下,下列方程表示什么图像,并作草图.

(1)$4x^2+y^2=1$.　　(2)$y^2-z^2=1$.

(3)$y^2=4x$.　　(4)$y^2=x^2$.

2. 在空间直角坐标系下,下列方程组表示什么曲线,并作草图.

(1)$\begin{cases}x-y+2z=0\\ z=0\end{cases}$.　　(2)$\begin{cases}2x^2+3y^2=1\\ z=1\end{cases}$.

(3)$\begin{cases}x=1\\ y=2\end{cases}$.　　(4)$\begin{cases}x^2+y^2+z^2=16\\ (x-1)^2+y^2+z^2=16\end{cases}$.

3. 作下列柱面的图形:

(1)准线为$\begin{cases}4x^2+y^2=4\\z=0\end{cases}$,母线的方向向量为(0,1,1).

(2)准线为$\begin{cases}y=x^2\\z=0\end{cases}$,母线的方向向量为(0,-1,1).

总习题 7

基础题

1. 选择题:

(1)【2009 年数一】设$\boldsymbol{a}=(-1,1,2)$,$\boldsymbol{b}=(2,0,1)$,则$\boldsymbol{a}$与$\boldsymbol{b}$的夹角为(　　).

A. 0　　B. $\frac{\pi}{6}$　　C. $\frac{\pi}{4}$　　D. $\frac{\pi}{2}$

(2)【2010 年数一】若向量$\boldsymbol{a}=(5,x,-2)$和$\boldsymbol{b}=(y,6,4)$平行,则x和y的值分别为(　　).

A. $-4,5$　　B. $-3,-10$　　C. $-4,-10$　　D. $-10,-3$

(3)【2011 年数一】对任意两向量$\boldsymbol{a}$与$\boldsymbol{b}$,下列等式不恒成立的是(　　).

A. $\boldsymbol{a}+\boldsymbol{b}=\boldsymbol{b}+\boldsymbol{a}$　　B. $\boldsymbol{a}\cdot\boldsymbol{b}=\boldsymbol{b}\cdot\boldsymbol{a}$

C. $\boldsymbol{a}\times\boldsymbol{b}=\boldsymbol{b}\times\boldsymbol{a}$　　D. $(\boldsymbol{a}\cdot\boldsymbol{b})^2+(\boldsymbol{a}\times\boldsymbol{b})^2=\boldsymbol{a}^2\boldsymbol{b}^2$

(4)【2010 年数一】设$\boldsymbol{\alpha},\boldsymbol{\beta},\boldsymbol{\gamma}$都是非零向量,若$\boldsymbol{\alpha}\times\boldsymbol{\beta}=\boldsymbol{\alpha}\times\boldsymbol{\gamma}$,则(　　).

A. $\boldsymbol{\beta}=\boldsymbol{\gamma}$　　B. $\boldsymbol{\alpha}/\!/\boldsymbol{\beta}$且$\boldsymbol{\alpha}/\!/\boldsymbol{\gamma}$　　C. $\boldsymbol{\alpha}/\!/(\boldsymbol{\beta}-\boldsymbol{\gamma})$　　D. $\boldsymbol{\alpha}\perp(\boldsymbol{\beta}-\boldsymbol{\gamma})$

(5)【2001 年数一】平面$3x+2y-z+5=0$与平面$x-3y-z-4=0$的位置关系是(　　).

A. 平行　　B. 垂直　　C. 重合　　D. 斜交

(6)直线L:$\frac{x-2}{3}=\frac{y+2}{1}=\frac{z-3}{-4}$与平面$\pi$:$x+y+z=3$的位置关系为(　　).

A. 平行　　B. 垂直　　C. 斜交　　D. L在平面π上

(7)【2007 年数一】过z轴,且经过点(3,-2,4)的平面方程为(　　).

A. $3x+2y=0$　　B. $2y+z=0$　　C. $2x+3y=0$　　D. $2x+z=0$

(8)【2004年数一】方程 $2x^2-y^2=1$ 表示的二次曲面为(　　).

A. 球面　　B. 旋转抛物面　　C. 柱面　　D. 圆锥面

(9)【2009年数一】方程 $x^2+y^2-z=0$ 在空间直角坐标系中表示的曲面是(　　).

A. 球面　　B. 圆锥面　　C. 旋转抛物面　　D. 圆柱面

(10)旋转曲面 $x^2-y^2-z^2=1$ 为(　　).

A. xOy 平面上的双曲线绕 x 轴旋转所得

B. zOx 平面上的双曲线绕 z 轴旋转所得

C. zOy 平面上的椭圆绕 x 轴旋转所得

D. zOx 平面上的椭圆绕 x 轴旋转所得

2. 填空题:

(1)【2011年数一】点 $(1,2,3)$ 关于 y 轴的对称点为________.

(2)若 $|\boldsymbol{a}|=4$, $|\boldsymbol{b}|=2$, $\boldsymbol{a}\cdot\boldsymbol{b}=4\sqrt{2}$,则 $|\boldsymbol{a}\times\boldsymbol{b}|=$________.

(3)点 $(1,2,1)$ 到平面 $x+2y+2z-10=0$ 的距离为________.

(4)平面 $x+\sqrt{26}y+3z-3=0$ 与 xOy 面夹角为________.

(5)若直线 $\frac{x-3}{2k}=\frac{y+1}{k+1}=\frac{z-3}{5}$ 与 $\frac{x-1}{3}=y+5=\frac{z+5}{k-2}$ 相互垂直,则 k 的值为________.

3. 设 $\boldsymbol{a}=(2,-3,1)$, $\boldsymbol{b}=(1,-1,3)$, $\boldsymbol{c}=(1,-2,0)$,求 $(\boldsymbol{a}\times\boldsymbol{b})\cdot\boldsymbol{c}$.

4. 求过点 $M(3,1,-2)$ 且通过直线 $\frac{x-4}{5}=\frac{y+3}{2}=\frac{z}{1}$ 的平面方程.

5. 求过点 $(0,2,4)$ 且与两平面 $x+2z=1$ 和 $y-3z=2$ 平行的直线方程.

6. 求过点 $(2,0,-3)$ 且与直线 $\begin{cases}2x-2y+4z-7=0\\3x+5y-2z+1=0\end{cases}$ 垂直的平面方程.

7. 求曲线 $\begin{cases}y=1\\x^2+z^2=3\end{cases}$ 绕 z 轴旋转一周所形成的曲面方程.

提高题

1. 选择题:

(1)【2011年数一】已知向量 $\boldsymbol{a}=\boldsymbol{i}+\boldsymbol{j}+\boldsymbol{k}$,则垂直于 $\boldsymbol{a}$ 且垂直于 y 轴的向量是(　　).

A. $\boldsymbol{i}-\boldsymbol{j}+\boldsymbol{k}$　　B. $\boldsymbol{i}-\boldsymbol{j}-\boldsymbol{k}$　　C. $\boldsymbol{i}+\boldsymbol{k}$　　D. $\boldsymbol{i}-\boldsymbol{k}$

(2)【2013年数一】下列各组角中,可作为向量的方向角的是(　　).

A. $\frac{\pi}{4},\frac{\pi}{4},\frac{\pi}{3}$　　B. $\frac{\pi}{6},\frac{\pi}{4},\frac{\pi}{3}$　　C. $\frac{\pi}{3},\frac{\pi}{3},\frac{\pi}{4}$　　D. $\frac{\pi}{4},\frac{\pi}{3},\frac{\pi}{2}$

(3)【2013 年数一】直线 $L:\frac{x-1}{2}=\frac{y+2}{-3}=\frac{z-4}{1}$与平面 $\pi:2x-3y+z-4=0$ 的位置关系是(　　).

A. L 在 π 上　　B. L 与 π 垂直相交

C. L 与 π 平行　　D. L 与 π 相交但不垂直

(4)【2004 年数一】直线$\begin{cases}x=1-t\\y=3+t\\z=1-2t\end{cases}$与直线$\frac{x-2}{1}=\frac{y-3}{-1}=\frac{z-4}{2}$的位置关系是(　　).

A. 平行但不重合　　B. 重合　　C. 垂直不相交　　D. 垂直相交

(5)【2006 年数一】若直线$\frac{x-1}{1}=\frac{y+3}{n}=\frac{z-2}{3}$与平面 $3x-4y+3z+1=0$ 平行,则常数 $n=$(　　).

A. 2　　B. 3　　C. 4　　D. 5

(6)【2008 年数一】直线$\begin{cases}5x-3y+2z=0\\2x-y-z=0\end{cases}$与平面 $4x-3y+7z=5$ 的位置关系是(　　).

A. 直线与平面斜交　　B. 直线与平面垂直

C. 直线在平面内　　D. 直线与平面平行

(7)【2007 年数一】设平面 π 的方程为 $2x-2y+3=0$,以下选项中错误的是(　　).

A. 平面 π 的法向量为 $\boldsymbol{i}-\boldsymbol{j}$

B. 平面 π 垂直于 z 轴

C. 平面 π 平行于 z 轴

D. 平面 π 与 xOy 面的交线为$\frac{x}{1}=\frac{y-\frac{3}{2}}{1}=\frac{z}{0}$

(8)【2012 年数一】下列方程在空间直角坐标系中表示的图形为旋转曲面的是(　　).

A. $\frac{x^2}{3}+\frac{z^2}{2}=1$　　B. $z=x^2-y^2$　　C. $y^2=x-z^2$　　D. $z^2-x^2=2y^2$

(9)【2013 年数一】下列方程在空间直角坐标系中表示的图形为柱面的

是（　　）.

A. $\frac{x^2}{7}+\frac{z^2}{3}=y^2$　　B. $z-1=\frac{x^2}{4}-\frac{y^2}{4}$

C. $\frac{x^2}{4}=1-\frac{y^2}{16}-\frac{z^2}{9}$　　D. $x^2+y^2-2x=0$

(10)【2007 年数一】双曲线$\begin{cases}\frac{x^2}{3}-\frac{z^2}{4}=1\\ y=0\end{cases}$绕 z 轴旋转所成曲面方程为（　　）.

A. $\frac{x^2+y^2}{3}-\frac{z^2}{4}=1$　　B. $\frac{x^2}{3}-\frac{y^2+z^2}{4}=1$

C. $\frac{(x+y)^2}{3}-\frac{z^2}{4}=1$　　D. $\frac{x^2}{3}-\frac{(y+z)^2}{4}=1$

2.【2009 年数一】椭球面 S_1 是椭圆$\frac{x^2}{4}+\frac{y^2}{3}=1$ 绕 x 轴旋转而成，圆锥面 S_2 是过点(4,0)且与椭圆$\frac{x^2}{4}+\frac{y^2}{3}=1$ 相切的直线绕 x 轴旋转而成. 求 S_1 及 S_2 的方程.

3.【2017 年数一】设薄片型物体 S 是圆锥面 $z=\sqrt{x^2+y^2}$被柱面 $z^2=2x$ 割下的有限部分，记圆锥面与柱面的交线为 C，求 C 在 xOy 平面上的投影曲线的方程.

第8章 多元函数微分法

在上册第1章至第6章中,所讨论的函数都只有一个自变量,这种函数称为一元函数,但在很多实际问题中,如在自然科学和工程技术中常常遇到需要考虑两个或多个变量之间的关系. 反映到数学上,就是要考虑一个变量(因变量)与另外多个变量(自变量)的相互依赖关系,由此引入了多元函数以及多元函数的微积分问题. 本章将在一元函数微分学的基础上,讨论多元函数的基本概念和多元函数的微分法及其应用. 讨论以二元函数为主,因为从一元函数到二元函数为质变过程,而二元函数到三元或三元以上函数只是量变. 学习本章时,在方法上要善于与一元函数对照、类比,注意它们之间的相同点与不同点,求同存异,善于类比.

8.1 多元函数的基本概念

8.1.1 平面区域的概念

在上册讨论一元函数时,一些概念、理论和方法都是基于一维实数点集、两点间的距离、区间和邻域等概念. 为了将一元函数微积分推广到多元的情形,首先需要将上述概念加以推广,同时还需涉及一些其他概念. 为此,先引入平面点集的一些基本概念,再将有关概念从一维的情形推广到二维及 n 维的情况.

由平面解析几何已知,当在平面上引入了一个直角坐标系后,平面上的点 P 与有序二元实数组 (x,y) 之间就建立了一一对应关系. 于是,常把有序实数组

(x,y) 与平面上的点 P 视为等同的. 这种建立了坐标系的平面,称为坐标平面. 二元的有序实数组 (x,y) 的全体,即 $\mathbf{R}^2=\mathbf{R}\times\mathbf{R}=\{(x,y)\mid x,y\in\mathbf{R}\}$ 就表示坐标平面.

坐标平面上具有某种性质 P 的点的集合,称为平面点集,记作

$$E=\{(x,y)\mid(x,y)\text{ 具有性质 }P\}.$$

例如,平面上以原点为中心、r 为半径的圆内所有点的集合是

$$C=\{(x,y)\mid x^2+y^2<r^2\}.$$

如果以 $|OP|$ 表示点 P 到原点 O 的距离,那么集合 C 可表示为

$$C=\{P\mid |OP|<r\}.$$

与数轴上邻域的概念类似,这里引入平面上点的邻域概念.

设 $P_0(x_0,y_0)$ 是 xOy 平面上的一个点,δ 是某一正数. 与点 $P_0(x_0,y_0)$ 距离小于 δ 的点 $P(x,y)$ 的全体,称为点 P_0 的 δ **邻域**,记为 $U(P_0,\delta)$,即

$$U(P_0,\delta)=\{P\mid |PP_0|<\delta\}$$

或

$$U(P_0,\delta)=\{(x,y)\mid \sqrt{(x-x_0)^2+(y-y_0)^2}<\delta\}.$$

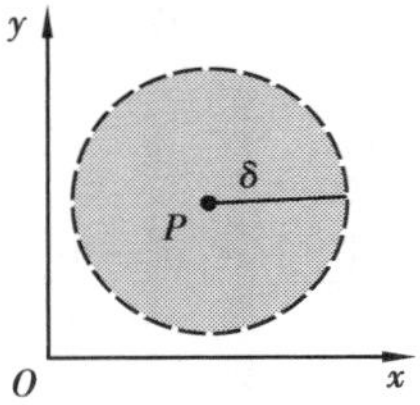

图 8-1

邻域的几何意义:$U(P_0,\delta)$ 表示 xOy 平面上以点 $P_0(x_0,y_0)$ 为圆心、δ 为半径的圆的内部点 $P(x,y)$ 的全体(见图 8-1).

点 P_0 的去心 δ 邻域,记作 $\mathring{U}(P_0,\delta)$,即

$$\mathring{U}(P_0,\delta)=\{P\mid 0<|PP_0|<\delta\}.$$

注 如果不需要强调邻域的半径 δ,则用 $U(P_0)$ 表示点 P_0 的某个邻域,点 P_0 的去心邻域记作 $\mathring{U}(P_0)$.

下面利用邻域来描述平面上点和点集之间的关系.

设 E 是平面上的一个点集,P 是平面上的一个点,则点 P 与点集 E 之间必有以下 3 种关系中之一:

(1) **内点**:如果存在点 P 的某个邻域 $U(P)$,使得 $U(P)\subset E$,则称 P 为 E 的内点(见图 8-2 中的点 P_1);

(2) **外点**:如果存在点 P 的某个邻域 $U(P)$,使得 $U(P)\cap E=\varnothing$,则称 P 为 E 的外点(见图 8-2 中的点 P_2);

(3) **边界点**:如果点 P 的任一邻域内既有属于 E 的点,也有不属于 E 的点,则称 P 点为 E 的边界点(见图 8-2 中的点 P_3).

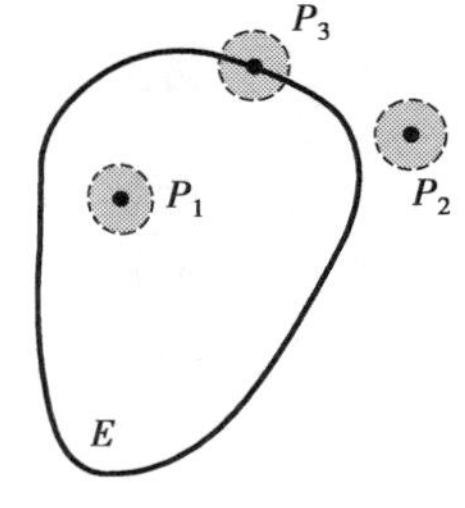

图 8-2

点集 E 的边界点的全体,称为 E 的**边界**,记作∂E.

根据上述定义可知,点集 E 的内点必属于 E,E 的外点必定不属于 E,而 E 的边界点则可能属于 E,也可能不属于 E.

如果按点 P 的邻近处是否有无穷多个点来分类,则有:

(1)如果对任意给定的$\delta>0$,点 P 的去心邻域$\mathring{U}_\delta(P)$内总有点集 E 中的点,则称 P 是 E 的**聚点**.

(2)设点 $P\in E$,如果存在点 P 的某个去心邻域$\mathring{U}(P)$,使得$\mathring{U}(P)\cap E=\varnothing$,则称 P 为 E 的**孤立点**.

由聚点的定义可知,点集 E 的聚点 P 本身,可能属于 E,也可能不属于 E.

例如,设平面点集 $E=\{(x,y)\mid 1<x^2+y^2\leqslant 2\}$.

满足 $1<x^2+y^2<2$ 的一切点(x,y)都是 E 的内点;满足 $x^2+y^2=1$ 的一切点(x,y)都是 E 的边界点,它们都不属于 E;满足 $x^2+y^2=2$ 的一切点(x,y)也是 E 的边界点,它们都属于 E;点集 E 以及它的边界∂E 上的一切点都是 E 的聚点.

根据点集所属点的特征,可进一步定义一些重要的平面点集.

(1)**开集**:如果点集 E 内任意一点均为其内点,则称 E 为开集. 例如

$$E=\{(x,y)\mid 1<x^2+y^2<2\}.$$

(2)**闭集**:如果点集 E 的余集 $\overline{E}$ 为开集,则称 E 为闭集. 例如

$$E=\{(x,y)\mid 1\leqslant x^2+y^2\leqslant 2\}.$$

集合$\{(x,y)\mid 1<x^2+y^2\leqslant 2\}$既非开集,也非闭集.

(3)**连通性**:如果点集 E 内任何两点,都可用折线连接起来,且该折线上的点都属于 E,则称 E 为连通集(见图 8-3).

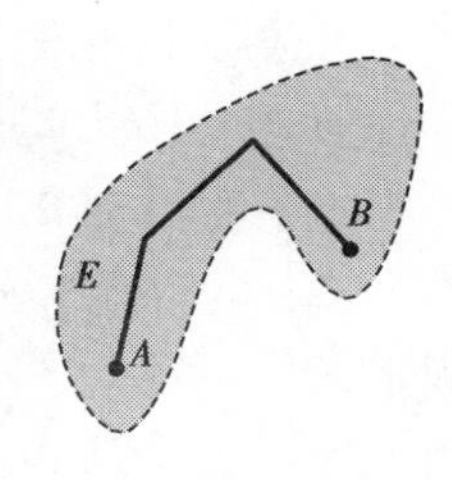

图 8-3

(4)**区域(或开区域)**:连通的开集称为区域或开区域. 例如

$$E=\{(x,y)\mid 1<x^2+y^2<2\}.$$

(5)**闭区域**:开区域连同它的边界一起所构成的点集,称为闭区域. 例如

$$E=\{(x,y)\mid 1\leqslant x^2+y^2\leqslant 2\}.$$

(6)**有界集**:对平面点集 E,如果存在某一正数 r,使得 $E\subset U(O,r)$. 其中,O 是坐标原点,则称 E 为有界点集.

(7)**无界集**:一个集合如果不是有界集,就称这集合为无界集.

例如,集合$\{(x,y)\mid 1<x^2+y^2<2\}$是一区域,并且是一有界区域(见图8-4).集合$\{(x,y)\mid 1\leqslant x^2+y^2\leqslant 2\}$是一闭区域,并且是一有界闭区域(见图8-5),而集合$\{(x,y)\mid x+y>0\}$是一无界开区域(见图8-6).

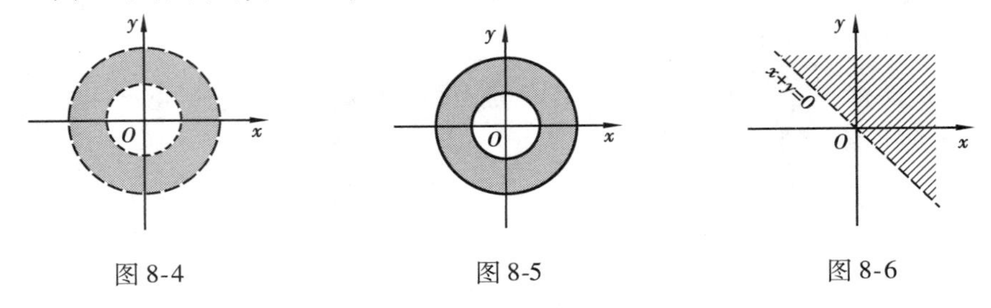

图8-4　　图8-5　　图8-6

8.1.2　n维空间的概念

设n为取定的一个自然数,用$\mathbf{R}^n$表示n元有序数组$(x_1,x_2,\cdots,x_n)$的全体所构成的集合,即

$$\mathbf{R}^n=\mathbf{R}\times\mathbf{R}\times\cdots\times\mathbf{R}=\{(x_1,x_2,\cdots,x_n)\mid x_i\in\mathbf{R},i=1,2,\cdots,n\}.$$

$\mathbf{R}^n$中的元素$(x_1,x_2,\cdots,x_n)$有时也用单个字母$\boldsymbol{x}$来表示,即

$$\boldsymbol{x}=(x_1,x_2,\cdots,x_n).$$

当所有的$x_i(i=1,2,\cdots,n)$都为零时,称这样的元素为$\mathbf{R}^n$中的零元,记为$\mathbf{0}$或$\boldsymbol{O}$.在解析几何中,通过直角坐标$\mathbf{R}^2$(或$\mathbf{R}^3$)中的元素分别与平面(或空间)中的点或向量建立一一对应,因而$\mathbf{R}^n$中的元素$\boldsymbol{x}=(x_1x_2,\cdots,x_n)$也称$\mathbf{R}^n$中的一个点或一个$n$维向量,$x_i$称为点$\boldsymbol{x}$的第$i$个坐标或$n$维向量$\boldsymbol{x}$的第$i$个分量.特别地,$\mathbf{R}^n$中的零元$\mathbf{0}$称为$\mathbf{R}^n$中的坐标原点或$n$维零向量.

为了在集合$\mathbf{R}^n$中的元素之间建立联系,在$\mathbf{R}^n$中定义线性运算如下:

设$\boldsymbol{x}=(x_1,x_2,\cdots,x_n)$,$\boldsymbol{y}=(y_1,y_2,\cdots,y_n)$为$\mathbf{R}^n$中任意两个元素,$\lambda\in\mathbf{R}$,规定

$$\boldsymbol{x}+\boldsymbol{y}=(x_1+y_1,x_2+y_2,\cdots,x_n+y_n),\quad \lambda\boldsymbol{x}=(\lambda x_1,\lambda x_2,\cdots,\lambda x_n).$$

这样定义了线性运算的集合$\mathbf{R}^n$称为n维空间.

n维空间$\mathbf{R}^n$中点$\boldsymbol{x}=(x_1,x_2,\cdots,x_n)$和点$\boldsymbol{y}=(y_1,y_2,\cdots,y_n)$间的距离,记作$\rho(\boldsymbol{x},\boldsymbol{y})$,规定

$$\rho(\boldsymbol{x},\boldsymbol{y})=\sqrt{(x_1-y_1)^2+(x_2-y_2)^2+\cdots+(x_n-y_n)^2}.$$

显然,$n=1,2,3$时,上述规定与数轴上、平面直角坐标系及空间直角坐标系中两点间距离的定义是一致的.

$\mathbf{R}^n$ 中元素 $\boldsymbol{x}=(x_1,x_2,\cdots,x_n)$ 与零元 $\mathbf{0}$ 之间的距离 $\rho(\boldsymbol{x},0)$ 记作 $\|\boldsymbol{x}\|$（在 $\mathbf{R}^1,\mathbf{R}^2,\mathbf{R}^3$ 中，通常将 $\|\boldsymbol{x}\|$ 记作 $|\boldsymbol{x}|$），即

$$\|\boldsymbol{x}\| = \sqrt{x_1^2 + x_2^2 + \cdots + x_n^2}.$$

采用这一记号，结合向量的线性运算，得

$$\|\boldsymbol{x}-\boldsymbol{y}\| = \sqrt{(x_1-y_1)^2+(x_2-y_2)^2+\cdots+(x_n-y_n)^2} = \rho(\boldsymbol{x},\boldsymbol{y}).$$

在 n 维空间 $\mathbf{R}^n$ 中定义了距离以后，就可定义 $\mathbf{R}^n$ 中变元的极限：

设 $\boldsymbol{x}=(x_1,x_2,\cdots,x_n)$，$\boldsymbol{a}=(a_1,a_2,\cdots,a_n)\in\mathbf{R}^n$. 如果 $\|\boldsymbol{x}-\boldsymbol{a}\|\to 0$，则称变元 $\boldsymbol{x}$ 在 $\mathbf{R}^n$ 中趋于固定元 $\boldsymbol{a}$，记作 $\boldsymbol{x}\to\boldsymbol{a}$.

显然

$$\boldsymbol{x}\to\boldsymbol{a} \Leftrightarrow x_1\to a_1, x_2\to a_2,\cdots,x_n\to a_n.$$

在 $\mathbf{R}^n$ 中引入线性运算和距离，使前面讨论过的有关平面点集的一系列概念可方便地引入 $n(n\geqslant 3)$ 维空间中. 例如，设 $\boldsymbol{a}=(a_1,a_2,\cdots,a_n)\in\mathbf{R}^n$，$\delta$ 是某一正数，则将 n 维空间内的点集

$$U(\boldsymbol{a},\delta) = \{\boldsymbol{x}\mid \boldsymbol{x}\in\mathbf{R}^n, \rho(\boldsymbol{x},\boldsymbol{a}) < \delta\}$$

定义为 $\mathbf{R}^n$ 中点 $\boldsymbol{a}$ 的 δ 邻域. 以邻域为基础，可进一步定义点集的内点、外点、边界点及聚点，以及开集、闭集和区域等一系列概念.

8.1.3 二元函数的概念

例1 圆柱体的体积 V 和它的底半径 r、高 h 之间具有关系

$$V = \pi r^2 h.$$

这里，当 r,h 在集合 $\{(r,h)\mid r>0,h>0\}$ 内取定一对值 (r,h) 时，V 对应的值就随之确定.

例2 一定量的理想气体的压强 p、体积 V 和绝对温度 T 之间具有关系

$$p = \frac{RT}{V},$$

其中，R 为常数. 这里，当 V,T 在集合 $\{(V,T)\mid V>0,T>0\}$ 内取定一对值 (V,T) 时，p 的对应值就随之确定.

例3 设 R 是电阻 R_1,R_2 并联后的总电阻. 由电学已知，它们之间具有关系

$$R = \frac{R_1R_2}{R_1+R_2},$$

这里，当 R_1,R_2 在集合 $\{(R_1,R_2)\mid R_1>0,R_2>0\}$ 内取定一对值 (R_1,R_2) 时，R 的对应值就随之确定.

定义1 设 D 是平面 $\mathbf{R}^2$ 上的一个非空点集，如果对 D 内的任一点 (x,y)，按照某种法则 f，都有唯一确定的实数 z 与之对应，则称映射 $f:D\to\mathbf{R}$ 为定义在 D 上的二元函数，通常记为

$$z=f(x,y),(x,y)\in D\quad(\text{或 } z=f(P),P\in D).$$

其中，x,y 称为**自变量**，z 称为**因变量**. 点集 D 称为该函数的**定义域**，数集 $f(D)=\{z\mid z=f(x,y),(x,y)\in D\}$ 称为该函数的**值域**.

上述定义中，与自变量 x,y 的一对值 (x,y) 相对应的因变量 z 的值，也称 f 在点 (x,y) 处的**函数值**，记作 $f(x,y)$，即 $z=f(x,y)$.

函数的其他符号有 $z=z(x,y)$，$z=g(x,y)$ 等.

类似地，可定义三元函数 $u=f(x,y,z)$，$(x,y,z)\in D$ 以及三元以上的函数. 当 $n\geqslant 2$ 时，n 元函数统称为**多元函数**.

注 关于函数定义域的约定：如果一个用算式表示的函数没有明确指出定义域，则该函数的定义域理解为使算式有意义的所有点 (x,y) 所构成的集合，并称其为**自然定义域**. 因此，对这类函数，它的定义域不再特别标出. 例如：

函数 $z=\ln(x+y)$ 的定义域为 $\{(x,y)\mid x+y>0\}$（无界开区域）；

函数 $z=\arcsin(x^2+y^2)$ 的定义域为 $\{(x,y)\mid x^2+y^2\leqslant 1\}$（有界闭区域）.

例4 求此二元函数的定义域

$$f(x,y)=\frac{\arcsin(3-x^2-y^2)}{\sqrt{x-y^2}}.$$

解 要使表达式有意义，必须

$$\begin{cases}|3-x^2-y^2|\leqslant 1\\ x-y^2>0\end{cases},$$

即

$$\begin{cases}2\leqslant x^2+y^2\leqslant 4\\ x>y^2\end{cases},$$

故所求定义域为（见图8-7）

$$D=\{(x,y)\mid 2\leqslant x^2+y^2\leqslant 4,x>y^2\}.$$

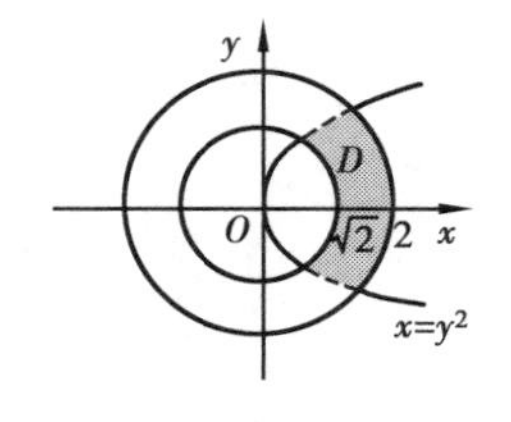

图8-7

例5 已知函数 $f(x+y,x-y)=\dfrac{x^2-y^2}{x^2+y^2}$，求 $f(x,y)$.

解 设 $u=x+y,v=x-y$，则

$$x=\frac{u+v}{2},\quad y=\frac{u-v}{2},$$

所以

$$f(u,v) = \frac{\left(\frac{u+v}{2}\right)^2 - \left(\frac{u-v}{2}\right)^2}{\left(\frac{u+v}{2}\right)^2 + \left(\frac{u-v}{2}\right)^2} = \frac{2uv}{u^2+v^2}.$$

即有

$$f(x,y) = \frac{2xy}{x^2+y^2}.$$

二元函数的几何意义：

二元函数的图形：点集 $S=\{(x,y,z)\mid z=f(x,y),(x,y\in D)\}$ 称为二元函数 $z=f(x,y)$ 的图形. 易知，属于 S 的点 $P(x_0,y_0,z_0)$ 满足三元方程 $F(x,y,z)=z-f(x,y)=0$，故二元函数 $z=f(x,y)$ 的图形就是空间中区域 D 上的一张曲面（见图 8-8），定义域 D 就是该曲面在 xOy 面上的投影.

例如，$z=ax+by+c$ 是一张平面，而函数 $z=x^2+y^2$ 的图形是旋转抛物面.

二元函数 $z=\sqrt{1-x^2-y^2}$ 表示以原点为中心、1 为半径的上半球面（见图 8-9），它的定义域 D 是 xOy 面上以原点为圆心的单位圆.

又如，二元函数 $z=\sqrt{x^2+y^2}$ 表示顶点在原点的圆锥面（见图 8-10），它的定义域 D 是整个 xOy 面.

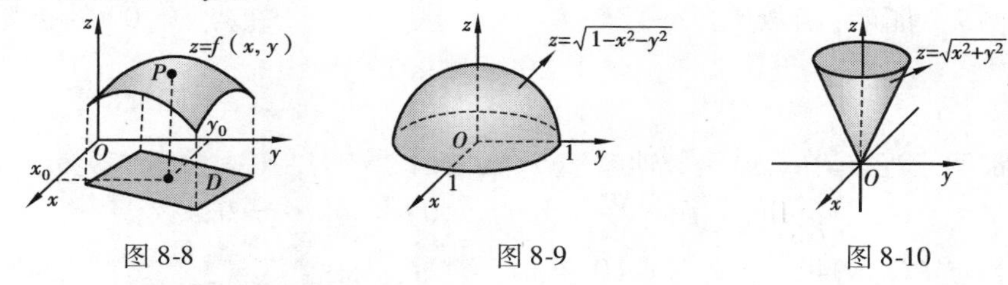

图 8-8　　　图 8-9　　　图 8-10

8.1.4　二元函数的极限

与一元函数的极限概念类似，如果在 $P(x,y)\to P_0(x_0,y_0)$ 的过程中，对应的函数值 $f(x,y)$ 无限接近于一个确定的常数 A，则称 A 是函数 $f(x,y)$ 当 $(x,y)\to(x_0,y_0)$ 时的极限.

定义 2　设二元函数 $z=f(x,y)$ 在点 $P(x_0,y_0)$ 的某一去心邻域 D 内有定义，如果对任意给定的正数 ε，总存在正数 δ，使得对满足不等式

$$0<|PP_0|=\sqrt{(x-x_0)^2+(y-y_0)^2}<\delta$$

的一切点 $P(x,y)\in D$ 恒有

$$|f(P)-A|=|f(x,y)-A|<\varepsilon$$

成立，则称常数 A 为**函数 $f(x,y)$ 当 $P(x,y)\to P_0(x_0,y_0)$ 时的极限**. 记为

$$\lim_{(x,y)\to(x_0,y_0)} f(x,y)=A,\quad \text{或} f(x,y)\to A((x,y)\to(x_0,y_0)),$$

也记作

$$\lim_{P\to P_0} f(P)=A,\quad \text{或} f(P)\to A(P\to P_0).$$

为了区别于一元函数的极限，二元函数的极限也称**二重极限**.

例 6 求极限 $\lim\limits_{(x,y)\to(0,0)}(x^2+y^2)\sin\dfrac{1}{x^2+y^2}$.

解 令 $u=x^2+y^2$，则

$$\lim_{(x,y)\to(0,0)}(x^2+y^2)\sin\frac{1}{x^2+y^2}=\lim_{u\to 0}u\sin\frac{1}{u}=0.$$

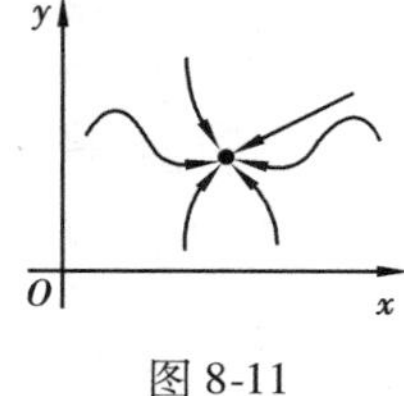

图 8-11

必须注意：

(1) 二重极限存在，是指 P 以任何方式趋于 P_0 时（见图 8-11），函数都无限接近于 A.

(2) 如果当 P 以两种不同方式趋于 P_0 时，函数趋于不同的值，则函数的极限不存在.

例 7 证明：函数 $f(x,y)=\begin{cases}\dfrac{xy}{x^2+y^2} & x^2+y^2\neq 0\\ 0 & x^2+y^2=0\end{cases}$ 在点 $(0,0)$ 处极限不存在.

证明 当点 $P(x,y)$ 沿 x 轴趋于点 $(0,0)$ 时

$$\lim_{(x,y)\to(0,0)} f(x,y)=\lim_{x\to 0}f(x,0)=\lim_{x\to 0}0=0;$$

当点 $P(x,y)$ 沿 y 轴趋于点 $(0,0)$ 时

$$\lim_{(x,y)\to(0,0)} f(x,y)=\lim_{y\to 0}f(0,y)=\lim_{y\to 0}0=0.$$

当点 $P(x,y)$ 沿直线 $y=kx$ 有

$$\lim_{\substack{(x,y)\to(0,0)\\ y=kx}}\frac{xy}{x^2+y^2}=\lim_{x\to 0}\frac{kx^2}{x^2+k^2x^2}=\frac{k}{1+k^2}.$$

易知，题设极限的值随 k 的变化而变化，故函数 $f(x,y)$ 在 $(0,0)$ 处极限不存在.

二元函数的极限与一元函数的极限具有相同的性质和运算法则，但洛必达法则不能延用.

例 8 求 $\lim\limits_{(x,y)\to(0,2)}\dfrac{\sin(xy)}{x}$.

解 $\lim\limits_{(x,y)\to(0,2)}\dfrac{\sin(xy)}{x}=\lim\limits_{(x,y)\to(0,2)}\dfrac{\sin(xy)}{xy}\cdot y$

$=\lim\limits_{(x,y)\to(0,2)}\dfrac{\sin(xy)}{xy}\cdot\lim\limits_{(x,y)\to(0,2)}y$

$=1\times2=2.$

8.1.5 二元函数的连续性

定义3 设二元函数 $z=f(x,y)$ 在点 $P(x_0,y_0)$ 的某一邻域内有定义,如果

$$\lim_{(x,y)\to(x_0,y_0)}f(x,y)=f(x_0,y_0),$$

则称函数 $f(x,y)$ 在点 $P(x_0,y_0)$ 处**连续**.

如果函数 $f(x,y)$ 在区域 D 内每一点都连续,则称函数 $f(x,y)$ 在**区域 D 内连续**,或称 $f(x,y)$ 是 D 上的连续函数. 在区域 D 上连续的二元函数的图形是区域 D 上的一张连续曲面.

二元函数的连续性概念可相应地推广到 n 元函数 $f(P)$ 上.

例9 设 $f(x,y)=\sin x$,证明 $f(x,y)$ 是 $\mathbf{R}^2$ 上的连续函数.

证明 设 $P(x_0,y_0)\in\mathbf{R}^2$. $\forall\varepsilon>0$,由于 $\sin x$ 在 x_0 处连续,因此,$\exists\delta>0$,当 $|x-x_0|<\delta$ 时,有

$$|\sin x-\sin x_0|<\varepsilon.$$

以上述 δ 作 P_0 的 δ 邻域 $U(P_0,\delta)$,则当 $P(x,y)\in U(P_0,\delta)$ 时,显然

$$|f(x,y)-f(x_0,y_0)|=|\sin x-\sin x_0|<\varepsilon,$$

即对任意的 $P(x_0,y_0)\in\mathbf{R}^2$. 因为

$$\lim_{(x,y)\to(x_0,y_0)}f(x,y)=\lim_{(x,y)\to(x_0,y_0)}\sin x=\sin x_0=f(x_0,y_0),$$

所以函数 $f(x,y)=\sin x$ 在点 $P(x_0,y_0)$ 处连续. 由 P_0 的任意性可知,$\sin x$ 作为 x,y 的二元函数在 $\mathbf{R}^2$ 上连续.

由类似的讨论可知,一元基本初等函数看成二元函数或二元以上的多元函数时,它们在各自的定义域内都是连续的.

定义4 设二元函数 $z=f(x,y)$ 在点 $P(x_0,y_0)$ 的某一邻域内有定义,如果函数 $f(x,y)$ 在点 $P(x_0,y_0)$ 处不**连续**,则称函数 $f(x,y)$ 在点 $P(x_0,y_0)$ 处**间断**,$P(x_0,y_0)$ 称为**间断点**.

例如,函数

$$f(x,y)=\begin{cases}\dfrac{xy}{x^2+y^2} & x^2+y^2\neq0\\ 0 & x^2+y^2=0\end{cases},$$

由例 6 可知，$f(x,y)$ 当 $(x,y)\to(0,0)$ 时的极限不存在，因此，无论怎样定义函数 $f(x,y)=\dfrac{xy}{x^2+y^2}$ 在 $(0,0)$ 处的值，$f(x,y)$ 在 $(0,0)$ 处都不连续，即在点 $(0,0)$ 处间断，$(0,0)$ 是该函数的一个间断点.

又如，函数 $z=\sin\dfrac{1}{x^2+y^2-1}$，其定义域为 $D=\{(x,y)\mid x^2+y^2\neq 1\}$，圆周 $C=\{(x,y)\mid x^2+y^2=1\}$ 上的点都是 D 的聚点，而 $f(x,y)$ 在 C 上没有定义，当然 $f(x,y)$ 在 C 上各点都不连续，因此，圆周 C 上各点都是该函数的间断点.

注 间断点可能是孤立点，也可能是曲线上的点.

可以证明，多元连续函数的和、差、积仍为连续函数；连续函数的商在分母不为零处仍连续；多元连续函数的复合函数也是连续函数.

与一元初等函数类似，由常数及具有不同自变量的一元基本初等函数，经过有限次的四则运算和复合运算所构成的，可用一个式子所表示的二元函数，称为**二元初等函数**.

例如，$\dfrac{x+x^2-y^2}{1+y^2}$，$\sin(x+y)$，$e^{x^2+y^2+z^2}$ 都是多元初等函数.

一切多元初等函数在其定义区域内是连续的. 所谓定义区域，是指包含在定义域内的区域或闭区域.

一般地，求 $\lim\limits_{P\to P_0}f(P)$ 时，如果 $f(P)$ 是初等函数，且 P_0 是 $f(P)$ 的定义域的内点，则 $f(P)$ 在点 P_0 处连续，且有

$$\lim_{P\to P_0}f(P)=f(P_0).$$

例 10 求 $\lim\limits_{(x,y)\to(1,2)}\dfrac{x+y}{xy}$.

解 函数 $f(x,y)=\dfrac{x+y}{xy}$ 是初等函数，它的定义域为

$$D=\{(x,y)\mid x\neq 0,y\neq 0\}.$$

$P_0(1,2)$ 为 D 的内点，则 $f(x,y)$ 在点 $P_0(1,2)$ 处连续. 因此

$$\lim_{(x,y)\to(1,2)}f(x,y)=f(1,2)=\frac{3}{2}.$$

例 11 求 $\lim\limits_{(x,y)\to(0,0)}\dfrac{\sqrt{xy+1}-1}{xy}$.

解

$$\begin{aligned}\lim_{(x,y)\to(0,0)}\frac{\sqrt{xy+1}-1}{xy}&=\lim_{(x,y)\to(0,0)}\frac{(\sqrt{xy+1}-1)(\sqrt{xy+1}+1)}{xy(\sqrt{xy+1}+1)}\\&=\lim_{(x,y)\to(0,0)}\frac{1}{\sqrt{xy+1}+1}=\frac{1}{2}.\end{aligned}$$

特别地，在有界闭区域 D 上连续的二元函数也有类似于一元连续函数在闭区间上所满足的定理.

定理1（最值定理）　有界闭区域 D 上的二元连续函数，必定在 D 上能取得它的最大值和最小值.

定理1就是说，若 $f(P)$ 在有界闭区域 D 上连续，使得对一切 $P\in D$，必存在 $P_1\in D, P_2\in D$. 使得

$$f(P_1)=\max\{f(P)\mid P\in D\},$$
$$f(P_2)=\min\{f(P)\mid P\in D\}.$$

定理2（有界性定理）　有界闭区域 D 上的二元连续函数在 D 上一定有界.

定理2就是说，若 $f(P)$ 在有界闭区域 D 上连续，则必定存在常数 $M>0$，使得对一切 $P\in D$，有 $|f(P)|\leqslant M$.

定理3（介值定理）　有界闭区域 D 上的二元连续函数必取得介于最大值和最小值之间的任何值.

习题 8-1

基础题

1. 设 $F(x,y)=\dfrac{x-2y}{2x-y}$，求 $F(1,3)$，$F(s,1)$.

2. 设 $\varphi(x,y)=(x+y)^{x-y}$，求 $\varphi(0,1)$，$\varphi(2,3)$.

3. 求下列函数的定义域：

(1) $z=\dfrac{xy}{x-y}$.　　(2) $u=\dfrac{1}{\sqrt{x}}-\dfrac{1}{\sqrt{y}}-\dfrac{1}{\sqrt{z}}$.

(3) $z=\ln xy$.　　(4) $z=\sqrt{1-\dfrac{x^2}{a^2}-\dfrac{y^2}{b^2}}$.

(5) $z=\sqrt{4-x^2-y^2}+\ln(y^2-2x+1)$.

(6) $u=\sqrt{R^2-x^2-y^2-z^2}+\dfrac{1}{\sqrt{x^2+y^2+z^2-r^2}}(R>r)$.

4. 下列函数在何处间断：

(1) $u=\ln(x^2+y^2)$.　　(2) $z=\dfrac{1}{y^2-2x}$.

提高题

1. 已知函数 $f(x,y)=x^2+y^2-xy\tan\frac{x}{y}$,求 $f(tx,ty)$.

2. 设 $f(x,y)=2x^2+y^2$,求 $f(-x,-y)$.

3. 已知 $f(x,y)=(xy)^{x+y}$,求 $f(x-y,x+y)$.

4. 求下列函数的极限:

(1) $\lim\limits_{(x,y)\to(0,1)}\frac{1-xy}{x^2+y^2}$.

(2) $\lim\limits_{(x,y)\to(1,0)}\frac{\ln(x+e^y)}{\sqrt{x^2+y^2}}$.

(3) $\lim\limits_{(x,y)\to(0,0)}\frac{2-\sqrt{xy+4}}{xy}$.

(4) $\lim\limits_{(x,y)\to(0,0)}\frac{xy}{\sqrt{2-e^{xy}}-1}$.

(5) $\lim\limits_{(x,y)\to(2,0)}\frac{\tan(xy)}{y}$.

(6) $\lim\limits_{(x,y)\to(0,0)}\frac{\cos(x^2+y^2)}{(x^2+y^2)e^{x^2y^2}}$.

5. 证明下列极限不存在:

(1) $\lim\limits_{(x,y)\to(0,0)}\frac{x+y}{x-y}$.

(2) $\lim\limits_{(x,y)\to(0,0)}\frac{x^2+y^2}{x^2y^2+(x-y)^2}$.

8.2 偏导数

在研究一元函数时,从研究函数的变化率引入了导数的概念. 实际问题中,通常需要了解一个受到多种因素制约的变量,在其他因素固定不变的情况下,该变量只随一种因素变化的变化率问题. 反映在数学上就是多元函数在其他自变量固定不变时,函数随一个自变量变化的变化率问题,这就是偏导数.

8.2.1 偏导数的定义及其计算法

对二元函数 $z=f(x,y)$,如果只有自变量 x 变化,而固定自变量 $y=y_0$,则函数 $z=f(x,y_0)$ 就是 x 的一元函数,该函数对 x 的导数,就称为二元函数 $z=f(x,y)$ 对 x 的**偏导数**. 一般地,有以下定义:

定义 1 设函数 $z=f(x,y)$ 在点 (x_0,y_0) 处的某一邻域内有定义,当 y 固定在 y_0,而 x 在 x_0 处有增量 Δx 时,相应地函数有增量

$$f(x_0+\Delta x,y_0)-f(x_0,y_0),$$

如果极限

$$\lim_{\Delta x \to 0} \frac{f(x_0 + \Delta x, y_0) - f(x_0, y_0)}{\Delta x}$$

存在，则称此极限为函数 $z=f(x,y)$ 在点 (x_0,y_0) 处对 x 的**偏导数**，记作

$$\left.\frac{\partial z}{\partial x}\right|_{\substack{x=x_0\\y=y_0}}, \quad \left.\frac{\partial f}{\partial x}\right|_{\substack{x=x_0\\y=y_0}}, \quad \left.z_x\right|_{\substack{x=x_0\\y=y_0}}, \quad \text{或} f_x(x_0,y_0),$$

即

$$f_x(x_0,y_0) = \lim_{\Delta x \to 0} \frac{f(x_0 + \Delta x, y_0) - f(x_0, y_0)}{\Delta x}.$$

类似地，函数 $z=f(x,y)$ 在点 (x_0,y_0) 处对 y 的**偏导数**定义为

$$\lim_{\Delta y \to 0} \frac{f(x_0, y_0 + \Delta y) - f(x_0, y_0)}{\Delta y},$$

记作

$$\left.\frac{\partial z}{\partial y}\right|_{\substack{x=x_0\\y=y_0}}, \quad \left.\frac{\partial f}{\partial y}\right|_{\substack{x=x_0\\y=y_0}}, \quad \left.z_y\right|_{\substack{x=x_0\\y=y_0}}, \quad \text{或} f_y(x_0,y_0).$$

偏导函数：如果函数 $z=f(x,y)$ 在区域 D 内每一点 (x,y) 处对 x 的偏导数都存在，那么这个偏导数就是 x,y 的函数，称为函数 $z=f(x,y)$ **对自变量 x 的偏导函数**（简称**偏导数**），记作

$$\frac{\partial z}{\partial x}, \quad \frac{\partial f}{\partial x}, \quad z_x, \quad \text{或} f_x(x,y).$$

即

$$f_x(x,y) = \lim_{\Delta x \to 0} \frac{f(x + \Delta x, y) - f(x, y)}{\Delta x}.$$

类似地，可定义函数 $z=f(x,y)$ 对 y 的**偏导函数**，记作

$$\frac{\partial z}{\partial x}, \quad \frac{\partial f}{\partial y}, \quad z_y, \quad \text{或} f_y(x,y).$$

即

$$f_y(x,y) = \lim_{\Delta y \to 0} \frac{f(x, y + \Delta y) - f(x, y)}{\Delta y}.$$

注　(1) 求$\frac{\partial f}{\partial x}$时，只需把 y 暂时看成常量而对 x 求导数；求$\frac{\partial f}{\partial y}$时，只需把 x 暂时看成常量而对 y 求导数.

(2) 偏导数的记号 z_x，f_x 也记成 z'_x，f'_x，对后面的高阶偏导数也有类似的情形.

偏导数的概念还可推广到二元以上的函数.

例如,三元函数 $u=f(x,y,z)$ 在定义域的内点 (x,y,z) 处分别对 x,y,z 的偏导数定义为

$$f_x(x,y,z)=\lim_{\Delta x\to 0}\frac{f(x+\Delta x,y,z)-f(x,y,z)}{\Delta x},$$

$$f_y(x,y,z)=\lim_{\Delta y\to 0}\frac{f(x,y+\Delta y,z)-f(x,y,z)}{\Delta y},$$

$$f_z(x,y,z)=\lim_{\Delta z\to 0}\frac{f(x,y,z+\Delta z)-f(x,y,z)}{\Delta z}.$$

上述定义表明,在求多元函数对某个自变量的偏导数时,只需把其余自变量看成常数,然后直接利用一元函数的求导公式及复合函数求导法则来计算.

例 1 求 $z=x^2+3xy+y^2$ 在点(1,2)处的偏导数.

解 把 y 看成常数,对 x 求导,得

$$\frac{\partial z}{\partial x}=2x+3y.$$

把 x 看成常数,对 y 求导,得

$$\frac{\partial z}{\partial y}=3x+2y.$$

故所求偏导数

$$\left.\frac{\partial z}{\partial x}\right|_{\substack{x=1\\y=2}}=2\times 1+3\times 2=8,\quad \left.\frac{\partial z}{\partial y}\right|_{\substack{x=1\\y=2}}=3\times 1+2\times 2=7.$$

讨论:下列求偏导数的方法是否正确?

$$f_x(x_0,y_0)=f_x(x,y)\Big|_{\substack{x=x_0\\y=y_0}},\qquad f_y(x_0,y_0)=f_y(x,y)\Big|_{\substack{x=x_0\\y=y_0}},$$

$$f_x(x_0,y_0)=\left[\frac{\mathrm{d}}{\mathrm{d}x}f(x,y_0)\right]\Big|_{x=x_0},\qquad f_y(x_0,y_0)=\left[\frac{\mathrm{d}}{\mathrm{d}y}f(x_0,y)\right]\Big|_{y=y_0}.$$

例 2 求 $z=x^2\sin 2y$ 的偏导数.

解 $$\frac{\partial z}{\partial x}=2x\sin 2y,\quad \frac{\partial z}{\partial y}=2x^2\cos 2y.$$

例 3 设 $z=x^y(x>0,x\neq 1)$,求证:$\frac{x}{y}\cdot\frac{\partial z}{\partial x}+\frac{1}{\ln x}\cdot\frac{\partial z}{\partial y}=2z.$

证明 因为 $\frac{\partial z}{\partial x}=yx^{y-1}$,$\frac{\partial z}{\partial y}=x^y\ln x$. 所以

$$\frac{x}{y}\cdot\frac{\partial z}{\partial x}+\frac{1}{\ln x}\cdot\frac{\partial z}{\partial y}=\frac{x}{y}yx^{y-1}+\frac{1}{\ln x}x^y\ln x=x^y+x^y=2z.$$

例 4 求 $r=\sqrt{x^2+y^2+z^2}$ 的偏导数.

解　把 y 和 z 看成常数,对 x 求导,得

$$\frac{\partial r}{\partial x}=\frac{x}{\sqrt{x^2+y^2+z^2}}=\frac{x}{r}.$$

利用函数关于自变量的对称性,得

$$\frac{\partial r}{\partial y}=\frac{y}{r},\quad \frac{\partial r}{\partial z}=\frac{z}{r}.$$

例5　已知理想气体的状态方程为 $pV=RT$(R 为常数),求证:$\frac{\partial p}{\partial V}\cdot\frac{\partial V}{\partial T}\cdot\frac{\partial T}{\partial p}=-1$.

证明　因为

$$p=\frac{RT}{V},\quad \frac{\partial p}{\partial V}=-\frac{RT}{V^2};$$

$$V=\frac{RT}{p},\quad \frac{\partial V}{\partial T}=\frac{R}{p};$$

$$T=\frac{pV}{R},\quad \frac{\partial T}{\partial p}=\frac{V}{R};$$

所以

$$\frac{\partial p}{\partial V}\cdot\frac{\partial V}{\partial T}\cdot\frac{\partial T}{\partial p}=-\frac{RT}{V^2}\cdot\frac{R}{p}\cdot\frac{V}{R}=-\frac{RT}{pV}=-1.$$

注　(1)对于一元函数而言,导数$\frac{\mathrm{d}y}{\mathrm{d}x}$可看成函数的微分 $\mathrm{d}y$ 与自变量的微分 $\mathrm{d}x$ 的商,但偏导数的记号$\frac{\partial u}{\partial x}$是一个整体,不可拆分.

(2)与一元函数类似,对分段函数在分段点的偏导数要利用偏导数的定义来求解.

(3)在一元函数微分学中,如果函数在某点存在导数,则它在该点必定连续. 对于多元函数来说,即使函数的各偏导数在某点都存在,也不能保证函数在该点连续.

例如,二元函数

$$f(x,y)=\begin{cases}\dfrac{xy}{x^2+y^2} & x^2+y^2\neq 0\\ 0 & x^2+y^2=0\end{cases}$$

在点(0,0)处,有 $f_x(0,0)=0$, $f_y(0,0)=0$,但函数在点(0,0)处并不连续.

事实上

$$f_x(0,0)=\lim_{\Delta x\to 0}\frac{f(0+\Delta x,0)-f(0,0)}{\Delta x}=\lim_{\Delta x\to 0}\frac{0}{\Delta x}=0,$$

$$f_y(0,0)=\lim_{\Delta y\to 0}\frac{f(0,0+\Delta y)-f(0,0)}{\Delta y}=\lim_{\Delta y\to 0}\frac{0}{\Delta y}=0.$$

当点 $P(x,y)$ 沿 x 轴趋于点(0,0)时,有

$$\lim_{(x,y)\to(0,0)}f(x,y)=\lim_{x\to 0}f(x,0)=\lim_{x\to 0}0=0;$$

当点 $P(x,y)$ 沿直线 $y=kx$ 趋于点(0,0)时,有

$$\lim_{\substack{(x,y)\to(0,0)\\ y=kx}}\frac{xy}{x^2+y^2}=\lim_{x\to 0}\frac{kx^2}{x^2+k^2x^2}=\frac{k}{1+k^2}.$$

因此, $\lim\limits_{(x,y)\to(0,0)}f(x,y)$ 不存在,故函数 $f(x,y)$ 在(0,0)处不连续.

偏导数的几何意义:

设曲面的方程为 $z=f(x,y)$, $M_0(x_0,y_0,f(x_0,y_0))$ 是该曲面上一点,过点 M_0 作平面 $y=y_0$,截此曲面得一条曲线,其方程为

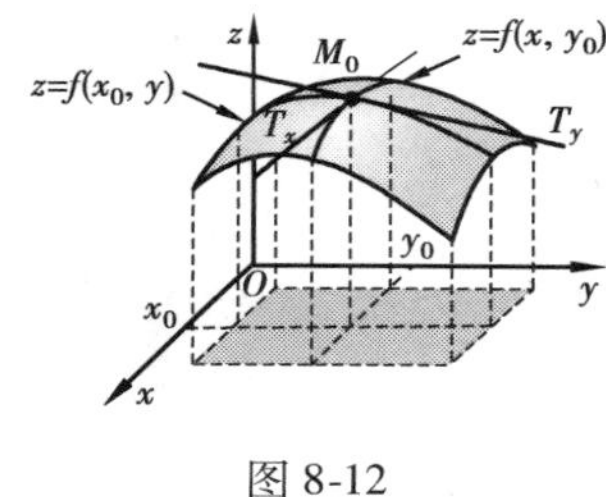

图 8-12

$$\begin{cases}z=f(x,y_0)\\ y=y_0\end{cases},$$

则偏导数 $f_x(x_0,y_0)$ 表示上述曲线在点 M_0 处的切线 M_0T_x 对 x 轴正向的斜率(见图 8-12).

同理,偏导数 $f_y(x_0,y_0)$ 表示曲面被平面 $x=x_0$ 所截得的曲线在点 M_0 处的切线 M_0T_y 对 y 轴正向的斜率.

8.2.2 高阶偏导数

设函数 $z=f(x,y)$ 在区域 D 内具有偏导数

$$\frac{\partial z}{\partial x}=f_x(x,y),\quad \frac{\partial z}{\partial y}=f_y(x,y).$$

那么在 D 内 $f_x(x,y)$ 和 $f_y(x,y)$ 都是 x,y 的函数. 如果这两个函数的偏导数也存在,则称它们是函数 $z=f(x,y)$ 的**二阶偏导数**. 按照对变量求导次序的不同,有下列 4 个二阶偏导数:

$$\frac{\partial}{\partial x}\left(\frac{\partial z}{\partial x}\right)=\frac{\partial^2 z}{\partial x^2}=f_{xx}(x,y),\quad \frac{\partial}{\partial y}\left(\frac{\partial z}{\partial x}\right)=\frac{\partial^2 z}{\partial x\partial y}=f_{xy}(x,y),$$

$$\frac{\partial}{\partial x}\left(\frac{\partial z}{\partial y}\right)=\frac{\partial^2 z}{\partial y\partial x}=f_{yx}(x,y),\quad \frac{\partial}{\partial y}\left(\frac{\partial z}{\partial y}\right)=\frac{\partial^2 z}{\partial y^2}=f_{yy}(x,y).$$

其中, $\frac{\partial}{\partial y}\left(\frac{\partial z}{\partial x}\right)=\frac{\partial^2 z}{\partial x\partial y}=f_{xy}(x,y)$, $\frac{\partial}{\partial x}\left(\frac{\partial z}{\partial y}\right)=\frac{\partial^2 z}{\partial y\partial x}=f_{yx}(x,y)$ 称为**混合偏导数**.

同样,可得三阶、四阶以及 n 阶偏导数,二阶及二阶以上的偏导数统称为**高**

阶偏导数.

例 6　设 $z=x^3y^2-3xy^3-xy+1$，求 $\frac{\partial^2 z}{\partial x^2}$，$\frac{\partial^3 z}{\partial x^3}$，$\frac{\partial^2 z}{\partial y\partial x}$ 和 $\frac{\partial^2 z}{\partial x\partial y}$.

解

$$\frac{\partial z}{\partial x}=3x^2y^2-3y^3-y,\quad \frac{\partial z}{\partial y}=2x^3y-9xy^2-x;$$

$$\frac{\partial^2 z}{\partial x^2}=6xy^2,\ \frac{\partial^3 z}{\partial x^3}=6y^2;$$

$$\frac{\partial^2 z}{\partial x\partial y}=6x^2y-9y^2-1,\quad \frac{\partial^2 z}{\partial y\partial x}=6x^2y-9y^2-1.$$

例 7　验证：函数 $z=\ln\sqrt{x^2+y^2}$ 满足方程 $\frac{\partial^2 z}{\partial x^2}+\frac{\partial^2 z}{\partial y^2}=0$.

证明　因为

$$z=\ln\sqrt{x^2+y^2}=\frac{1}{2}\ln(x^2+y^2),$$

所以

$$\frac{\partial z}{\partial x}=\frac{x}{x^2+y^2},\quad \frac{\partial z}{\partial y}=\frac{y}{x^2+y^2},$$

$$\frac{\partial^2 z}{\partial x^2}=\frac{(x^2+y^2)-x\cdot 2x}{(x^2+y^2)^2}=\frac{y^2-x^2}{(x^2+y^2)^2},$$

$$\frac{\partial^2 z}{\partial y^2}=\frac{(x^2+y^2)-y\cdot 2y}{(x^2+y^2)^2}=\frac{x^2-y^2}{(x^2+y^2)^2}.$$

因此

$$\frac{\partial^2 z}{\partial x^2}+\frac{\partial^2 z}{\partial y^2}=\frac{x^2-y^2}{(x^2+y^2)^2}+\frac{y^2-x^2}{(x^2+y^2)^2}=0.$$

例 8　证明函数 $u=\frac{1}{r}$ 满足拉普拉斯方程

$$\frac{\partial^2 u}{\partial x^2}+\frac{\partial^2 u}{\partial y^2}+\frac{\partial^2 u}{\partial z^2}=0,$$

其中，$r=\sqrt{x^2+y^2+z^2}$.

证明

$$\frac{\partial u}{\partial x}=-\frac{1}{r^2}\cdot\frac{\partial r}{\partial x}=-\frac{1}{r^2}\cdot\frac{x}{r}=-\frac{x}{r^3},$$

$$\frac{\partial^2 u}{\partial x^2}=-\frac{1}{r^3}+\frac{3x}{r^4}\cdot\frac{\partial r}{\partial x}=-\frac{1}{r^3}+\frac{3x^2}{r^5}.$$

同理

$$\frac{\partial^2 u}{\partial y^2}=-\frac{1}{r^3}+\frac{3y^2}{r^5},\quad \frac{\partial^2 u}{\partial z^2}=-\frac{1}{r^3}+\frac{3z^2}{r^5}.$$

因此

$$\frac{\partial^2 u}{\partial x^2}+\frac{\partial^2 u}{\partial y^2}+\frac{\partial^2 u}{\partial z^2}=\left(-\frac{1}{r^3}+\frac{3x^2}{r^5}\right)+\left(-\frac{1}{r^3}+\frac{3y^2}{r^5}\right)+\left(-\frac{1}{r^3}+\frac{3z^2}{r^5}\right)$$

$$=-\frac{3}{r^3}+\frac{3(x^2+y^2+z^2)}{r^5}$$

$$=-\frac{3}{r^3}+\frac{3r^2}{r^5}$$

$$=0.$$

提示：

$$\frac{\partial^2 u}{\partial x^2}=\frac{\partial}{\partial x}\left(-\frac{x}{r^3}\right)=-\frac{r^3-x\cdot\frac{\partial}{\partial x}(r^3)}{r^6}=-\frac{r^3-x\cdot 3r^2\frac{\partial r}{\partial x}}{r^6}.$$

上述例 6 中，二阶混合偏导数相等，即

$$\frac{\partial^2 z}{\partial x\partial y}=\frac{\partial^2 z}{\partial y\partial x}.$$

这种现象并不是偶然的，实际上可通过证明得出下述定理.

定理 1　如果函数 $z=f(x,y)$ 的两个二阶混合偏导数 $\frac{\partial^2 z}{\partial y\partial x}$ 及 $\frac{\partial^2 z}{\partial x\partial y}$ 在区域 D 内连续，则在该区域内这两个二阶混合偏导数必相等，即 $\frac{\partial^2 z}{\partial x\partial y}=\frac{\partial^2 z}{\partial y\partial x}$.

定理 1 表明，二阶混合偏导数在连续的条件下与求偏导的次序无关，这给混合偏导数的计算带来了方便.

对二元以上的多元函数，也可类似地定义高阶偏导数，而且高阶混合偏导数在偏导数连续的条件下也与求偏导的次序无关.

习题 8-2

基础题

1. 求下列函数的偏导数：

(1) $z=x^3y-y^3x$.

(2) $s=\frac{u^2+v^2}{uv}$.

(3) $z=\sqrt{\ln(xy)}$.

(4) $z=\sin(xy)+\cos^2(xy)$.

(5) $z=\ln\tan\frac{x}{y}$.　　(6) $z=(1+xy)^y$.

(7) $u=x^{\frac{y}{x}}$.　　(8) $u=\arctan(x-y)^z$.

2. 设 $f(x,y)=\ln\left(x+\frac{y}{2x}\right)$，求 $f_x(1,0)$，$y_y(1,0)$.

3. 设 $z=e^x(\cos y+x\sin y)$，求 $\left.\frac{\partial^2 z}{\partial x^2}\right|_{(0,\frac{\pi}{2})}$，$\left.\frac{\partial^2 z}{\partial x\partial y}\right|_{(0,\frac{\pi}{2})}$，$\left.\frac{\partial^2 z}{\partial y^2}\right|_{(0,\frac{\pi}{2})}$.

4. $z=\ln(\sqrt{x}+\sqrt{y})$，证明：$x\frac{\partial z}{\partial x}+y\frac{\partial z}{\partial y}=\frac{1}{2}$.

5. 设 $z=\frac{xy}{x+y}$，证明：$x\frac{\partial z}{\partial x}+y\frac{\partial z}{\partial y}=z$.

6. 求下列各函数的二阶偏导数：

(1) $u=\frac{1}{2}\ln(x^2+y^2)$.　　(2) $f(x,y)=x\sin(x+y)+y\cos(x+y)$.

(3) $z=\sin^2(ax+by)$.　　(4) $z=\arctan\frac{y}{x}$.

提高题

1.【2005 年数三】设函数 $u(x,y)=\varphi(x+y)+\varphi(x-y)+\int_{x-y}^{x+y}\psi(t)\,dt$，其中函数 φ 具有二阶导数，ψ 具有一阶导数，则必有(　　).

A. $\frac{\partial^2 u}{\partial x^2}=-\frac{\partial^u}{\partial y^2}$　　B. $\frac{\partial^2 u}{\partial x^2}=\frac{\partial^2 u}{\partial y^2}$

C. $\frac{\partial^2 u}{\partial x\partial y}=\frac{\partial^2 u}{\partial y^2}$　　D. $\frac{\partial^2 u}{\partial x\partial y}=\frac{\partial^2 u}{\partial x^2}$

2.【2011 年数一】设函数 $F(x,y)=\int_0^{xy}\frac{\sin t}{1+t^2}dt$，则 $\left.\frac{\partial^2 F}{\partial x^2}\right|_{\substack{x=0\\y=2}}=$ ________.

3.【2016 年数三】设函数 $f(x)=\arctan x-\frac{x}{1+ax^2}$，且 $f'''(0)=1$，则 $a=$ ________.

4. 设 $T=2\pi\sqrt{\frac{l}{g}}$，求证：$l\frac{\partial T}{\partial l}+g\frac{\partial T}{\partial g}=0$.

5. 设 $f(x,y)=x+(y-1)\arcsin\sqrt{\frac{x}{y}}$，求 $f_x(x,1)$.

8.3 全微分及其应用

由偏导数的定义可知,二元函数对某个自变量的偏导数,表示当其中一个自变量固定时,因变量对另一个自变量的变化率. 根据一元函数微分学中增量与微分的关系,可得

$$f(x+\Delta x,y)-f(x,y)\approx f_x(x,y)\Delta x,$$
$$f(x,y+\Delta y)-f(x,y)\approx f_y(x,y)\Delta y.$$

上面两式左端分别称为二元函数对 x 和 y 的**偏增量**,右端分别称为二元函数对 x 和 y 的**偏微分**.

在实际问题中,有时需要研究多元函数中各个自变量都取得增量时因变量所获得的增量,即所谓全增量的问题. 下面以二元函数为例进行讨论.

如果函数 $z=f(x,y)$ 在点 $P(x,y)$ 的某邻域内有定义,并设 $P'(x+\Delta x,y+\Delta y)$ 为该邻域内的任意一点,则称 $f(x+\Delta x,y+\Delta y)-f(x,y)$ 为函数在点 P 处对应于自变量增量 $\Delta x,\Delta y$ 的**全增量**,记为 Δz,即

$$\Delta z=f(x+\Delta x,y+\Delta y)-f(x,y). \tag{8-1}$$

一般来说,计算全增量较复杂. 与一元函数的情形类似,可利用关于自变量增量 $\Delta x,\Delta y$ 的线性函数来近似代替函数的全增量 Δz,由此引入二元函数全微分的定义.

定义 1 如果函数 $z=f(x,y)$ 在点 (x,y) 处的全增量

$$\Delta z=f(x+\Delta x,y+\Delta y)-f(x,y)$$

可表示为

$$\Delta z=A\Delta x+B\Delta y+o(\rho)\left(\rho=\sqrt{(\Delta x)^2+(\Delta y)^2}\right), \tag{8-2}$$

其中,A,B 不依赖于 $\Delta x,\Delta y$,而仅与 x,y 有关,则称函数 $z=f(x,y)$ 在点 (x,y) 处**可微分**,称 $A\Delta x+B\Delta y$ 为函数 $z=f(x,y)$ 在点 (x,y) 处的**全微分**,记作 $\mathrm{d}z$,即

$$\mathrm{d}z=A\Delta x+B\Delta y. \tag{8-3}$$

如果函数在区域 D 内各点处都可微分,则称这函数在 **D 内可微分**.

在一元函数微分学中,可微一定可导,可导一定连续,但在多元函数中可微与连续的关系为:**可微必连续**.

事实上,如果 $z=f(x,y)$ 在点 (x,y) 处可微,则

$$\Delta z = f(x+\Delta x, y+\Delta y) - f(x,y) = A\Delta x + B\Delta y + o(\rho),$$

于是

$$\lim_{(\Delta x,\Delta y)\to(0,0)} \Delta z = \lim_{(\Delta x,\Delta y)\to(0,0)} [A\Delta x + B\Delta y + o(\rho)] = 0.$$

因此，函数 $z=f(x,y)$ 在点 (x,y) 处连续.

下面根据全微分与偏导数的定义来讨论函数在一点可微分的条件.

定理1(必要条件)　如果函数 $z=f(x,y)$ 在点 (x,y) 处可微分，则该函数在点 (x,y) 处的偏导数 $\frac{\partial z}{\partial x}$ 及 $\frac{\partial z}{\partial y}$ 必定存在，且函数 $z=f(x,y)$ 在点 (x,y) 处的全微分为

$$dz = \frac{\partial z}{\partial x}\Delta x + \frac{\partial z}{\partial y}\Delta y. \tag{8-4}$$

证明　设函数 $z=f(x,y)$ 在点 $P(x,y)$ 处可微分. 于是，对点 P 的某个邻域内的任意一点 $P'(x+\Delta x, y+\Delta y)$，恒有 $\Delta z = A\Delta x + B\Delta y + o(\rho)$ 成立. 特别地，当 $\Delta y=0$ 时，有

$$f(x+\Delta x, y) - f(x,y) = A\Delta x + o(|\Delta x|).$$

上式两边除以 Δx，令 $\Delta x\to 0$ 并取极限，就得

$$\lim_{\Delta x\to 0} \frac{f(x+\Delta x,y) - f(x,y)}{\Delta x} = A,$$

从而偏导数 $\frac{\partial z}{\partial x}$ 存在，且 $\frac{\partial z}{\partial x}=A$. 同理，可证偏导数 $\frac{\partial z}{\partial y}$ 存在，且 $\frac{\partial z}{\partial y}=B$，所以

$$dz = \frac{\partial z}{\partial x}\Delta x + \frac{\partial z}{\partial y}\Delta y.$$

因此，定理1得证.

已知，一元函数在某点可导是函数在该点可微的充分必要条件，但对多元函数则不然. 定理1的结论表明，二元函数的各偏导数 $\frac{\partial z}{\partial x}$，$\frac{\partial z}{\partial y}$ 存在只是全微分存在的必要条件而不是充分条件.

例如，函数

$$f(x,y) = \begin{cases} \dfrac{xy}{\sqrt{x^2+y^2}} & x^2+y^2 \neq 0 \\ 0 & x^2+y^2 = 0 \end{cases},$$

在点 $(0,0)$ 处虽然有 $f_x(0,0)=0$，$f_y(0,0)=0$，即 $f(x,y)$ 在点 $(0,0)$ 处的两个偏导数存在且相等. 但函数在 $(0,0)$ 处不可微分，即 $\Delta z - [f_x(0,0)\Delta x + f_y(0,0)\Delta y]$ 不是较 ρ 的高阶无穷小. 这是因当 $(\Delta x,\Delta y)$ 沿直线 $y=x$ 趋于 $(0,0)$ 时，有

$$\frac{\Delta z - [f_x(0,0)\cdot\Delta x + f_y(0,0)\cdot\Delta y]}{\rho} = \frac{\Delta x\cdot\Delta y}{(\Delta x)^2 + (\Delta y)^2}$$

$$= \frac{\Delta x \cdot \Delta x}{(\Delta x)^2 + (\Delta x)^2} = \frac{1}{2} \neq 0.$$

因此，函数在$(0,0)$处是不可微分的.

由此可知，对于多元函数而言，偏导数存在不一定可微. 因函数的偏导数仅描述了函数在一点处沿坐标轴的变化率，而全微分描述了函数沿各个方向的变化情况. 但如果对偏导数再加些条件，就可保证函数的可微性.

一般地，则有：

定理 2（充分条件） 如果函数 $z=f(x,y)$ 的偏导数$\frac{\partial z}{\partial x}$和$\frac{\partial z}{\partial y}$在点$(x,y)$处连续，则函数在该点处可微分.

证明 函数的全增量

$$\Delta z = f(x+\Delta x, y+\Delta y) - f(x,y)$$
$$= [f(x+\Delta x, y+\Delta y) - f(x, y+\Delta y)] + [f(x, y+\Delta y) - f(x,y)],$$

对上面两个中括号内的表达式，分别应用拉格朗日中值定理，有

$$\Delta z = f_x(x+\theta_1\Delta x, y+\Delta y)\Delta x + f_y(x, y+\theta_2\Delta y)\Delta y,$$

其中，$0<\theta_1,\theta_2<1$. 根据题设条件，$f_x(x,y)$在点(x,y)处连续，故

$$\lim_{\substack{\Delta x\to 0\\ \Delta y\to 0}} f_x(x+\theta_1\Delta x, y+\Delta y) = f_x(x,y),$$

从而有

$$f_x(x+\theta_1\Delta x, y+\Delta y)\Delta x = f_x(x,y)\Delta x + \varepsilon_1\Delta x.$$

其中，ε_1 为 $\Delta x,\Delta y$ 的函数，且当 $\Delta x\to 0,\Delta y\to 0$ 时，$\varepsilon_1\to 0$. 同理，有

$$f_y(x, y+\theta_2\Delta y)\Delta y = f_y(x,y)\Delta y + \varepsilon_2\Delta y,$$

其中，ε_2 为 Δy 的函数，且当 $\Delta y\to 0$ 时，$\varepsilon_2\to 0$，于是

$$\Delta z = f_x(x,y)\Delta x + \varepsilon_1\Delta x + f_y(x,y)\Delta y + \varepsilon_2\Delta y,$$

而

$$\lim_{\substack{\Delta x\to 0\\ \Delta y\to 0}} \frac{\varepsilon_1\Delta x + \varepsilon_2\Delta y}{\rho} = \lim_{\substack{\Delta x\to 0\\ \Delta y\to 0}} \left(\varepsilon_1\frac{\Delta x}{\rho} + \varepsilon_2\frac{\Delta y}{\rho}\right) = 0.$$

其中，$\rho=\sqrt{(\Delta x)^2+(\Delta y)^2}$. 因此，由可微的定义可知，函数 $z=f(x,y)$ 点(x,y)处可微分.

习惯上，常将自变量的增量 $\Delta x,\Delta y$ 分别记作 dx, dy，并分别称为自变量的微分，则函数 $z=f(x,y)$ 的全微分可写作

$$dz = \frac{\partial z}{\partial x}dx + \frac{\partial z}{\partial y}dy. \tag{8-5}$$

二元函数的全微分等于它的两个偏微分之和，称二元函数的微分符合**叠加原理**. 叠加原理也适用于三元及三元以上的函数. 例如，函数 $u=f(x,y,z)$ 的全

微分为

$$du = \frac{\partial z}{\partial x}dx + \frac{\partial z}{\partial y}dy + \frac{\partial u}{\partial z}dz. \tag{8-6}$$

例 1 计算函数 $z = x^2y + y^2$ 的全微分.

解 因为

$$\frac{\partial z}{\partial x} = 2xy, \quad \frac{\partial z}{\partial y} = x^2 + 2y,$$

所以

$$dz = 2xydx + (x^2 + 2y)dy.$$

例 2 计算函数 $u = x + \sin\frac{y}{2} + e^{yz}$的全微分.

解 因为

$$\frac{\partial u}{\partial x} = 1, \quad \frac{\partial u}{\partial y} = \frac{1}{2}\cos\frac{y}{2} + ze^{yz}, \quad \frac{\partial u}{\partial z} = ye^{yz},$$

所以

$$du = dx + \left(\frac{1}{2}\cos\frac{y}{2} + ze^{yz}\right)dy + ye^{yz}dz.$$

例 3 计算函数 $z = e^{xy}$在点$(2,1)$处的全微分.

解 因为

$$\frac{\partial z}{\partial x} = ye^{xy}, \quad \frac{\partial z}{\partial y} = xe^{xy},$$

$$\left.\frac{\partial z}{\partial x}\right|_{\substack{x=2\\y=1}} = e^2, \quad \left.\frac{\partial z}{\partial y}\right|_{\substack{x=2\\y=1}} = 2e^2,$$

所以所求全微分为

$$dz = e^2dx + 2e^2dy.$$

全微分在近似计算中的应用:

与一元函数的线性化类似,也可研究二元函数的线性化近似问题.

从前面的讨论可知,当函数 $z = f(x,y)$ 在点(x_0,y_0)处可微,且$|\Delta x|$,$|\Delta y|$都较小时,由全微分的定义,有

$$\Delta z \approx dz,$$

即

$$\Delta z \approx f_x(x_0,y_0)\Delta x + f_y(x_0,y_0)\Delta y.$$

如果从点(x_0,y_0)移动到某邻近点(x,y)所产生的增量为 $\Delta x = x - x_0$,$\Delta y = y - y_0$(见图 8-13),则有

$$f(x,y)-f(x_0,y_0)\approx f_x(x_0,y_0)(x-x_0)+f_y(x_0,y_0)(y-y_0),$$

即

$$f(x,y)\approx f(x_0,y_0)+f_x(x_0,y_0)(x-x_0)+f_y(x_0,y_0)(y-y_0).$$

(x,y)

$\Delta y=y-y_0$

(x_0,y_0)

$\Delta x=x-x_0$

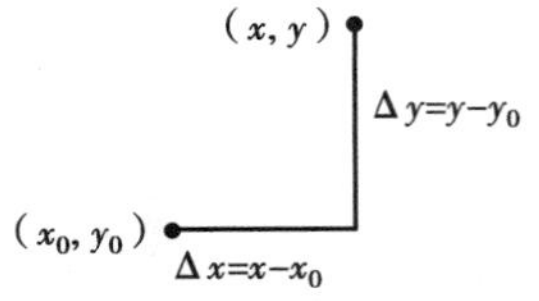

图 8-13

若记上式右端的线性函数为

$$L(x,y)=f(x_0,y_0)+f_x(x_0,y_0)(x-x_0)+f_y(x_0,y_0)(y-y_0),$$

其图形为通过点(x_0,y_0)处的一个平面，此即所谓曲面$z=f(x,y)$在点(x_0,y_0)处的切平面.

定义 2　如果函数$z=f(x,y)$在点(x_0,y_0)处可微，那么函数

$$L(x,y)=f(x_0,y_0)+f_x(x_0,y_0)(x-x_0)+f_y(x_0,y_0)(y-y_0)$$

称为函数$z=f(x,y)$在点(x_0,y_0)处的**线性化**. 近似式

$$f(x,y)\approx L(x,y)$$

称为函数$z=f(x,y)$在点(x_0,y_0)处的**标准线性近似**.

从几何上看，二元函数线性化的实质就是曲面上某点邻近的一小块曲面被相应的一小块切平面近似代替（见图 8-14）.

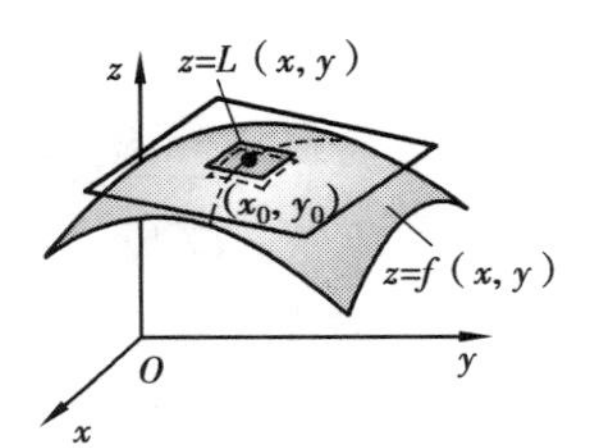

图 8-14

可利用上述近似等式对二元函数作近似计算.

例 4　计算$(1.04)^{2.02}$的近似值.

解　设函数$f(x,y)=x^y$. 显然，要计算的值就是函数在$x=1.04$，$y=2.02$时的函数值$f(1.04,2.02)$. 取$x_0=1$，$y_0=2$，$\Delta x=0.04$，$\Delta y=0.02$. 由于

$$f_x(x,y)=yx^{y-1},\quad f_y(x,y)=x^y\ln x,$$

$$f(1,2)=1,\quad f_x(1,2)=2,\quad f_y(1,2)=0,$$

可得到函数x^y在点$(1,2)$处的线性化为

$$L(x,y)=1+2(x-1),$$

因此

$$(1.04)^{2.02}=(1+0.04)^{2+0.02}\approx 1+2\times 0.04=1.08.$$

例 5　有一圆柱体，受压后发生形变，它的半径由 20 cm 增大到 20.05 cm，高度由 100 cm 减少到 99 cm. 求此圆柱体体积变化的近似值.

解　设圆柱体的半径、高和体积依次为 r,h 和 V,则有

$$V = \pi r^2 h.$$

已知 $r=20,h=100,\Delta r=0.05,\Delta h=-1$. 根据近似公式,有

$$\begin{aligned}\Delta V \approx \mathrm{d}V &= V_r \Delta r + V_h \Delta h = 2\pi rh\Delta r + \pi r^2 \Delta h \\ &= 2\pi \times 20 \times 100 \times 0.05\ \mathrm{cm}^3 + \pi \times 20^2 \times (-1) \\ &= -200\pi\ (\mathrm{cm}^3),\end{aligned}$$

即此圆柱体在受压后体积约减少 $200\pi\ \mathrm{cm}^3$.

习题 8-3

基础题

1. 求下列函数的全微分:

(1) $z=\dfrac{x}{\sqrt{x^2+y^2}}$.　　(2) $z=x^y$.

(3) $z=\mathrm{e}^{xy}$.　　(4) $z=x\sin(x^2+y^2)$.

(5) $z=xy+\dfrac{x}{y}$.　　(6) $z=(x^2+y^2)\mathrm{e}^{\frac{x^2+y^2}{xy}}$.

2. 求函数 $z=x^2y^2$,当 $x=2,y=1,\Delta x=0.02,\Delta y=-0.01$ 的全微分.

3. 求函数 $z=2x+3y^2$,当 $x=10,y=8,\Delta x=0.2,\Delta y=0.3$ 的全增量 Δx 和全微分 $\mathrm{d}z$.

4. 求函数 $u=z\cot xy$ 的全微分.

提高题

1.【2002 年数三】考虑二元函数 $f(x,y)$ 的下面 4 条性质:

(1) $f(x,y)$ 在点 (x_0,y_0) 处连续

(2) $f_x(x,y)$, $f_y(x,y)$ 在点 (x_0,y_0) 处连续

(3) $f(x,y)$ 在点 (x_0,y_0) 处可微分

(4) $f_x(x_0,y_0)$, $f_x(x_0,y_0)$ 存在

若用"$P\Rightarrow Q$"表示可由性质 P 推出性质 Q,则下列 4 个选项中正确的是(　　).

A. (2)⇒(3)⇒(1)　　B. (3)⇒(2)⇒(1)

C. (3)⇒(4)⇒(1)　　D. (3)⇒(1)⇒(4)

2.【2016 年数一】设函数 $f(u,v)$ 可微，$z=z(x,y)$ 由方程

$$(x+1)z-y^2=x^2f(x-z,y)$$

确定，则 $dz\big|_{(0,1)}=$ ________.

3.【2015 年数一】若函数 $z=z(x,y)$ 由方程 $e^z+xyz+x+\cos x=2$ 确定，则 $dz\big|_{(0,1)}=$ ________.

4. 计算 $\sqrt{(1.02)^3+(1.97)^3}$ 的近似值.

8.4 复合函数微分法

在一元函数中，复合函数的求导公式在求导中起到了重要的作用，即"链式法则". 对于多元函数来说，情况也是如此. 例如，对多元复合函数 $z=f(u,v)$，而 $u=\varphi(t)$，$v=\psi(t)$，如何求 $\frac{dz}{dt}$；又如，$z=f(u,v)$，而 $u=\varphi(x,y)$，$v=\psi(x,y)$，如何求 $\frac{\partial z}{\partial x}$ 和 $\frac{\partial z}{\partial y}$？在本节中，我们会借用一元复合函数的链式图（或结构图）及链式法则，分几种情况来讨论多元复合函数的情形. 其中，链式法则总结十六字口诀：**分段用乘，分叉用加；单路全导，叉路偏导.**

8.4.1 复合函数的中间变量均为一元函数的情形

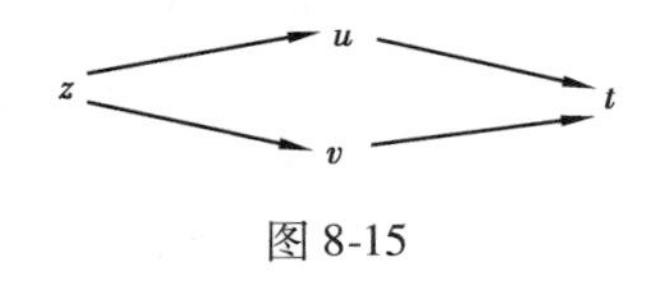

图 8-15

设函数 $z=f(u,v)$，$u=\varphi(t)$，$v=\psi(t)$ 构成复合函数 $z=f[\varphi(t),\psi(t)]$，其变量间的相互依赖关系可用图 8-15 的链式图来表示，结合口诀，即可写出此链式法则.

定理 1 如果函数 $u=\varphi(t)$ 及 $v=\psi(t)$ 都在点 t 处可导，函数 $z=f(u,v)$ 在对应点 (u,v) 具有连续偏导数，则复合函数 $z=f[\varphi(t),\psi(t)]$ 在对应点 t 处可导，且其导数可计算为

$$\frac{dz}{dt}=\frac{\partial z}{\partial u}\cdot\frac{du}{dt}+\frac{\partial z}{\partial v}\cdot\frac{dv}{dt}. \tag{8-7}$$

证明 设给 t 以增量 Δt，则函数 u,v 相应得到增量

$$\Delta u=\varphi(t+\Delta t)-\varphi(t),\Delta v=\psi(t+\Delta t)-\psi(t).$$

由于函数 $z=f(u,v)$ 在点 (u,v) 处有连续的偏导数，因此，$f(u,v)$ 在点 (u,v) 处可微，即有

$$dz = \frac{\partial z}{\partial u} du + \frac{\partial z}{\partial v} dv.$$

又因 $u=\varphi(t)$ 及 $v=\psi(t)$ 都可导,故可微,即有

$$du = \frac{du}{dt} dt, \quad dv = \frac{dv}{dt} dt,$$

代入上式得

$$dz = \frac{\partial z}{\partial u} \cdot \frac{du}{dt} dt + \frac{\partial z}{\partial v} \cdot \frac{dv}{dt} dt = \left(\frac{\partial z}{\partial u} \cdot \frac{du}{dt} + \frac{\partial z}{\partial v} \cdot \frac{dv}{dt}\right) dt,$$

从而

$$\frac{dz}{dt} = \frac{\partial z}{\partial u} \cdot \frac{du}{dt} + \frac{\partial z}{\partial v} \cdot \frac{dv}{dt}.$$

定理1的结论可推广到中间变量多于两个的情形. 例如, $z=f(u,v,w)$, $u=\varphi(t)$, $v=\psi(t)$, $w=\omega(t)$ 构成复合函数 $z=f[\varphi(t),\psi(t),\omega(t)]$, 其变量间的相互依赖关系可用图8-16来表达,则在满足与定理1相类似的条件下,有

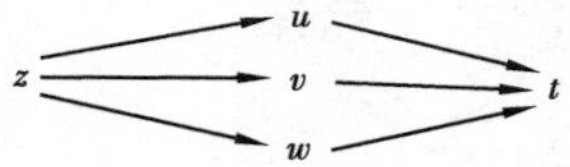

图 8-16

$$\frac{dz}{dt} = \frac{\partial z}{\partial u} \cdot \frac{du}{dt} + \frac{\partial z}{\partial v} \cdot \frac{dv}{dt} + \frac{\partial z}{\partial w} \cdot \frac{dw}{dt}. \quad (8\text{-}8)$$

式(8-7)和式(8-8)中的导数 $\frac{dz}{dt}$, 称为**全导数**.

8.4.2 复合函数的中间变量为多元函数的情形

定理1可推广到中间变量不是一元函数的情形. 例如,对中间变量为二元函数的情形,设函数 $z=f(u,v)$, $u=\varphi(x,y)$, $v=\psi(x,y)$ 构成复合函数 $z=f[\varphi(x,y),\psi(x,y)]$, 其变量间的相互依赖关系可用图8-17来表达.

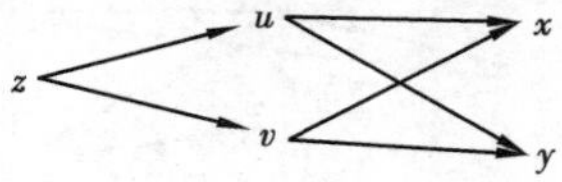

图 8-17

此时,有:

定理2 如果函数 $u=\varphi(x,y)$, $v=\psi(x,y)$ 都在点 (x,y) 处具有对 x 及 y 的偏导数,函数 $z=f(u,v)$ 在对应点 (u,v) 处具有连续偏导数,则复合函数 $z=f[\varphi(x,y),\psi(x,y)]$ 在对应点 (x,y) 处的两个偏导数存在,且有

$$\frac{\partial z}{\partial x} = \frac{\partial z}{\partial u} \cdot \frac{\partial u}{\partial x} + \frac{\partial z}{\partial v} \cdot \frac{\partial v}{\partial x}, \quad (8\text{-}9)$$

$$\frac{\partial z}{\partial y} = \frac{\partial z}{\partial u} \cdot \frac{\partial u}{\partial y} + \frac{\partial z}{\partial v} \cdot \frac{\partial v}{\partial y}. \quad (8\text{-}10)$$

定理 2 的结论可推广到中间变量多于两个的情形. 例如,设

$$z=f(u,v,w),\quad u=\varphi(x,y),\quad v=\psi(x,y),\quad w=\omega(x,y)$$

构成复合函数 $z=f[\varphi(x,y),\psi(x,y),\omega(x,y)]$,其变量间的相互依赖关系如图 8-18 所示,则在满足与定理 2 相类似的条件下,有

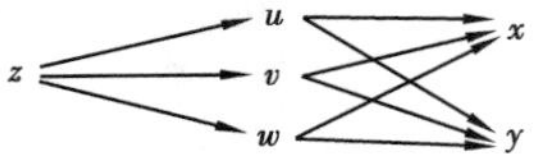

图 8-18

$$\frac{\partial z}{\partial x}=\frac{\partial z}{\partial u}\cdot\frac{\partial u}{\partial x}+\frac{\partial z}{\partial v}\cdot\frac{\partial v}{\partial x}+\frac{\partial z}{\partial w}\cdot\frac{\partial w}{\partial x},\tag{8-11}$$

$$\frac{\partial z}{\partial y}=\frac{\partial z}{\partial u}\cdot\frac{\partial u}{\partial y}+\frac{\partial z}{\partial v}\cdot\frac{\partial v}{\partial y}+\frac{\partial z}{\partial w}\cdot\frac{\partial w}{\partial y}.\tag{8-12}$$

8.4.3 复合函数的中间变量既有一元函数也有多元函数的情形

定理 3 如果函数 $u=\varphi(x,y)$ 在点 (x,y) 处具有对 x 及对 y 的偏导数,函数 $v=\psi(y)$ 在点 y 处可导,函数 $z=f(u,v)$ 在对应点 (u,v) 处具有连续偏导数,则复合函数 $z=f[\varphi(x,y),\psi(y)]$ 在点 (x,y) 处的两个偏导数存在,且有

$$\frac{\partial z}{\partial x}=\frac{\partial z}{\partial u}\cdot\frac{\partial u}{\partial x},\tag{8-13}$$

$$\frac{\partial z}{\partial y}=\frac{\partial z}{\partial u}\cdot\frac{\partial u}{\partial y}+\frac{\partial z}{\partial v}\cdot\frac{\mathrm{d}v}{\mathrm{d}y}.\tag{8-14}$$

这类情形实际上是第二种情形的一种特例,即变量 v 与 x 无关,从而 $\frac{\partial v}{\partial x}=0$. 这样,因 v 是 y 的一元函数,故将 $\frac{\partial v}{\partial y}$ 换成 $\frac{\mathrm{d}v}{\mathrm{d}y}$,即有上述结果.

在第三种情形中,一种常见的情况是:复合函数的某些中间变量本身又是复合函数的自变量的情形.

例如,设函数 $z=f(u,x,y)$,$u=\varphi(x,y)$ 构成复合函数 $z=f[\varphi(x,y),x,y]$,其变量间的相互依赖关系如图 8-19 所示,则此类情形可视为第二种情形式(8-11)和式(8-12)中 $v=x,w=y$ 的情况. 从而有

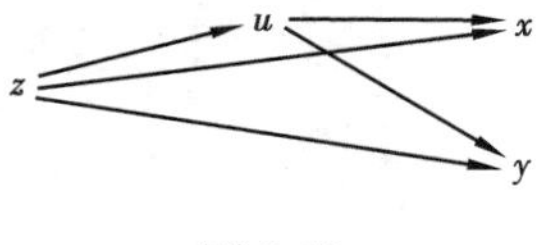

图 8-19

$$\frac{\partial z}{\partial x}=\frac{\partial f}{\partial u}\cdot\frac{\partial u}{\partial x}+\frac{\partial f}{\partial x},\tag{8-15}$$

$$\frac{\partial z}{\partial y}=\frac{\partial f}{\partial u}\cdot\frac{\partial u}{\partial y}+\frac{\partial f}{\partial y}.\tag{8-16}$$

注 这里,$\frac{\partial z}{\partial x}$ 与 $\frac{\partial f}{\partial x}$ 是不同的. $\frac{\partial z}{\partial x}$ 是把复合函数 $z=f[\varphi(x,y),x,y]$ 中的 y 看成不变而对 x 的偏导数,$\frac{\partial f}{\partial x}$ 是把 $z=f(u,x,y)$ 中的 u 及 y 看成不变而对 x 的偏导

数. $\frac{\partial z}{\partial y}$与$\frac{\partial f}{\partial y}$也有类似的区别.

例1 设$z=e^u\sin v, u=xy, v=x+y$,求$\frac{\partial z}{\partial x}$和$\frac{\partial z}{\partial y}$.

解

$$\begin{aligned}\frac{\partial z}{\partial x}&=\frac{\partial z}{\partial u}\cdot\frac{\partial u}{\partial x}+\frac{\partial z}{\partial v}\cdot\frac{\partial v}{\partial x}\\&=e^u\sin v\cdot y+e^u\cos v\cdot 1\\&=e^{xy}[y\sin(x+y)+\cos(x+y)],\end{aligned}$$

$$\begin{aligned}\frac{\partial z}{\partial y}&=\frac{\partial z}{\partial u}\cdot\frac{\partial u}{\partial y}+\frac{\partial z}{\partial v}\cdot\frac{\partial v}{\partial y}\\&=e^u\sin v\cdot x+e^u\cos v\cdot 1\\&=e^{xy}[x\sin(x+y)+\cos(x+y)].\end{aligned}$$

例2 设$u=f(x,y,z)=e^{x^2+y^2+z^2}$,而$z=x^2\sin y$,求$\frac{\partial u}{\partial x}$和$\frac{\partial u}{\partial y}$.

解

$$\begin{aligned}\frac{\partial u}{\partial x}&=\frac{\partial f}{\partial x}+\frac{\partial f}{\partial z}\cdot\frac{\partial z}{\partial x}\\&=2xe^{x^2+y^2+z^2}+2ze^{x^2+y^2+z^2}\cdot 2x\sin y\\&=2x(1+2x^2\sin^2 y)e^{x^2+y^2+x^4\sin^2 y}.\end{aligned}$$

$$\begin{aligned}\frac{\partial u}{\partial y}&=\frac{\partial f}{\partial y}+\frac{\partial f}{\partial z}\cdot\frac{\partial z}{\partial y}\\&=2ye^{x^2+y^2+z^2}+2ze^{x^2+y^2+z^2}\cdot x^2\cos y\\&=2(y+x^4\sin y\cos y)e^{x^2+y^2+x^4\sin^2 y}.\end{aligned}$$

例3 设$z=uv+\sin t$,而$u=e^t, v=\cos t$,求全导数$\frac{dz}{dt}$.

解

$$\begin{aligned}\frac{dz}{dt}&=\frac{\partial z}{\partial u}\cdot\frac{du}{dt}+\frac{\partial z}{\partial v}\cdot\frac{dv}{dt}+\frac{\partial z}{\partial t}\\&=ve^t+u(-\sin t)+\cos t\\&=e^t\cos t-e^t\sin t+\cos t\\&=e^t(\cos t-\sin t)+\cos t.\end{aligned}$$

例4 设$z=xy+u, u=\varphi(x,y)$,求$\frac{\partial z}{\partial x},\frac{\partial^2 z}{\partial x^2},\frac{\partial^2 z}{\partial x\partial y}$.

解

$$\frac{\partial z}{\partial x}=y+\frac{\partial u}{\partial x}=y+\varphi_x(x,y),$$

$$\frac{\partial^2 z}{\partial x^2}=\frac{\partial}{\partial x}\left(\frac{\partial z}{\partial x}\right)=\frac{\partial}{\partial x}\left(y+\frac{\partial u}{\partial x}\right)=\frac{\partial^2 u}{\partial x^2}=\varphi_{xx}(x,y),$$

$$\frac{\partial^2 z}{\partial x\partial y}=\frac{\partial}{\partial y}\left(\frac{\partial z}{\partial x}\right)=\frac{\partial}{\partial y}\left(y+\frac{\partial u}{\partial x}\right)=1+\frac{\partial^2 u}{\partial x\partial y}=1+\varphi_{xy}(x,y).$$

在多元函数的复合求导中，为了简便起见，常采用记号

$$f_1'=\frac{\partial f(u,v)}{\partial u},\quad f_2'=\frac{\partial f(u,v)}{\partial v},\quad f_{12}''=\frac{\partial^2 f(u,v)}{\partial u\partial v},\cdots$$

其中，下标 1 表示对第一个变量 u 求偏导数，下标 2 表示对第二个变量 v 求偏导数. 同理，有 f_{11}''，f_{22}'' 等.

例 5 设 $w=f(x+y+z,xyz)$，f 具有二阶连续偏导数，求 $\frac{\partial w}{\partial x}$ 及 $\frac{\partial^2 w}{\partial x\partial z}$.

解 令 $u=x+y+z$，$v=xyz$，则 $w=f(u,v)$，根据复合求导法则，有

$$\frac{\partial w}{\partial x}=\frac{\partial f}{\partial u}\cdot\frac{\partial u}{\partial x}+\frac{\partial f}{\partial v}\cdot\frac{\partial v}{\partial x}=f_1'+yzf_2',$$

$$\begin{aligned}\frac{\partial^2 w}{\partial x\partial z}&=\frac{\partial}{\partial z}(f_1'+yzf_2')=\frac{\partial f_1'}{\partial z}+yf_2'+yz\frac{\partial f_2'}{\partial z}\\&=f_{11}''+xyf_{12}''+yf_2'+yzf_{21}''+xy^2zf_{22}''\\&=f_{11}''+y(x+z)f_{12}''+yf_2'+xy^2zf_{22}''.\end{aligned}$$

注

$$\frac{\partial f_1'}{\partial z}=\frac{\partial f_1'}{\partial u}\cdot\frac{\partial u}{\partial z}+\frac{\partial f_1'}{\partial v}\cdot\frac{\partial v}{\partial z}=f_{11}''+xyf_{12}'',$$

$$\frac{\partial f_2'}{\partial z}=\frac{\partial f_2'}{\partial u}\cdot\frac{\partial u}{\partial z}+\frac{\partial f_2'}{\partial v}\cdot\frac{\partial v}{\partial z}=f_{21}''+xyf_{22}''.$$

8.4.4 全微分形式不变性

根据复合函数求导的链式法则，可得到重要的全微分形式不变性. 以二元函数为例，设 $z=f(u,v)$，$u=\varphi(x,y)$，$v=\psi(x,y)$ 是可微函数，则由全微分定义和链式法则，有

$$\begin{aligned}dz&=\frac{\partial z}{\partial x}dx+\frac{\partial z}{\partial y}dy\\&=\left(\frac{\partial z}{\partial u}\cdot\frac{\partial u}{\partial x}+\frac{\partial z}{\partial v}\cdot\frac{\partial v}{\partial x}\right)dx+\left(\frac{\partial z}{\partial u}\cdot\frac{\partial u}{\partial y}+\frac{\partial z}{\partial v}\cdot\frac{\partial v}{\partial y}\right)dy\\&=\frac{\partial z}{\partial u}\left(\frac{\partial u}{\partial x}dx+\frac{\partial u}{\partial y}dy\right)+\frac{\partial z}{\partial v}\left(\frac{\partial v}{\partial x}dx+\frac{\partial v}{\partial y}dy\right)\\&=\frac{\partial z}{\partial u}du+\frac{\partial z}{\partial v}dv.\end{aligned}$$

由此可知，无论 z 是自变量 x,y 的函数或中间变量 u,v 的函数，它的全微分形式是一样的. 这个性质称为**全微分形式不变性**.

例 6　设 $z=e^{u}\sin v, u=xy, v=x+y$，利用全微分形式的不变性，求$\frac{\partial z}{\partial x}$和$\frac{\partial z}{\partial y}$.

解

$$\begin{aligned}dz &= \frac{\partial z}{\partial u}du+\frac{\partial z}{\partial v}dv=\frac{\partial z}{\partial x}dx+\frac{\partial z}{\partial y}dy\\&=e^{u}\sin v\,du+e^{u}\cos v\,dv\\&=e^{u}\sin v(y\,dx+x\,dy)+e^{u}\cos v(dx+dy)\\&=(ye^{u}\sin v+e^{u}\cos v)dx+(xe^{u}\sin v+e^{u}\cos v)dy\\&=e^{xy}[y\sin(x+y)+\cos(x+y)]dx+e^{xy}[x\sin(x+y)+\cos(x+y)]dy.\end{aligned}$$

所以

$$\frac{\partial z}{\partial x}=e^{xy}[y\sin(x+y)+\cos(x+y)],$$

$$\frac{\partial z}{\partial y}=e^{xy}[x\sin(x+y)+\cos(x+y)].$$

上述结果与例 1 的结果完全一致.

例 7　利用一阶全微分形式的不变性求函数 $u=\frac{x}{x^2+y^2+z^2}$的偏导数.

解

$$\begin{aligned}du &= \frac{(x^2+y^2+z^2)dx-x\,d(x^2+y^2+z^2)}{(x^2+y^2+z^2)^2}\\&=\frac{(x^2+y^2+z^2)dx-x(2x\,dx+2y\,dy+2z\,dz)}{(x^2+y^2+z^2)^2}\\&=\frac{(-x^2+y^2+z^2)dx-2xy\,dy-2xz\,dz}{(x^2+y^2+z^2)^2}.\end{aligned}$$

所以

$$\frac{\partial u}{\partial x}=\frac{y^2+z^2-x^2}{(x^2+y^2+z^2)^2},\quad \frac{\partial u}{\partial y}=\frac{-2xy}{(x^2+y^2+z^2)^2},\quad \frac{\partial u}{\partial z}=\frac{-2xz}{(x^2+y^2+z^2)^2}.$$

习题 8-4

基础题

1. 设 $u=e^{x-2y}, x=\sin t, y=t^3$，求$\frac{du}{dt}$.

2. 设 $z=xa^{y}$，$y=\ln x$，求$\dfrac{\mathrm{d}z}{\mathrm{d}x}$.

3. 设 $z=u^{2}v-uv^{2}$，$u=x\cos y$，$v=x\sin y$，求$\dfrac{\partial z}{\partial x}$.

4. 设 $z=\ln(u^{2}+y\sin x)$，$u=\mathrm{e}^{x+y}$，求$\dfrac{\partial z}{\partial x}$，$\dfrac{\partial z}{\partial y}$.

5. 设 $z=\arctan\dfrac{x}{y}$，$x=u+v$，$y=u-v$，证明：$\dfrac{\partial z}{\partial u}+\dfrac{\partial z}{\partial v}=\dfrac{u-v}{u^{2}+v^{2}}$.

6. 设 $z=(1+3x)^{2y}$，求$\dfrac{\partial z}{\partial x}$，$\dfrac{\partial z}{\partial y}$.

7. 设 $z=\arcsin y\sqrt{x}$，求$\dfrac{\partial z}{\partial x}$，$\dfrac{\partial z}{\partial y}$.

8. 设 $z=x\mathrm{e}^{-xy}+\sin xy$，求 $\mathrm{d}z$.

提高题

1.【2010 年数三】设函数 $z=z(x,y)$ 由方程 $F\left(\dfrac{y}{x},\dfrac{z}{x}\right)=0$ 确定，其中 F 为可微函数，且 $F_2'\neq 0$，则 $x\dfrac{\partial z}{\partial x}+y\dfrac{\partial z}{\partial y}=$（　　）.

A. x　　B. z　　C. $-x$　　D. $-z$

2.【2007 年数一】设 $f(u,v)$ 为二元可微函数，$z=f(x^{y},y^{x})$ 则$\dfrac{\partial z}{\partial x}=$________.

3.【2009 年数一】设函数 $f(u,v)$ 具有二阶连续偏导数，$z=f(x,xy)$，则$\dfrac{\partial^{2}z}{\partial x\partial y}=$________.

4. 设 $z=u^{2}+v^{2}$，而 $u=x+y$，$v=x-y$，求$\dfrac{\partial z}{\partial x}$，$\dfrac{\partial z}{\partial y}$.

5. 设 $z=u^{2}\ln v$，而 $u=\dfrac{x}{y}$，$v=3x-2y$，求$\dfrac{\partial z}{\partial x}$，$\dfrac{\partial z}{\partial y}$.

6. 设 $z=\mathrm{e}^{x-2y}$，而 $x=\sin t$，$y=t^{3}$，求$\dfrac{\mathrm{d}z}{\mathrm{d}t}$.

7. 设 $z=\arctan(x-y)$，而 $x=3t$，$y=4t^{3}$，求$\dfrac{\mathrm{d}z}{\mathrm{d}t}$.

8. 设 $z=\arctan(xy)$，而 $y=\mathrm{e}^{x}$，求$\dfrac{\mathrm{d}z}{\mathrm{d}x}$.

9. 设 $u=\frac{e^{ax}(y-z)}{a^2+1}$，而 $y=a\sin x, z=\cos x$，求 $\frac{du}{dx}$.

10. 求下列函数的一阶偏导数（其中 f 具有一阶连续偏导数）：

（1）$u=f(x^2-y^2, e^{xy})$.　　（2）$u=f\left(\frac{x}{y},\frac{y}{z}\right)$.　　（3）$u=f(x,xy,xyz)$.

11.【2017 年数一】设函数 $f(u,v)$ 具有二阶连续偏导数，$y=f(e^x,\cos x)$，求 $\left.\frac{dy}{dx}\right|_{x=0}$，$\left.\frac{d^2y}{dx^2}\right|_{x=0}$.

12.【2011 年数一】设函数 $z=f(xy,yg(x))$，其中函数 f 具有二阶连续偏导数，函数 $g(x)$ 可导且在 $x=1$ 处取得极值 $g(1)=1$. 求 $\left.\frac{\partial^2 z}{\partial x\partial y}\right|_{\substack{x=1\\y=1}}$.

应用题

1.【2006 年数一】设函数 $f(u)$ 在 $(0,+\infty)$ 内具有二阶导数，且 $z=f(\sqrt{x^2+y^2})$ 满足等式 $\frac{\partial^2 z}{\partial x^2}+\frac{\partial^2 z}{\partial y^2}=0$.

（1）验证 $f''(u)+\frac{f'(u)}{u}=0$.

（2）若 $f(1)=0, f'(1)=1$，求函数 $f(u)$ 的表达式.

2.【2014 年数一】设函数 $f(u)$ 具有二阶连续导数，$z=f(e^x\cos y)$ 满足 $\frac{\partial^2 z}{\partial x^2}+\frac{\partial^2 z}{\partial y^2}=(4z+e^x\cos y)e^{2x}$. 若 $f(0)=0, f'(0)=0$，求 $f(u)$ 的表达式.

8.5　隐函数微分法

8.5.1　一个方程的情形

在一元微分学中，曾引入了隐函数的概念，并介绍了不经过显化而直接由方程 $F(x,y)=0$ 来求它所确定的隐函数的导数的方法. 这里将进一步从理论上阐明隐函数的存在性，并通过多元复合函数求导的链式法则，建立隐函数的求导公式，给出一套所谓的“隐式”求导法.

若函数 $F(x,y)$ 在点 $P_0(x_0,y_0)$ 处的偏导数 $\left.\frac{\partial F}{\partial y}\right|_{P_0}\neq 0$,方程 $F(x,y)=0$ 在点 (x_0,y_0) 处的某一邻域内恒能唯一确定一个隐函数 $y=f(x)$,并假定 $y=f(x)$ 可导且 $F(x,y)$ 可微,如何求 $\frac{\mathrm{d}y}{\mathrm{d}x}$? 这个问题早在第 2 章隐函数求导中就给出了方法. 现在利用二元复合函数的求导法则导出隐函数求导的一般公式.

将 $y=f(x)$ 代入 $F(x,y)=0$,得恒等式

$$F[x,\ f(x)]=0,$$

利用复合求导法则在上述方程两端对 x 求导,得

$$\frac{\partial F}{\partial x}+\frac{\partial F}{\partial y}\cdot\frac{\mathrm{d}y}{\mathrm{d}x}=0,$$

由于 F_y 连续,且 $F_y(x_0,y_0)\neq 0$,因此,存在 (x_0,y_0) 的一个邻域,在这个邻域内 $F_y\neq 0$,于是得

$$\frac{\mathrm{d}y}{\mathrm{d}x}=-\frac{F_x}{F_y}.$$

整理可得以下定理:

隐函数存在定理 1:

设函数 $F(x,y)$ 在点 $P(x_0,y_0)$ 处的某一邻域内具有连续偏导数,且 $F(x_0,y_0)=0$,$F_y(x_0,y_0)\neq 0$,则方程 $F(x,y)=0$ 在点 $P(x_0,y_0)$ 处的某一邻域内恒能唯一确定一个连续且具有连续导数的函数 $y=f(x)$,它满足条件 $y_0=f(x_0)$,并有

$$\frac{\mathrm{d}y}{\mathrm{d}x}=-\frac{F_x}{F_y}.\tag{8-17}$$

将式(8.17)两端视为 x 的函数,继续利用复合求导法则在上式两边求导,可求得隐函数的二阶导数

$$\begin{aligned}\frac{\mathrm{d}^2y}{\mathrm{d}x^2}&=\frac{\partial}{\partial x}\left(-\frac{F_x}{F_y}\right)+\frac{\partial}{\partial y}\left(-\frac{F_x}{F_y}\right)\frac{\mathrm{d}y}{\mathrm{d}x}\\&=-\frac{F_{xx}F_y-F_{yx}F_x}{F_y^2}-\frac{F_{xy}F_y-F_{yy}F_x}{F_y^2}\left(-\frac{F_x}{F_y}\right)\\&=-\frac{F_{xx}F_y^2-2F_{xy}F_xF_y+F_{yy}F_x^2}{F_y^3}.\end{aligned}$$

例 1 验证方程 $x^2+y^2-1=0$ 在点 $(0,1)$ 处的某一邻域内能唯一确定一个有连续导数,且当 $x=0$ 时,$y=1$ 的隐函数为 $y=f(x)$,求该函数的一阶和二阶导数在 $x=0$ 的值.

解 设 $F(x,y)=x^2+y^2-1$,则

$$F_x = 2x,\quad F_y = 2y,\quad F_x(0,1) = 0,\quad F_y(0,1) = 2 \neq 0.$$

因此,由定理1可知,方程 $x^2+y^2-1=0$ 在点$(0,1)$处的某一邻域内能唯一确定一个有连续导数且当 $x=0$ 时,$y=1$ 的隐函数为 $y=f(x)$.

下面再求该函数的一阶和二阶导数,即

$$\frac{\mathrm{d}y}{\mathrm{d}x} = -\frac{F_x}{F_y} = -\frac{x}{y},\quad \left.\frac{\mathrm{d}y}{\mathrm{d}x}\right|_{x=0} = 0;$$

$$\begin{aligned}\frac{\mathrm{d}^2y}{\mathrm{d}x^2} &= -\frac{y-xy'}{y^2} = -\frac{y-x\left(-\frac{x}{y}\right)}{y^2}\\ &= -\frac{y^2+x^2}{y^3} = -\frac{1}{y^3},\\ \left.\frac{\mathrm{d}^2y}{\mathrm{d}x^2}\right|_{x=0} &= -1.\end{aligned}$$

隐函数存在定理还可推广到多元函数.一个二元方程 $F(x,y)=0$ 可确定一个一元隐函数,一个三元方程 $F(x,y,z)=0$ 可确定一个二元隐函数.

隐函数存在定理2:

设函数 $F(x,y,z)$ 在点 $P(x_0,y_0,z_0)$ 处的某一邻域内具有连续的偏导数,且 $F(x_0,y_0,z_0)=0$,$F_z(x_0,y_0,z_0)\neq 0$,则方程 $F(x,y,z)=0$ 在点 $P(x_0,y_0,z_0)$ 处的某一邻域内恒能唯一确定一个连续且具有连续偏导数的函数 $z=f(x,y)$,它满足条件 $z_0=f(x_0,y_0)$,并有

$$\frac{\partial z}{\partial x} = -\frac{F_x}{F_z},\quad \frac{\partial z}{\partial y} = -\frac{F_y}{F_z}. \tag{8-18}$$

证明　将 $z=f(x,y)$ 代入 $F(x,y,z)$,得

$$F(x,y,f(x,y)) \equiv 0.$$

利用复合求导法则,在上式两端分别对 x 和 y 求导,得

$$F_x + F_z\cdot\frac{\partial z}{\partial x} = 0,\quad F_y + F_z\cdot\frac{\partial z}{\partial y} = 0.$$

因为 F_z 连续,且 $F_z(x_0,y_0,z_0)\neq 0$,所以存在点(x_0,y_0,z_0)处的一个邻域,在这个邻域内 $F_z\neq 0$,于是得

$$\frac{\partial z}{\partial x} = -\frac{F_x}{F_z},\quad \frac{\partial z}{\partial y} = -\frac{F_y}{F_z}.$$

例2　设 $x^2+y^2+z^2-4z=0$,求$\dfrac{\partial^2 z}{\partial x^2}$.

解　设 $F(x,y,z)=x^2+y^2+z^2-4z$,则

$$F_x = 2x,\quad F_z = 2z-4.$$

利用隐函数存在定理2,得

$$\frac{\partial z}{\partial x}=-\frac{F_x}{F_z}=-\frac{2x}{2z-4}=\frac{x}{2-z},$$

$$\frac{\partial^2 z}{\partial x^2}=\frac{(2-z)+x\frac{\partial z}{\partial x}}{(2-z)^2}=\frac{(2-z)+x\left(\frac{x}{2-z}\right)}{(2-z)^2}=\frac{(2-z)^2+x^2}{(2-z)^3}.$$

注　在实际应用中，求方程所确定的多元函数的偏导数时，不一定非得套用公式，尤其是方程中含有抽象函数时，利用求偏导数或求微分的过程进行推导更为清楚.

例 3　设 $z=f(x+y+z,xyz)$，求 $\frac{\partial z}{\partial x},\frac{\partial x}{\partial y},\frac{\partial y}{\partial z}$.

解　令 $u=x+y+z,v=xyz$，则

$$z=f(u,v).$$

把 z 看成 x,y 的函数对 x 求偏导数，得

$$\frac{\partial z}{\partial x}=f_u\cdot\left(1+\frac{\partial z}{\partial x}\right)+f_v\cdot\left(yz+xy\frac{\partial z}{\partial x}\right),$$

所以

$$\frac{\partial z}{\partial x}=\frac{f_u+yzf_v}{1-f_u-xyf_v}.$$

把 x 看成 z,y 的函数对 y 求偏导数，得

$$0=f_u\cdot\left(\frac{\partial x}{\partial y}+1\right)+f_v\cdot\left(xz+yz\frac{\partial x}{\partial y}\right),$$

所以

$$\frac{\partial x}{\partial y}=-\frac{f_u+xzf_v}{f_u+yzf_v}.$$

把 y 看成 x,z 的函数对 z 求偏导数，得

$$1=f_u\cdot\left(\frac{\partial y}{\partial z}+1\right)+f_v\cdot\left(xy+xz\frac{\partial y}{\partial z}\right),$$

所以

$$\frac{\partial y}{\partial z}=\frac{1-f_u-xyf_v}{f_u+yzf_v}.$$

例 4　设 $F(x-y,y-z,z-x)=0$，其中 F 具有连续偏导数，且 $F_2'-F_3'\neq 0$. 求证：$\frac{\partial z}{\partial x}+\frac{\partial z}{\partial y}=1$.

解　由题意知方程确定函数 $z=z(x,y)$. 在题设方程两边求微分，得

$$\mathrm{d}F(x-y,y-z,z-x)=\mathrm{d}0=0,$$

即有

$$F'_1\mathrm{d}(x-y)+F'_2\mathrm{d}(y-z)+F'_3\mathrm{d}(z-x)=0.$$

根据微分运算,得

$$F'_1(\mathrm{d}x-\mathrm{d}y)+F'_2(\mathrm{d}y-\mathrm{d}z)+F'_3(\mathrm{d}z-\mathrm{d}x)=0,$$

合并同类项,得

$$(F'_1-F'_3)\mathrm{d}x+(F'_2-F'_1)\mathrm{d}y=(F'_2-F'_3)\mathrm{d}z.$$

两边同除以 $F'_2-F'_3$,得

$$\mathrm{d}z=\frac{F'_1-F'_3}{F'_2-F'_3}\mathrm{d}x+\frac{F'_2-F'_1}{F'_2-F'_3}\mathrm{d}y,$$

从而

$$\frac{\partial z}{\partial x}=\frac{F'_1-F'_3}{F'_2-F'_3},\quad \frac{\partial z}{\partial y}=\frac{F'_2-F'_1}{F'_2-F'_3},$$

于是

$$\frac{\partial z}{\partial x}+\frac{\partial z}{\partial y}=\frac{F'_2-F'_3}{F'_2-F'_3}=1.$$

8.5.2 方程组的情形

在一定条件下,由方程组 $F(x,y,u,v)=0,G(x,y,u,v)=0$ 可确定一对二元函数 $u=u(x,y),v=f(x,y)$. 例如,方程 $xu-yv=0$ 和 $yu+xv=1$ 可确定两个二元函数 $u=\frac{y}{x^2+y^2},v=\frac{x}{x^2+y^2}$.

如果二元函数 $u=u(x,y),v=v(x,y)$ 不显化,如何根据原方程组求 u,v 的偏导数?

设方程组

$$\begin{cases}F(x,y,u,v)=0\\G(x,y,u,v)=0\end{cases}$$

隐含函数组 $u=u(x,y),v=v(x,y)$,现来推导求函数 u,v 的偏导数的公式. 在

$$\begin{cases}F[x,y,u(x,y),v(x,y)]\equiv 0\\G[x,y,u(x,y),v(x,y)]\equiv 0\end{cases}$$

两边对 x 求偏导数,得

$$\begin{cases}F_x+F_u\dfrac{\partial u}{\partial x}+F_v\dfrac{\partial v}{\partial x}=0\\G_x+G_u\dfrac{\partial u}{\partial x}+G_v\dfrac{\partial v}{\partial x}=0\end{cases},$$

解此方程组,得

$$\frac{\partial u}{\partial x}=-\frac{\begin{vmatrix}F_x & F_v\\ G_x & G_v\end{vmatrix}}{\begin{vmatrix}F_u & F_v\\ G_u & G_v\end{vmatrix}},\quad \frac{\partial v}{\partial x}=-\frac{\begin{vmatrix}F_u & F_x\\ G_u & G_x\end{vmatrix}}{\begin{vmatrix}F_u & F_v\\ G_u & G_v\end{vmatrix}}. \tag{8-19}$$

其中，行列式$\begin{vmatrix}F_u & F_v\\ G_u & G_v\end{vmatrix}$称为函数 F,G 的**雅可比行列式**，记为

$$J=\frac{\partial(F,G)}{\partial(u,v)}=\begin{vmatrix}F_u & F_v\\ G_u & G_v\end{vmatrix}.$$

利用这种记法，式(8-19)可写为

$$\frac{\partial u}{\partial x}=-\frac{\frac{\partial(F,G)}{\partial(x,v)}}{\frac{\partial(F,G)}{\partial(u,v)}},\quad \frac{\partial v}{\partial x}=-\frac{\frac{\partial(F,G)}{\partial(u,x)}}{\frac{\partial(F,G)}{\partial(u,v)}}.$$

同理，可得

$$\frac{\partial u}{\partial y}=-\frac{\frac{\partial(F,G)}{\partial(y,v)}}{\frac{\partial(F,G)}{\partial(u,v)}},\quad \frac{\partial v}{\partial y}=-\frac{\frac{\partial(F,G)}{\partial(u,y)}}{\frac{\partial(F,G)}{\partial(u,v)}}.$$

上式求导公式，虽然形式较复杂，但其中有规律可循. 每个偏导数的表达式都是一个分式，前面都带有负号，分母都是函数 F,G 的雅可比行列式$\frac{\partial(F,G)}{\partial(u,v)}$，$\frac{\partial u}{\partial x}$的分子是在$\frac{\partial(F,G)}{\partial(u,v)}$中把 u 换成 x 的结果，$\frac{\partial v}{\partial x}$的分子是在$\frac{\partial(F,G)}{\partial(u,v)}$中把 v 换成 x 的结果. 类似地，$\frac{\partial u}{\partial y}$，$\frac{\partial v}{\partial y}$也符合这样的规律.

在实际计算中，可不必直接套用这些公式，关键是要掌握求隐函数组偏导数的方法.

隐函数存在定理 3：

设 $F(x,y,u,v)$，$G(x,y,u,v)$ 在点 $P(x_0,y_0,u_0,v_0)$ 处的某一邻域内具有对各个变量的连续偏导数，又

$$F(x_0,y_0,u_0,v_0)=0,\quad G(x_0,y_0,u_0,v_0)=0,$$

且函数 F,G 的雅可比行列式

$$J=\frac{\partial(F,G)}{\partial(u,v)}=\begin{vmatrix}F_u & F_v\\ G_u & G_v\end{vmatrix}$$

在点 $P(x_0,y_0,u_0,v_0)$ 处不等于零,则方程组 $\begin{cases}F(x,y,u,v)=0\\G(x,y,u,v)=0\end{cases}$ 在点 $P(x_0,y_0,u_0,v_0)$ 处的某一邻域内恒能唯一确定一组连续且具有连续偏导数的函数 $u=u(x,y)$, $v=v(x,y)$,它们满足条件 $u_0=u(x_0,y_0)$, $v_0=v(x_0,y_0)$,并有

$$
\begin{aligned}
\frac{\partial u}{\partial x}&=-\frac{1}{J}\cdot\frac{\partial(F,G)}{\partial(x,v)}=-\frac{\begin{vmatrix}F_x & F_v\\ G_x & G_v\end{vmatrix}}{\begin{vmatrix}F_u & F_v\\ G_u & G_v\end{vmatrix}},\\
\frac{\partial v}{\partial x}&=-\frac{1}{J}\cdot\frac{\partial(F,G)}{\partial(u,x)}=-\frac{\begin{vmatrix}F_u & F_x\\ G_u & G_x\end{vmatrix}}{\begin{vmatrix}F_u & F_v\\ G_u & G_v\end{vmatrix}},\\
\frac{\partial u}{\partial y}&=-\frac{1}{J}\cdot\frac{\partial(F,G)}{\partial(y,v)}=-\frac{\begin{vmatrix}F_y & F_v\\ G_y & G_v\end{vmatrix}}{\begin{vmatrix}F_u & F_v\\ G_u & G_v\end{vmatrix}},\\
\frac{\partial v}{\partial y}&=-\frac{1}{J}\cdot\frac{\partial(F,G)}{\partial(u,y)}=-\frac{\begin{vmatrix}F_u & F_y\\ G_u & G_y\end{vmatrix}}{\begin{vmatrix}F_u & F_v\\ G_u & G_v\end{vmatrix}}.
\end{aligned}
\tag{8-20}
$$

例 5 设 $\begin{cases}u^2+v^2-x^2-y=0\\-u+v-xy+1=0\end{cases}$,求 $\frac{\partial x}{\partial u}$ 和 $\frac{\partial y}{\partial u}$.

解 由题意可知,方程组确定隐函数组

$$x=x(u,v),\quad y=y(u,v).$$

在题设方程组两边分别对 u 求偏导,得

$$2u-2x\cdot\frac{\partial x}{\partial u}-\frac{\partial y}{\partial u}=0,\quad -1-\frac{\partial x}{\partial u}\cdot y-x\frac{\partial y}{\partial u}=0.$$

利用克莱姆法则,解得

$$\frac{\partial x}{\partial u}=\frac{2xu+1}{2x^2-y},\quad \frac{\partial y}{\partial u}=-\frac{2x+2yu}{2x^2-y}.$$

例 6 设 $\begin{cases}xu-yv=0\\yu+xv=1\end{cases}$,求 $\frac{\partial u}{\partial x},\frac{\partial v}{\partial x},\frac{\partial u}{\partial y}$ 和 $\frac{\partial v}{\partial y}$.

解 由题意可知,方程组确定隐函数组

$$u=u(x,y),\quad v=v(x,y).$$

在题设方程组两边分别对 x 求偏导,得关于$\frac{\partial u}{\partial x}$和$\frac{\partial v}{\partial x}$的方程组

$$\begin{cases}u+x\dfrac{\partial u}{\partial x}-y\dfrac{\partial v}{\partial x}=0\\ y\dfrac{\partial u}{\partial x}+v+x\dfrac{\partial v}{\partial x}=0\end{cases}.$$

当 $x^2+y^2\neq0$ 时,解之得

$$\frac{\partial u}{\partial x}=-\frac{xu+yv}{x^2+y^2},\quad \frac{\partial v}{\partial x}=\frac{yu-xv}{x^2+y^2}.$$

在题设方程组两边分别对 y 求偏导,得关于$\frac{\partial u}{\partial y}$和$\frac{\partial v}{\partial y}$的方程组

$$\begin{cases}x\dfrac{\partial u}{\partial y}-v-y\dfrac{\partial v}{\partial y}=0\\ u+y\dfrac{\partial u}{\partial y}+x\dfrac{\partial v}{\partial y}=0\end{cases}.$$

当 $x^2+y^2\neq0$ 时,解得

$$\frac{\partial u}{\partial y}=\frac{xv-yu}{x^2+y^2},\quad \frac{\partial v}{\partial y}=-\frac{xu+yv}{x^2+y^2}.$$

另解　将方程组的两边微分得

$$\begin{cases}u\,\mathrm{d}x+x\,\mathrm{d}u-v\,\mathrm{d}y-y\,\mathrm{d}v=0\\ u\,\mathrm{d}y+y\,\mathrm{d}u+v\,\mathrm{d}x+x\,\mathrm{d}v=0\end{cases},$$

即

$$\begin{cases}x\,\mathrm{d}u-y\,\mathrm{d}v=v\,\mathrm{d}y-u\,\mathrm{d}x\\ y\,\mathrm{d}u+x\,\mathrm{d}v=-u\,\mathrm{d}y-v\,\mathrm{d}x\end{cases}.$$

解之得

$$\mathrm{d}u=-\frac{xu+yv}{x^2+y^2}\mathrm{d}x+\frac{xv-yu}{x^2+y^2}\mathrm{d}y,$$

$$\mathrm{d}v=\frac{yu-xv}{x^2+y^2}\mathrm{d}x-\frac{xu+yv}{x^2+y^2}\mathrm{d}y.$$

于是

$$\frac{\partial u}{\partial x}=-\frac{xu+yv}{x^2+y^2},\quad \frac{\partial u}{\partial y}=\frac{xv-yu}{x^2+y^2},$$

$$\frac{\partial v}{\partial x}=\frac{yu-xv}{x^2+y^2},\quad \frac{\partial v}{\partial y}=-\frac{xu+yv}{x^2+y^2}.$$

例 7　在坐标变换中,通常要研究一种坐标(x,y)与另一种坐标(u,v)之间的关系. 设函数 $x=x(u,v)$, $y=y(u,v)$在点(u,v)处的某一邻域内连续且有连

续偏导数,又

$$\frac{\partial(x,y)}{\partial(u,v)} \neq 0.$$

(1)证明方程组

$$\begin{cases} x = x(u,v) \\ y = y(u,v) \end{cases}$$

在点(x,y,u,v)处的某一邻域内唯一确定一组单值连续且有连续偏导数的反函数

$$u = u(x,y), \quad v = v(x,y).$$

(2)求反函数$u=u(x,y)$,$v=v(x,y)$对x,y的偏导数.

解 (1)将方程组改写成下面的形式

$$\begin{cases} F(x,y,u,v) \equiv x - x(u,v) = 0 \\ G(x,y,u,v) \equiv y - y(u,v) = 0 \end{cases},$$

则由假设

$$J = \frac{\partial(F,G)}{\partial(u,v)} = \frac{\partial(x,y)}{\partial(u,v)} \neq 0.$$

根据隐函数存在定理3,即得所要证的结论.

(2)将方程组$x=x(u,v)$,$y=y(u,v)$所确定的反函数组$u=u(x,y)$,$v=v(x,y)$代入$x=x(u,v)$,$y=y(u,v)$,即得

$$\begin{cases} x \equiv x[u(x,y),v(x,y)] \\ y \equiv y[u(x,y),v(x,y)] \end{cases}.$$

将上述恒等式两边分别对x求偏导数,得

$$\begin{cases} 1 = \dfrac{\partial x}{\partial u} \cdot \dfrac{\partial u}{\partial x} + \dfrac{\partial x}{\partial v} \cdot \dfrac{\partial v}{\partial x} \\ 0 = \dfrac{\partial y}{\partial u} \cdot \dfrac{\partial u}{\partial x} + \dfrac{\partial y}{\partial v} \cdot \dfrac{\partial v}{\partial x} \end{cases}.$$

由于$J\neq 0$,故可解得

$$\frac{\partial u}{\partial x} = \frac{1}{J} \cdot \frac{\partial y}{\partial v}, \quad \frac{\partial v}{\partial x} = -\frac{1}{J} \cdot \frac{\partial y}{\partial u},$$

同理,可得

$$\frac{\partial u}{\partial y} = -\frac{1}{J} \cdot \frac{\partial x}{\partial v}, \quad \frac{\partial v}{\partial y} = \frac{1}{J} \cdot \frac{\partial x}{\partial u}.$$

注 根据例7的(2)可得$\dfrac{\partial(u,v)}{\partial(x,y)} \cdot \dfrac{\partial(x,y)}{\partial(u,v)} = 1$. 此结果与一元函数的反函数的导数公式$\dfrac{\mathrm{d}x}{\mathrm{d}y} \cdot \dfrac{\mathrm{d}y}{\mathrm{d}x} = 1$是类似的. 上述结果还可推广到三维以上空间的坐标

变换中.

例如,若函数组 $x=x(u,v,w)$, $y=y(u,v,w)$, $z=z(u,v,w)$ 确定反函数组 $u=u(x,y,z)$, $v=v(x,y,z)$, $w=w(x,y,z)$ 则在一定条件下,有

$$\frac{\partial(x,y,z)}{\partial(u,v,w)}\cdot\frac{\partial(u,v,w)}{\partial(x,y,z)}=1.$$

例 8 设方程组 $\begin{cases}x=-u^2+v\\y=u+v^2\end{cases}$,确定反函数组 $\begin{cases}u=u(x,y)\\v=v(x,y)\end{cases}$,求 $\frac{\partial u}{\partial x},\frac{\partial v}{\partial x},\frac{\partial u}{\partial y},\frac{\partial v}{\partial y}$.

解 由 $u=u(x,y)$, $v=v(x,y)$,在题设方程组两边对 x 求偏导,得

$$1=-2u\cdot\frac{\partial u}{\partial x}+\frac{\partial v}{\partial x},\quad 0=\frac{\partial u}{\partial x}+2v\frac{\partial v}{\partial x}.$$

解得

$$\frac{\partial u}{\partial x}=\frac{-2v}{4uv+1},\quad \frac{\partial v}{\partial x}=\frac{1}{4uv+1}.$$

同理,在题设方程组两边对 y 求偏导,可得

$$\frac{\partial u}{\partial y}=\frac{1}{4uv+1},\quad \frac{\partial v}{\partial y}=\frac{2u}{4uv+1}.$$

基础题

1. 设方程 $\sin y+e^x-xy^2=0$ 确定函数 $y=f(x)$,求 $\frac{dy}{dx}$.

2. 设方程 $x^2-2y^2+z^2-4x+2z-5=0$ 确定函数 $z=f(x,y)$,求 $\frac{\partial z}{\partial x},\frac{\partial z}{\partial y}$.

3. 设方程 $e^z=xyz$ 确定函数 $z=f(x,y)$,求 $\frac{\partial z}{\partial x},\frac{\partial z}{\partial y}$.

4. 设 $x=x(y,z)$, $y=y(x,z)$, $z=z(x,y)$ 都是由方程 $F(x,y,z)=0$ 所确定的,其中 F 有连续的偏导数且非零. 证明: $\frac{\partial x}{\partial y}\cdot\frac{\partial y}{\partial z}\cdot\frac{\partial z}{\partial x}=-1$.

5. 设 $F(x,u,v)$ 为可微函数,求由方程 $F(x,x+y,x+y+z)=0$ 所确定的函数 $z=f(x,y)$ 关于 x 的偏导数 $\frac{\partial z}{\partial x}$.

6. 设 $F(u,v)$ 为可微函数,证明:由方程 $F\left(x+\frac{z}{y},y+\frac{z}{x}\right)=0$ 所确定的函数 $z=z(x,y)$ 满足 $x\frac{\partial z}{\partial x}+y\frac{\partial z}{\partial y}=z-xy$.

提高题

1.【2005 年数一】设有三元方程 $xy-z\ln y+e^{xz}=1$,根据隐函数存在定理,存在点(0,1,1)的一个邻域,在此邻域内该方程(　　).

A. 只能确定一个具有连续偏导数的隐函数 $z=z(x,y)$

B. 可确定两个具有连续偏导数的隐函数 $y=y(x,z)$ 和 $z=z(x,y)$

C. 可确定两个具有连续偏导数的隐函数 $x=x(y,z)$ 和 $z=z(x,y)$

D. 可确定两个具有连续偏导数的隐函数 $x=x(y,z)$ 和 $y=y(x,z)$

2. 设 $x+2y+z-2\sqrt{xyz}=0$,求$\frac{\partial z}{\partial x}$及$\frac{\partial z}{\partial y}$.

3. 设$\frac{x}{z}=\ln\frac{z}{y}$,求$\frac{\partial z}{\partial x}$及$\frac{\partial z}{\partial y}$.

4. 求由下列方程组所确定的函数的导数或偏导数:

(1)设$\begin{cases}z=x^2+y^2\\x^2+2y^2+3z^2=20\end{cases}$,求$\frac{dy}{dx},\frac{dz}{dx}$.

(2)设$\begin{cases}x+y+z=0\\x^2+y^2+z^2=1\end{cases}$,求$\frac{dx}{dz},\frac{dy}{dz}$.

(3)设$\begin{cases}u=f(ux,v+y)\\v=g(u-x,v^2y)\end{cases}$,其中$f,g$具有一阶连续偏导数,求$\frac{\partial u}{\partial x},\frac{\partial v}{\partial x}$.

(4)设$\begin{cases}x=e^u+u\sin v\\y=e^u-u\cos v\end{cases}$,求$\frac{\partial u}{\partial x},\frac{\partial u}{\partial y},\frac{\partial v}{\partial x},\frac{\partial v}{\partial y}$.

8.6　多元函数的极值

多元函数的极值在许多实际问题中有广泛的应用. 与一元函数的情形类似,多元函数的最大值、最小值与极大值、极小值有着密切的联系. 下面以二元函数为例,介绍多元函数的极值概念、极值存在的必要条件和充分条件.

8.6.1 二元函数极值的概念

定义1 设函数 $z=f(x,y)$ 在点 (x_0,y_0) 处的某个邻域内有定义，如果对该邻域内任何异于 (x_0,y_0) 的点 (x,y)，都有

$$f(x,y)<f(x_0,y_0)\ (\text{或}f(x,y)>f(x_0,y_0)),$$

则称函数在点 (x_0,y_0) 处有**极大值**（或**极小值**）. 极大值、极小值统称为**极值**. 使函数取得极值的点称为**极值点**.

例1 函数 $z=2x^2+3y^2$ 在点 $(0,0)$ 处有极小值. 当 $(x,y)=(0,0)$ 时，$z=0$，而当 $(x,y)\neq(0,0)$ 时，$z>0$，因此，$z=0$ 是函数的极小值. 从几何上看，$z=2x^2+3y^2$ 表示一开口向上的椭圆抛物面，点 $(0,0,0)$ 是它的顶点（见图8-20）.

例2 函数 $z=-\sqrt{x^2+y^2}$ 在点 $(0,0)$ 处有极大值. 当 $(x,y)=(0,0)$ 时，$z=0$；当 $(x,y)\neq(0,0)$ 时，$z<0$. 因此 $z=0$ 是函数的极大值. 从几何上看，$z=-\sqrt{x^2+y^2}$ 表示一开口向下的半圆锥面，点 $(0,0,0)$ 是它的顶点（见图8-21）.

例3 函数 $z=y^2-x^2$ 在点 $(0,0)$ 处既不取得极大值也不取得极小值，即在 $(0,0)$ 处无极值. 因为在点 $(0,0)$ 处的函数值为零，而在点 $(0,0)$ 的任一邻域内，总有使函数值为正的点，也有使函数值为负的点. 从几何上看，它表示双曲抛物面（马鞍面）（见图8-22）.

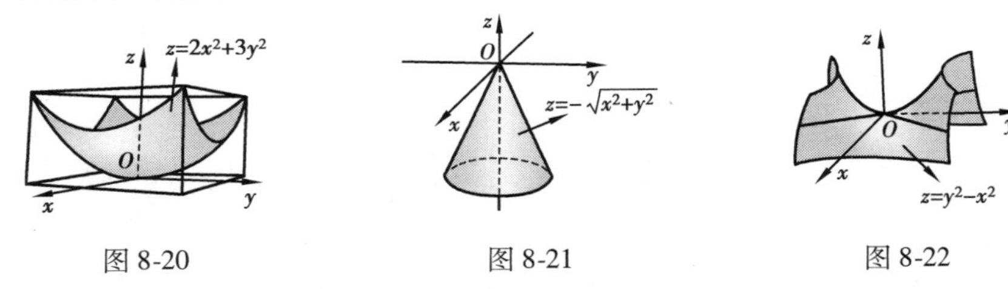

图8-20　　图8-21　　图8-22

以上关于二元函数的极值概念，可推广到 n 元函数. 设 n 元函数 $u=f(P)$ 在点 P_0 处的某一邻域内有定义，如果对该邻域内任何异于 P_0 的点 P，都有

$$f(P)<f(P_0)\ (\text{或}f(P)>f(P_0)),$$

则称函数 $f(P)$ 在点 P_0 处有极大值（或极小值）.

与导数在一元函数极值研究中的作用一样，偏导数也是研究多元函数极值的主要手段.

如果二元函数 $z=f(x,y)$ 在点 (x_0,y_0) 处取得极值，那么固定 $y=y_0$，一元函数 $z=f(x,y_0)$ 在 $x=x_0$ 点处必取得相同的极值；同理，固定 $x=x_0$，$z=f(x_0,y)$ 在 $y=y_0$ 点处也取得相同的极值. 因此，由一元函数极值的必要条件，可得到二元

函数极值的必要条件.

定理1(必要条件) 设函数 $z=f(x,y)$ 在点 (x_0,y_0) 处具有偏导数,且在点 (x_0,y_0) 处有极值,则它在该点的偏导数必然为零,即

$$f_x(x_0,y_0)=0,\quad f_y(x_0,y_0)=0.$$

证明 不妨设 $z=f(x,y)$ 在点 (x_0,y_0) 处有极大值. 依极大值的定义,对点 (x_0,y_0) 的某邻域内异于 (x_0,y_0) 的点 (x,y),都有不等式

$$f(x,y)<f(x_0,y_0).$$

特殊地,在该邻域内取 $y=y_0$ 而 $x\neq x_0$ 的点,也应有不等式

$$f(x,y_0)<f(x_0,y_0)$$

成立. 这表明一元函数 $f(x,y_0)$ 在 $x=x_0$ 处取得极大值,因而必有

$$f_x(x_0,y_0)=0.$$

同理,可证

$$f_y(x_0,y_0)=0.$$

类似地,如果三元函数 $u=f(x,y,z)$ 在点 $P(x_0,y_0,z_0)$ 处具有偏导数,则它在点 $P(x_0,y_0,z_0)$ 处有极值的必要条件为

$$f_x(x_0,y_0,z_0)=0,\quad f_y(x_0,y_0,z_0)=0,\quad f_z(x_0,y_0,z_0)=0.$$

从几何上看,这时如果曲面 $z=f(x,y)$ 在点 (x_0,y_0,z_0) 处有切平面,则切平面

$$z-z_0=f_x(x_0,y_0)(x-x_0)+f_y(x_0,y_0)(y-y_0)$$

成为平行于 xOy 坐标面的平面 $z=z_0$.

仿照一元函数,凡是能使一阶偏导数同时为零,即 $f_x(x_0,y_0)=0$, $f_y(x_0,y_0)=0$ 同时成立的点 (x_0,y_0),称为函数 $z=f(x,y)$ 的**驻点**.

注 根据定理1,**具有偏导数的函数的极值点必定是驻点,但函数的驻点不一定是极值点**.

例如,函数 $z=xy$ 在点 $(0,0)$ 处的两个偏导数都是零,即点 $(0,0)$ 是函数 $z=xy$ 的驻点,但函数在点 $(0,0)$ 处既不取得极大值也不取得极小值.

如何判定一个驻点是否为极值点?下面的定理部分地回答了这个问题.

定理2(充分条件) 设函数 $z=f(x,y)$ 在点 (x_0,y_0) 的某邻域内连续且有一阶及二阶连续偏导数,又 $f_x(x_0,y_0)=0$, $f_y(x_0,y_0)=0$. 令

$$f_{xx}(x_0,y_0)=A,\quad f_{xy}(x_0,y_0)=B,\quad f_{yy}(x_0,y_0)=C.$$

则函数 $z=f(x,y)$ 在点 (x_0,y_0) 处是否取得极值的条件如下:

(1) $AC-B^2>0$ 时具有极值,且当 $A>0$ 时有极小值 $f(x_0,y_0)$;当 $A<0$ 时有极大值 $f(x_0,y_0)$.

(2) $AC-B^2<0$ 时没有极值.

(3) $AC-B^2=0$ 时可能有极值,也可能没有极值.

注 在定理2中,如果 $AC-B^2=0$,则不能确定 $f(x_0,y_0)$ 是否是极值,需另作讨论.

根据定理1与定理2,若函数 $f(x,y)$ 具有二阶连续偏导数,则求 $z=f(x,y)$ 的极值的一般步骤如下:

(1) 解方程组 $f_x(x_0,y_0)=0$, $f_y(x_0,y_0)=0$,求出 $f(x,y)$ 的所有驻点.

(2) 求出函数 $f(x,y)$ 的二阶偏导数,依次确定各驻点处 A,B 和 C 的值.

(3) 根据 $AC-B^2$ 的正负号判定驻点是否为极值点,最后求出函数 $f(x,y)$ 在极值点处的极值.

例4 求函数 $f(x,y)=x^3-y^3+3x^2+3y^2-9x$ 的极值.

解 解方程组

$$\begin{cases} f_x(x,y)=3x^2+6x-9=0 \\ f_y(x,y)=-3y^2+6y=0 \end{cases},$$

求得 $x=1,-3$; $y=0,2$. 于是,得驻点为 $(1,0)$, $(1,2)$, $(-3,0)$, $(-3,2)$.

再求出二阶偏导数

$$f_{xx}(x,y)=6x+6,\quad f_{xy}(x,y)=0,\quad f_{yy}(x,y)=-6y+6.$$

在点 $(1,0)$ 处, $AC-B^2=12\times6>0$,又 $A>0$,故函数在点 $(1,0)$ 处有极小值 $f(1,0)=-5$.

在点 $(1,2)$, $(-3,0)$ 处, $AC-B^2=-12\times6<0$,故函数在这两点处没有极值.

在点 $(-3,2)$ 处, $AC-B^2=-12\times(-6)>0$,又 $A<0$,故函数在点 $(-3,2)$ 处有极大值 $f(-3,2)=31$.

注 在讨论一元函数的极值问题时,已知函数的极值点既可能在驻点处取得,也可能在导数不存在的点处取得. 同样,多元函数的极值也可能在个别偏导数不存在的点处取得. 例如,函数 $z=-\sqrt{x^2+y^2}$ 在点 $(0,0)$ 处有极大值,但函数在点 $(0,0)$ 处不存在偏导数,点 $(0,0)$ 也就不是函数的驻点. 因此,在考虑函数的极值问题时,除了考虑函数的驻点外,还要考虑那些使偏导数不存在的点.

8.6.2 多元函数的最值

与一元函数类似,可利用函数的极值来求函数的最大值和最小值. 如果函数 $f(x,y)$ 在有界闭区域 D 上连续,则 $f(x,y)$ 在 D 上必定能取得最大值和最小值. 这种使函数取得最大值或最小值的点既可能在 D 的内部,也可能在 D 的边界上. 假定函数在 D 上连续、在 D 内可微分且只有有限个驻点,这时如果函数在 D 的内部取得最大值(最小值),那么这个最大值(最小值)也是函数的极大值(极小值). 因此,只需求出 $f(x,y)$ 在各驻点和不可导点的函数值及在边界上的最大值和最小值,然后加以比较即可.

求函数 $f(x,y)$ 的最大值和最小值的一般步骤如下:

①求函数 $f(x,y)$ 在 D 内所有驻点处的函数值.

②求函数 $f(x,y)$ 在 D 的边界上的最大值和最小值.

③将前两步得到的所有函数值进行比较,其中最大者即为最大值,最小者即为最小值.

在通常遇到的实际问题中,如果根据问题的性质,可判断出函数 $f(x,y)$ 的最大值(最小值)一定在 D 的内部取得,而函数在 D 内只有一个驻点,则可肯定该驻点处的函数值就是函数 $f(x,y)$ 在 D 上的最大值(最小值).

例 5　某厂要用铁板做成一个体积为 8 m^3 的有盖长方体水箱. 问当长、宽、高各取怎样的尺寸时,才能使用料最省.

解　设水箱的长为 x m,宽为 y m,则其高应为 $\frac{8}{xy}$ m. 此水箱所用材料的面积为

$$A=2\left(xy+y\cdot\frac{8}{xy}+x\cdot\frac{8}{xy}\right)=2\left(xy+\frac{8}{x}+\frac{8}{y}\right)\qquad(x>0,y>0).$$

可知,材料面积 A 是 x 和 y 的二元函数(目标函数). 按题意,下面要求这个函数的最小值点 (x,y). 解方程组

$$A_x=2\left(y-\frac{8}{x^2}\right)=0,\quad A_y=2\left(x-\frac{8}{y^2}\right)=0.$$

因此,得唯一的驻点 $x=2,y=2$.

根据题意可知,水箱所用材料面积的最小值一定存在,并在开区域 $D=\{(x,y)\mid x>0,y>0\}$ 内取得. 因为函数 A 在 D 内只有唯一的驻点,所以此驻点一定是 A 的最小值点. 即当水箱的长为 2 m、宽为 2 m、高为 $\frac{8}{2\cdot 2}=2$ m 时,水箱所用的材料最省.

注　本例的结论表明,在体积一定的长方体中,立方体的表面积为最小.

例 6　有一宽为 24 cm 的长方形铁板,把它两边折起来做成一断面为等腰梯形的水槽. 问怎样折才能使断面的面积最大?

解　设折起来的边长为 x cm,倾角为 α,则梯形断面的下底长为 $24-2x$,上

底长为 $24-2x+2x\cdot\cos\alpha$，高为 $x\cdot\sin\alpha$，故断面面积

$$A=\frac{1}{2}(24-2x+2x\cos\alpha+24-2x)\cdot x\sin\alpha,$$

即

$$A=24x\cdot\sin\alpha-2x^2\sin\alpha+x^2\sin\alpha\cos\alpha\qquad(0<x<12,0<\alpha\leqslant 90^\circ).$$

可知，断面面积 A 是 x 和 α 的二元函数，这就是目标函数. 下面求使这函数取得最大值的点 (x,α)，令

$$\begin{cases}A_x=24\sin\alpha-4x\sin\alpha+2x\sin\alpha\cos\alpha=0\\A_\alpha=24x\cos\alpha-2x^2\cos\alpha+x^2(\cos^2\alpha-\sin^2\alpha)=0\end{cases},$$

由 $\sin\alpha\neq 0,x\neq 0$，则上述方程组可化为

$$\begin{cases}12-2x+x\cos\alpha=0\\24\cos\alpha-2x\cos\alpha+x(\cos^2\alpha-\sin^2\alpha)=0\end{cases},$$

解这方程组，得 $\alpha=60^\circ,x=8$ cm.

根据题意可知，断面面积的最大值一定存在，并且在

$$D=\{(x,\alpha)\mid 0<x<12,0<\alpha\leqslant 90^\circ\}$$

内取得，通过计算可知，$\alpha=90^\circ$ 时的函数值比 $\alpha=60^\circ,x=8$ cm 时的函数值小. 由于函数在 D 内只有一个驻点，因此，可断定，当 $\alpha=60^\circ,x=8$ cm 时，使断面的面积最大.

8.6.3 条件极值　拉格朗日乘数法

前面所讨论的极值问题，对函数的自变量一般只要求落在定义域内，并无其他限制条件，这类极值称为无条件极值. 但在实际问题中，常会遇到对函数的自变量还有附加条件的极值问题.

例如，求表面积为 a^2 而体积最大的长方体的体积问题. 设长方体的长、宽、高分别为 x,y,z，则体积 $V=xyz$. 因为长方体的表面积是定值 a^2，所以自变量 x,y,z 还须满足附加条件 $2(xy+yz+xz)=a^2$. 像这样对自变量有附加条件的极值称为**条件极值**. 对有些实际问题，可把条件极值问题化为无条件极值问题.

例如上述问题，可从条件 $2(xy+yz+xz)=a^2$ 解出 $z=\dfrac{a^2-2xy}{2(x+y)}$，并代入体积 $V=xyz$ 的表达式中，得 $V=\dfrac{xy}{2}\left(\dfrac{a^2-2xy}{x+y}\right)$. 于是，将上述条件极值问题化为无条件极值问题. 然而在很多情形下，将条件极值化为无条件极值是很困难的. 下面介绍求解一般条件极值问题的拉格朗日乘数法.

拉格朗日乘数法

在所给条件

$$G(x,y,z)=0$$

下,求目标函数

$$u=f(x,y,z)$$

的极值.

设f和G具有连续的偏导数,且$G_z\neq0$. 由隐函数存在定理,方程$G(x,y,z)=0$确定一个隐函数$z=z(x,y)$,且它的偏导数为

$$\frac{\partial z}{\partial x}=-\frac{G_x}{G_z},\quad \frac{\partial z}{\partial y}=-\frac{G_y}{G_z},$$

于是,所求条件极值问题可化为求函数

$$u=f[x,y,z(x,y)]$$

的无条件极值问题. 前面已述,要从方程$G(x,y,z)=0$解出z来,往往是困难的,这时就可用下面介绍的拉格朗日乘数法.

设(x_0,y_0)为方程$u=f[x,y,z(x,y)]$的极值点,$z_0=z(x_0,y_0)$,由必要条件可知,极值点(x_0,y_0)必须满足条件

$$\frac{\partial u}{\partial x}=0,\quad \frac{\partial u}{\partial y}=0. \tag{8-21}$$

应用复合函数求导法则以及式(8-21),得

$$\begin{cases}\dfrac{\partial u}{\partial x}=f_x+f_z\dfrac{\partial z}{\partial x}=f_x-\dfrac{G_x}{G_z}f_z=0\\[2ex]\dfrac{\partial u}{\partial y}=f_y+f_z\dfrac{\partial z}{\partial y}=f_y-\dfrac{G_y}{G_z}f_z=0\end{cases},$$

即所求问题的解(x_0,y_0,z_0)必须满足关系式

$$\frac{f_x(x_0,y_0,z_0)}{G_x(x_0,y_0,z_0)}=\frac{f_y(x_0,y_0,z_0)}{G_y(x_0,y_0,z_0)}=\frac{f_z(x_0,y_0,z_0)}{G_z(x_0,y_0,z_0)}.$$

若将上式的公共比值记为$-\lambda$,则(x_0,y_0,z_0)必须满足

$$\begin{cases}f_x(x_0,y_0,z_0)+\lambda G_x(x_0,y_0,z_0)=0\\f_y(x_0,y_0,z_0)+\lambda G_y(x_0,y_0,z_0)=0.\\f_z(x_0,y_0,z_0)+\lambda G_z(x_0,y_0,z_0)=0\end{cases} \tag{8-22}$$

因此,(x_0,y_0,z_0)除了应满足约束条件$G(x,y,z)=0$外,还应满足方程组(8-22). 换句话说,函数$u=f(x,y,z)$在约束条件$G(x,y,z)=0$下的极值点(x_0,y_0,z_0)是下列方程组

$$\begin{cases} f_x + \lambda G_x = 0 \\ f_y + \lambda G_y = 0 \\ f_z + \lambda G_z = 0 \\ G(x,y,z) = 0 \end{cases} \tag{8-23}$$

的解. 容易看到,式(8-23)恰好是 4 个独立变量 x,y,z,λ 的函数

$$L(x,y,z,\lambda) = f(x,y,z) + \lambda G(x,y,z)$$

取到极值的必要条件. 这里引进的函数 $L(x,y,z,\lambda)$ 称为**拉格朗日函数**,它将有约束条件的极值问题化为普通的无条件的极值问题. 通过解方程组(8-23),得 x,y,z,λ,然后再研究相应的(x,y,z)是否真是问题的极值点. 这种方法,即所谓**拉格朗日乘数法**.

注 拉格朗日乘数法只给出函数取极值的必要条件,因此,按照这种方法求出来的点是否是极值,还需要加以讨论. 不过,在实际问题中,往往可根据问题本身的性质来判定所求的点是不是极值点.

拉格朗日乘数法可推广到自变量多于两个而条件多于一个的情形. 例如,求函数 $u=f(x,y,z,t)$ 在条件 $\varphi(x,y,z,t)=0,\psi(x,y,z,t)=0$ 下的极值. 可构造拉格朗日函数

$$L(x,y,z,t,\lambda,\mu) = f(x,y,z,t) + \lambda\varphi(x,y,z,t) + \mu\psi(x,y,z,t).$$

其中,λ,μ 均为常数. 由 $L(x,y,z,t,\lambda,\mu)$ 关于变量 x,y,z,t 的偏导数为零的方程组,并联立条件中的两个方程解出 x,y,z,t,即得所求条件极值的可能极值点.

例 7 求表面积为 a^2 而体积为最大的长方体的体积.

解 设长方体的长、宽、高分别为 x,y,z,则题设问题归结为在约束条件

$$\varphi(x,y,z) = 2xy + 2yz + 2xz - a^2 = 0$$

下,求函数 $V=xyz(x>0,y>0,z>0)$ 的最大值.

构造拉格朗日函数

$$L(x,y,z,\lambda) = xyz + \lambda(2xy + 2yz + 2xz - a^2),$$

求其对 x,y,z,λ 的偏导数,并使之为零,得到方程组

$$\begin{cases} L_x(x,y,z) = yz + 2\lambda(y+z) = 0 \\ L_y(x,y,z) = xz + 2\lambda(x+z) = 0 \\ L_z(x,y,z) = xy + 2\lambda(y+x) = 0 \\ 2xy + 2yz + 2xz - a^2 = 0 \end{cases},$$

解得

$$x = y = z = \frac{\sqrt{6}}{6}a,$$

这是唯一可能的极值点. 因为由问题本身可知最大值一定存在,所以最大值就在这个可能的极值点处取得,即表面积为 a^2 的长方体中,以棱长为$\frac{\sqrt{6}}{6}a$ 的正方体的体积最大,最大体积 $V=\frac{\sqrt{6}}{36}a^3$.

例 8 求函数 $u=xyz$ 在附加条件

$$\frac{1}{x}+\frac{1}{y}+\frac{1}{z}=\frac{1}{a} \qquad (x>0,y>0,z>0,a>0) \tag{8-24}$$

下的极值.

解 构造拉格朗日函数

$$L(x,y,z) = xyz+\lambda\left(\frac{1}{x}+\frac{1}{y}+\frac{1}{z}-\frac{1}{a}\right).$$

令

$$\begin{cases} L_x = yz-\dfrac{\lambda}{x^2}=0 \\ L_y = xz-\dfrac{\lambda}{y^2}=0 \\ L_z = xy-\dfrac{\lambda}{z^2}=0 \\ \dfrac{1}{x}+\dfrac{1}{y}+\dfrac{1}{z}=\dfrac{1}{a} \end{cases}. \tag{8-25}$$

注意到以上 3 个方程左端的第一项都是 3 个变量 x,y,z 中某两个变量的乘积,将各方程两端同乘以相应缺少的那个变量,使各方程左端的第一项都成为 xyz,然后将所得的 3 个方程左右两边相加,得

$$3xyz-\lambda\left(\frac{1}{x}+\frac{1}{y}+\frac{1}{z}\right)=0,$$

把式(8-24)代入上式,得

$$xyz = \frac{\lambda}{3a}.$$

再把这个结果分别代入(8-25)中各式,得

$$x = y = z = 3a.$$

由此得到点$(3a,3a,3a)$是函数 $u=xyz$ 在条件(8-24)下唯一可能的极值点. 把条件(8-24)确定的隐函数记作 $z=z(x,y)$,将目标函数看成 $u=xyz(x,y)=F(x,y)$,

再应用二元函数极值的充分条件判断可知，点$(3a,3a,3a)$是函数$u=xyz$在条件(8-24)下的极小值点. 因此，目标函数$u=xyz$在条件(8-24)下在点$(3a,3a,3a)$处取得极小值$27a^3$.

下面的问题涉及经济学中的一个最优价格的模型.

在生产和销售商品过程中，商品销售量、生产成本与销售价格是相互影响的. 厂家要选择合理的销售价格，才能获得最大利润. 这个价格称为最优价格. 下面的例题就是讨论怎样确定广告费用的分配问题.

例 9　设销售收入R(单位:万元)与花费在两种广告宣传上的费用x,y(单位:万元)之间的关系为

$$R=\frac{200x}{x+5}+\frac{100y}{10+y},$$

利润额相当于1/5的销售收入，并要扣除广告费用. 已知广告费用总预算金是25万元，试问如何分配两种广告费用可使利润最大.

解　设利润为L，有

$$L=\frac{1}{5}R-x-y=\frac{40x}{x+5}+\frac{20y}{10+y}-x-y,$$

约束条件为$x+y=25$. 这是条件极值问题，令

$$L(x,y,\lambda)=\frac{40x}{x+5}+\frac{20y}{10+y}-x-y+\lambda(x+y-25),$$

从方程组

$$\begin{cases} L_x=\dfrac{200}{(5+x)^2}-1+\lambda=0 \\ L_y=\dfrac{200}{(10+y)^2}-1+\lambda=0 \\ L_\lambda=x+y-25=0 \end{cases}$$

的前两个方程得

$$(5+x)^2=(10+y)^2.$$

又$y=25-x$，解得$x=15$，$y=10$. 根据问题本身的意义及驻点的唯一性可知，当投入两种广告的费用分别为15万元和10万元时，可使利润最大.

基础题

1. 求下列函数的驻点,并判断是否为极值点(说明是极大值点,还是极小值点).

(1)$z=x^2+y^2$.　　(2)$z=(x-y+1)^2$.　　(3)$z=x^3+y^3-3(x^2+y^2)$.

2. 求函数$f(x,y)=4(x-y)-x^2-y^2$的极值.

3. 求函数$f(x,y)=e^{2x}(x+y^2+2y)$的极值.

4. 求函数$f(x,y)=x^3+y^3-9xy+27$的极值.

5. 求函数$z=xy$在条件$x+y=1$下的极大值.

6. 将正数a分成3个正数之和,使它们的乘积为最大,求这3个正数.

提高题

1.【2003年数三】已知函数$f(x,y)$在点(0,0)处的某邻域内连续,且

$$\lim_{(x,y)\to(0,0)}\frac{f(x,y)-xy}{(x^2+y^2)^2}=1,$$

则下述4个选项中正确的是(　　).

A. 点(0,0)不是$f(x,y)$的极值点

B. 点(0,0)是$f(x,y)$的极大值点

C. 点(0,0)是$f(x,y)$的极小值点

D. 根据所给条件无法判断点(0,0)是否为$f(x,y)$的极值点

2.【2006年数一】设$f(x,y)$与$\varphi(x,y)$均为可微函数,且$\varphi'_y(x,y)\neq 0$. 已知(x_0,y_0)是$f(x,y)$在约束条件$\varphi(x,y)=0$下的一个极值点,下列选项正确的是(　　).

A. 若$f'_x(x_0,y_0)=0$,则$f'_y(x_0,y_0)=0$

B. 若$f'_x(x_0,y_0)=0$,则$f'_y(x_0,y_0)\neq 0$

C. 若$f'_x(x_0,y_0)\neq 0$,则$f'_y(x_0,y_0)=0$

D. 若$f'_x(x_0,y_0)\neq 0$,则$f'_y(x_0,y_0)\neq 0$

3.【2011年数三】设函数$f(x)$具有二阶连续导数,且$f(x)>0$, $f'(0)=0$,则函数$z=f(x)\ln f(y)$在点(0,0)处取得极小值的一个充分条件是(　　).

A. $f(0)>1, f''(0)>0$　　B. $f(0)>1, f''(0)<0$

C. $f(0)<1, f''(0)>0$　　D. $f(0)<1, f''(0)<0$

4.【2017年数一】已知函数 $y(x)$ 由方程 $x^3+y^3-3x+3y-2=0$ 确定,求 $y(x)$ 的极值.

5.【2014年数一】设函数 $y=f(x)$ 由方程 $y^3+xy^2+x^2y+6=0$ 确定,求 $f(x)$ 的极值.

6.【2013年数一】求函数 $f(x,y)=\left(y+\frac{x^3}{3}\right)e^{x+y}$ 的极值.

7.【2012年数一】求函数 $f(x,y)=xe^{-\frac{x^2+y^2}{2}}$ 的极值.

8.【2009年数一】求二元函数 $f(x,y)=x^2(2+y^2)+y\ln y$ 的极值.

9.【2007年数一】求函数 $f(x,y)=x^2+2y^2-x^2y^2$ 在区域

$$D=\{(x,y)\mid x^2+y^2\leqslant 4, y\geqslant 0\}$$

上的最大值和最小值.

10.【2004年数一】设 $z=z(x,y)$ 是由 $x^2-6xy+10y^2-2yz+18=0$ 确定的函数,求 $z=z(x,y)$ 的极值点和极值.

应用题

1. 在平面 $x+z=0$ 上求一点,使它到点 $A(1,1,1)$ 和 $B(2,3,-1)$ 的距离的平方和最小.

2. 从斜边之长为 l 的一切直角三角形中,求有最大周长的直角三角形.

3. 要造一个容积等于定数 k 的长方形无盖水池,应如何选择水池的尺寸,方可使它的表面积最小.

4. 已知曲线 $C:\begin{cases}x^2+y^2-2z^2=0\\x+y+3z=5\end{cases}$,求 C 上距离 xOy 面最远的点和最近的点.

8.7　微分学在几何上的应用

多元函数微分学的几何应用,包括求空间曲线的切线与法平面,以及求曲面的切平面与法线.为什么曲线有切线和法平面,曲面有切平面和法线?请利用图形思考一下.

8.7.1　空间曲线的切线与法平面

(1)设空间曲线 Γ 的参数方程为

$$x = x(t),\quad y = y(t),\quad z = z(t),$$

这里假定 $x(t),y(t),z(t)$ 都可导,且导数不全为零.

在曲线 Γ 上取对应于参数 $t = t_0$ 的一点 $M_0(x_0,y_0,z_0)$ 及对应于参数 $t = t_0 + \Delta t$ 的邻近一点 $M(x_0 + \Delta x, y_0 + \Delta y, z_0 + \Delta z)$. 作曲线的割线 MM_0,其方程为

$$\frac{x - x_0}{\Delta x} = \frac{y - y_0}{\Delta y} = \frac{z - z_0}{\Delta z},$$

当点 M 沿着 Γ 趋于点 M_0 时,割线 MM_0 的极限位置 M_0T 就是曲线在点 M_0 处的切线(见图 8-23). 用 Δt 除上式的各分母,得

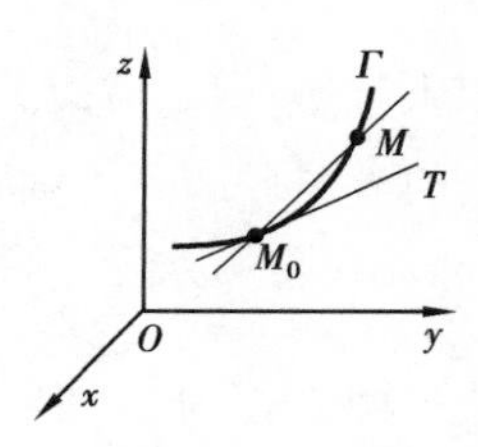

图 8-23

$$\frac{x - x_0}{\dfrac{\Delta x}{\Delta t}} = \frac{y - y_0}{\dfrac{\Delta y}{\Delta t}} = \frac{z - z_0}{\dfrac{\Delta z}{\Delta t}},$$

当 $M \to M_0$,即 $\Delta t \to 0$ 时,对上式取极限,即得到曲线 Γ 在点 M_0 处的切线方程

$$\frac{x - x_0}{x'(t_0)} = \frac{y - y_0}{y'(t_0)} = \frac{z - z_0}{z'(t_0)}.$$

曲线的切向量:曲线在某点处的切线的方向向量,称为曲线的切向量. 向量

$$\boldsymbol{T} = (x'(t_0), y'(t_0), z'(t_0))$$

就是曲线 Γ 在点 M_0 处的一个切向量.

法平面:过点 M_0 且与切线垂直的平面,称为曲线 Γ 在点 M_0 处的法平面. 曲线的切向量就是法平面的法向量. 于是,该法平面方程为

$$x'(t_0)(x - x_0) + y'(t_0)(y - y_0) + z'(t_0)(z - z_0) = 0.$$

例 1　求曲线 $x = t, y = t^2, z = t^3$ 在点(1,1,1)处的切线及法平面方程.

解　因为 $x_t' = 1, y_t' = 2t, z_t' = 3t^2$,而点(1,1,1)所对应的参数 $t = 1$,所以曲线在 $t = 1$ 处的切向量

$$\boldsymbol{T} = (1,2,3).$$

于是,切线方程为

$$\frac{x - 1}{1} = \frac{y - 1}{2} = \frac{z - 1}{3},$$

法平面方程为

$$(x-1)+2(y-1)+3(z-1)=0,$$

即

$$x+2y+3z=6.$$

(2)如果空间曲线 Γ 的方程为

$$\begin{cases} y=y(x) \\ z=z(x) \end{cases}, \tag{8-26}$$

则可取 x 为参数,将方程组(8-26)写为参数方程的形式

$$\begin{cases} x=x \\ y=y(x), \\ z=z(x) \end{cases}$$

如果函数 $y(x)$,$z(x)$ 在 $x=x_0$ 处可导,则曲线 Γ 在点 $x=x_0$ 处的切向量 $\boldsymbol{T}=(1,y'(x_0),z'(x_0))$,因此,曲线 Γ 在点 $M(x_0,y_0,z_0)$处的切线方程为

$$\frac{x-x_0}{1}=\frac{y-y_0}{y'(x_0)}=\frac{z-z_0}{z'(x_0)},$$

法平面方程为

$$(x-x_0)+y'(x_0)(y-y_0)+z'(x_0)(z-z_0)=0$$

(3)如果空间曲线 Γ 的方程为

$$\begin{cases} F(x,y,z)=0 \\ G(x,y,z)=0 \end{cases}, \tag{8-27}$$

且 F,G 具有连续的偏导数,则方程组(8-27)含唯一确定的隐函数组 $y=y(x)$,$z=z(x)$,且

$$\frac{\mathrm{d}y}{\mathrm{d}x}=-\frac{\dfrac{\partial(F,G)}{\partial(x,z)}}{\dfrac{\partial(F,G)}{\partial(y,z)}}=\frac{\dfrac{\partial(F,G)}{\partial(z,x)}}{\dfrac{\partial(F,G)}{\partial(y,z)}},\quad \frac{\mathrm{d}z}{\mathrm{d}x}=-\frac{\dfrac{\partial(F,G)}{\partial(y,x)}}{\dfrac{\partial(F,G)}{\partial(y,z)}}=\frac{\dfrac{\partial(F,G)}{\partial(x,y)}}{\dfrac{\partial(F,G)}{\partial(y,z)}},$$

故曲线 Γ 的切向量为

$$\boldsymbol{T}=(1,y'(x),z'(x))=\left(1,\frac{\dfrac{\partial(F,G)}{\partial(z,x)}}{\dfrac{\partial(F,G)}{\partial(y,z)}},\frac{\dfrac{\partial(F,G)}{\partial(x,y)}}{\dfrac{\partial(F,G)}{\partial(y,z)}}\right),$$

从而曲线 Γ 在点 $M_0(x_0,y_0,z_0)$处的切向量可取为

$$\boldsymbol{T}=\left(\frac{\partial(F,G)}{\partial(y,z)}\bigg|_{M_0},\frac{\partial(F,G)}{\partial(z,x)}\bigg|_{M_0},\frac{\partial(F,G)}{\partial(x,y)}\bigg|_{M_0}\right).$$

因此,当$\dfrac{\partial(F,G)}{\partial(y,z)}\bigg|_{M_0},\dfrac{\partial(F,G)}{\partial(z,x)}\bigg|_{M_0},\dfrac{\partial(F,G)}{\partial(x,y)}\bigg|_{M_0}$不同时为零时,曲线 Γ 在点

$M_0(x_0,y_0,z_0)$处的切线方程为

$$\frac{x-x_0}{\left.\frac{\partial(F,G)}{\partial(y,z)}\right|_{M_0}}=\frac{y-y_0}{\left.\frac{\partial(F,G)}{\partial(z,x)}\right|_{M_0}}=\frac{z-z_0}{\left.\frac{\partial(F,G)}{\partial(x,y)}\right|_{M_0}},$$

这个公式利用变量 x,y,z 轮换对称性很容易记住(见图 8-24). 而法平面方程为

$$\left.\frac{\partial(F,G)}{\partial(y,z)}\right|_{M_0}(x-x_0)+\left.\frac{\partial(F,G)}{\partial(z,x)}\right|_{M_0}(y-y_0)+\left.\frac{\partial(F,G)}{\partial(x,y)}\right|_{M_0}(z-z_0)=0.$$

例 2　求曲线$\begin{cases}x^2+z^2=10\\y^2+z^2=10\end{cases}$在点(1,1,3)处的切线及法平面方程.

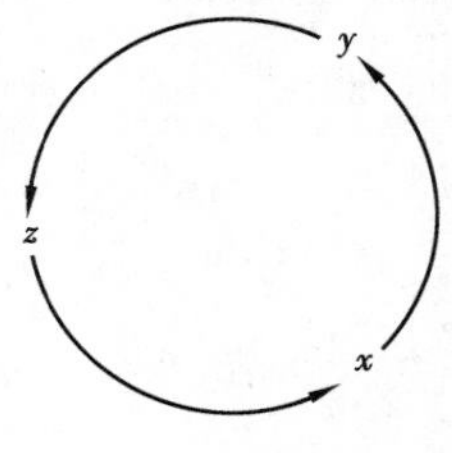

图 8-24

解　设

$$F(x,y,z)=x^2+z^2-10,$$
$$G(x,y,z)=y^2+z^2-10,$$

因为

$$F_x=2x,\quad F_y=0,\quad F_z=2z,$$
$$G_x=0,\quad G_y=2y,\quad G_z=2z,$$

所以

$$\left.\frac{\partial(F,G)}{\partial(y,z)}\right|_{(1,1,3)}=\left.\begin{vmatrix}F_y & F_z\\G_y & G_z\end{vmatrix}\right|_{(1,1,3)}=\left.\begin{vmatrix}0 & 2z\\2y & 2z\end{vmatrix}\right|_{(1,1,3)}=-12,$$

$$\left.\frac{\partial(F,G)}{\partial(z,x)}\right|_{(1,1,3)}=\left.\begin{vmatrix}F_z & F_x\\G_z & G_x\end{vmatrix}\right|_{(1,1,3)}=\left.\begin{vmatrix}2z & 2x\\2z & 0\end{vmatrix}\right|_{(1,1,3)}=-12,$$

$$\left.\frac{\partial(F,G)}{\partial(x,y)}\right|_{(1,1,3)}=\left.\begin{vmatrix}F_x & F_y\\G_x & G_y\end{vmatrix}\right|_{(1,1,3)}=\left.\begin{vmatrix}2x & 0\\0 & 2y\end{vmatrix}\right|_{(1,1,3)}=4.$$

即题设曲线在(1,1,3)处的切向量可取为

$$\boldsymbol{T}=(3,3,-1),$$

从而所求的切线方程为

$$\frac{x-1}{3}=\frac{y-1}{3}=\frac{z-3}{-1}.$$

法平面方程为

$$3(x-1)+3(y-1)-(z-3)=0,$$

即

$$3x+3y-z=3.$$

例 3　求曲线 $x^2+y^2+z^2=6,x+y+z=0$ 在点(1,−2,1)处的切线及法平

面方程.

解 将所给方程的两边对 x 求导数，得

$$\begin{cases}2x+2y\dfrac{\mathrm{d}y}{\mathrm{d}x}+2z\dfrac{\mathrm{d}z}{\mathrm{d}x}=0\\1+\dfrac{\mathrm{d}y}{\mathrm{d}x}+\dfrac{\mathrm{d}z}{\mathrm{d}x}=0\end{cases},$$

方程组在点(1，-2,1)处化为

$$\begin{cases}2\dfrac{\mathrm{d}y}{\mathrm{d}x}-\dfrac{\mathrm{d}z}{\mathrm{d}x}=1\\\dfrac{\mathrm{d}y}{\mathrm{d}x}+\dfrac{\mathrm{d}z}{\mathrm{d}x}=-1\end{cases},$$

解方程组得

$$\frac{\mathrm{d}y}{\mathrm{d}x}=0,\quad \frac{\mathrm{d}z}{\mathrm{d}x}=-1.$$

因此，曲线在点(1，-2,1)处的切向量为 $\boldsymbol{T}=(1,0,-1)$，故所求切线方程为

$$\frac{x-1}{1}=\frac{y+2}{0}=\frac{z-1}{-1}.$$

法平面方程为

$$(x-1)+0\cdot(y+2)-(z-1)=0,$$

即

$$x-z=0.$$

8.7.2 空间曲面的切平面与法线

(1)设曲面 Σ 的方程为

$$F(x,y,z)=0,$$

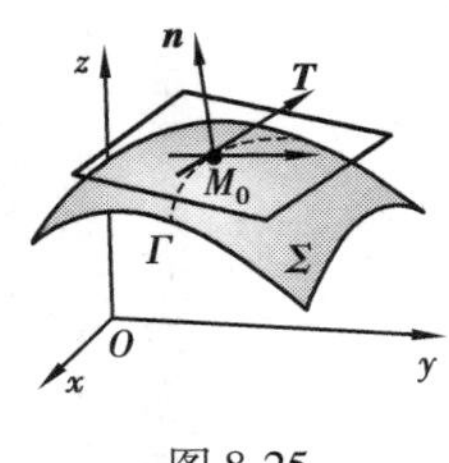

图 8-25

$M_0(x_0,y_0,z_0)$是曲面 Σ 上的一点，函数 $F(x,y,z)$ 的偏导数在该点连续且不同时为零. 过点 M_0 在曲面上可作无数条曲线. 设这些曲线在点 M_0 处分别都有切线，要证明这无数条曲线的切线都在同一平面上.

在曲面 Σ 上，过点 M_0 任意作一条曲线 Γ(见图 8-25). 设曲线 Γ 的方程为

$$x=x(t),\quad y=y(t),\quad z=z(t),$$

且 $t=t_0$ 时，对应于点 $M_0(x_0,y_0,z_0)$，即

$$x_0=x(t_0),\quad y_0=y(t_0),\quad z_0=z(t_0).$$

由于曲线 Γ 在曲面 Σ 上，因此有

$$F[x(t),y(t),z(t)]\Big|_{t=t_0}\equiv 0,$$

及

$$\frac{\mathrm{d}}{\mathrm{d}t}F[x(t),y(t),z(t)]\Big|_{t=t_0}=0,$$

即有

$$F_x\big|_{M_0}x'(t_0)+F_y\big|_{M_0}y'(t_0)+F_z\big|_{M_0}z'(t_0)=0. \tag{8-28}$$

注意到曲线 Γ 在点 M_0 处的切向量 $\boldsymbol{T}=(x'(t_0),y'(t_0),z'(t_0))$，如果引入向量

$$\boldsymbol{n}=(F_x(x_0,y_0,z_0),F_y(x_0,y_0,z_0),F_z(x_0,y_0,z_0)),$$

则式(8-28)可写为

$$\boldsymbol{n}\cdot\boldsymbol{T}=0.$$

这说明曲面 Σ 上过点 M_0 的任意一条曲线的切线都与向量 $\boldsymbol{n}$ 是垂直的，这样就证明了过点 M_0 的任意一条曲线在点 M_0 处的切线都落在以向量 $\boldsymbol{n}$ 为法向量且经过点 M_0 的平面上. 这个平面称为曲面 Σ 在点 M_0 处的**切平面**. 该切平面的方程为

$$F_x\big|_{M_0}(x-x_0)+F_y\big|_{M_0}(y-y_0)+F_z\big|_{M_0}(z-z_0)=0.$$

曲面的法向量：垂直于曲面上切平面的向量，称为曲面的法向量. 于是，在点 M_0 的处曲面的法向量为

$$\boldsymbol{n}=(F_x(x_0,y_0,z_0),F_y(x_0,y_0,z_0),F_z(x_0,y_0,z_0)).$$

曲面的法线：过点 $M_0(x_0,y_0,z_0)$ 处且垂直于切平面的直线，称为曲面在该点的法线. 法线方程为

$$\frac{x-x_0}{F_x(x_0,y_0,z_0)}=\frac{y-y_0}{F_y(x_0,y_0,z_0)}=\frac{z-z_0}{F_z(x_0,y_0,z_0)}.$$

(2)设曲面 Σ 的方程为

$$z=f(x,y),$$

令 $F(x,y,z)=z-f(x,y)$，则有

$$F_x=-f_x,\quad F_y=-f_y,\quad F_z=1.$$

于是，当函数 $f(x,y)$ 的偏导数 $f_x(x,y)$，$f_y(x,y)$ 在点 (x_0,y_0) 处连续时，曲面 Σ 在点 M_0 处的法向量为

$$\boldsymbol{n}=(-f_x(x_0,y_0)\ -f_y(x_0,y_0),1),$$

从而切平面方程为

$$f_x(x_0,y_0)(x-x_0)+f_y(x_0,y_0)(y-y_0)-(z-z_0)=0,$$

或

$$z-z_0=f_x(x_0,y_0)(x-x_0)+f_y(x_0,y_0)(y-y_0). \tag{8-29}$$

法线方程为

$$\frac{x-x_0}{f_x(x_0,y_0)}=\frac{y-y_0}{f_y(x_0,y_0)}=\frac{z-z_0}{-1}.$$

注　方程(8-29)的右端恰好是函数 $z=f(x,y)$ 在点 (x_0,y_0) 处的全微分，而左端是切平面上点的竖坐标的增量. 因此，函数 $z=f(x,y)$ 在点 (x_0,y_0) 处的全微分，在几何上表示曲面 $z=f(x,y)$ 在点 (x_0,y_0) 处的切平面上点的竖坐标的增量.

设 α,β,γ 表示曲面的法向量的方向角，并假定法向量与 z 轴正向的夹角 γ 是一锐角，则法向量的**方向余弦**为

$$\cos\alpha=\frac{-f_x}{\sqrt{1+f_x^2+f_y^2}},\quad \cos\beta=\frac{-f_y}{\sqrt{1+f_x^2+f_y^2}},\quad \cos\gamma=\frac{1}{\sqrt{1+f_x^2+f_y^2}},$$

其中

$$f_x=f_x(x_0,y_0),\quad f_y=f_y(x_0,y_0).$$

例 4　求球面 $x^2+y^2+z^2=14$ 在点 $(1,2,3)$ 处的切平面及法线方程.

解　令 $F(x,y,z)=x^2+y^2+z^2-14$，则

$$F_x=2x,\quad F_y=2y,\quad F_z=2z,$$

$$F_x(1,2,3)=2,\quad F_y(1,2,3)=4,\quad F_z(1,2,3)=6.$$

于是，球面在点 $(1,2,3)$ 处的法向量为

$$\boldsymbol{n}=(2,4,6)\quad 或\ \boldsymbol{n}=(1,2,3).$$

所求切平面方程为

$$2(x-1)+4(y-2)+6(z-3)=0,$$

即

$$x+2y+3z-14=0.$$

法线方程为

$$\frac{x-1}{1}=\frac{y-2}{2}=\frac{z-3}{3}.$$

例 5　求旋转抛物面 $z=x^2+y^2-1$ 在点 $(2,1,4)$ 处的切平面及法线方程.

解　令 $f(x,y)=x^2+y^2-1$，于是法向量为

$$\boldsymbol{n}=(f_x,f_y,-1)=(2x,2y,-1),$$

$$\boldsymbol{n}\big|_{(2,1,4)}=(4,2,-1).$$

因此，在点 $(2,1,4)$ 处的切平面方程为

$$4(x-2)+2(y-1)-(z-4)=0,$$

即

$$4x+2y-z-6=0.$$

法线方程为

$$\frac{x-2}{4}=\frac{y-1}{2}=\frac{z-4}{-1}.$$

例 6　求曲面 $x^2+y^2+z^2-xy-3=0$ 上同时垂直于平面 $z=0$ 与 $x+y+1=0$ 的切平面方程.

解　设 $F(x,y,z)=x^2+y^2+z^2-xy-3$，则

$$F_x=2x-y,\quad F_y=2y-x,\quad F_z=2z,$$

曲面在点 (x_0,y_0,z_0) 处的法向量为

$$\boldsymbol{n}=(2x_0-y_0)\boldsymbol{i}+(2y_0-x_0)\boldsymbol{j}+2z_0\boldsymbol{k}.$$

由于平面 $z=0$ 的法向量 $\boldsymbol{n}_1=(0,0,1)$，平面 $x+y+1=0$ 的法向量 $\boldsymbol{n}_2=(1,1,0)$，因为 $\boldsymbol{n}$ 同时垂直于 $\boldsymbol{n}_1$ 与 $\boldsymbol{n}_2$，所以 $\boldsymbol{n}$ 平行于 $\boldsymbol{n}_1\times\boldsymbol{n}_2$，由

$$\boldsymbol{n}_1\times\boldsymbol{n}_2=\begin{vmatrix}\boldsymbol{i}&\boldsymbol{j}&\boldsymbol{k}\\0&0&1\\1&1&0\end{vmatrix}=-\boldsymbol{i}+\boldsymbol{j},$$

所以存在数 λ，使得

$$(2x_0-y_0,2y_0-x_0,2z_0)=\lambda(-1,1,0),$$

即

$$2x_0-y_0=-\lambda,\quad 2y_0-x_0=\lambda,\quad 2z_0=0,$$

解得 $x_0=-y_0,z_0=0$. 将其代入题设曲面方程，得切点为

$$M_1(1,-1,0)\text{ 和 }M_2(-1,1,0),$$

从而所求的切平面方程为

$$-(x-1)+(y+1)=0,\text{即 }x-y-2=0,$$

和

$$-(x+1)+(y-1)=0,\text{即 }x-y+2=0.$$

习题 8-7

基础题

1. 求曲线 $x=\dfrac{t}{1+t},y=\dfrac{1+t}{t},z=t^2$ 在对应于 $t=1$ 点处的切线和法平面方程.

2. 求曲线 $y^2=2mx,z^2=m-x$ 在点 (x_0,y_0,z_0) 处的切线及法平面方程.

3. 求曲线 $\begin{cases}x^2+y^2+z^2-3x=0\\2x-3y+5z-4=0\end{cases}$ 在点 $(1,1,1)$ 处的切线及法平面方程.

4. 求曲面 $e^z - z + xy = 3$ 在点 $(2,1,0)$ 处的切平面及法线方程.

5. 求曲面 $ax^2 + by^2 + cz^2 = 1$ 在点 (x_0, y_0, z_0) 处的切平面及法线方程.

提高题

1.【2013 年数一】曲面 $x^2 + \cos(xy) + yz + x = 0$ 在点 $(0,1,-1)$ 处的切平面方程为（　　）.

A. $x - y + z = -2$　　B. $x + y + z = 0$

C. $x - 2y + z = -3$　　D. $x - y - z = 0$

2.【2003 年数一】曲面 $z = x^2 + y^2$ 与平面 $2x + 4y - z = 0$ 平行的切平面方程是________________.

3.【2014 年数一】曲面 $z = x^2(1 - \sin y) + y^2(1 - \sin x)$ 在点 $(1,0,1)$ 处的切平面方程为________________.

4. 求出曲线 $x = t, y = t^2, z = t^3$ 上的点，使在该点的切线平行于平面 $x + 2y + z = 4$.

5. 求椭球面 $x^2 + 2y^2 + z^2 = 1$ 上平行于平面 $x - y + 2z = 0$ 的切平面方程.

6. 求旋转椭球面 $3x^2 + y^2 + z^2 = 16$ 上点 $(-1,-2,3)$ 处的切平面与 xOy 面的夹角余弦.

7. 试证曲面 $\sqrt{x} + \sqrt{y} + \sqrt{z} = \sqrt{a}\ (a > 0)$ 上任意点处的切平面在各坐标轴上的截距之和等于 a.

8.8　方向导数与梯度

8.8.1　场的概念

场是物理学中的概念. 例如，在真空中点 P_0 处放置一正电荷 q，则在点 P_0 周围产生一个静电场，再在异于点 P_0 的任一点 P 处放置一单位正电荷，则由物理学可知，在点 P 处这个单位正电荷上所受到的力 $\boldsymbol{E}$，称为此静电场在点 P 处的**电场强度**. 上述静电场内每一点都有一个确定的电场强度，静电场不仅可用电场强度这个量来描述，也可用单位正电荷从点 P 处移到无穷远处时，电场强度所做的功 V 来描述，V 称为静电场的电位或电势.

数学中,所研究的场是考察客观存在的场的量的侧面. 一般地,如果对空间区域 G 内任一点 M,都有一个确定的数量 $f(M)$ 与之对应,则称在此空间区域 G 内确定了一个**数量场**.

常见的数量场有静电位场、温度场和密度场等. 一个数量场可用一个数量函数 $f(M)$ 来确定.

如果与点 M 相对应的是一个向量 $\boldsymbol{F}(M)$,则称在此空间区域 G 内确定了一个**向量场**.

常见的向量场有引力场、静电场和速度场等. 一个向量场可用一个向量函数 $\boldsymbol{F}=\boldsymbol{F}(M)$ 或 $\boldsymbol{F}=P(M)\boldsymbol{i}+Q(M)\boldsymbol{j}+R(M)\boldsymbol{k}$ 来确定,其中 $P(M)$,$Q(M)$,$R(M)$ 是点 M 的数量函数.

如果场不随时间而变化,则称这类场为**稳定场**;反之,称为**不稳定场**. 本书只讨论稳定场.

8.8.2　方向导数

已知,二元函数 $z=f(x,y)$ 的偏导数 f_x 与 f_y 能表达函数沿 x 轴与 y 轴的变化率,但仅知道这一点,在实际应用中是不够的.

例如,设有一块长方形的金属板,在一定的温度条件作用下,金属板受热产生了不均匀的稳定温度场,如图 8-26 所示.

图 8-26

设在金属板中某处有一只昆虫,问这只昆虫在其逃生路线上的每一点处应沿什么方向逃生才能在最短时间内爬行到安全的地方? 这个问题的答案是明显的,即这只昆虫在每一点处都应沿温度(下降)变化率最大的方向爬行. 这个方向就是后面将要介绍的梯度的方向.

在物理学、仿生学和工程技术领域中,常常会遇到求函数沿某个方向的变化率问题. 为此,引入函数的方向导数的概念.

定义 1　设函数 $z=f(x,y)$ 在点 $P(x,y)$ 处的某一邻域 $U(P)$ 内有定义,l 为自点 P 出发的射线,$P'(x+\Delta x,y+\Delta y)$ 为射线 l 上且含于 $U(P)$ 内的任一点,以

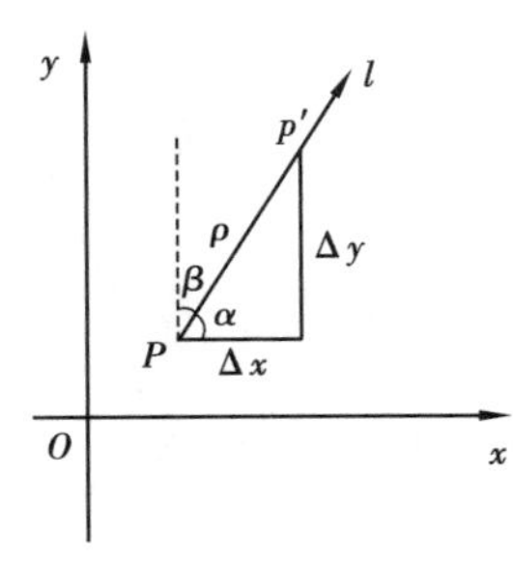

图 8-27

$$\rho = \sqrt{(\Delta x)^2 + (\Delta y)^2}$$

表示点 P 与点 P' 之间的距离(见图 8-27). 如果极限 $\lim\limits_{\rho\to 0}\dfrac{\Delta z}{\rho} = \lim\limits_{\rho\to 0}\dfrac{f(x+\Delta x, y+\Delta y) - f(x,y)}{\rho}$ 存在,则称此极限值为函数 $f(x,y)$ 在点 P 处沿方向 l 的**方向导数**,记为 $\dfrac{\partial f}{\partial l}$,即

$$\frac{\partial f}{\partial l} = \lim_{\rho\to 0}\frac{f(x+\Delta x, y+\Delta y) - f(x,y)}{\rho}.$$

根据上述定义,函数 $f(x,y)$ 在点 P 处沿 x 轴与 y 轴正向的方向导数就是 $\dfrac{\partial f}{\partial x}$ 与 $\dfrac{\partial f}{\partial y}$,沿 x 轴与 y 轴负向的方向导数就是 $-\dfrac{\partial f}{\partial x}$ 与 $-\dfrac{\partial f}{\partial y}$. 一般情形下,方向导数与 $\dfrac{\partial f}{\partial x}$ 及 $\dfrac{\partial f}{\partial y}$ 之间有什么关系呢?

定理 1 如果函数 $z=f(x,y)$ 在点 $P(x,y)$ 可微分,则函数在该点处沿任一方向 l 的方向导数都存在,且

$$\frac{\partial f}{\partial l} = \frac{\partial f}{\partial x}\cos\alpha + \frac{\partial f}{\partial y}\cos\beta,$$

其中,$\cos\alpha$,$\cos\beta$ 是方向 l 的方向余弦.

证明 设 $\Delta x=\rho\cos\alpha$,$\Delta y=\rho\cos\beta$,函数 $z=f(x,y)$ 在点 $P(x,y)$ 处可微分,故该函数的增量可表示为

$$f(x+\Delta x, y+\Delta y) - f(x,y) = \frac{\partial f}{\partial x}\Delta x + \frac{\partial f}{\partial y}\Delta y + o(\rho),$$

两边各除以 ρ,得

$$\begin{aligned}\frac{f(x+\Delta x, y+\Delta y) - f(x,y)}{\rho} &= \frac{\partial f}{\partial x}\cdot\frac{\Delta x}{\rho} + \frac{\partial f}{\partial y}\cdot\frac{\Delta y}{\rho} + \frac{o(\rho)}{\rho} \\ &= \frac{\partial f}{\partial x}\cos\alpha + \frac{\partial f}{\partial y}\cos\beta + \frac{o(\rho)}{\rho},\end{aligned}$$

故

$$\frac{\partial f}{\partial l} = \lim_{\rho\to 0}\frac{\Delta z}{\rho} = \frac{\partial f}{\partial x}\cos\alpha + \frac{\partial f}{\partial y}\cos\beta.$$

例 1 求函数 $z=xe^{2y}$ 在点 $P(1,0)$ 处沿从点 $P(1,0)$ 到点 $Q(2,-1)$ 方向的方向导数.

解 这里方向 l 即向量 $\overrightarrow{PQ}=(1,-1)$ 的方向,向量 $\overrightarrow{PQ}$ 的方向余弦为

$$\cos\alpha = \frac{1}{\sqrt{2}}, \quad \cos\beta = -\frac{1}{\sqrt{2}}.$$

因函数可微分,且

$$\left.\frac{\partial z}{\partial x}\right|_{(1,0)} = \left.e^{2y}\right|_{(1,0)} = 1, \quad \left.\frac{\partial z}{\partial y}\right|_{(1,0)} = \left.2xe^{2y}\right|_{(1,0)} = 2,$$

故所求方向导数为

$$\left.\frac{\partial z}{\partial l}\right|_{(1,0)} = 1\cdot\frac{1}{\sqrt{2}} + 2\cdot\left(-\frac{1}{\sqrt{2}}\right) = -\frac{\sqrt{2}}{2}.$$

类似地,可定义三元函数 $u=f(x,y,z)$ 在空间一点 $P(x,y,z)$ 沿着方向 l 的方向导数为

$$\frac{\partial f}{\partial l} = \lim_{\rho\to 0}\frac{f(x+\Delta x, y+\Delta y, z+\Delta z) - f(x,y,z)}{\rho},$$

其中,ρ 为 $P(x,y,z)$ 与点 $P'(x+\Delta x, y+\Delta y, z+\Delta z)$ 之间的距离,即

$$\rho = \sqrt{(\Delta x)^2 + (\Delta y)^2 + (\Delta z)^2}.$$

设方向 l 的方向角为 α,β,γ,则有

$$\Delta x = \rho\cos\alpha, \quad \Delta y = \rho\cos\beta, \quad \Delta z = \rho\cos\gamma.$$

于是,当函数 $f(x,y,z)$ 在 $P(x,y,z)$ 处可微分时,函数在该点处沿任意方向 l 的方向导数都存在,且有

$$\frac{\partial f}{\partial l} = \frac{\partial f}{\partial x}\cos\alpha + \frac{\partial f}{\partial y}\cos\beta + \frac{\partial f}{\partial z}\cos\gamma.$$

例2 求 $f(x,y,z)=xy+yz+zx$ 在点 $(1,1,2)$ 处沿方向 l 的方向导数,其中 l 的方向角分别为 $60°,45°,60°$.

解 与 l 同向的单位向量为

$$\boldsymbol{e}_l = (\cos 60°, \cos 45°, \cos 60°) = \left(\frac{1}{2}, \frac{\sqrt{2}}{2}, \frac{1}{2}\right).$$

因为函数可微分,且

$$\left.\frac{\partial f}{\partial x}\right|_{(1,1,2)} = (y+z)\big|_{(1,1,2)} = 3,$$

$$\left.\frac{\partial f}{\partial y}\right|_{(1,1,2)} = (x+z)\big|_{(1,1,2)} = 3,$$

$$\left.\frac{\partial f}{\partial z}\right|_{(1,1,2)} = (y+x)\big|_{(1,1,2)} = 2.$$

所以方向导数为

$$\left.\frac{\partial f}{\partial l}\right|_{(1,1,2)} = 3\cdot\frac{1}{2} + 3\cdot\frac{\sqrt{2}}{2} + 2\cdot\frac{1}{2} = \frac{1}{2}(5+3\sqrt{2}).$$

例 3 设 $\boldsymbol{n}$ 是曲面 $2x^2+3y^2+z^2=6$ 在点 $P(1,1,1)$ 处的指向外侧的法向量，求函数 $u=\frac{1}{z}(6x^2+8y^2)^{\frac{1}{2}}$ 沿方向 $\boldsymbol{n}$ 的方向导数.

解 令 $F(x,y,z)=2x^2+3y^2+z^2-6$，则有

$$F_x\big|_{(1,1,1)}=4x\big|_{(1,1,1)}=4,$$
$$F_y\big|_{(1,1,1)}=6y\big|_{(1,1,1)}=6,$$
$$F_z\big|_{(1,1,1)}=2z\big|_{(1,1,1)}=2,$$

从而

$$\boldsymbol{n}=(F_x,F_y,F_z)=(4,6,2),$$
$$|\boldsymbol{n}|=\sqrt{4^2+6^2+2^2}=2\sqrt{14},$$

其方向余弦为 $\cos\alpha=\frac{2}{\sqrt{14}},\cos\beta=\frac{3}{\sqrt{14}},\cos\gamma=\frac{1}{\sqrt{14}}$. 又

$$\frac{\partial u}{\partial x}\bigg|_{(1,1,1)}=\frac{6x}{z\sqrt{6x^2+8y^2}}\bigg|_{(1,1,1)}=\frac{6}{\sqrt{14}},$$
$$\frac{\partial u}{\partial y}\bigg|_{(1,1,1)}=\frac{8y}{z\sqrt{6x^2+8y^2}}\bigg|_{(1,1,1)}=\frac{8}{\sqrt{14}},$$
$$\frac{\partial u}{\partial z}\bigg|_{(1,1,1)}=-\frac{\sqrt{6x^2+8y^2}}{z^2}\bigg|_{(1,1,1)}=-\sqrt{14},$$

所以

$$\frac{\partial u}{\partial n}\bigg|_{(1,1,1)}=\left(\frac{\partial u}{\partial x}\cos\alpha+\frac{\partial u}{\partial y}\cos\beta+\frac{\partial u}{\partial z}\cos\gamma\right)\bigg|_{(1,1,1)}=\frac{11}{7}.$$

在一个数量场中，函数在给定点处沿不同的方向，其方向导数一般是不相同的. 现在我们所关心的是，沿哪一个方向其方向导数最大？其最大值是多少？为此引进一个很重要的概念——梯度，即函数在点 P 沿哪一方向增加的速度最快.

8.8.3 梯度的概念

定义 2 设函数 $z=f(x,y)$ 在平面区域 D 内具有一阶连续偏导数，则对每一点 $P(x,y)\in D$，都可定义一个向量

$$\frac{\partial f}{\partial x}\boldsymbol{i}+\frac{\partial f}{\partial y}\boldsymbol{j},$$

称它为函数 $z=f(x,y)$ 在点 $P(x,y)$ 处的**梯度**，记为 $\mathbf{grad}\,f(x,y)$，即

$$\mathbf{grad}\,f(x,y)=\frac{\partial f}{\partial x}\boldsymbol{i}+\frac{\partial f}{\partial y}\boldsymbol{j}.$$

如果函数 $f(x,y)$ 在任一点 P 可微分，$\boldsymbol{e}=(\cos\alpha,\cos\beta)$ 是与方向 l 同方向的

单位向量,则根据方向导数的计算公式,有

$$\begin{aligned}\frac{\partial f}{\partial l}&=\frac{\partial f}{\partial x}\cos\alpha+\frac{\partial f}{\partial y}\cos\beta=\left(\frac{\partial f}{\partial x},\frac{\partial f}{\partial y}\right)\cdot(\cos\alpha,\cos\beta)\\&=\mathbf{grad}\,f(x,y)\cdot\boldsymbol{e}\\&=|\mathbf{grad}\,f(x,y)|\cdot\cos\theta,\end{aligned}$$

其中,$\theta=(\widehat{\mathbf{grad}\,f(x,y),\boldsymbol{e}})$表示向量$\mathbf{grad}\,f(x,y)$与$\boldsymbol{e}$的夹角.

这一关系式表明了函数在一点的梯度与函数在这点的方向导数间的关系,且$\frac{\partial f}{\partial l}$就是梯度在射线$l$上的投影(见图8-28).如果方向$l$与梯度方向一致时,有$\cos(\widehat{\mathbf{grad}\,f(x,y),\boldsymbol{e}})=1$,即函数$f$沿梯度方向时,方向导数$\frac{\partial f}{\partial l}$取得最大值,这个最大值就是梯度的模$|\mathbf{grad}\,f(x,y)|$;如果方向$l$与梯度方向相反时,有$\cos(\widehat{\mathbf{grad}\,f(x,y),\boldsymbol{e}})=-1$,即函数$f$沿梯度的反方向时,方向导数$\frac{\partial f}{\partial l}$取得最小值.

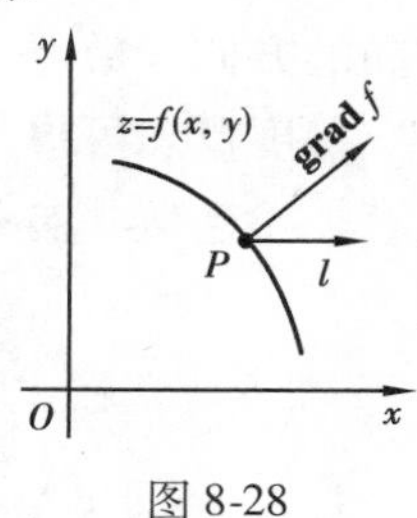

图 8-28

因此,有以下结论:

函数在某点的梯度是这样一个向量,它的方向与取得最大方向导数的方向一致,而它的模为方向导数的最大值.

根据梯度的定义,梯度的模为

$$|\mathbf{grad}\,f(x,y)|=\sqrt{f_x^2+f_y^2}.$$

当f_x不为零时,x轴到梯度的转角的正切为$\tan\theta=\frac{f_y}{f_x}$.

已知,二元函数$z=f(x,y)$在几何直观上表示空间一个曲面,这曲面被平面$z=c$(c是常数)所截得的曲线L的方程为$\begin{cases}z=f(x,y)\\z=c\end{cases}$.这条曲线$L$在$xOy$面上的投影是一条平面曲线$L^*$,它在$xOy$平面上的方程为$f(x,y)=c$.对曲线$L^*$上的所有点,已给函数的函数值都是$c$,故称平面曲线$L^*$为函数$z=f(x,y)$的**等值线**.

若f_x,f_y不同时为零,则等值线$f(x,y)=c$上任一点$P_0(x_0,y_0)$处的一个单位法向量为

$$\boldsymbol{n}=\frac{1}{\sqrt{f_x^2(x_0,y_0)+f_y^2(x_0,y_0)}}\left(f_x(x_0,y_0),f_y(x_0,y_0)\right).$$

这表明梯度 $\mathbf{grad}\,f(x_0,y_0)$ 的方向与等值线上这点的一个法线方向相同，而沿这个方向的方向导数$\frac{\partial f}{\partial n}$就等于$|\mathbf{grad}\,f(x_0,y_0)|$. 于是，$\mathbf{grad}\,f(x_0,y_0)=\frac{\partial f}{\partial n}\boldsymbol{n}$. 这一关系式表明了函数在某点的梯度与过该点的等值线、方向导数间的关系：

函数在一点的梯度方向与等值线在该点的一个法线方向相同，它的指向为从数值较低的等值线指向数值较高的等值线，而梯度的模等于函数在这个法线方向的方向导数.

梯度概念可推广到三元函数的情形. 设函数 $u=f(x,y,z)$ 在空间区域 G 内具有一阶连续偏导数，可类似地定义 $u=f(x,y,z)$ 在 G 内点 $P(x,y,z)$ 处的梯度为

$$\mathbf{grad}\,f(x,y,z)=\frac{\partial f}{\partial x}\boldsymbol{i}+\frac{\partial f}{\partial y}\boldsymbol{j}+\frac{\partial f}{\partial z}\boldsymbol{k},$$

结论 三元函数的梯度也是一个向量，它的方向与取得最大方向导数的方向一致，其模为方向导数的最大值.

如果引进曲面 $f(x,y,z)=c$ 为函数的等量面的概念，则可得函数 $u=f(x,y,z)$ 在点 $P_0(x_0,y_0,z_0)$ 的梯度的方向与过点 P_0 的等量面 $f(x,y,z)=c$ 在该点的法线的一个方向相同，且从数值较低的等量面指向数值较高的等量面，而梯度的模等于函数在这个法线方向的方向导数.

例 4 求 $\mathbf{grad}\,\frac{1}{x^2+y^2}$.

解 这里 $f(x,y)=\frac{1}{x^2+y^2}$. 因为

$$\frac{\partial f}{\partial x}=-\frac{2x}{(x^2+y^2)^2},\quad \frac{\partial f}{\partial y}=-\frac{2y}{(x^2+y^2)^2},$$

所以

$$\mathbf{grad}\,\frac{1}{x^2+y^2}=-\frac{2x}{(x^2+y^2)^2}\boldsymbol{i}-\frac{2y}{(x^2+y^2)^2}\boldsymbol{j}.$$

例 5 设 $f(x,y,z)=x^2+y^2+z^2$，求 $\mathbf{grad}f(1,-1,2)$.

解
$$\mathbf{grad}f(x,y,z)=(f_x,f_y,f_z)=(2x,2y,2z),$$

于是

$$\mathbf{grad}f(1,-1,2)=(2,-2,4),$$

例 6 函数 $u=xy^2+z^3-xyz$ 在点 $P_0(1,1,1)$ 处沿哪个方向的方向导数最大？最大值是多少？

解　由$\frac{\partial u}{\partial x}=y^2-yz$，$\frac{\partial u}{\partial y}=2xy-xz$，$\frac{\partial u}{\partial z}=3z^2-xy$，得

$$\left.\frac{\partial u}{\partial x}\right|_{P_0}=0,\quad \left.\frac{\partial u}{\partial y}\right|_{P_0}=1,\quad \left.\frac{\partial u}{\partial z}\right|_{P_0}=2.$$

从而

$$\mathbf{grad}u(P_0)=(0,1,2),\quad |\mathbf{grad}u(P_0)|=\sqrt{0+1+4}=\sqrt{5}.$$

于是，u 在点 P_0 处沿方向$(0,1,2)$的方向导数最大，最大值是$\sqrt{5}$.

数量场与向量场：如果对空间区域 G 内的任一点 M，都有一个确定的数量 $f(M)$，则称在该空间区域 G 内确定了一个**数量场**（如温度场、密度场等）. 一个数量场可用一个数量函数 $f(M)$ 来确定. 如果与点 M 相对应的是一个向量 $\boldsymbol{F}(M)$，则称在该空间区域 G 内确定了一个**向量场**（如力场、速度场等）. 一个向量场可用一个向量函数 $\boldsymbol{F}(M)$ 来确定，而

$$\boldsymbol{F}(M)=P(M)\boldsymbol{i}+Q(M)\boldsymbol{j}+R(M)\boldsymbol{k},$$

其中，$P(M)$，$Q(M)$，$Q(M)$是点 M 的数量函数.

利用场的概念，可以说向量函数 $\mathbf{grad}\,f(M)$ 确定了一个向量场——**梯度场**，它是由数量场 $f(M)$ 产生的. 通常称函数 $f(M)$ 为这个向量场的**势**，而这个向量场又称**势场**. 必须注意，任意一个向量场不一定是势场，因为它不一定是某个数量函数的梯度场.

例7　试求数量场$\frac{m}{r}$所产生的梯度场，其中常数 $m>0$，$r=\sqrt{x^2+y^2+z^2}$为原点 O 与点 $M(x,y,z)$间的距离.

解

$$\frac{\partial}{\partial x}\left(\frac{m}{r}\right)=-\frac{m}{r^2}\cdot\frac{\partial r}{\partial x}=-\frac{mx}{r^3},$$

同理

$$\frac{\partial}{\partial y}\left(\frac{m}{r}\right)=-\frac{my}{r^3},\quad \frac{\partial}{\partial z}\left(\frac{m}{r}\right)=-\frac{mz}{r^3},$$

从而

$$\mathbf{grad}\,\frac{m}{r}=-\frac{m}{r^2}\left(\frac{x}{r}\boldsymbol{i}+\frac{y}{r}\boldsymbol{j}+\frac{z}{r}\boldsymbol{k}\right).$$

记 $\boldsymbol{e}_r=\frac{x}{r}\boldsymbol{i}+\frac{y}{r}\boldsymbol{j}+\frac{z}{r}\boldsymbol{k}$，它是与$\overrightarrow{OM}$同方向的单位向量，则

$$\mathbf{grad}\,\frac{m}{r}=-\frac{m}{r^2}\boldsymbol{e}_r.$$

上式右端在力学上可解释为位于原点 O 而质量为 m 的质点，对位于点 M

而质量为 1 的质点的引力. 这引力的大小与两质点的质量的乘积成正比，而与它们的距离平方成反比，该引力的方向由点 M 指向原点. 因此，数量场$\frac{m}{r}$的势场即梯度场 $\mathbf{grad}\,\frac{m}{r}$称为**引力场**，而函数$\frac{m}{r}$称为**引力势**.

梯度运算满足以下运算法则：设 u,v 可微，α,β 为常数，则：

(1) $\mathbf{grad}(\alpha u+\beta v)=\alpha\mathbf{grad}u+\beta\mathbf{grad}v$.

(2) $\mathbf{grad}(u\cdot v)=u\mathbf{grad}v+v\mathbf{grad}u$.

(3) $\mathbf{grad}f(u)=f'(u)\mathbf{grad}u$.

以上性质请读者自证.

习题 8-8

基础题

1. 求函数 $z=x^2+y^2$ 在点(1,2)处沿从点(1,2)到点$(2,2+\sqrt{3})$方向的方向导数.

2. 求函数 $z=\ln(x+y)$在抛物线 $y^2=4x$ 上点(1,2)处，沿着这条抛物线在该点处偏向 x 轴正向的切线方向的方向导数.

3. 求函数 $z=1-\left(\frac{x^2}{a^2}+\frac{y^2}{b^2}\right)$在点$\left(\frac{a}{\sqrt{2}},\frac{b}{\sqrt{2}}\right)$处沿曲线$\frac{x^2}{a^2}+\frac{y^2}{b^2}=1$ 在该点的法线方向的方向导数.

4. 求函数 $u=xy^2+z^3-xyz$ 在点(1,1,2)处沿方向角 $\alpha=\frac{\pi}{3},\beta=\frac{\pi}{4},\gamma=\frac{\pi}{3}$方向的方向导数.

5. 设 $f(x,y,z)=x^2+2y^2+3z^2+xy+3x-2y-6z$，求 $\mathbf{grad}f(0,0,0)$ 及 $\mathbf{grad}f(1,1,1)$.

提高题

1.【2008 年数一】函数 $f(x,y)=\arctan\frac{x}{y}$在点(0,1)处的梯度等于(　　).

A. $\boldsymbol{i}$　　B. $-\boldsymbol{i}$　　C. $\boldsymbol{j}$　　D. $-\boldsymbol{j}$

2.【2017 年数一】函数 $f(x,y,z)=x^2y+z^2$ 在点(1,2,0)处沿向量(1,2,2)的方向导数为(　　).

A. 12　　B. 6　　C. 4　　D. 2

3.【2005 年数一】设函数 $u(x,y,z)=1+\frac{x^2}{6}+\frac{y^2}{12}+\frac{z^2}{18}$，单位向量 $\boldsymbol{n}=\frac{1}{\sqrt{3}}(1,1,1)$，则 $\left.\frac{\partial u}{\partial n}\right|_{(1,2,3)}=$______.

4.【2012 年数一】$\left.\mathbf{grad}\left(xy+\frac{z}{y}\right)\right|_{(2,1,1)}=$______.

5. 求函数 $u=xyz$ 在点(5,1,2)处沿从点(5,1,2)到点(9,4,14)方向的方向导数.

6. 求函数 $u=x^2+y^2+z^2$ 在曲线 $x=t,y=t^2,z=t^3$ 上点(1,1,1)处，沿曲线在该点的切线正方向(对应于 t 增大的方向)的方向导数.

7. 求函数 $u=x+y+z$ 在球面 $x^2+y^2+z^2=1$ 上点 (x_0,y_0,z_0) 处，沿球面在该点的外法线方向的方向导数.

8. 设 $z=\mathrm{e}^{-\left(\frac{1}{x}-\frac{1}{y}\right)}$，求证：$x^2\frac{\partial z}{\partial x}+y^2\frac{\partial z}{\partial y}=2z$.

9. 求函数 $u=xy^2z$ 在点 $P_0(1,-1,2)$ 处变化最快的方向，并求沿这个方向的方向导数.

10.【2015 年数一】已知函数 $f(x,y)=x+y+xy$，曲线 $C:x^2+y^2+xy=3$，求 $f(x,y)$ 在曲线 C 上的最大方向导数.

8.9　数学建模应用

8.9.1　线性回归问题

通常许多工程问题需要根据两个变量的几组实验数值——实验数据，来找出这两个变量的函数关系的近似表达式. 一般把这样得到的函数的近似表达式，称为**经验公式**. 这是一种广泛采用的数据处理方法. 经验公式建立后，就可把生产或实践中所积累的某些经验提高到理论上加以分析，并由此作出某些预测和规划. 这里将利用本章所学知识进一步来探讨线性回归问题中回归直线的计算方法.

设 n 个数据点 $(x_i,y_i)(i=1,2,\cdots,n)$ 之间大致呈线性关系，则可设经验公式为

$$y=ax+b \qquad (a \text{ 和 } b \text{ 是待定系数}).$$

因为各个数据点并不在同一条直线上，所以只能要求选取这样的 a 和 b，使 $y=ax+b$ 在 $x_1,x_2,\cdots,x_n$ 处的函数值与观测或试验数据 $y_1,y_2,\cdots,y_n$ 相差都很小，就是要使偏差 $y_i-(ax_i+b)(i=1,2,\cdots,n)$ 都很小，为了保证每个这样的偏差都很小，可考虑选取常数 a 和 b，使

$$M=\sum_{i=1}^{n}(y_i-ax_i-b)^2$$

最小. 这种根据偏差的平方和为最小的条件来选择常数 a 和 b 的方法，称为**最小二乘法**.

把 M 看成自变量 a 和 b 的一个二元函数，那么问题就归结为函数 $M=M(a,b)$ 在哪些点处取得最小值的问题. 令

$$\begin{cases}\dfrac{\partial M}{\partial a}=-2\sum\limits_{i=1}^{n}(y_i-ax_i-b)x_i=0\\[2ex]\dfrac{\partial M}{\partial b}=-2\sum\limits_{i=1}^{n}(y_i-ax_i-b)=0\end{cases},$$

整理得

$$\begin{cases}a\sum\limits_{i=1}^{n}x_i^2+b\sum\limits_{i=1}^{n}x_i=\sum\limits_{i=1}^{n}x_iy_i\\[2ex]a\sum\limits_{i=1}^{n}x_i+nb=\sum\limits_{i=1}^{n}y_i\end{cases}.$$

利用消元法，可直接解得

$$a=\frac{n\sum\limits_{i=1}^{n}x_iy_i-\sum\limits_{i=1}^{n}x_i\sum\limits_{i=1}^{n}y_i}{n\sum\limits_{i=1}^{n}x_i^2-\left(\sum\limits_{i=1}^{n}x_i\right)^2},\quad b=\frac{\sum\limits_{i=1}^{n}x_i^2\sum\limits_{i=1}^{n}y_i-\sum\limits_{i=1}^{n}x_iy_i\sum\limits_{i=1}^{n}x_i}{n\sum\limits_{i=1}^{n}x_i^2-\left(\sum\limits_{i=1}^{n}x_i\right)^2}. \tag{8-30}$$

例 1 为测定刀具的磨损速度，按每隔一小时测量一次刀具厚度的方式，得到表 8-1 的实测数据.

表 8-1

顺序编号 i	0	1	2	3	4	5	6	7
时间 t_i/h	0	1	2	3	4	5	6	7
刀具厚度 y_i/mm	27.0	26.8	26.5	26.3	26.1	25.7	25.3	24.8

试根据这组实测数据建立变量 y 和 t 之间的经验公式 $y=f(t)$.

解 为确定 $f(t)$ 的类型,利用所给数据在坐标纸上画出时间 t 和刀具厚度 y 的散点图(见图8-29).

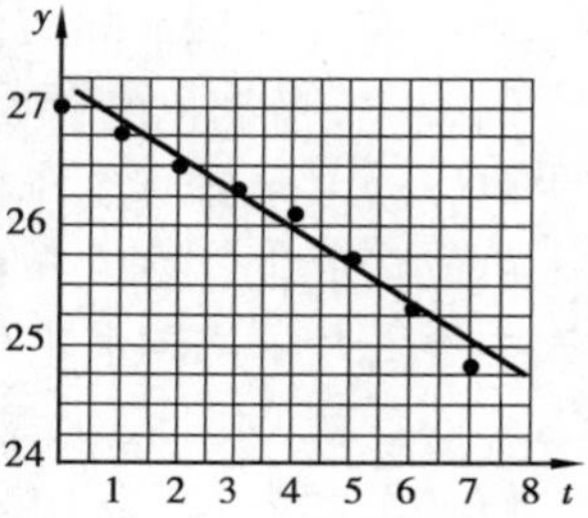

图 8-29

观察此图易知,所给函数 $y=f(t)$ 可近似看成线性函数,因此可设

$$f(t)=at+b,$$

其中,a 和 b 是待定系数. 由式(8-30)得

$$a=\frac{n\sum_{i=1}^{n}t_iy_i-\sum_{i=1}^{n}t_i\sum_{i=1}^{n}y_i}{n\sum_{i=1}^{n}t_i^2-\left(\sum_{i=1}^{n}t_i\right)^2}$$

$$=\frac{8\times(0\times27.0+1\times28.8+\cdots+7\times24.8)-(0+1+\cdots+7)\times(27.0+26.8+\cdots+24.8)}{8\times(0^2+1^2+\cdots+7^2)-(0+1+\cdots+7)^2}$$

$$=-0.3036,$$

$$b=\frac{\sum_{i=1}^{n}t_i^2\sum_{i=1}^{n}y_i-\sum_{i=1}^{n}t_iy_i\sum_{i=1}^{n}t_i}{n\sum_{i=1}^{n}t_i^2-\left(\sum_{i=1}^{n}t_i\right)^2}$$

$$=\frac{(0^2+1^2+\cdots+7^2)\times(27.0+26.8+\cdots+24.8)-(0\times27.0+1\times26.8+\cdots+7\times24.8)\times(0+1+\cdots+7)}{8\times(0^2+1^2+\cdots+7^2)-(0+1+\cdots+7)^2}$$

$$=27.125,$$

于是,所求经验公式为

$$y=f(t)=-0.3036t+27.125.$$

根据上式算出的 $f(t_i)$ 与实测 y_i 有一定的偏差,见表8-2. 其偏差的平方和 $M=0.108165$,其平方根 $\sqrt{M}=0.329$. 把 $\sqrt{M}$ 称为**均方误差**. 它的大小在一定程度上反映了用经验公式表达原来函数关系的近似程度的好坏.

表 8-2

t_i	0	1	2	3	4	5	6	7
实测 y_i	27.0	26.8	26.5	26.3	26.1	25.7	25.3	24.8
计算 $f(t_i)$	27.125	26.821	26.518	26.214	25.911	25.607	25.303	25.000
偏差	−0.125	−0.021	−0.018	0.086	0.189	0.093	−0.003	−0.200

8.9.2 线性规划问题

求多个自变量的线性函数在一组线性不等式约束条件下的最大值、最小值问题，是一类完全不同的问题，这类问题称为**线性规划问题**. 下面通过实例来说明.

例 2 一份简化的食物由粮和肉两种食品做成，每份粮价值 30 分，其中含有 4 单位碳水化合物，5 单位维生素和 2 单位蛋白质；每份肉价值 50 分，其中含有 1 单位碳水化合物，4 单位维生素和 4 单位蛋白质. 对一份食物的最低要求是它至少要由 8 单位碳水化合物、20 单位维生素和 10 单位蛋白质组成，问应选择什么样的食物，才能使价钱最便宜？

解 设食物由 x 份粮和 y 份肉组成，其价钱为

$$C = 30x + 50y,$$

由食物的最低要求得到 3 个不等式约束条件，即：

为了有足够的碳水化合物，应有 $4x + y \geqslant 8$；

为了有足够的维生素，应有 $5x + 4y \geqslant 20$；

为了有足够的蛋白质，应有 $2x + 4y \geqslant 10$.

同时，还有 $x \geqslant 0, y \geqslant 0$.

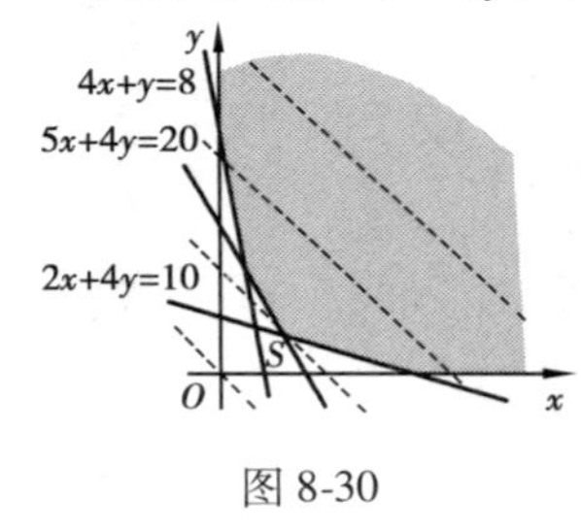

图 8-30

上述 5 个不等式把问题的解限制在平面上如图 8-30 所示的阴影区域中，现在考虑直线簇 $C = 30x + 50y$. 当 C 逐渐增加时，与阴影区域相交的第一条直线是通过顶点 S 的直线，S 是两条直线 $5x + 4y = 20$ 和 $2x + 4y = 10$ 的交点. 因此，点 S 对应于 C 的最小值的坐标是 $\left(\frac{10}{3}, \frac{5}{6}\right)$，即这种食物是由 $3\frac{1}{3}$ 份粮和 $\frac{5}{6}$ 份肉组成. 代入 $C = 30x + 50y$，即得所求食物的最低价格为

$$C_{\min} = 30 \times \frac{10}{3} + 50 \times \frac{5}{6} = 141\frac{2}{3}(\text{分}).$$

更一般的线性规划问题的提法是求 $x_1, x_2, \cdots, x_n$，使得

$$z = \sum_{i=1}^{n} c_i x_i$$

在 m 个不等式

$$\sum_{j=1}^{n} a_{ij} x_j \geqslant b_i \qquad (i = 1, 2, \cdots, m)$$

和

$$x_j \geqslant 0 \qquad (j = 1, 2, \cdots, m)$$

的约束条件下取得最大值和最小值. 在社会科学中，$m = 1\,000$，$n = 2\,000$ 的问题是很普遍的，这类问题一般用一些特殊的方法（如单纯形法）通过计算机来

解决.

对两个或3个自变量的情形,也可用图形法(几何方法)来求解.下面的例子就是用几何方法来解决的.

例3　一个糖果制造商有500 g巧克力、100 g核桃和50 g果料.他用这些原料生产3种类型的糖果.A类每盒用3 g巧克力、1 g核桃和1 g果料,售价10元;B类每盒用4 g巧克力和1 g核桃,售价6元;C类每盒用5 g巧克力,售价4元.问每类糖果各应做多少盒,才能使总收入最大?

解　设制造商出售A,B,C 3类糖果各x,y,z盒,总收入R(元)是

$$R = 10x + 6y + 4z.$$

不等式约束条件由巧克力、核桃和果料的存货限额给出,依次为

$$3x + 4y + 5z \leqslant 500,$$

$$x + y \leqslant 100,$$

$$x \leqslant 50.$$

当然,由问题的性质可知,x,y,z都是非负的,故$x \geqslant 0, y \geqslant 0, z \geqslant 0$.

于是,问题化为:求满足这些不等式的R的最大值.

上述不等式把允许的解限制在$Oxyz$空间中的一个多面体区域之内(见图8-31中变了形的盒子).

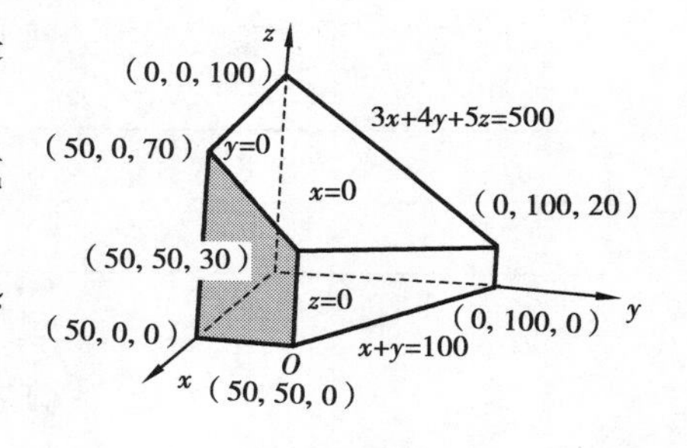

图8-31

在平行平面簇$10x + 6y + 4z = R$中只有一部分平面和这个区域相交,随着R增大,平面离原点越来越远.显然,R的最大值一定出现在这样的平面上,这种平面正好经过允许值所在多面体区域的一个顶点,所求的解对应于R取最大值的那个顶点,其计算结果列在表8-3中.

表8-3

顶点	(0,0,0)	(50,0,0)	(50,50,0)	(50,50,30)	(50,0,70)	(0,0,100)	(0,100,20)	(0,100,0)
R值	0	500	800	920	780	400	680	600

由表8-3可知,R的最大值是920元,相应的点是(50,50,30),所以生产A类50盒,B类50盒,C类30盒时,收入最多.

基础题

1. 某种合金的含铅量百分比(%)为 p,其溶解温度(℃)为 θ,由实验测得 p 与 θ 的数据见表 8-4.

表 8-4

$p/\%$	36.9	46.7	63.7	77.8	84.0	87.5
$\theta/℃$	181	197	235	270	283	292

试用最小二乘法建立 p 与 θ 之间的经验公式 $\theta = ap + b$.

2. 利用表 8-5 中实验数据拟合模型 $y = ae^{bt}$.

表 8-5

t	7	14	21	28	35	42
y	8	41	133	250	280	297

提高题

已知一组实验数据为$(x_1,y_1),(x_2,y_2),\cdots,(x_n,y_n)$. 现假定经验公式为

$$y = ax^2 + bx + c.$$

试按最小二乘法建立 a,b,c 应满足的三元一次方程组.

应用题

某工厂制造甲乙两种产品. 单价分别为 2 万元和 5 万元. 设制造一个单位的甲产品至多需要 A 类原料 1 个单位,电力 1 000 kW · h;制造一个单位的乙产品至多需要 B 类原料 3 个单位,电力 2 000 kW · h. 现有 A 类原料 4 个单位,B 类原料 9 个单位,电力 8 000 kW · h. 问该厂在现有条件下,应如何决定甲乙产品的产量,才能使收益最大?

总习题 8

基础题

1. 选择题:

(1)二重极限$\lim\limits_{\substack{x\to 0\\ y\to 0}}\dfrac{xy^2}{x^2+y^4}$的值为( ).

A. 0 B. 1 C. $\dfrac{1}{2}$ D. 不存在

(2)若$z=\ln(\sqrt{x}-\sqrt{y})$,则$x\dfrac{\partial z}{\partial x}+y\dfrac{\partial z}{\partial y}=$( ).

A. $\sqrt{x}+\sqrt{y}$ B. $\sqrt{x}-\sqrt{y}$ C. $\dfrac{1}{2}$ D. $-\dfrac{1}{2}$

(3)设函数$z=f(x,y)$具有二阶连续偏导数,在$P_0(x_0,y_0)$处,有

$$f_x(P_0)=0,\quad f_y(P_0)=0,$$

$$f_{xx}(P_0)=f_{yy}(P_0)=0,\quad f_{xy}(P_0)=f_{yx}(P_0)=2,$$

则( ).

A. 点P_0是函数z的极大值点 B. 点P_0是函数z的极小值点

C. 点P_0不是函数z的极值点 D. 条件不够,无法确定

(4)曲面$e^z-z+xy=3$在点$P(2,1,0)$处的切平面方程是( ).

A. $2x+y-4=0$ B. $2x+y-z=4$

C. $x+2y-4=0$ D. $2x+y-5=0$

2. 填空题:

(1)设$f(x,y,z)=e^{xyz}$,则$\dfrac{\partial^3 f}{\partial x\partial y\partial z}=$__________.

(2)设$f(x,y,z)=xyz$,则$df(1,1,1)=$__________.

(3)$z=e^{x-2y}$,$x=\sin t$,$y=t^3$,则$\dfrac{dz}{dt}=$__________.

(4)已知$\cos y+e^x-x^2y=0$,则$\dfrac{dy}{dx}=$__________.

(5)函数$z=xy$在附加条件$x+y=1$下的极大值为__________.

(6)曲面 $z=x^2+y^2$ 与平面 $2x+4y-z=0$ 平行的切平面方程是________________________.

(7)设 $u=\ln(x^2+y^2+z^2)$ 在点 $M(1,2,-2)$ 处的梯度 $\mathbf{grad}u\big|_M=$__________________.

3. 求下列极限:

(1) $\lim\limits_{\substack{x\to\infty\\y\to a}}\left(1+\dfrac{1}{x}\right)^{\frac{x^2}{x+y}}$. (2) $\lim\limits_{\substack{x\to\infty\\y\to\infty}}\dfrac{x+y}{x^2-xy+y^2}$.

4. 讨论二元函数 $f(x,y)=\begin{cases}(x+y)\cos\dfrac{1}{x} & x\neq 0\\ 0 & x=0\end{cases}$ 在点(0,0)处的连续性.

5. 求下列函数的偏导数:

(1) $z=\int_0^{xy}\mathrm{e}^{-t^2}\mathrm{d}t$. (2) $u=\arctan(x-y)^z$.

6. 设 $r=\sqrt{x^2+y^2+z^2}$,试证明:$\dfrac{\partial^2 r}{\partial x^2}+\dfrac{\partial^2 r}{\partial y^2}+\dfrac{\partial^2 r}{\partial z^2}=\dfrac{2}{r}$.

7. 求 $u(x,y,z)=x^y y^z z^x$ 的全微分.

8. 设 $z=(x^2+y^2)\mathrm{e}^{-\arctan\frac{y}{x}}$,求 $\mathrm{d}z$ 和 $\dfrac{\partial^2 z}{\partial x\partial y}$.

9. 设 $f(x,y)=\begin{cases}\dfrac{x^2y}{x^2+y^2} & x^2+y^2\neq 0\\ 0 & x^2+y^2=0\end{cases}$,求 $f_x(x,y)$ 及 $f_y(x,y)$.

10. 设 $f(x,y)=\begin{cases}(x^2+y^2)\sin\dfrac{1}{x^2+y^2} & x^2+y^2\neq 0\\ 0 & x^2+y^2=0\end{cases}$,问在点(0,0)处:

(1)偏导数是否存在?(2)偏导数是否连续?(3)是否可微?说明理由.

11. 设 $z=\dfrac{1}{x}f(3x-y,\cos y)$,求 $\dfrac{\partial z}{\partial x}$ 和 $\dfrac{\partial z}{\partial y}$.

12. 设 $z=f(u,x,y)$,$u=x\mathrm{e}^y$,其中 f 具有连续的二阶偏导数,求 $\dfrac{\partial^2 z}{\partial x\partial y}$.

13. 设 z 为由方程 $f(x+y,y+z)=0$ 所确定的函数,求 $\mathrm{d}z$ 和 $\dfrac{\partial^2 z}{\partial x^2}$.

14. 设 $z^3-3xyz=a^3$,求 $\dfrac{\partial^2 z}{\partial x\partial y}$.

15. 设 $\begin{cases}z=x^2+y^2\\ x^2+2y^2+3z^2=20\end{cases}$,求 $\dfrac{\mathrm{d}y}{\mathrm{d}x}$ 和 $\dfrac{\mathrm{d}z}{\mathrm{d}x}$.

16. 求函数 $z=x^3-y^3-3xy$ 的极值.

17. 试分解正数 a 为 3 个正数之和,使它们的倒数和最小.

18. 求曲线 $y=x,z=x^2$ 在点(1,1,1)处的切线和法平面方程.

19. 在曲面 $z=xy$ 上求一点,使这点处的法线垂直于平面 $x+3y+z+9=0$,写出该法线方程.

20. 试证曲面 $\sqrt{x}+\sqrt{y}+\sqrt{z}=\sqrt{a}(a>0)$ 上任何点的切平面在各坐标轴上的截距之和等于 a.

21. 求函数 $u=x+y+z$ 在球面 $x^2+y^2+z^2=1$ 上点 (x_0,y_0,z_0) 处,沿球面在该点的外法线方向的方向导数.

提高题

1.【2014 年数一】若

$$\int_{-\pi}^{\pi}(x-a_1\cos x-b_1\sin x)^2\mathrm{d}x=\min_{a,b\in\mathbf{R}}\left\{\int_{-\pi}^{\pi}(x-a\cos x-b\sin x)^2\mathrm{d}x\right\},$$

则 $a_1\cos x+b_1\sin x=($　　$)$.

A. $2\sin x$　　B. $2\cos x$

C. $2\pi\sin x$　　D. $2\pi\cos x$

2.【2012 年数一】如果函数 $f(x,y)$ 在(0,0)处连续,则下列命题正确的是(　　).

A. 若极限 $\lim\limits_{\substack{x\to0\\y\to0}}\dfrac{f(x,y)}{|x|+|y|}$ 存在,则 $f(x,y)$ 在(0,0)处可微

B. 若极限 $\lim\limits_{\substack{x\to0\\y\to0}}\dfrac{f(x,y)}{x^2+y^2}$ 存在,则 $f(x,y)$ 在(0,0)处可微

C. 若 $f(x,y)$ 在(0,0)处可微,则极限 $\lim\limits_{\substack{x\to0\\y\to0}}\dfrac{f(x,y)}{|x|+|y|}$ 存在

D. $f(x,y)$ 在(0,0)处可微,则极限 $\lim\limits_{\substack{x\to0\\y\to0}}\dfrac{f(x,y)}{x^2+y^2}$ 存在

3.【1997 年数一】二元函数 $f(x,y)=\begin{cases}\dfrac{xy}{x^2+y^2} & (x,y)\neq(0,0)\\0 & (x,y)=(0,0)\end{cases}$ 在点(0,0)处(　　).

A. 连续,偏导数存在　　B. 连续,偏导数不存在

C. 不连续,偏导数存在　　D. 不连续,偏导数不存在

4.【1994 年数一】设 $u=\mathrm{e}^{-x}\sin\dfrac{x}{y}$,则$\dfrac{\partial^2 u}{\partial x\partial y}$在点$\left(2,\dfrac{1}{\pi}\right)$处的值为________.

5.【1996 年数一】设变换$\begin{cases}u=x-2y\\v=x+ay\end{cases}$,可把方程$6\dfrac{\partial^2 z}{\partial x^2}+\dfrac{\partial^2 z}{\partial x\partial y}-\dfrac{\partial^2 z}{\partial y^2}=0$化简为$\dfrac{\partial^2 z}{\partial u\partial v}=0$,求常数 a,其中 $z=z(x,y)$有二阶连续的偏导数.

应用题

1. 要造一容积为 128 m^3 的长方体敞口水池,已知水池侧壁的单位造价是底部的 2 倍,问水池的尺寸应如何选择,方能使其造价最低?

2. 某公司可通过电台及报纸两种方式做销售某种商品的广告. 根据统计资料,销售收入 R(万元)与电台广告费用 x_1(万元)及报纸广告费用 x_2(万元)之间的关系有经验公式

$$R=15+14x_1+32x_2-8x_1x_2-2x_1^2-10x_2^2.$$

(1)在广告费用不限的情况下,求最优广告策略.

(2)若广告费用为 1.5 万元,求相应的最优广告策略.

第9章　二重积分

前面已将一元函数的微分学推广到了多元函数的情形,本章将把一元函数的积分学推广到二元函数中. 若被积函数由一元函数推广到二元函数,积分域由区间推广到平面区域,便得到二重积分. 与定积分类似,二重积分的概念也是从实践中抽象出来的,其中的数学思想与定积分一样,是一种特定和式的极限. 二重积分是定积分概念的推广,两者之间存在着密切的联系,二重积分可转化为定积分来计算. 本章主要介绍二重积分的概念和性质、计算方法及应用.

9.1　二重积分的概念与性质

9.1.1　二重积分的概念

为引入二重积分的概念,下面先介绍两个实例.

1)引例1　曲顶柱体的体积

设在空间直角坐标系中有一由闭合曲面所组成的立体,它的底是 xOy 面上的闭区域 D,它的侧面是以 D 的边界曲线为准线而母线平行于 z 轴的柱面,它的顶是曲面 $z=f(x,y)$,其中 $f(x,y)\geqslant 0$ 且在 D 上连续,这种立体称为**曲顶柱体**(见图9-1). 现要求这一曲顶柱体的体积.

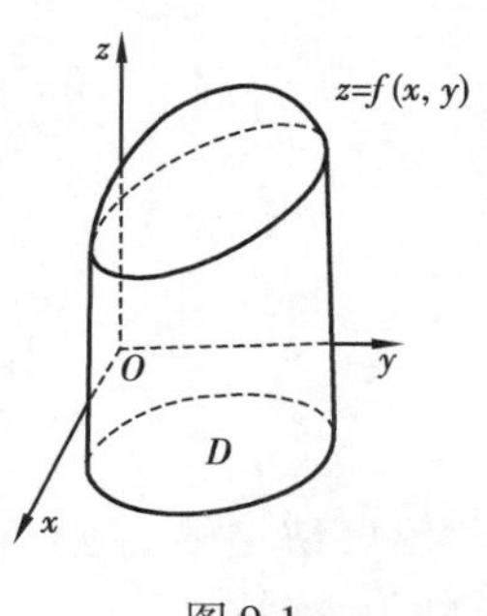

图9-1

若 $z=f(x,y)$ 取常数,此时的柱体为平顶柱体,它的体积可用公式

$$体积 = 底面积 \times 高$$

来计算.但对曲顶柱体,当点(x,y)在区域D上变化时,高度$z=f(x,y)$是一个变量,它的体积不能直接用上述公式来计算,可采用第5章中求曲边梯形的思路和方法来解决.

(1)**大化小**.用任意一组曲线网把D分成n个小闭区域

$$\Delta\sigma_1,\Delta\sigma_2,\cdots,\Delta\sigma_n,$$

分别以这些小闭区域的边界曲线为准线,作母线平行于z轴的柱面,这些柱面把原来的曲顶柱体分为n个小曲顶柱体(见图9-2).设第i个小曲顶柱体的体积为$\Delta V_i(i=1,2,\cdots,n)$,显然

$$V = \sum_{i=1}^{n}\Delta V_i.$$

(2)**常代变**.当小区域$\Delta\sigma_i(i=1,2,\cdots,n)$的直径(闭区域上任意两点间距离的最大值)很小时,因$f(x,y)$在D上连续,同一个小闭区域上的$f(x,y)$变化很小.这时,小曲顶柱体可近似看成平顶柱体.在每个小区域$\Delta\sigma_i$(小区域的面积也记作$\Delta\sigma_i$)中任取一点(ξ_i,η_i),则ΔV_i近似等于以$f(\xi_i,\eta_i)$为高、以小区域$\Delta\sigma_i$为底的平顶柱体(见图9-2)的体积,即

$$\Delta V_i \approx f(\xi_i,\eta_i)\Delta\sigma_i \qquad (i = 1,2,\cdots,n).$$

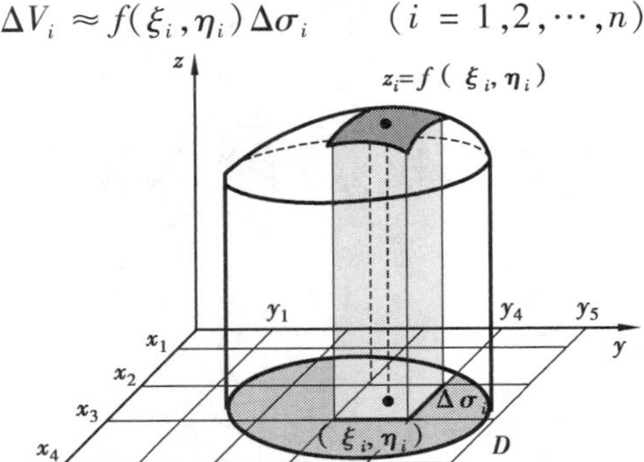

图9-2

(3)**求和**.将n个小平顶柱体体积相加,即得曲顶柱体体积的近似值为

$$V = \sum_{i=1}^{n}\Delta V_i \approx \sum_{i=1}^{n}f(\xi_i,\eta_i)\Delta\sigma_i.$$

(4)**取极限**.记λ为n个小闭区域$\Delta\sigma_i$的直径的最大值,λ越小表示区域D分割越细.当$\lambda\to 0$时,上述和式的极限就是所求的曲顶柱体的体积V,即

$$V = \lim_{\lambda \to 0} \sum_{i=1}^{n} f(\xi_i, \eta_i) \Delta\sigma_i.$$

2)引例2 非均匀平面薄片的质量

设有一平面薄片在 xOy 面上占有闭区域 D,它在点(x,y)处的面密度函数为$\rho(x,y)$,其中$\rho(x,y)>0$且在 D 上连续,现在要计算该薄片的质量 M.

当面密度$\rho(x,y)$为常数时,此时的薄片是均匀的. 其质量可用公式

质量 = 面密度 × 面积

来计算. 但现在面密度$\rho(x,y)$是变化的,因此,薄片的质量不能直接用上述公式来计算,可采用引例1的思路和方法来解决.

(1)**大化小**. 用任意的曲线网把闭区域 D 分成 n 个小闭区域

$$\Delta\sigma_1, \Delta\sigma_2, \cdots, \Delta\sigma_n.$$

$\Delta\sigma_i(i=1,2,\cdots,n)$同时表示对应小区域的面积(见图9-3). $\Delta\sigma_i$ 对应的质量记为 ΔM_i,显然

$$M = \sum_{i=1}^{n} \Delta M_i.$$

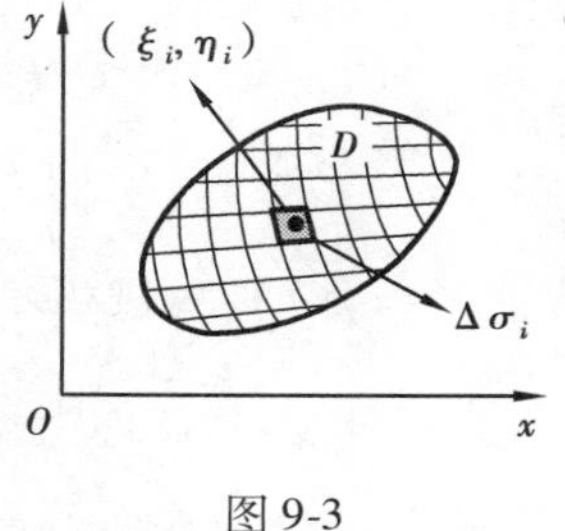

图 9-3

(2)**常代变**. 在每个小区域 $\Delta\sigma_i$ 中任取一点(ξ_i,η_i),因为$\rho(x,y)$在 D 上连续,所以当区域 $\Delta\sigma_i$ 很小时,密度$\rho(x,y)$在 $\Delta\sigma_i$ 上的变化也很小(见图9-3). 这时,小块薄片可近似地看成均匀薄片,$\Delta\sigma_i$ 所对应的平面小薄片的密度近似等于$\rho(\xi_i,\eta_i)$,从而 $\Delta\sigma_i$ 所对应的平面小薄片的质量为

$$\Delta M_i \approx \rho(\xi_i, \eta_i) \Delta\sigma_i \qquad (i = 1,2,\cdots,n).$$

(3)**求和**. 将这 n 个平面小薄片相加,即得整个平面薄片的质量为

$$M = \sum_{i=1}^{n} \Delta M_i \approx \sum_{i=1}^{n} \rho(\xi_i, \eta_i) \Delta\sigma_i.$$

(4)**取极限**. 记 λ 为 n 个小闭区域 $\Delta\sigma_i$ 的直径的最大值,λ 越小表示区域 D 分割越细. 当 $\lambda \to 0$ 时,上述和式的极限就是所求的平面薄片的质量 M,即

$$M = \lim_{\lambda \to 0} \sum_{i=1}^{n} \rho(\xi_i, \eta_i) \Delta\sigma_i.$$

以上两个引例虽然实际意义不同,但解决问题的方法完全相同,并且结果都归结为同一形式的和式的极限. 在力学、几何和工程技术中,有许多物理量或几何量都可归结为这一形式的和式的极限. 因此,抛开上述两个实例的具体意义,便可抽象出二重积分的概念.

定义1　设函数$f(x,y)$是有界闭区域D上的有界函数.用任意的曲线网将闭区域D分成n个小闭区域

$$\Delta\sigma_1,\Delta\sigma_2,\cdots,\Delta\sigma_n,$$

其中,$\Delta\sigma_i$表示第i个小闭区域,也表示它的面积.在每个$\Delta\sigma_i$上任取一点(ξ_i,η_i),作乘积

$$f(\xi_i,\eta_i)\Delta\sigma_i\qquad(i=1,2,\cdots,n),$$

并作和

$$\sum_{i=1}^{n}f(\xi_i,\eta_i)\Delta\sigma_i.$$

当各小闭区域的直径中的最大值$\lambda\to0$时,如果该和式的极限总存在,则称此极限为函数$f(x,y)$在闭区域D上的**二重积分**,记作$\iint\limits_D f(x,y)\mathrm{d}\sigma$,即

$$\iint\limits_D f(x,y)\mathrm{d}\sigma=\lim_{\lambda\to0}\sum_{i=1}^{n}f(\xi_i,\eta_i)\Delta\sigma_i,\tag{9-1}$$

其中,$f(x,y)$称为**被积函数**,$f(x,y)\mathrm{d}\sigma$称为**被积表达式**,$\mathrm{d}\sigma$称为**面积元素**,x和y称为**积分变量**,D称为**积分区域**,$\sum\limits_{i=1}^{n}f(\xi_i,\eta_i)\Delta\sigma_i$称为**积分和**.

根据二重积分的定义,引例1中曲顶柱体的体积是曲顶柱体的变高$f(x,y)$在底D上的二重积分

$$V=\iint\limits_D f(x,y)\mathrm{d}\sigma.$$

引例2中,非均匀平面薄片的质量是它的面密度$\rho(x,y)$在薄片所占闭区域D上的二重积分

$$M=\iint\limits_D\rho(x,y)\mathrm{d}\sigma.$$

二重积分是一个和式的极限,我们自然会问,哪些函数是可积的?现有以下结论:

如果函数$f(x,y)$在有界闭区域D上连续,则$f(x,y)$在区域D上可积.

总假定函数$f(x,y)$在闭区域D上连续,所以$f(x,y)$在D上的二重积分都是存在的,后面就不再加以说明.

在二重积分的定义中,对闭区域D的划分是任意的.于是,可选取某种特定的划分方式来计算二重积分.例如,在直角坐标系中,用平行于x轴和y轴的直

线网来划分 D(见图 9-4),那么除了包含边界点的一些小闭区域外,其余的小闭区域都是矩形区域. 设矩形区域 $\Delta\sigma_i$ 的边长为 Δx_j 和 Δy_k,则 $\Delta\sigma_i = \Delta x_j \cdot \Delta y_k$. 因此,在直角坐标系中,面积元素 $\mathrm{d}\sigma$ 可记作 $\mathrm{d}x\mathrm{d}y$,从而把二重积分记作

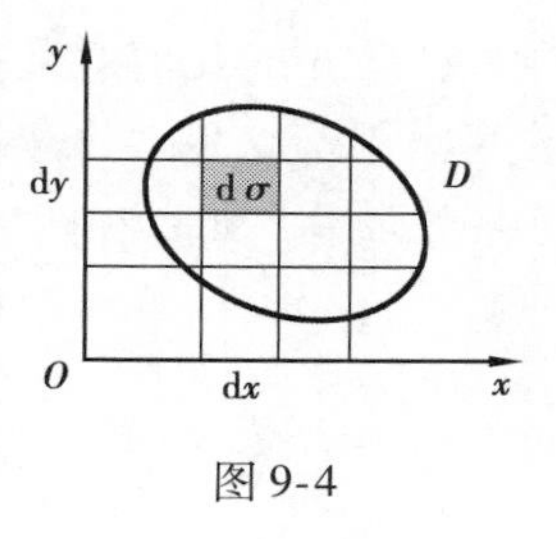

图 9-4

$$\iint_D f(x,y)\,\mathrm{d}x\mathrm{d}y,$$

其中,$\mathrm{d}x\mathrm{d}y$ 称为**直角坐标系中的面积元素**.

3)二重积分的几何意义

若 $f(x,y) \geqslant 0$,被积函数 $f(x,y)$ 可理解为曲顶柱体的顶在点 (x,y) 处的竖坐标,因此,$\iint_D f(x,y)\,\mathrm{d}x\mathrm{d}y$ 的几何意义就是曲顶柱体的体积.

若 $f(x,y) < 0$,柱体在 xOy 面的下方. 此时,$\iint_D f(x,y)\,\mathrm{d}x\mathrm{d}y$ 是负的,但其绝对值仍等于柱体的体积.

若 $f(x,y)$ 在 D 的若干部分区域上是正的,而在其他部分区域上是负的,那么 $\iint_D f(x,y)\,\mathrm{d}x\mathrm{d}y$ 就等于 xOy 面上方的柱体体积减去 xOy 面下方的柱体体积所得之差.

9.1.2　二重积分的性质

对比定积分与二重积分的定义可知,这两种积分是同一类型的和式的极限. 因此,二重积分与定积分具有完全类似的性质,现叙述如下:

性质 1　如果函数 $f(x,y)$ 和 $g(x,y)$ 在闭区域 D 上可积,则对任意的常数 α,β,函数 $\alpha f(x,y)+\beta g(x,y)$ 也在 D 上可积,且有

$$\iint_D [\alpha f(x,y)+\beta g(x,y)]\,\mathrm{d}x\mathrm{d}y = \alpha\iint_D f(x,y)\,\mathrm{d}x\mathrm{d}y + \beta\iint_D g(x,y)\,\mathrm{d}x\mathrm{d}y.$$

这一性质称为**二重积分的线性性质**.

性质 2　设闭区域 D 可分成两个没有公共内点的闭区域 D_1 和 D_2,$f(x,y)$ 在 D_1 和 D_2 上都可积,则 $f(x,y)$ 在 D 上可积,且有

$$\iint_D f(x,y)\,\mathrm{d}x\mathrm{d}y = \iint_{D_1} f(x,y)\,\mathrm{d}x\mathrm{d}y + \iint_{D_2} f(x,y)\,\mathrm{d}x\mathrm{d}y.$$

这一性质表明**二重积分对积分区域具有可加性**.

性质 3　如果在闭区域 D 上,$f(x,y)\equiv 1$,σ 为 D 的面积,则

$$\sigma = \iint_D 1\cdot\mathrm{d}\sigma = \iint_D \mathrm{d}\sigma.$$

性质 3 的几何意义很明显，高为 1 的平顶柱体的体积在数值上就等于柱体的底面积.

性质 4 如果在闭区域 D 上 $f(x,y)\leqslant g(x,y)$，则

$$\iint_D f(x,y)\,\mathrm{d}x\mathrm{d}y \leqslant \iint_D g(x,y)\,\mathrm{d}x\mathrm{d}y.$$

以上不等式也称**二重积分的单调性**. 特别地，由于

$$-|f(x,y)|\leqslant f(x,y)\leqslant |f(x,y)|,$$

有

$$\left|\iint_D f(x,y)\,\mathrm{d}x\mathrm{d}y\right| \leqslant \iint_D |f(x,y)|\,\mathrm{d}x\mathrm{d}y.$$

性质 5（估值定理） 设 M,m 分别为函数 $f(x,y)$ 在闭区域 D 上的最大值和最小值，σ 是 D 的面积，则

$$m\sigma \leqslant \iint_D f(x,y)\,\mathrm{d}\sigma \leqslant M\sigma.$$

证明 因为 $m\leqslant f(x,y)\leqslant M$，所以由性质 4，有

$$\iint_D m\,\mathrm{d}\sigma \leqslant \iint_D f(x,y)\,\mathrm{d}\sigma \leqslant \iint_D M\,\mathrm{d}\sigma.$$

再应用性质 1 和性质 3，便得此估计不等式.

性质 6（二重积分的中值定理） 设函数 $f(x,y)$ 在闭区域 D 上连续，σ 是 D 的面积，则在 D 上至少存在一点 (ξ,η)，使得

$$\iint_D f(x,y)\,\mathrm{d}\sigma = f(\xi,\eta)\sigma.$$

证明 显然 $\sigma\neq 0$. 把性质 5 的不等式两端同时除以 σ，则

$$m \leqslant \frac{1}{\sigma}\iint_D f(x,y)\,\mathrm{d}\sigma \leqslant M.$$

这就是说，确定的数值 $\frac{1}{\sigma}\iint_D f(x,y)\,\mathrm{d}\sigma$ 是介于函数 $f(x,y)$ 的最大值 M 和最小值 m 之间的. 根据闭区域上连续函数的介值定理，至少存在一点 $(\xi,\eta)\in D$，使得函数在该点的值等于这个确定的数值，即

$$\frac{1}{\sigma}\iint_D f(x,y)\,\mathrm{d}\sigma = f(\xi,\eta).$$

上式两端各乘以 σ，便得到所需要证明的公式.

注 二重积分的中值定理表明在闭区域 D 上以曲面 $f(x,y)$ 为顶的曲顶柱体的体积，等于以区域 D 内某一点 (ξ,η) 的函数值 $f(\xi,\eta)$ 为高的平顶柱体的

体积.

例 1 估计二重积分$\iint\limits_D e^{\cos x \sin y}\mathrm{d}x\mathrm{d}y$的值,其中$D$为圆形区域$x^2+y^2\leqslant 9$.

解 对任意的$(x,y)\in R^2$,因为$-1\leqslant \cos x\ \sin y\leqslant 1$,故有

$$\frac{1}{\mathrm{e}}\leqslant \mathrm{e}^{\cos x \sin y}\leqslant \mathrm{e}.$$

又区域D的面积$\sigma=9\pi$,所以

$$\frac{9\pi}{\mathrm{e}}\leqslant \iint\limits_D \mathrm{e}^{\cos x \sin y}\mathrm{d}x\mathrm{d}y\leqslant 9\pi\mathrm{e}.$$

例 2 比较$\iint\limits_D (x+y)^4\mathrm{d}x\mathrm{d}y$和$\iint\limits_D (x+y)^3\mathrm{d}x\mathrm{d}y$的大小,其中

$$D=\{(x,y)\mid (x-2)^2+(y-1)^2\leqslant 2\}.$$

解 研究$x+y$在D上的取值,如图9-5所示.

由于点$(1,0)$在圆周$(x-2)^2+(y-1)^2=2$上,且过该点的切线方程为

$$x+y=1.$$

因此,在D上处处有$x+y\geqslant 1$,故在D上有

$$(x+y)^3\leqslant (x+y)^4,$$

从而有

$$\iint\limits_D (x+y)^3\mathrm{d}x\mathrm{d}y\leqslant \iint\limits_D (x+y)^4\mathrm{d}x\mathrm{d}y.$$

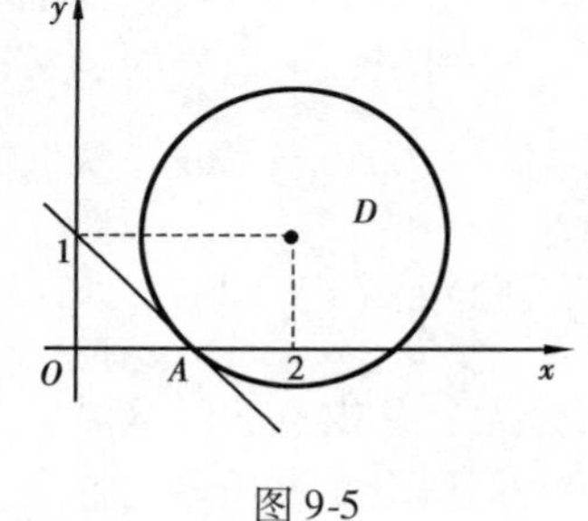

图 9-5

基础题

1. 设平面区域D由直线$x=0,y=0,x+y=\frac{1}{2}$和$x+y=1$所围成,若

$$I_1=\iint\limits_D [\ln(x+y)]^3\mathrm{d}\sigma,\quad I_2=\iint\limits_D (x+y)^3\mathrm{d}\sigma,\quad I_3=\iint\limits_D [\sin(x+y)]^3\mathrm{d}\sigma,$$

则下列不等式成立的是( ).

A. $I_1<I_2<I_3$ B. $I_3<I_2<I_1$

C. $I_1<I_3<I_2$ D. $I_3<I_1<I_2$

2.【2016 年数三】设 $J_i=\iint\limits_{D_i}\sqrt[3]{x-y}\,\mathrm{d}x\mathrm{d}y\,(i=1,2,3)$，其中

$$D_1=\{(x,y)\mid 0\leqslant x\leqslant 1,0\leqslant y\leqslant 1\},$$
$$D_2=\{(x,y)\mid 0\leqslant x\leqslant 1,0\leqslant y\leqslant \sqrt{x}\},$$
$$D_3=\{(x,y)\mid 0\leqslant x\leqslant 1,x^2\leqslant y\leqslant 1\},$$

则（　　）.

A. $J_1<J_2<J_3$　　B. $J_3<J_1<J_2$

C. $J_2<J_3<J_1$　　D. $J_2<J_1<J_3$

3. 设有一平面薄板（不计其厚度），占有 xOy 平面上的闭区域 D，薄板上分布有面密度为 $\rho=\rho(x,y)$ 的电荷，且 $\rho(x,y)$ 在 D 上连续，试用二重积分表达该板上的全部电荷 Q.

4. 用二重积分表示上半球体 $x^2+y^2+z^2\leqslant R^2,z\geqslant 0$ 的体积 V.

5. 利用二重积分的定义证明：

(1) $\iint\limits_D kf(x,y)\,\mathrm{d}\sigma=k\iint\limits_D f(x,y)\,\mathrm{d}\sigma$（其中 k 为常数）.

(2) $\iint\limits_D f(x,y)\,\mathrm{d}\sigma=\iint\limits_{D_1} f(x,y)\,\mathrm{d}\sigma+\iint\limits_{D_2} f(x,y)\,\mathrm{d}\sigma$，其中 $D=D_1\cup D_2$，D_1,D_2 为两个无公共内点的闭区域.

6. 利用二重积分的性质，比较下列二重积分的大小：

(1) $\iint\limits_D (x+y)^2\,\mathrm{d}\sigma$ 与 $\iint\limits_D (x+y)^3\,\mathrm{d}\sigma$，其中积分区域 D 由 x 轴、y 轴以及直线 $x+y=1$ 所围成.

(2) $\iint\limits_D (x+y)^2\,\mathrm{d}\sigma$ 与 $\iint\limits_D (x+y)^3\,\mathrm{d}\sigma$，其中积分区域 D 是由圆周 $(x-2)^2+(y-1)^2=2$ 所围成.

7. 估计下列二重积分的值：

(1) $\iint\limits_D (2x^2+2y^2+9)\,\mathrm{d}\sigma$，其中 D 是圆域 $x^2+y^2\leqslant 4$；

(2) $\iint\limits_D \dfrac{1}{100+\cos^2 x+\cos^2 y}\,\mathrm{d}\sigma$，其中 D：$|x|+|y|\leqslant 10$.

提高题

1.【2010 年数一】$\lim\limits_{n\to\infty}\sum\limits_{i=1}^{n}\sum\limits_{j=1}^{n}\dfrac{n}{(n+i)(n^2+j^2)}=(\quad)$.

A. $\int_0^1 dx\int_0^x \dfrac{1}{(1+x)(1+y^2)}dy$　　　B. $\int_0^1 dx\int_0^x \dfrac{1}{(1+x)(1+y)}dy$

C. $\int_0^1 dx\int_0^1 \dfrac{1}{(1+x)(1+y)}dy$　　　D. $\int_0^1 dx\int_0^1 \dfrac{1}{(1+x)(1+y^2)}dy$

2. 估计积分值 $I=\iint\limits_D (x+y+10)d\sigma$,其中 D 是由圆周 $x^2+y^2=4$ 围成.

3. 设 D 是平面有界闭区域,$f(x,y)$ 和 $g(x,y)$ 都在 D 上连续,且 $g(x,y)$ 在 D 上不变号,证明:存在点$(\xi,\eta)\in D$,使得

$$\iint\limits_D f(x,y)g(x,y)dxdy=f(\xi,\eta)\iint\limits_D g(x,y)dxdy.$$

4. 设 D 是平面有界闭区域,$f(x,y)$ 在 D 上连续,证明:若$f(x,y)$ 在 D 上非负,且$\iint\limits_D f(x,y)dxdy=0$,则在 D 上 $f(x,y)\equiv 0$.

9.2　直角坐标系下二重积分的计算

二重积分是一种和式的极限,对少数特别简单的被积函数和积分区域,利用二重积分的定义来计算二重积分是可行的,但对于一般的函数和区域来说,利用定义来计算二重积分其实是非常困难的. 本节将讨论在直角坐标系下将二重积分转化为二次定积分的计算方法.

9.2.1　在直角坐标系下计算二重积分

将二重积分转化为二次定积分,需要根据区域 D 的边界来确定两次定积分的上下限. 下面分 3 种情况进行讨论.

1) X 型区域上二重积分的计算

设 xOy 平面上的有界闭区域 D 可表示为

$$D=\{(x,y)\mid \varphi_1(x)\leqslant y\leqslant \varphi_2(x),a\leqslant x\leqslant b\},$$

其中，函数 $\varphi_1(x),\varphi_2(x)$ 在区间 $[a,b]$ 上连续，则称 D 为 X **型区域**（见图 9-6）.

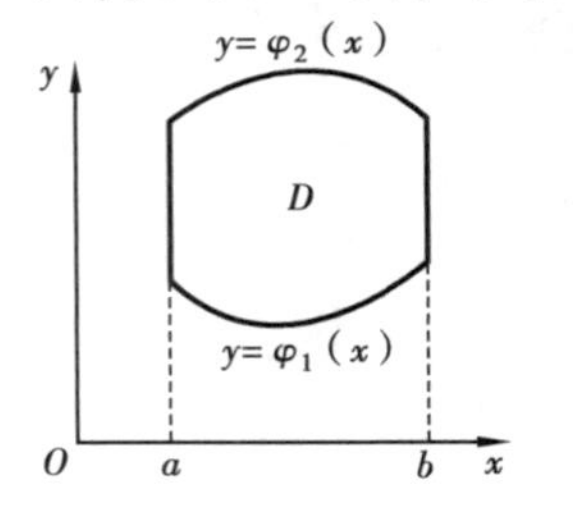

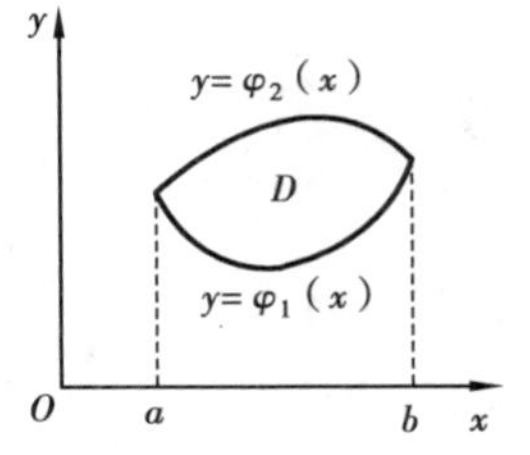

图 9-6

X 型区域的特点是：穿过 D 内部且垂直于 x 轴（或平行于 y 轴）的直线与 D 的边界相交不多于两个交点.

下面借助几何直观地导出将二重积分转化为二次定积分的方法.

设区域 $D=\{(x,y)\mid\varphi_1(x)\leqslant y\leqslant\varphi_2(x),a\leqslant x\leqslant b\}$，若 $f(x,y)\geqslant 0$ 且在 D 上连续，根据二重积分的几何意义可知，$\iint\limits_D f(x,y)\mathrm{d}x\mathrm{d}y$ 等于以 D 为底、以曲面 $z=f(x,y)$ 为顶的曲顶柱体（见图 9-7）的体积.

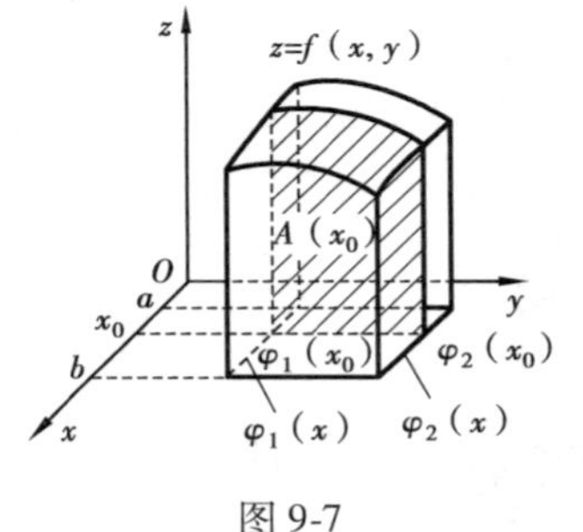

图 9-7

下面应用第 5 章中计算“平行截面面积为已知的立体体积”的方法来计算曲顶柱体的体积.

在区间 $[a,b]$ 上任意取定一点 x_0，过该点作平行于 yOz 面的平面 $x=x_0$. 此平面截曲顶柱体所得的截面是一个以区间 $[\varphi_1(x_0),\varphi_2(x_0)]$ 为底，曲边是曲线 $z=f(x_0,y)$ 的曲边梯形（见图 9-7 中的阴影部分），此截面的面积 $A(x_0)$ 可用定积分计算为

$$A(x_0)=\int_{\varphi_1(x_0)}^{\varphi_2(x_0)}f(x_0,y)\mathrm{d}y.$$

一般的，过区间 $[a,b]$ 上任意一点 x 且平行于 yOz 面的平面截曲顶柱体所得截面的面积为

$$A(x)=\int_{\varphi_1(x)}^{\varphi_2(x)}f(x,y)\mathrm{d}y.$$

于是，曲顶柱体的体积为

$$V=\int_a^b A(x)\mathrm{d}x=\int_a^b\left[\int_{\varphi_1(x)}^{\varphi_2(x)}f(x,y)\mathrm{d}y\right]\mathrm{d}x,$$

从而得到等式

$$\iint\limits_D f(x,y)\,\mathrm{d}x\mathrm{d}y = \int_a^b \left[\int_{\varphi_1(x)}^{\varphi_2(x)} f(x,y)\,\mathrm{d}y \right] \mathrm{d}x. \tag{9-2}$$

式(9-2)右端的积分称为先对 y 后对 x 的**二次积分**. 就是说,先把 x 看成常数,把 $f(x,y)$ 只看成 y 的函数,并对 y 计算在区间$[\varphi_1(x),\varphi_2(x)]$上的定积分. 然后把算得的结果(不含 y,是 x 的函数)再对 x 计算在区间$[a,b]$上的定积分. 习惯上,常将式(9-2)右端的积分记作

$$\int_a^b \mathrm{d}x \int_{\varphi_1(x)}^{\varphi_2(x)} f(x,y)\,\mathrm{d}y.$$

于是,对 X 型区域 $D=\{(x,y)\mid \varphi_1(x)\leqslant y\leqslant \varphi_2(x), a\leqslant x\leqslant b\}$,有

$$\iint\limits_D f(x,y)\,\mathrm{d}x\mathrm{d}y = \int_a^b \mathrm{d}x \int_{\varphi_1(x)}^{\varphi_2(x)} f(x,y)\,\mathrm{d}y. \tag{9-3}$$

式(9-3)就是把二重积分化为先对 y 后对 x 的二次积分公式.

注 上述讨论中,假定 $f(x,y)\geqslant 0$,但实际上式(9-3)的成立并不受此条件的限制.

2) Y 型区域上二重积分的计算

如果积分区域 D 可表示为

$$D = \{(x,y)\mid \psi_1(y)\leqslant x\leqslant \psi_2(y), c\leqslant y\leqslant d\},$$

其中,函数 $\psi_1(y)$,$\psi_2(y)$在区间$[c,d]$上连续,则称 D 为 Y **型区域**(见图 9-8).

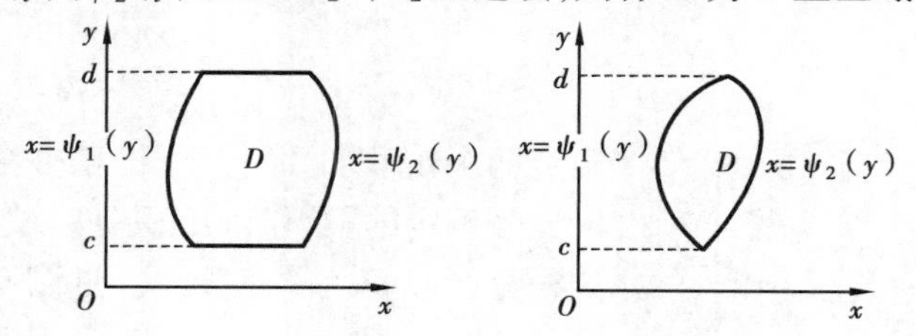

图 9-8

Y 型区域的特点是:穿过 D 内部且垂直于 y 轴(或平行于 x 轴)的直线与 D 的边界相交不多于两个交点.

类似地,对 Y 型区域 $D=\{(x,y)\mid \psi_1(y)\leqslant x\leqslant \psi_2(y), c\leqslant y\leqslant d\}$,则有

$$\iint\limits_D f(x,y)\,\mathrm{d}x\mathrm{d}y = \int_c^d \mathrm{d}y \int_{\psi_1(y)}^{\psi_2(y)} f(x,y)\,\mathrm{d}x. \tag{9-4}$$

式(9-4)就是把二重积分化为先对 x 后对 y 的二次积分的计算公式.

3)一般区域上二重积分的计算

如果积分区域 D 既不是 X 型区域又不是 Y 型区域的,对这种情形,通常可把 D 分成几部分,使每个部分是 X 型区域或 Y 型区域. 例如,在图 9-9 中,把 D 分成 3 部分,它们都是 X 型区域,利用式(9-3)可求出各部分上的二重积分,再利用二重积分的区域可加性,将这些小区域上的二重积分的计算结果相加,就可得到整个区域 D 上的二重积分.

如果积分区域 D 既是 X 型区域,可用不等式

$$\varphi_1(x) \leqslant y \leqslant \varphi_2(x), \quad a \leqslant x \leqslant b$$

表示,又是 Y 型区域,可用不等式

$$\psi_1(y) \leqslant x \leqslant \psi_2(y), \quad c \leqslant y \leqslant d$$

表示(见图 9-10),则有

$$\iint_D f(x,y)\,\mathrm{d}x\mathrm{d}y = \int_a^b \mathrm{d}x\int_{\varphi_1(x)}^{\varphi_2(x)} f(x,y)\,\mathrm{d}y = \int_c^d \mathrm{d}y\int_{\psi_1(y)}^{\psi_2(y)} f(x,y)\,\mathrm{d}x.$$

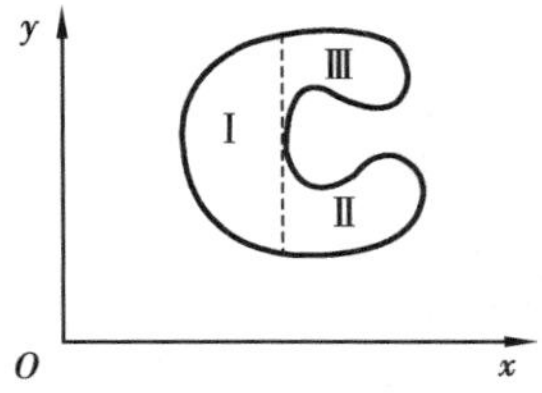

图 9-9

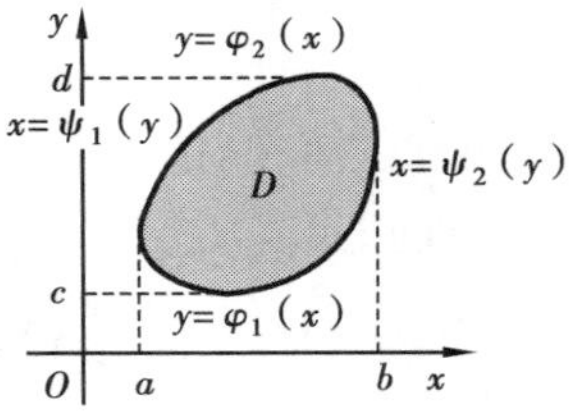

图 9-10

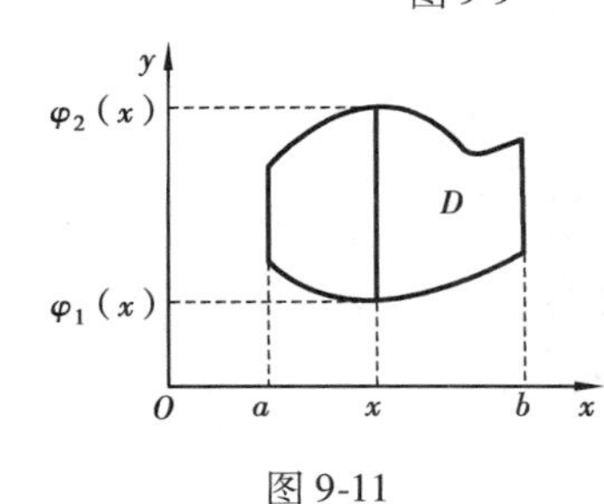

图 9-11

注 将二重积分化为二次积分时,关键是确定两个定积分的上下限. 积分限是根据积分区域来确定的. 首先画出积分区域 D 的图形,假如积分区域 D 为 X 型区域(见图 9-11),在区间 $[a,b]$ 上任意取定一个 x 值,积分区域上以这个值为横坐标的点在一段直线上,这段直线平行于 y 轴,该线段上的点的纵坐标从 $\varphi_1(x)$ 变到 $\varphi_2(x)$,这就是式(9-3)中先把 x 看成常量而对 y 积分时的下限和上限. 因为上面的 x 值是在 $[a,b]$ 上任意取定的,所以再把 x 看成变量而对 x 积分时,积分区间就是 $[a,b]$.

下面通过实例具体说明二重积分的计算.

例 1 计算 $\iint\limits_D xy\,\mathrm{d}\sigma$,其中 D 是由 $y = x$ 和 $y = x^2$ 所围成的闭区域.

解　方法1:画出积分区域D(见图9-12).若将区域D视为X型区域,则

$$D=\{(x,y)\mid 0\leqslant x\leqslant 1,x^2\leqslant y\leqslant x\},$$

$$\iint\limits_D xy\,\mathrm{d}\sigma=\int_0^1\mathrm{d}x\int_{x^2}^{x}xy\,\mathrm{d}y=\int_0^1\left[\frac{1}{2}xy^2\right]\Bigg|_{x^2}^{x}\mathrm{d}x$$

$$=\int_0^1\frac{1}{2}(x^3-x^5)\,\mathrm{d}x=\frac{1}{24}.$$

方法2:若将区域D视为Y型区域(见图9-13),则

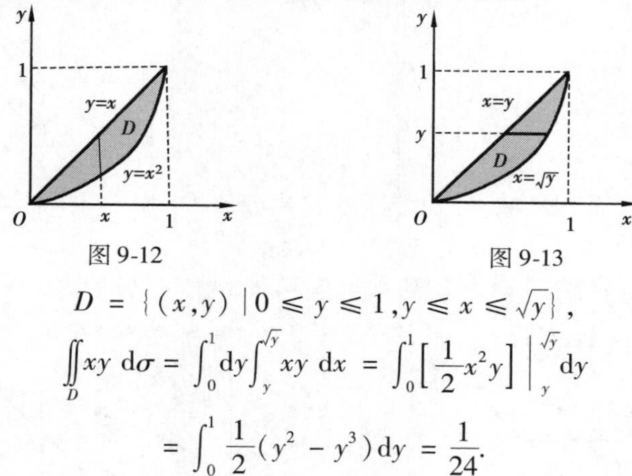

图 9-12　　　　图 9-13

$$D=\{(x,y)\mid 0\leqslant y\leqslant 1,y\leqslant x\leqslant \sqrt{y}\},$$

$$\iint\limits_D xy\,\mathrm{d}\sigma=\int_0^1\mathrm{d}y\int_{y}^{\sqrt{y}}xy\,\mathrm{d}x=\int_0^1\left[\frac{1}{2}x^2y\right]\Bigg|_{y}^{\sqrt{y}}\mathrm{d}y$$

$$=\int_0^1\frac{1}{2}(y^2-y^3)\,\mathrm{d}y=\frac{1}{24}.$$

例2　计算$\iint\limits_D y^2\sqrt{1-x^2}\,\mathrm{d}\sigma$,其中$D$是由圆$x^2+y^2=1$所围成的闭区域.

解　画出积分区域D(见图9-14),将区域D视为X型区域,则

$$D=\{(x,y)\mid -1\leqslant x\leqslant 1,-\sqrt{1-x^2}\leqslant y\leqslant \sqrt{1-x^2}\},$$

$$\iint\limits_D y^2\sqrt{1-x^2}\,\mathrm{d}\sigma=\int_{-1}^1\mathrm{d}x\int_{-\sqrt{1-x^2}}^{\sqrt{1-x^2}}y^2\sqrt{1-x^2}\,\mathrm{d}y$$

$$=\int_{-1}^1\left[\frac{1}{3}y^3\sqrt{1-x^2}\right]\Bigg|_{-\sqrt{1-x^2}}^{\sqrt{1-x^2}}\mathrm{d}x$$

$$=\frac{2}{3}\int_{-1}^1(1-x^2)^2\mathrm{d}x=\frac{32}{45}.$$

图 9-14

注　若将区域D视为Y型区域,则有

$$\iint\limits_D y^2\sqrt{1-x^2}\,\mathrm{d}\sigma=\int_{-1}^1\mathrm{d}y\int_{-\sqrt{1-y^2}}^{\sqrt{1-y^2}}y^2\sqrt{1-x^2}\,\mathrm{d}x,$$

其中,关于x的积分计算比较麻烦,故选择先y后x的积分顺序.

例3　计算$\iint\limits_D xy\,\mathrm{d}\sigma$,其中$D$是由抛物线$y^2=x$及直线$y=x-2$所围成的闭

区域.

解 画出积分区域D(见图9-15)，易知D既是X型区域，又是Y型区域. 若将D视为Y型区域，则

$$D=\{(x,y)\mid -1\leqslant y\leqslant 2,y^2\leqslant x\leqslant y+2\},$$

$$\begin{aligned}\iint_D xy\,\mathrm{d}\sigma &= \int_{-1}^{2}\mathrm{d}y\int_{y^2}^{y+2}xy\,\mathrm{d}x\\ &=\int_{-1}^{2}\left[\frac{1}{2}x^2y\right]\Big|_{y^2}^{y+2}\mathrm{d}y\\ &=\frac{1}{2}\int_{-1}^{2}[y(y+2)^2-y^5]\mathrm{d}y\\ &=\frac{1}{2}\left[\frac{1}{4}y^4+\frac{4}{3}y^3+2y^2-\frac{1}{6}y^6\right]\Big|_{-1}^{2}=\frac{45}{8}.\end{aligned}$$

若将D视为X型区域，则积分区域D需分成D_1和D_2两部分(见图9-16)，其中

$$D_1=\{(x,y)\mid 0\leqslant x\leqslant 1,-\sqrt{x}\leqslant y\leqslant\sqrt{x}\},$$
$$D_2=\{(x,y)\mid 1\leqslant x\leqslant 4,x-2\leqslant y\leqslant\sqrt{x}\}.$$

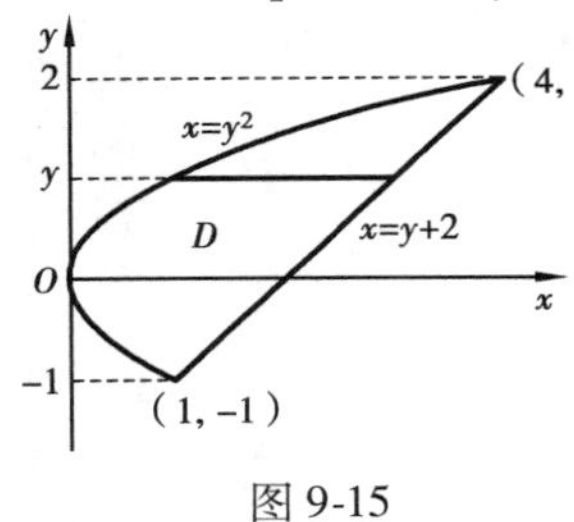

图 9-15

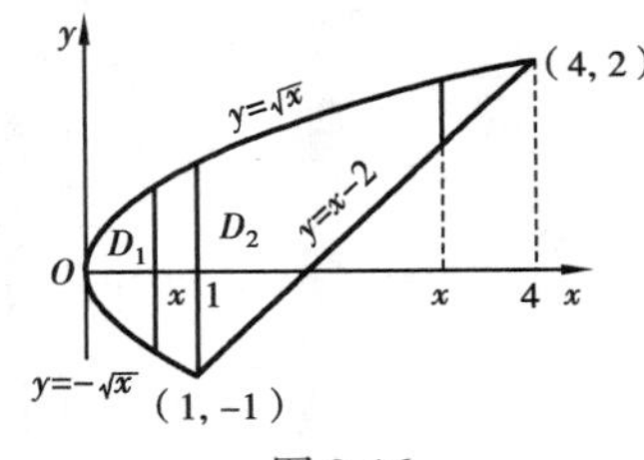

图 9-16

因此有

$$\begin{aligned}\iint_D xy\,\mathrm{d}\sigma &= \iint_{D_1}xy\,\mathrm{d}\sigma+\iint_{D_2}xy\,\mathrm{d}\sigma\\ &=\int_0^1\mathrm{d}x\int_{-\sqrt{x}}^{\sqrt{x}}xy\,\mathrm{d}y+\int_1^4\mathrm{d}x\int_{x-2}^{\sqrt{x}}xy\,\mathrm{d}y\\ &=\int_0^1\left[x\cdot\frac{1}{2}y^2\right]\Big|_{-\sqrt{x}}^{\sqrt{x}}\mathrm{d}x+\int_1^4\left[x\cdot\frac{1}{2}y^2\right]\Big|_{x-2}^{\sqrt{x}}\mathrm{d}x\\ &=\int_0^1\left(\frac{1}{2}x^2-\frac{1}{2}x^2\right)\mathrm{d}x+\int_1^4\left[\frac{1}{2}x^2-\frac{1}{2}x(x-2)^2\right]\mathrm{d}x\\ &=0+\int_1^4\left(\frac{1}{2}x^2-\frac{1}{2}x^3+2x^2-2x\right)\mathrm{d}x\\ &=\left[\frac{5}{6}x^3-\frac{1}{8}x^4-x^2\right]\Big|_1^4=\frac{45}{8}.\end{aligned}$$

注　本题用 X 型区域计算,需要对积分区域进行分割,增加了计算量.

上述几个例子说明,化二重积分为二次积分时,为了计算简便,需要选择恰当的积分次序. 此时,既要考虑积分区域 D 的形状,又要考虑被积函数的特性.

例4　计算$\iint\limits_D |y-x^2|\mathrm{d}\sigma$,其中 $D=\{(x,y)\mid -1\leqslant x\leqslant 1,0\leqslant y\leqslant 1\}$.

分析　对此类含有绝对值的二重积分,与一元函数的定积分类似,先要根据区域的特性去掉被积函数的绝对值符号.

解　画出积分区域 D(见图9-17),将区域 D 分成 D_1 和 D_2 两块 X 型区域,其中

$$D_1=\{(x,y)\mid -1\leqslant x\leqslant 1,0\leqslant y\leqslant x^2\},$$
$$D_2=\{(x,y)\mid -1\leqslant x\leqslant 1,x^2\leqslant y\leqslant 1\},$$

于是有

$$\begin{aligned}\iint\limits_D |y-x^2|\mathrm{d}\sigma &= \iint\limits_{D_1}(x^2-y)\mathrm{d}\sigma+\iint\limits_{D_2}(y-x^2)\mathrm{d}\sigma\\&=\int_{-1}^{1}\mathrm{d}x\int_0^{x^2}(x^2-y)\mathrm{d}y+\int_{-1}^{1}\mathrm{d}x\int_{x^2}^{1}(y-x^2)\mathrm{d}y\\&=\int_{-1}^{1}\frac{1}{2}x^4\mathrm{d}x+\int_{-1}^{1}\left(\frac{1}{2}-x^2+\frac{1}{2}x^4\right)\mathrm{d}x\\&=\frac{11}{15}.\end{aligned}$$

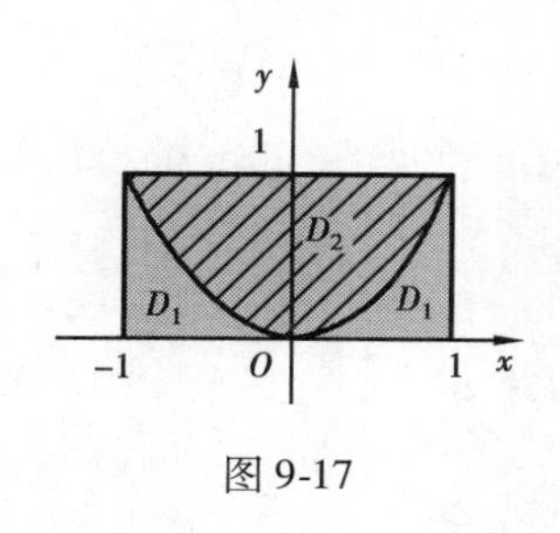

图9-17

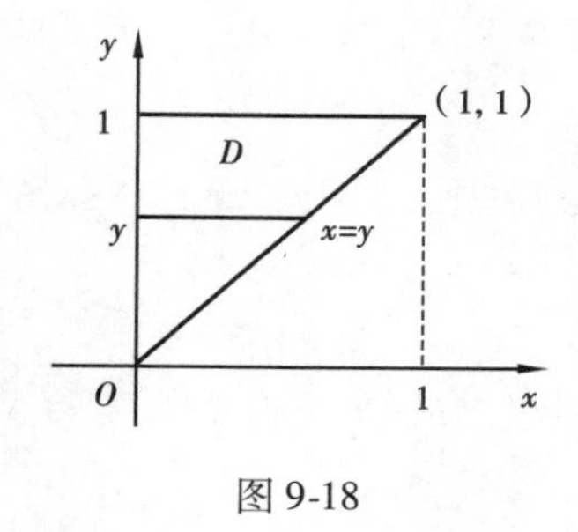

图9-18

例5　计算$\int_0^1\mathrm{d}x\int_x^1 \mathrm{e}^{-y^2}\mathrm{d}y$.

分析　直接按照这个积分顺序是计算不出来的,因为 $\int \mathrm{e}^{-y^2}\mathrm{d}y$ 的原函数不能用初等函数表示. 可考虑将这个积分换成另一种二次积分来计算.

解　根据二次积分,画出积分区域 $D=\{(x,y)\mid 0\leqslant x\leqslant 1,x\leqslant y\leqslant 1\}$ 的图形(见图9-18),重新确定积分区域 D 的积分限为

$$0 \leqslant y \leqslant 1, \quad 0 \leqslant x \leqslant y.$$

于是,有

$$\int_0^1 dx\int_x^1 e^{-y^2}dy = \int_0^1 dy\int_0^y e^{-y^2}dx = \int_0^1 [e^{-y^2}x]\Big|_0^y dy$$

$$= \int_0^1 ye^{-y^2}dy = \left[-\frac{1}{2}e^{-y^2}\right]\Big|_0^1 = \frac{1}{2}\left(1-\frac{1}{e}\right).$$

注 由上例可知,计算二次积分时,有时需要改变二次积分的积分次序,若不交换次序可能难以计算出结果. 例 5 的方法称为**交换积分次序**. 一般地,交换给定二次积分的积分次序的步骤如下:

(1) 由所给定的二次积分的上下限写出表示积分区域 D 的不等式组;

(2) 根据不等式组画出积分区域 D 的草图;

(3) 确定新的二次积分的上下限;

(4) 写出新的二次积分.

例 6 交换二次积分 $\int_1^2 dy\int_0^{2-y} f(x,y)dx$ 的积分次序.

解 根据二次积分,画出积分区域 $D=\{(x,y)\mid 1\leqslant y\leqslant 2, 0\leqslant x\leqslant 2-y\}$ 的图形(见图 9-19). 重新确定积分区域 D 的积分限:$0\leqslant x\leqslant 1, 1\leqslant y\leqslant 2-x$,于是有

$$\int_1^2 dy\int_0^{2-y} f(x,y)dx = \int_0^1 dx\int_1^{2-x} f(x,y)dy.$$

例 7 交换二次积分

$$I = \int_0^2 dx\int_0^{\frac{1}{2}x^2} f(x,y)dy + \int_2^{2\sqrt{2}} dx\int_0^{\sqrt{8-x^2}} f(x,y)dy$$

的积分次序.

解 根据二次积分,画出积分区域 $D=D_1\cup D_2$ 的图形(见图 9-20),其中

$$D_1 = \left\{(x,y)\mid 0\leqslant x\leqslant 2, 0\leqslant y\leqslant \frac{1}{2}x^2\right\},$$

$$D_2 = \left\{(x,y)\mid 2\leqslant x\leqslant 2\sqrt{2}, 0\leqslant y\leqslant \sqrt{8-x^2}\right\}.$$

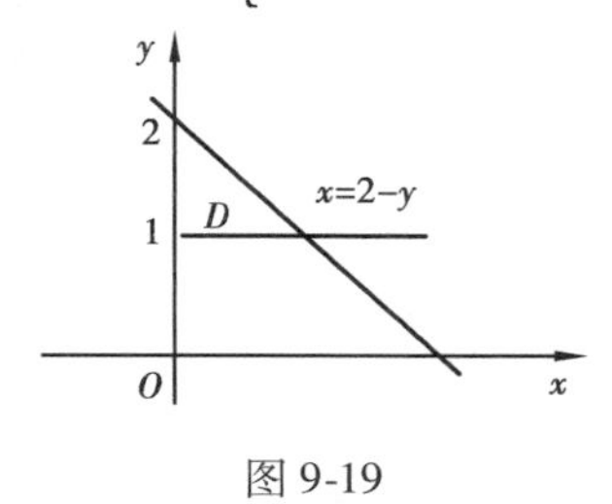

图 9-19

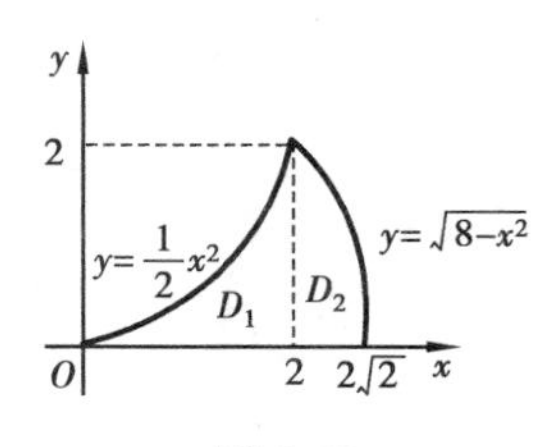

图 9-20

重新确定积分区域 D 的积分限:$0\leqslant y\leqslant 2$, $\sqrt{2y}\leqslant x\leqslant\sqrt{8-y^2}$,于是有

$$I = \int_0^2 \mathrm{d}y \int_{\sqrt{2y}}^{\sqrt{8-y^2}} f(x,y)\,\mathrm{d}x.$$

例 8　证明$\int_0^a \mathrm{d}y \int_0^y \mathrm{e}^{b(x-a)} f(x)\,\mathrm{d}x = \int_0^a (a-x)\mathrm{e}^{b(x-a)} f(x)\,\mathrm{d}x$,其中$a,b$均为常数,且$a > 0$.

证明　根据等式左端二次积分的积分限

$$0 \leqslant y \leqslant a, 0 \leqslant x \leqslant y,$$

画出积分区域D的图形(见图9-21),交换这个二次积分的积分次序,重新确定积分区域D的积分限为

$$0 \leqslant x \leqslant a, x \leqslant y \leqslant a,$$

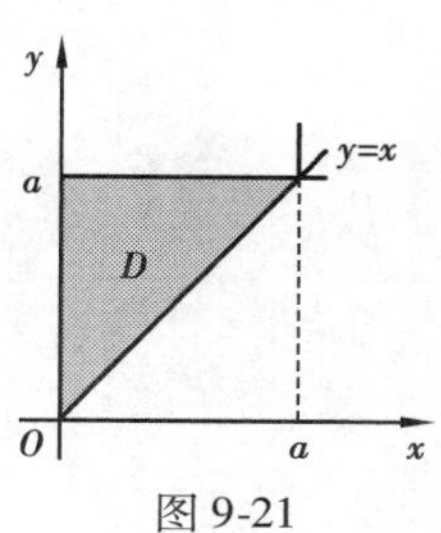

图 9-21

于是有

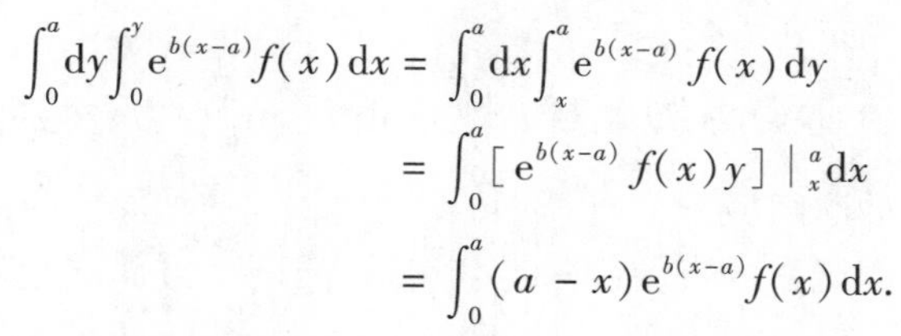

$$\begin{aligned}\int_0^a \mathrm{d}y \int_0^y \mathrm{e}^{b(x-a)} f(x)\,\mathrm{d}x &= \int_0^a \mathrm{d}x \int_x^a \mathrm{e}^{b(x-a)} f(x)\,\mathrm{d}y \\ &= \int_0^a \left[\mathrm{e}^{b(x-a)} f(x) y\right]\Big|_x^a \mathrm{d}x \\ &= \int_0^a (a-x)\mathrm{e}^{b(x-a)} f(x)\,\mathrm{d}x.\end{aligned}$$

9.2.2　利用被积函数的奇偶性和积分区域的对称性计算二重积分

同定积分类似,对二重积分,利用被积函数$f(x,y)$的奇偶性和积分区域D的对称性,通常可大大化简二重积分的计算. 为方便应用,现归纳如下:

(1)如果积分区域D关于y轴对称,则:

a. 当$f(-x,y) = -f(x,y)$($(x,y) \in D$)时,有

$$\iint_D f(x,y)\,\mathrm{d}x\mathrm{d}y = 0.$$

b. 当$f(-x,y) = f(x,y)$($(x,y) \in D$)时,有

$$\iint_D f(x,y)\,\mathrm{d}x\mathrm{d}y = 2\iint_{D_1} f(x,y)\,\mathrm{d}x\mathrm{d}y,$$

其中

$$D_1 = \{(x,y) \mid (x,y) \in D, x \geqslant 0\}.$$

(2)如果积分区域D关于x轴对称,则:

a. 当$f(x,-y) = -f(x,y)$($(x,y) \in D$)时,有

$$\iint_D f(x,y)\,\mathrm{d}x\mathrm{d}y = 0.$$

b. 当$f(x,-y) = f(x,y)$($(x,y) \in D$)时,有

$$\iint_D f(x,y)\,\mathrm{d}x\mathrm{d}y = 2\iint_{D_2} f(x,y)\,\mathrm{d}x\mathrm{d}y,$$

其中

$$D_2=\{(x,y)\mid(x,y)\in D,y\geqslant 0\}.$$

例 9 计算二重积分$\iint\limits_D(xy+1)\mathrm{d}x\mathrm{d}y$,其中 D:$4x^2+y^2\leqslant 4$.

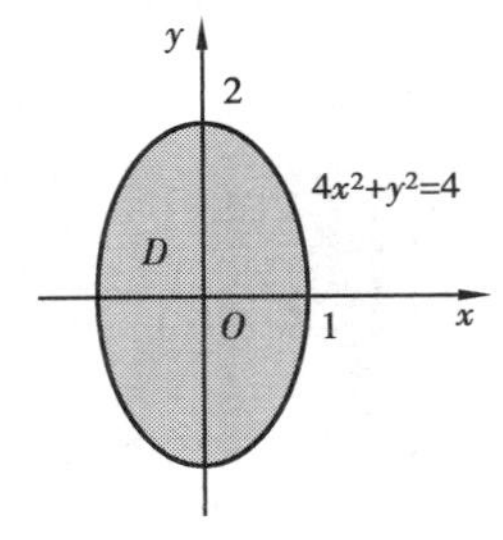

图 9-22

解 画出积分区域 D 的图形(见图 9-22),显然区域 D 关于 x 轴对称,且函数 xy 关于 y 是奇函数,所以$\iint\limits_D xy\,\mathrm{d}x\mathrm{d}y=0$,且

$$\iint\limits_D\mathrm{d}x\mathrm{d}y=2\pi.$$

故

$$\iint\limits_D(xy+1)\mathrm{d}x\mathrm{d}y=\iint\limits_D xy\,\mathrm{d}x\mathrm{d}y+\iint\limits_D\mathrm{d}x\mathrm{d}y=2\pi.$$

注 利用奇偶函数在对称区域上的性质,可简化计算,但要特别注意仅当积分区域 D 的对称性和被积函数的奇偶性两者兼得,且当两个方面的性质相匹配时,才能利用.

习题 9-2

基础题

1. 计算下列二重积分:

(1)$\iint\limits_D\sin^2x\sin^2y\mathrm{d}\sigma$,其中 D:$0\leqslant x\leqslant\pi,0\leqslant y\leqslant\pi$.

(2)$\iint\limits_D(3x+2y)\mathrm{d}\sigma$,其中 D 是由两坐标轴及直线 $x+y=2$ 所围成的闭区域.

(3)$\iint\limits_D(x^3+3x^2y+y^3)\mathrm{d}x\mathrm{d}y$,其中 $D=\{(x,y)\mid 0\leqslant x\leqslant 1,0\leqslant y\leqslant 1\}$.

(4)$\iint\limits_D x\cos(x+y)\mathrm{d}\sigma$,其中 D 是顶点分别为$(0,0)$,$(\pi,0)$和(π,π)的三角形区域.

(5)$\iint\limits_D x\sqrt{y}\mathrm{d}\sigma$,其中 D 是由 $y=\sqrt{x}$ 与 $y=x^2$ 所围成的平面闭区域.

(6) $\iint\limits_D xy^2\mathrm{d}x\mathrm{d}y$,其中 D 是由圆周 $x^2+y^2=4$ 与 y 轴所围成的右半闭区域.

(7) $\iint\limits_D \mathrm{e}^{x+y}\mathrm{d}x\mathrm{d}y$,其中 D 是由 $|x|+|y|\leqslant 1$ 所围成的闭区域.

(8) $\iint\limits_D (x^2+y^2-x)\mathrm{d}x\mathrm{d}y$,其中 D 是由直线 $y=2, y=x$ 及 $y=2x$ 所围成的闭区域.

2. 改变下列二次积分的积分次序:

(1) $\int_0^2\mathrm{d}x\int_0^{x^2}f(x,y)\mathrm{d}y$.

(2) $\int_0^1\mathrm{d}x\int_{-\sqrt{1-x^2}}^{\sqrt{1-x^2}}f(x,y)\mathrm{d}y$.

(3) $\int_0^1\mathrm{d}x\int_{x^3}^{\sqrt{2-x}}f(x,y)\mathrm{d}y$.

(4) $\int_0^1\mathrm{d}y\int_{\mathrm{e}^y}^{\mathrm{e}}f(x,y)\mathrm{d}x$.

(5) $\int_0^1\mathrm{d}y\int_0^y f(x,y)\mathrm{d}x+\int_1^2\mathrm{d}y\int_0^{2-y}f(x,y)\mathrm{d}x$.

3. 设 D 是由不等式 $|x|+|y|\leqslant 1$ 所确定的有界闭区域, 求二重积分 $\iint\limits_D (|x|+y)\mathrm{d}x\mathrm{d}y$.

4. 设 $D=\{(x,y)\mid a\leqslant x\leqslant b, c\leqslant y\leqslant d\}$,证明:

$$\iint\limits_D f(x)g(y)\mathrm{d}x\mathrm{d}y=\left(\int_a^b f(x)\mathrm{d}x\right)\left(\int_c^d g(y)\mathrm{d}y\right).$$

5. 设函数 $f(x)$ 在区间 $[0,1]$ 上连续,证明:

$$\int_0^1\mathrm{d}x\int_0^x f(y)\mathrm{d}y=\int_0^1(1-x)f(x)\mathrm{d}x.$$

6. 求椭圆抛物面 $z=4-x^2-\frac{y^2}{4}$ 与平面 $z=0$ 所围成的立体体积.

7. 求由曲面 $z=x^2+2y^2$ 与 $z=6-2x^2-y^2$ 所围成的立体体积.

提高题

1. 计算二重积分 $\iint\limits_{|x|+|y|\leqslant 1}|xy|\mathrm{d}x\mathrm{d}y$.

2. 设$f(x,y)$连续，且$f(x,y)=x+\iint\limits_D yf(u,v)\mathrm{d}u\mathrm{d}v$，其中$D$是由$y=\dfrac{1}{x}$，$x=1$，$y=2$所围区域，求$f(x,y)$.

3.【2011年数一】已知函数$f(x,y)$具有二阶连续偏导数，且

$$f(1,y)=0,\quad f(x,1)=0,\quad \iint\limits_D f(x,y)\mathrm{d}x\mathrm{d}y=a,$$

其中

$$D=\{(x,y)\mid 0\leqslant x\leqslant 1,0\leqslant y\leqslant 1\},$$

计算二重积分$I=\iint\limits_D xyf''_{xy}(x,y)\mathrm{d}x\mathrm{d}y$.

4.【2012年数三】计算二重积分$\iint\limits_D \mathrm{e}^x xy\,\mathrm{d}x\mathrm{d}y$，其中$D$为由曲线$y=\sqrt{x}$与$y=\dfrac{1}{\sqrt{x}}$及$y$轴为边界的无界区域.

5.【2011年数三】设函数$f(x)$在区间$[0,1]$上具有连续导数，$f(0)=1$，且满足

$$\iint\limits_{D_t} f'(x+y)\mathrm{d}x\mathrm{d}y=\iint\limits_{D_t} f(t)\mathrm{d}x\mathrm{d}y,$$

其中$D_t=\{(x,y)\mid 0\leqslant y\leqslant t-x,0\leqslant x\leqslant t\}(0<t\leqslant 1)$，求$f(x)$的表达式.

6.【2010年数三】计算二重积分$\iint\limits_D (x+y)^3\mathrm{d}x\mathrm{d}y$，其中$D$由曲线$x=\sqrt{1+y^2}$与直线$x+\sqrt{2}y=0$及$x-\sqrt{2}y=0$围成.

7.【2013年数三】设平面区域D由直线$x=3y$，$y=3x$及$x+y=8$围成，计算$\iint\limits_D x^2\mathrm{d}x\mathrm{d}y$.

应用题

【2015年数一】设函数$f(x)$在定义域I上的导数大于零，若对任意的$x_0\in I$，曲线$y=f(x)$在点$(x_0,f(x_0))$处的切线与直线$x=x_0$及x轴所围成的区域的面积为4，且$f(0)=2$，求$f(x)$的表达式.

9.3 极坐标系下二重积分的计算

有的二重积分在直角坐标系中计算可能很困难,但当积分区域 D 的边界曲线采用极坐标方程来表示时,则较简单,如圆形或扇形区域的边界等,并且被积函数在极坐标系下表示也较简单,通常可考虑利用极坐标来计算二重积分.

在直角坐标系 xOy 中,取原点作为极坐标系的极点,x 轴的正半轴为极轴(见图 9-23),则点 P 的直角坐标(x,y)与极坐标(r,θ)有关系式

$$x = r\cos\theta,\quad y = r\sin\theta.$$

要在极坐标系中计算二重积分,需将被积函数$f(x,y)$和积分区域 D 以及面积元素 $\mathrm{d}\sigma$ 都用极坐标表示.

函数$f(x,y)$的极坐标形式容易求得,只要把变换公式 $x=r\cos\theta, y=r\sin\theta$ 代入函数$f(x,y)$,即得函数的极坐标形式$f(r\cos\theta, r\sin\theta)$.

下面讨论极坐标系下面积元素 $\mathrm{d}\sigma$ 的表达式.

设 D 的边界曲线与从极点 O 出发且穿过闭区域 D 内部的射线相交不超过两点,函数$f(x,y)$在 D 上连续. 由于二重积分存在时,积分和式的极限与分割的方式无关. 因此,此时不妨采用以极点为中心的一簇同心圆:$r=$常数,以及从极点出发的一簇射线:$\theta=$常数,把区域 D 分割成许多小闭区域(见图 9-24),设其中一个典型小闭区域 $\Delta\sigma$($\Delta\sigma$ 同时也表示该小闭区域的面积)是由半径分别为 $r, r+\Delta r$ 的同心圆和极角分别为 $\theta, \theta+\Delta\theta$ 的射线所确定,则

$$\Delta\sigma = \frac{1}{2}(r+\Delta r)^2\cdot\Delta\theta - \frac{1}{2}r^2\cdot\Delta\theta = r\cdot\Delta r\cdot\Delta\theta + \frac{1}{2}(\Delta r)^2\cdot\Delta\theta.$$

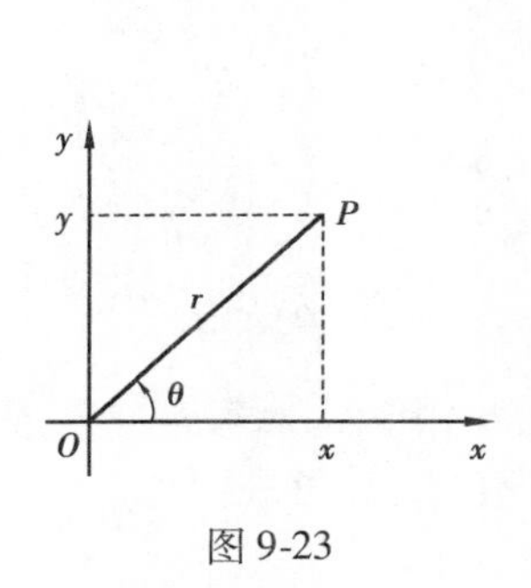

图 9-23

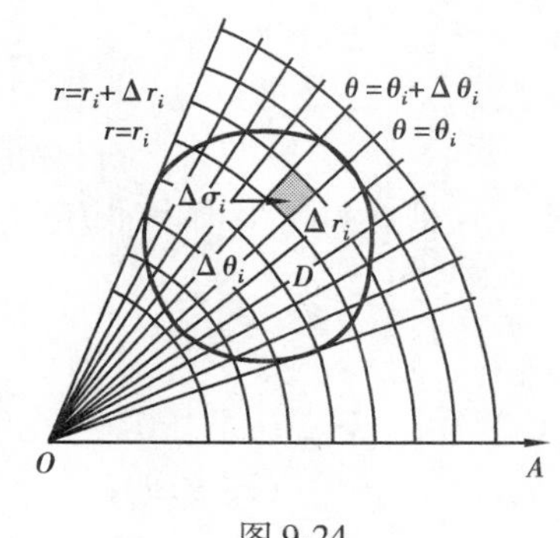

图 9-24

当 Δr 和 $\Delta\theta$ 都充分小时,除去一个比 $\Delta r\cdot\Delta\theta$ 高阶的无穷小,就得到 $\Delta\sigma$ 的近似公式

$$\Delta\sigma\approx r\cdot\Delta r\cdot\Delta\theta.$$

于是,根据微元法可得到**极坐标系下的面积元素**

$$\mathrm{d}\sigma=r\,\mathrm{d}r\mathrm{d}\theta,$$

从而得到从直角坐标系变换为极坐标系下的变换公式

$$\iint_D f(x,y)\,\mathrm{d}\sigma=\iint_D f(r\cos\theta,r\sin\theta)r\,\mathrm{d}r\mathrm{d}\theta.$$

又由于在直角坐标系中 $\iint_D f(x,y)\,\mathrm{d}\sigma$ 也常记为 $\iint_D f(x,y)\,\mathrm{d}x\mathrm{d}y$,因此,上式又可写为

$$\iint_D f(x,y)\,\mathrm{d}x\mathrm{d}y=\iint_D f(r\cos\theta,r\sin\theta)r\,\mathrm{d}r\mathrm{d}\theta.\tag{9-5}$$

极坐标系中的二重积分,同样可化为二次积分来计算,下面分 3 种情况进行讨论,在讨论中假定所给函数在指定的区域上均连续.

(1)如果积分域 D 介于两条射线 $\theta=\alpha$ 和 $\theta=\beta$ 之间,而对 D 内任一点 (r,θ),其极径总是介于曲线 $r=\varphi_1(\theta)$ 和 $r=\varphi_2(\theta)$ 之间(见图 9-25),则区域 D 的积分限为

$$\alpha\leqslant\theta\leqslant\beta,\quad\varphi_1(\theta)\leqslant r\leqslant\varphi_2(\theta).$$

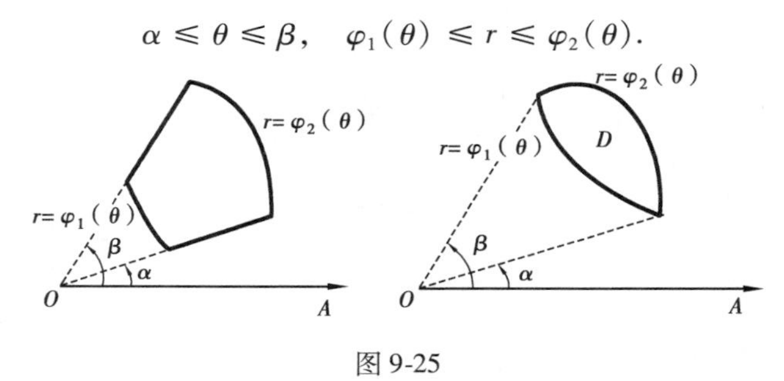

图 9-25

于是

$$\begin{aligned}\iint_D f(x,y)\,\mathrm{d}x\mathrm{d}y&=\iint_D f(r\cos\theta,r\sin\theta)r\,\mathrm{d}r\mathrm{d}\theta\\&=\int_\alpha^\beta\mathrm{d}\theta\int_{\varphi_1(\theta)}^{\varphi_2(\theta)}f(r\cos\theta,r\sin\theta)r\,\mathrm{d}r.\end{aligned}\tag{9-6}$$

(2)如果积分区域 D 是如图 9-26 所示的曲边扇形,那么可把它看成图 9-25 中当 $\varphi_1(\theta)=0,\varphi_2(\theta)=\varphi(\theta)$ 时的特例. 这时,闭区域 D 可表示为

$$\alpha\leqslant\theta\leqslant\beta,\quad 0\leqslant r\leqslant\varphi(\theta).$$

于是

$$\iint_D f(r\cos\theta, r\sin\theta) r\,\mathrm{d}r\mathrm{d}\theta = \int_\alpha^\beta \mathrm{d}\theta \int_0^{\varphi(\theta)} f(r\cos\theta, r\sin\theta) r\,\mathrm{d}r. \qquad (9\text{-}7)$$

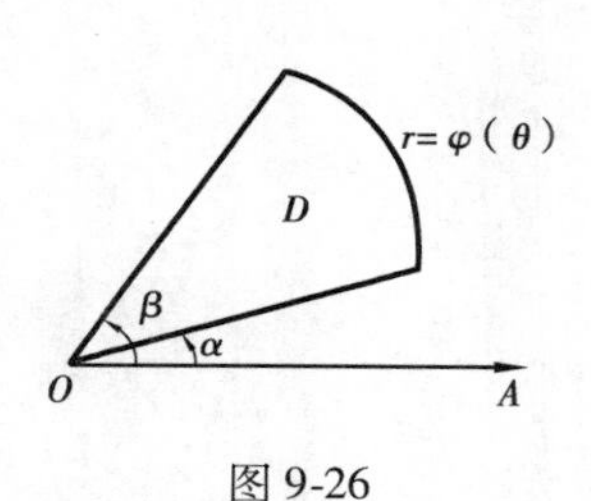

图 9-26

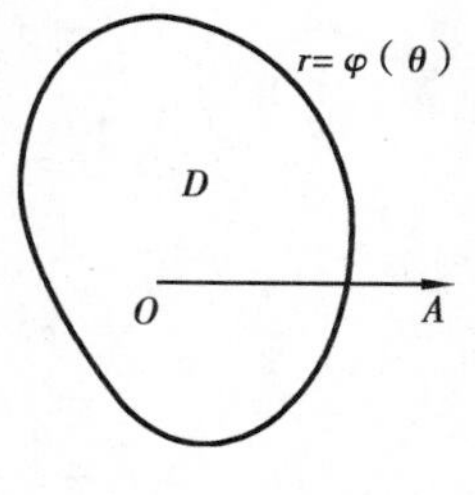

图 9-27

(3)如果积分区域 D 如图 9-27 所示,极点在 D 的内部,则可把它看成图 9-26中当 $\alpha=0,\beta=2\pi$ 时的特例.这时,闭区域 D 可表示为

$$0 \leqslant \theta \leqslant 2\pi, \quad 0 \leqslant r \leqslant \varphi(\theta).$$

于是

$$\iint_D f(r\cos\theta, r\sin\theta) r\,\mathrm{d}r\mathrm{d}\theta = \int_0^{2\pi} \mathrm{d}\theta \int_0^{\varphi(\theta)} f(r\cos\theta, r\sin\theta) r\,\mathrm{d}r. \qquad (9\text{-}8)$$

注 根据二重积分的性质3,闭区域 D 的面积可表示为

$$\sigma = \iint_D \mathrm{d}\sigma = \iint_D r\,\mathrm{d}r\mathrm{d}\theta.$$

特别地,如果闭区域 D 如图 9-26 所示,则有

$$\sigma = \iint_D r\,\mathrm{d}r\mathrm{d}\theta = \int_\alpha^\beta \mathrm{d}\theta \int_0^{\varphi(\theta)} r\,\mathrm{d}r$$

$$= \frac{1}{2}\int_\alpha^\beta \varphi^2(\theta)\,\mathrm{d}\theta.$$

由上面的讨论不难发现,将二重积分化为极坐标形式进行计算,其关键在于:将积分区域 D 用极坐标变量 r,θ 表示为

$$\alpha \leqslant \theta \leqslant \beta, \quad \varphi_1(\theta) \leqslant r \leqslant \varphi_2(\theta).$$

下面通过具体例子来介绍如何在极坐标系下计算二重积分.

例 1 计算二重积分 $\iint_D \mathrm{e}^{-x^2-y^2}\mathrm{d}x\mathrm{d}y$,其中 D 是圆 $x^2+y^2=R^2$ 在第一象限的部分.

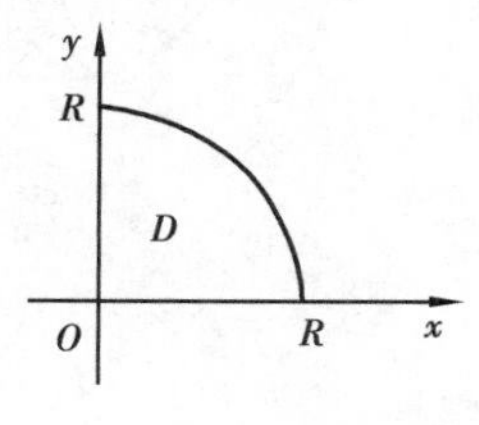

图 9-28

解 画出积分区域 D,如图 9-28 所示.

在极坐标系下区域 D 表示为

$$0 \leqslant \theta \leqslant \frac{\pi}{2}, \quad 0 \leqslant r \leqslant R.$$

所以

$$\begin{aligned}\iint_D e^{-x^2-y^2}dxdy &= \iint_D e^{-r^2}r\,drd\theta = \int_0^{\frac{\pi}{2}}d\theta\int_0^R e^{-r^2}r\,dr \\ &= \frac{\pi}{2}\int_0^R e^{-r^2}r\,dr = -\frac{\pi}{4}\int_0^R e^{-r^2}d(-r^2) \\ &= -\frac{\pi}{4}\left(e^{-r^2}\Big|_0^R\right) = \frac{\pi}{4}(1-e^{-R^2}).\end{aligned}$$

注　由于积分 $\int e^{-x^2}dx$ 不能用初等函数表示，因此，此题在直角坐标系的两种积分次序都不可能计算出来.

例 2　计算二重积分 $\iint_D \sqrt{x^2+y^2}\,dxdy$，其中 D 是由 $x^2+y^2=1$ 与 $x^2+y^2=4$ 所围成的圆环形区域.

解　画出积分区域 D，如图 9-29 所示. 在极坐标系下区域 D 表示为

$$0 \leqslant \theta \leqslant 2\pi, \quad 1 \leqslant r \leqslant 2.$$

所以

$$\begin{aligned}\iint_D \sqrt{x^2+y^2}\,dxdy &= \iint_D r\cdot r\,drd\theta = \int_0^{2\pi}d\theta\int_1^2 r^2dr \\ &= \int_0^{2\pi}\frac{7}{3}\,d\theta = \frac{14}{3}\pi.\end{aligned}$$

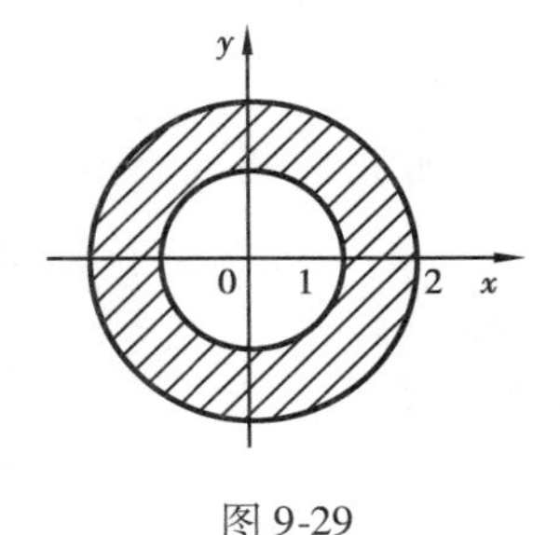

图 9-29

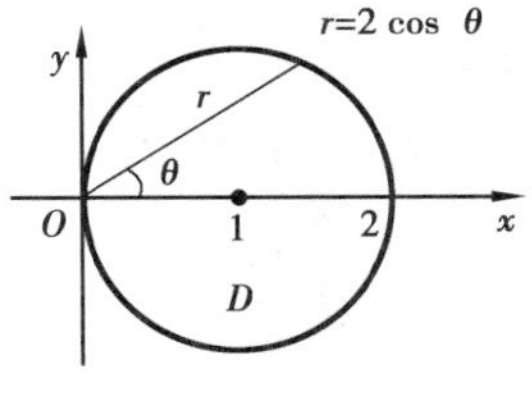

图 9-30

例 3　计算二重积分 $\iint_D (x+y)^2dxdy$，其中 D 是由圆 $x^2+y^2=2x$ 围成的区域.

解　画出积分区域 D，如图 9-30 所示.

圆 $x^2+y^2=2x$ 的极坐标方程为 $r=2\cos\theta$,在极坐标系下区域 D 表示为

$$-\frac{\pi}{2}\leqslant\theta\leqslant\frac{\pi}{2},\quad 0\leqslant r\leqslant 2\cos\theta.$$

所以

$$\begin{aligned}\iint_D(x+y)^2\mathrm{d}x\mathrm{d}y&=\iint_D(r\cos\theta+r\sin\theta)^2r\,\mathrm{d}r\mathrm{d}\theta\\&=\int_{-\frac{\pi}{2}}^{\frac{\pi}{2}}\mathrm{d}\theta\int_0^{2\cos\theta}(r\cos\theta+r\sin\theta)^2r\,\mathrm{d}r\\&=4\int_{-\frac{\pi}{2}}^{\frac{\pi}{2}}(1+2\sin\theta\cos\theta)\cos^4\theta\,\mathrm{d}\theta\\&=4\int_{-\frac{\pi}{2}}^{\frac{\pi}{2}}\cos^4\theta\,\mathrm{d}\theta=8\int_0^{\frac{\pi}{2}}\cos^4\theta\,\mathrm{d}\theta\\&=\frac{3\pi}{2}.\end{aligned}$$

例4　计算积分

$$I=\int_0^a\mathrm{d}x\int_{-x}^{-a+\sqrt{a^2-x^2}}\frac{\mathrm{d}y}{\sqrt{x^2+y^2}\cdot\sqrt{4a^2-(x^2+y^2)}}\qquad(a>0).$$

解　积分区域 D 为

$$0\leqslant x\leqslant a,\quad -x\leqslant y\leqslant -a+\sqrt{a^2-x^2}.$$

画出积分区域 D,如图 9-31 所示.

在极坐标系下区域 D 表示为

$$-\frac{\pi}{4}\leqslant\theta\leqslant 0,\quad 0\leqslant r\leqslant -2a\sin\theta.$$

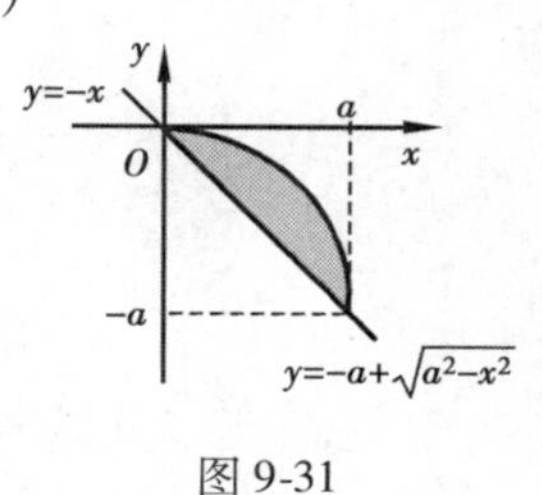

图 9-31

所以

$$\begin{aligned}I&=\iint_D\frac{r\,\mathrm{d}r\mathrm{d}\theta}{r\sqrt{4a^2-r^2}}=\int_{-\frac{\pi}{4}}^0\mathrm{d}\theta\int_0^{-2a\sin\theta}\frac{1}{\sqrt{4a^2-r^2}}\mathrm{d}r\\&=\int_{-\frac{\pi}{4}}^0\left[\arcsin\frac{r}{2a}\right]\Bigg|_0^{-2a\sin\theta}\mathrm{d}\theta\\&=\int_{-\frac{\pi}{4}}^0(-\theta)\mathrm{d}\theta\\&=\frac{\pi^2}{32}.\end{aligned}$$

例 5　计算概率积分$\int_0^{+\infty} e^{-x^2}dx$.

分析　这是一个广义积分，由于e^{-x^2}的原函数不能用初等函数表示，因此，利用广义积分无法计算. 现利用二重积分来计算，其思想与一元函数的广义积分是一样的.

解　记

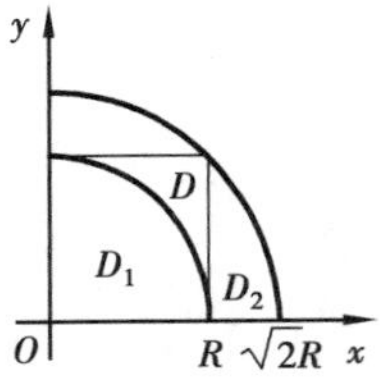

$$D_1: x^2+y^2 \leqslant R^2,\quad x \geqslant 0,\quad y \geqslant 0,$$
$$D: 0 \leqslant x \leqslant R,\quad 0 \leqslant y \leqslant R,$$
$$D_2: x^2+y^2 \leqslant 2R^2,\quad x \geqslant 0,\quad y \geqslant 0.$$

图 9-32

显然$D_1 \subset D \subset D_2$（见图 9-32），且$e^{-x^2-y^2}>0$，故有

$$\iint\limits_{D_1} e^{-x^2-y^2}dxdy \leqslant \iint\limits_{D} e^{-x^2-y^2}dxdy \leqslant \iint\limits_{D_2} e^{-x^2-y^2}dxdy.$$

再利用例 1 的结果，则有

$$\iint\limits_{D_1} e^{-x^2-y^2}dxdy = \frac{\pi}{4}(1-e^{-R^2}),$$

$$\iint\limits_{D_2} e^{-x^2-y^2}dxdy = \frac{\pi}{4}(1-e^{-2R^2}).$$

而

$$\iint\limits_{D} e^{-x^2-y^2}dxdy = \int_0^R dx\int_0^R e^{-x^2-y^2}dy = \int_0^R e^{-x^2}dx \cdot \int_0^R e^{-y^2}dy$$
$$= \int_0^R e^{-x^2}dx \cdot \int_0^R e^{-x^2}dx = \left(\int_0^R e^{-x^2}dx\right)^2.$$

于是，不等式可改写为

$$\frac{\pi}{4}(1-e^{-R^2}) \leqslant \left(\int_0^R e^{-x^2}dx\right)^2 \leqslant \frac{\pi}{4}(1-e^{-2R^2}).$$

因为$\lim\limits_{R\to+\infty}\frac{\pi}{4}(1-e^{-R^2}) = \lim\limits_{R\to+\infty}\frac{\pi}{4}(1-e^{-2R^2}) = \frac{\pi}{4}$，由夹逼准则可知

$$\lim_{R\to+\infty}\left(\int_0^R e^{-x^2}dx\right)^2 = \frac{\pi}{4}.$$

所以

$$\int_0^{+\infty} e^{-x^2}dx = \lim_{R\to+\infty}\int_0^R e^{-x^2}dx = \frac{\sqrt{\pi}}{2}.$$

利用极坐标系求二重积分的值是计算二重积分的一种非常方便且有效的方法. 当积分区域是圆域、环域、扇形区域或环扇形区域或者被积函数中含有

$x^2+y^2,\frac{x}{y},\frac{y}{x}$等时,一般考虑用极坐标计算.

基础题

1. 化二重积分$\iint\limits_D f(x,y)\mathrm{d}x\mathrm{d}y$为极坐标形式的二次积分,其中积分区域$D$为:

(1)$a^2\leqslant x^2+y^2\leqslant b^2$.

(2)$x^2+y^2\leqslant R^2$.

(3)$x^2+y^2\leqslant ax$.

2. 化下列二次积分为极坐标形式的二次积分:

(1)$\int_0^a\mathrm{d}y\int_0^{\sqrt{a^2-y^2}}f(x,y)\mathrm{d}x$.

(2)$\int_0^{2a}\mathrm{d}x\int_0^{\sqrt{2ax-x^2}}f(x^2+y^2)\mathrm{d}y$.

(3)$\int_0^1\mathrm{d}x\int_{1-x}^{\sqrt{1-x^2}}f(\sqrt{x^2+y^2})\mathrm{d}y$.

3. 利用极坐标计算下列二重积分:

(1)$\iint\limits_D\ln(1+x^2+y^2)\mathrm{d}x\mathrm{d}y,D:x^2+y^2\leqslant 1,x\geqslant 0,y\geqslant 0$.

(2)$\iint\limits_D\sin(x^2+y^2)\mathrm{d}x\mathrm{d}y$,其中$D:\pi^2\leqslant x^2+y^2\leqslant 4\pi^2$.

(3)$\iint\limits_D\mathrm{e}^{x^2+y^2}\mathrm{d}x\mathrm{d}y$,其中$D$是由圆周$x^2+y^2=9$所围成的闭区域.

(4)$\iint\limits_D\frac{\mathrm{d}x\mathrm{d}y}{\sqrt{x^2+y^2}}$,其中$D$是圆环域$1\leqslant x^2+y^2\leqslant 4$.

4. 选用适当的坐标计算下列各题:

(1)$\iint\limits_D x\,\mathrm{d}x\mathrm{d}y$,其中$D$是$x^2+y^2\leqslant ax(a>0)$.

（2）$\iint\limits_D \arctan\frac{y}{x}\,dxdy$，其中$D$是由圆周$x^2+y^2=4$，$x^2+y^2=1$及$y=0$，$y=x$所围的在第一象限内的区域.

（3）计算$\iint\limits_D\left(\frac{1-x^2-y^2}{1+x^2+y^2}\right)^{\frac{1}{2}}dxdy$，其中$D$为$x^2+y^2\leqslant 1$在第一象限的部分.

（4）$\iint\limits_D\frac{x^2}{y^2}dxdy$，其中$D$是由直线$x=2$，$y=x$与曲线$xy=1$所围成的闭区域.

提高题

1. 选择题：

（1）【2015年数一】设D是第一象限中曲线$2xy=1$，$4xy=1$与直线$y=x$，$y=\sqrt{3}x$围成的平面区域，函数$f(x,y)$在D上连续，则$\iint\limits_D f(x,y)dxdy=$（　　）.

A. $\int_0^2 dx\int_{\sqrt{2x-x^2}}^{\sqrt{4-x^2}}\sqrt{x^2+y^2}f(x^2+y^2)dy$

B. $\int_{\frac{\pi}{4}}^{\frac{\pi}{3}}d\theta\int_{\frac{1}{\sqrt{2\sin 2\theta}}}^{\frac{1}{\sqrt{\sin 2\theta}}}f(r\cos\theta,r\sin\theta)r\,dr$

C. $\int_{\frac{\pi}{4}}^{\frac{\pi}{3}}d\theta\int_{\frac{1}{2\sin 2\theta}}^{\frac{1}{\sin 2\theta}}f(r\cos\theta,r\sin\theta)r\,dr$

D. $\int_{\frac{\pi}{4}}^{\frac{\pi}{3}}d\theta\int_{\frac{1}{\sqrt{2\sin 2\theta}}}^{\frac{1}{\sqrt{\sin 2\theta}}}f(r\cos\theta,r\sin\theta)dr$

（2）【2015年数三】设$D=\{(x,y)\mid x^2+y^2\leqslant 2x,x^2+y^2\leqslant 2y\}$，函数$f(x,y)$在$D$上连续，则$\iint\limits_D f(x,y)dxdy=$（　　）.

A. $\int_0^{\frac{\pi}{4}}d\theta\int_0^{2\cos\theta}f(r\cos\theta,r\sin\theta)r\,dr+\int_{\frac{\pi}{4}}^{\frac{\pi}{2}}d\theta\int_0^{2\sin\theta}f(r\cos\theta,r\sin\theta)r\,dr$

B. $\int_0^{\frac{\pi}{4}}d\theta\int_0^{2\sin\theta}f(r\cos\theta,r\sin\theta)r\,dr+\int_{\frac{\pi}{4}}^{\frac{\pi}{2}}d\theta\int_0^{2\cos\theta}f(r\cos\theta,r\sin\theta)r\,dr$

C. $2\int_0^1 dx\int_{1-\sqrt{1-x^2}}^{x}f(x,y)dy$

D. $2\int_0^1 dx\int_x^{\sqrt{2x-x^2}}f(x,y)dy$

2. 计算 $\iint\limits_{x^2+y^2\leqslant 1}(|x|+|y|)\mathrm{d}x\mathrm{d}y$.

3.【2016 年数一】已知平面区域

$$D=\left\{(r,\theta)\,\middle|\,2\leqslant r\leqslant 2(1+\cos\theta),-\frac{\pi}{2}\leqslant\theta\leqslant\frac{\pi}{2}\right\},$$

计算二重积分 $\iint\limits_D x\,\mathrm{d}x\mathrm{d}y$.

4.【2014 年数三】设平面区域 $D=\{(x,y)\mid 1\leqslant x^2+y^2\leqslant 4,x\geqslant 0,y\geqslant 0\}$，计算 $\iint\limits_D \dfrac{x\sin(\pi\sqrt{x^2+y^2})}{x+y}\mathrm{d}x\mathrm{d}y$.

5.【2015 年数三】计算二重积分 $\iint\limits_D x(x+y)\mathrm{d}x\mathrm{d}y$，其中

$$D=\{(x,y)\mid x^2+y^2\leqslant 2,y\geqslant x^2\}.$$

应用题

求区域 $a\leqslant r\leqslant a(1+\cos\theta)$ 的面积.

9.4 二重积分的应用

9.1 节指出了曲顶柱体的体积、平面薄片的质量可通过二重积分来计算，本小节进一步讨论二重积分在几何、物理和经济方面的具体应用.

9.4.1 二重积分的几何应用

1) 曲顶柱体的体积

根据二重积分的几何意义，二重积分可用于求空间封闭曲面所围成的有界区域的体积.

若空间形体是以 $z=f(x,y)$ 为曲顶，以区域 D 为底的直柱体，则其体积为

$$V=\iint\limits_D |f(x,y)|\mathrm{d}x\mathrm{d}y.$$

例 1 求两个抛物面 $z=2-x^2-y^2$ 和 $z=x^2+y^2$ 所围成的立体体积.

解　画出所围的立体图形，如图 9-33 所示. 其中 D 是该立体在 xOy 平面上的投影区域，其边界方程可由

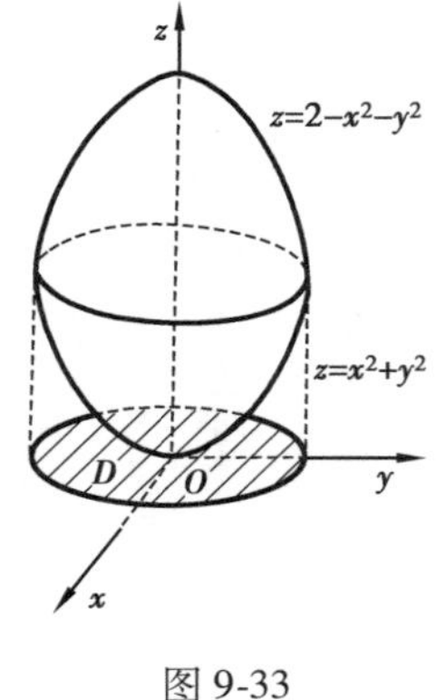

图 9-33

$$\begin{cases} z = 2 - x^2 - y^2 \\ z = x^2 + y^2 \end{cases}$$

消 z 得到，它是 xOy 平面上的圆 $x^2 + y^2 = 1$. 所求体积可看成两个曲顶柱体体积之差，即

$$V = \iint_D (2 - x^2 - y^2)\,\mathrm{d}x\mathrm{d}y - \iint_D (x^2 + y^2)\,\mathrm{d}x\mathrm{d}y$$

$$= 2\iint_D (1 - x^2 - y^2)\,\mathrm{d}x\mathrm{d}y = 2\iint_D (1 - r^2) r\,\mathrm{d}r\mathrm{d}\theta$$

$$= 2\int_0^{2\pi} \mathrm{d}\theta \int_0^1 (1 - r^2) r\,\mathrm{d}r = \pi.$$

2）曲面的面积

设空间曲面 Σ 的方程为 $z = f(x,y)$，S 是曲面 Σ 的一部分，D 为曲面 S 在 xOy 面上的投影区域，函数 $f(x,y)$ 在 D 上具有连续偏导数 $f_x(x,y)$ 和 $f_y(x,y)$，计算曲面 S 的面积 A.

下面结合定积分"以曲代直"的近似思想，采用分割、求和、取极限的思路，通过二重积分计算曲面 S 的面积.

在投影区域 D 上任取一直径很小的闭区域 $\mathrm{d}\sigma$（其面积也记为 $\mathrm{d}\sigma$）. 在 $\mathrm{d}\sigma$ 内任取一点 $P(x,y)$，对应的曲面 S 上有一点 $M[x,y,f(x,y)]$，点 M 在 xOy 面上的投影为点 P. 记点 M 处曲面 S 的切平面为 T（见图 9-34）. 以小闭区域 $\mathrm{d}\sigma$ 的边界为准线作母线平行于 z 轴的柱面，该柱面在曲面 S 上截下一小片曲面，在切平面 T 上截下一小片平面. 由于 $\mathrm{d}\sigma$ 的直径很小，因此，曲面上那一小片曲面的面积可由对应的那一小片平面的面积 $\mathrm{d}A$ 近似代替.

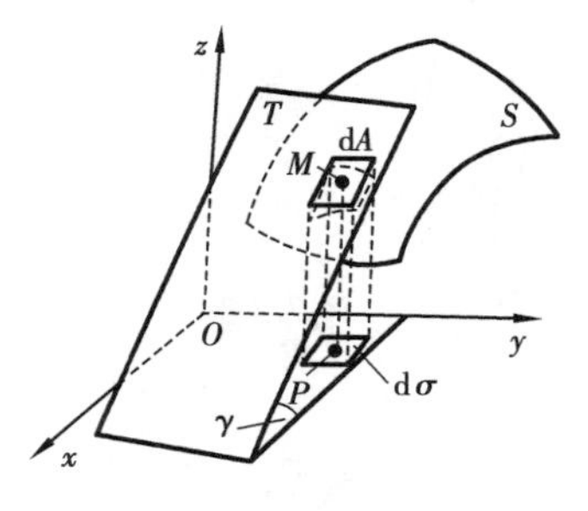

图 9-34

曲面 S 在点 M 处的法向量（指向朝上的那个）为

$$\boldsymbol{n} = (-f_x(x,y), -f_y(x,y), 1).$$

它与 z 轴正向所成夹角 γ 的方向余弦为

$$\cos\gamma = \frac{1}{\sqrt{1 + f_x^2(x,y) + f_y^2(x,y)}},$$

而

$$dA = \frac{d\sigma}{\cos\gamma},$$

所以

$$dA = \sqrt{1 + f_x^2(x,y) + f_y^2(x,y)}\,d\sigma.$$

这就是曲面 S 的面积元素,以它为被积表达式在闭区域 D 上积分,得

$$A = \iint_D \sqrt{1 + f_x^2(x,y) + f_y^2(x,y)}\,d\sigma.$$

上式也可写为

$$A = \iint_D \sqrt{1 + \left(\frac{\partial z}{\partial x}\right)^2 + \left(\frac{\partial z}{\partial y}\right)^2}\,dxdy.$$

这就是计算曲面面积的计算公式.

类似地,曲面方程为 $x = g(y,z)$ 或 $y = h(z,x)$,可分别把曲面投影到 yOz 面上(投影区域为 D_{yz})或 zOx 面上(投影区域为 D_{zx}),可得

$$A = \iint_{D_{yz}} \sqrt{1 + \left(\frac{\partial x}{\partial y}\right)^2 + \left(\frac{\partial x}{\partial z}\right)^2}\,dydz,$$

$$A = \iint_{D_{zx}} \sqrt{1 + \left(\frac{\partial y}{\partial z}\right)^2 + \left(\frac{\partial y}{\partial x}\right)^2}\,dzdx.$$

例2 计算抛物面 $z = x^2 + y^2$ 在平面 $z = 1$ 下方部分的面积.

解 如图9-35所示,抛物面 $z = x^2 + y^2$ 与平面 $z = 1$ 的交线 $\begin{cases} z = x^2 + y^2 \\ z = 1 \end{cases}$ 在 xOy 平面上的投影曲线为 $x^2 + y^2 = 1$.

因此,$z = 1$ 下方的抛物面在 xOy 平面上的投影区域 $D: x^2 + y^2 \leqslant 1$. 曲面方程 $z = x^2 + y^2$,则 $\frac{\partial z}{\partial x} = 2x$, $\frac{\partial z}{\partial y} = 2y$. 因此,曲面面积为

$$A = \iint_D \sqrt{1 + (2x)^2 + (2y)^2}\,dxdy = \iint_D \sqrt{1 + 4r^2}\,r\,drd\theta$$

$$= \int_0^{2\pi} d\theta \int_0^1 (1 + 4r^2)^{\frac{1}{2}} r\,dr = \frac{\pi}{6}(5\sqrt{5} - 1).$$

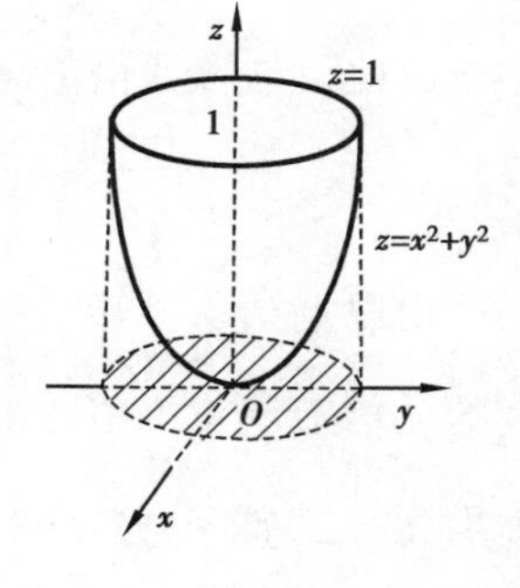

图9-35

例3 设有一颗地球同步轨道卫星,距地面的高度为 $h = 36\ 000$ km,运行的角速度与地球自转的角速度相同,试计算该通信卫星的覆盖面积与地球表面积的比值(地球半径 $R = 6\ 400$ km).

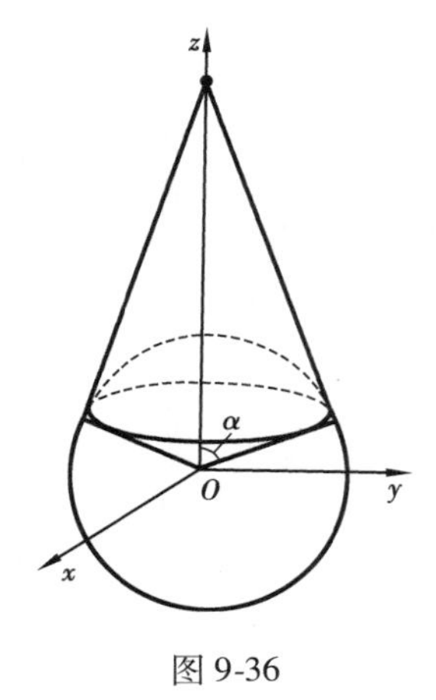

图 9-36

解 取地心为坐标原点,地心到通信卫星中心的连线为 z 轴,建立坐标系,如图 9-36 所示.

通信卫星覆盖的曲面 S 是上半球面被半顶角为 α 的圆锥面所截得的部分,其方程为

$$z=\sqrt{R^2-x^2-y^2},\quad x^2+y^2\leqslant R^2\sin\alpha,$$

而对应的投影区域为

$$D=\{(x,y)\mid x^2+y^2\leqslant R^2\sin^2\alpha\}.$$

于是,通信卫星的覆盖面积为

$$\begin{aligned}S&=\iint_D\sqrt{1+\left(\frac{\partial z}{\partial x}\right)^2+\left(\frac{\partial z}{\partial y}\right)^2}\,\mathrm{d}x\mathrm{d}y\\&=\iint_D\frac{R}{\sqrt{R^2-x^2-y^2}}\,\mathrm{d}x\mathrm{d}y.\end{aligned}$$

利用极坐标变换,得

$$\begin{aligned}S&=\int_0^{2\pi}\mathrm{d}\theta\int_0^{R\sin\alpha}\frac{R}{\sqrt{R^2-r^2}}\,r\,\mathrm{d}r\\&=2\pi R\int_0^{R\sin\alpha}\frac{r}{\sqrt{R^2-r^2}}\,\mathrm{d}r\\&=2\pi R^2(1-\cos\alpha).\end{aligned}$$

又 $\cos\alpha=\dfrac{R}{R+h}$,代入上式得

$$S=2\pi R^2\left(1-\frac{R}{R+h}\right)=2\pi R^2\frac{h}{R+h}.$$

由此得这颗通信卫星的覆盖面积与地球表面积之比为

$$\frac{S}{4\pi R^2}=\frac{h}{2(R+h)}=\frac{36\times10^6}{2\times(36+6.4)\times10^6}\approx42.5\%.$$

由以上结果可知,卫星覆盖了全球1/3以上的面积,故使用3颗相隔$\dfrac{2}{3}\pi$角度的通信卫星就可覆盖地球几乎全部的表面.

9.4.2 二重积分的物理应用

1)平面物质薄片的重心

设在 xOy 平面上有 n 个质点,它们分别位于$(x_1,y_1),(x_2,y_2),\cdots,(x_n,y_n)$处,质量分别为 $m_1,m_2,\cdots,m_n$. 由力学知识可知,该质点系的重心坐标为

$$\bar{x}=\frac{M_y}{M}=\frac{\sum_{i=1}^{n}m_ix_i}{\sum_{i=1}^{n}m_i},\quad \bar{y}=\frac{M_x}{M}=\frac{\sum_{i=1}^{n}m_iy_i}{\sum_{i=1}^{n}m_i},$$

其中,$M=\sum_{i=1}^{n}m_i$ 为该质点系的总质量,则

$$M_y=\sum_{i=1}^{n}m_ix_i,\quad M_x=\sum_{i=1}^{n}m_iy_i$$

分别为该质点系对 y 轴和 x 轴的**静矩**.

设有一平面薄片,占有 xOy 面上的闭区域 D,在点 (x,y) 处的面密度为 $\rho(x,y)$,假定 $\rho(x,y)$ 在 D 上连续,现求该薄片的重心坐标.

在闭区域 D 上任取一直径很小的闭区域 $\mathrm{d}\sigma$(其面积也记为 $\mathrm{d}\sigma$),并在 $\mathrm{d}\sigma$ 内任取一点 (x,y). 由于 $\mathrm{d}\sigma$ 的直径很小,且 $\rho(x,y)$ 在 D 上连续,因此,薄片中相应于 $\mathrm{d}\sigma$ 的部分的质量可近似等于 $\rho(x,y)\mathrm{d}\sigma$,这部分质量可近似看成集中在点 (x,y) 上. 于是,可写出静矩元素 $\mathrm{d}M_y$ 和 $\mathrm{d}M_x$ 为

$$\mathrm{d}M_y=x\rho(x,y)\mathrm{d}\sigma,\quad \mathrm{d}M_x=y\rho(x,y)\mathrm{d}\sigma.$$

以这些元素为被积表达式,在闭区域 D 上积分,便得

$$M_y=\iint_D x\rho(x,y)\mathrm{d}\sigma,\quad M_x=\iint_D y\rho(x,y)\mathrm{d}\sigma.$$

又因为平面薄片的质量为

$$M=\iint_D \rho(x,y)\mathrm{d}\sigma,$$

所以薄片的重心坐标为

$$\bar{x}=\frac{M_y}{M}=\frac{\iint_D x\rho(x,y)\mathrm{d}\sigma}{\iint_D \rho(x,y)\mathrm{d}\sigma},\quad \bar{y}=\frac{M_x}{M}=\frac{\iint_D y\rho(x,y)\mathrm{d}\sigma}{\iint_D \rho(x,y)\mathrm{d}\sigma}.$$

特别地,如果薄片是均匀的,即面密度为常量,则

$$\bar{x}=\frac{1}{A}\iint_D x\,\mathrm{d}\sigma,\quad \bar{y}=\frac{1}{A}\iint_D y\,\mathrm{d}\sigma,$$

其中,$A=\iint_D \mathrm{d}\sigma$ 为闭区域 D 的面积. 这时,薄片的重心称为该平面薄片所占平面图形的**形心**.

例4　一平面薄片占有 xOy 平面上的由曲线 $x=y^2$ 和直线 $x=4$ 所围成的区域 D. 设薄片在点 (x,y) 处的面密度与该点到 y 轴的距离成正比,求薄片的

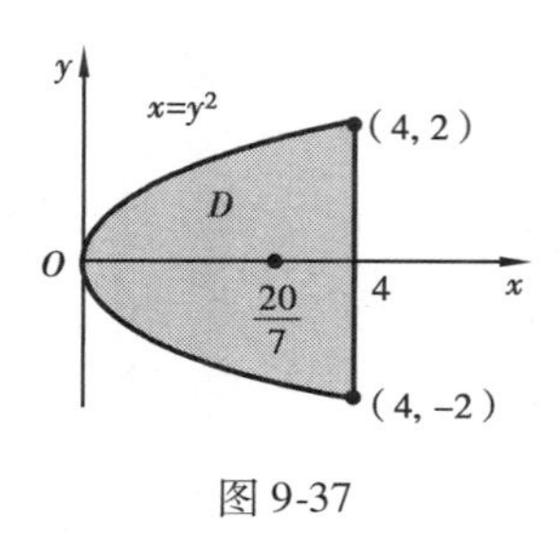

图 9-37

重心.

解　D 的图形如图 9-37 所示.

面密度 $\rho(x,y)=kx$，薄片的质量

$$M=\iint_D kx\,\mathrm{d}\sigma=k\int_{-2}^{2}\mathrm{d}y\int_{y^2}^{4}x\,\mathrm{d}x=\frac{k}{2}\int_{-2}^{2}(16-y^2)\,\mathrm{d}y=\frac{128}{5}k.$$

静力矩 $M_x=0$（因 $\rho y=kxy$ 是 y 的奇函数，D 关于 x 轴对称），且

$$M_y=\iint_D x\cdot kx\,\mathrm{d}\sigma=k\int_{-2}^{2}\mathrm{d}y\int_{y^2}^{4}x^2\mathrm{d}x=\frac{k}{3}\int_{-2}^{2}(64-y^6)\,\mathrm{d}y=\frac{512}{7}k,$$

于是

$$\bar{x}=\frac{M_y}{M}=\frac{20}{7},\quad \bar{y}=\frac{M_x}{M}=0.$$

因此，重心坐标为 $\left(\dfrac{20}{7},0\right)$.

例 5　求位于两圆 $x^2+y^2=2y$ 和 $x^2+y^2=4y$ 之间的均匀薄片的重心，如图 9-38 所示.

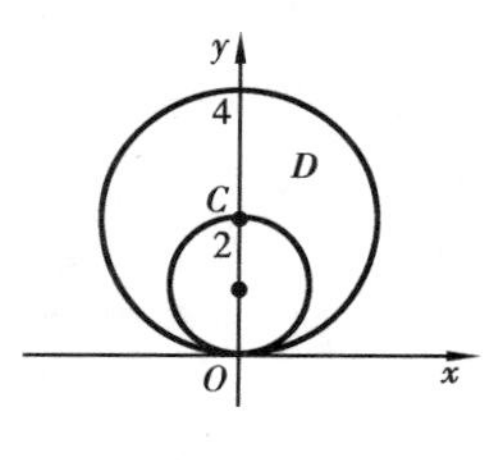

图 9-38

解　因为闭区域 D 关于 y 轴对称，所以重心 $C(\bar{x},\bar{y})$ 必在 y 轴上，则有 $\bar{x}=0$. 再根据公式

$$\bar{y}=\frac{1}{A}\iint_D y\,\mathrm{d}\sigma$$

计算 $\bar{y}$. 由于闭区域 D 的面积为半径为 2 的圆面积减去半径为 1 的圆面积，即 $A=3\pi$. 再结合极坐标变换可知，两个圆的极坐标方程分别为

$$r=2\sin\theta,\quad r=4\sin\theta,$$

从而有

$$\iint_D y\,\mathrm{d}\sigma=\iint_D r^2\sin\theta\,\mathrm{d}r\mathrm{d}\theta=\int_0^{\pi}\sin\theta\,\mathrm{d}\theta\int_{2\sin\theta}^{4\sin\theta}r^2\mathrm{d}r$$

$$=\frac{56}{3}\int_0^{\pi}\sin^4\theta\,\mathrm{d}\theta=7\pi.$$

因此

$$\bar{y}=\frac{7\pi}{3\pi}=\frac{7}{3},$$

故所求重心坐标为 $C\left(0,\dfrac{7}{3}\right)$.

2）**平面物质薄片的转动惯量**

设 xOy 平面上有 n 个质点，它们分别位于点 $(x_1,y_1),(x_2,y_2),\cdots,(x_n,y_n)$ 处，质量分别为 $m_1,m_2,\cdots,m_n$. 由力学知识可知，该质点系对 x 轴以及对 y 轴的转动惯量依次为

$$I_x = \sum_{i=1}^{n} y_i^2 m_i, \quad I_y = \sum_{i=1}^{n} x_i^2 m_i.$$

设有一平面薄片，占有 xOy 面上的闭区域 D，在点 (x,y) 处的面密度为 $\rho(x,y)$，假定 $\rho(x,y)$ 在 D 上连续. 现要求该薄片对 x 轴、y 轴的转动惯量 I_x 和 I_y.

应用元素法. 在闭区域 D 上任取一直径很小的闭区域 $d\sigma$（其面积也记为 $d\sigma$），并在 $d\sigma$ 内任取一点 (x,y). 由于 $d\sigma$ 的直径很小，且 $\rho(x,y)$ 在 D 上连续，所以薄片中相应于 $d\sigma$ 的部分的质量可以近似等于 $\rho(x,y)d\sigma$，这部分质量可近似看成集中在点 (x,y) 上，于是可以写出薄片对 x 轴、y 轴的转动惯量元素分别为

$$dI_x = y^2\rho(x,y)d\sigma, \quad dI_y = x^2\rho(x,y)d\sigma.$$

以这些元素为被积表达式，在闭区域 D 上积分，便得

$$I_x = \iint_D y^2\rho(x,y)d\sigma, \quad I_y = \iint_D x^2\rho(x,y)d\sigma$$

例6 设有密度为 ρ 的均匀半圆薄片占有区域 D：$x^2+y^2\leqslant a^2, y\geqslant 0$，求薄片的转动惯量 I_x 和 I_y.

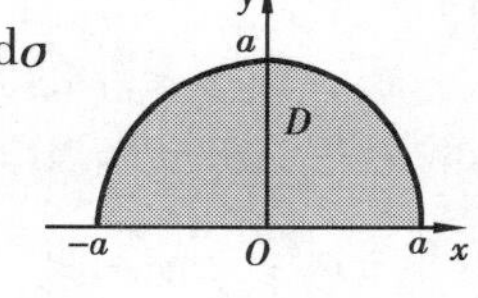

图 9-39

解 D 的图形如图 9-39 所示.

因此，薄片的转动惯量为

$$I_x = \iint_D y^2\rho\, dxdy = \rho\int_0^{\pi}d\theta\int_0^a (r\sin\theta)^2 r\, dr = \rho\int_0^{\pi}d\theta\int_0^a r^3\sin^2\theta\, dr$$

$$= \frac{1}{4}\rho a^4\int_0^{\pi}\sin^2\theta\, d\theta = \frac{1}{4}\rho a^4\cdot\frac{\pi}{2} = \frac{1}{8}\rho\pi a^4.$$

$$I_y = \iint_D x^2\rho\, dxdy = \rho\int_0^{\pi}d\theta\int_0^a (r\cos\theta)^2 r\, dr = \rho\int_0^{\pi}d\theta\int_0^a r^3\cos^2\theta\, dr$$

$$= \frac{1}{4}\rho a^4\int_0^{\pi}\cos^2\theta\, d\theta = \frac{1}{4}\rho a^4\cdot\frac{\pi}{2} = \frac{1}{8}\rho\pi a^4.$$

9.4.3 二重积分的经济应用

例7（计算城市总税收收入） 某城市受地理限制呈直角三角形分布，斜边

临近一条河. 由于交通关系，城市发展不太均衡，这一点可从税收状况反映出来. 若以两直角边为坐标轴建立直角坐标系，则位于 x 轴和 y 轴上的道路长度分别为 16 km 和 12 km，且税收情况与地理位置的关系 $R(x,y)$（万元/km^2）为

$$R(x,y)=20x+10y,$$

试计算该城市总的税收收入.

解 这是一个二重积分的应用问题. 其中，积分区域 D 由 x 轴、y 轴及直线 $\frac{x}{16}+\frac{y}{12}=1$ 围成，$D:0\leqslant y\leqslant 12-\frac{3}{4}x,0\leqslant x\leqslant 16$，所求总税收收入为

$$L=\iint_D R(x,y)\mathrm{d}\sigma=\int_0^{16}\mathrm{d}x\int_0^{12-\frac{3}{4}x}(20x+10y)\mathrm{d}y$$

$$=\int_0^{16}\left(720+150x-\frac{195}{16}x^2\right)\mathrm{d}x=14\ 080(\text{万元}).$$

例 8（平均利润） 某公司销售商品 Ⅰ x 个单位、商品 Ⅱ y 个单位的利润为

$$P(x,y)=-(x-200)^2-(y-100)^2+5\ 000.$$

现已知 1 周内商品 Ⅰ 的销售数量在 150 ~ 200 个单位之间变化，1 周内商品 Ⅱ 的销售数量在 80 ~ 100 个单位之间变化. 求销售这两种商品 1 周的平均利润.

解 由于 x,y 的变化范围 $D=\{(x,y)\mid 150\leqslant x\leqslant 200,80\leqslant y\leqslant 100\}$，因此，$D$ 的面积 $\sigma=50\times 20=1\ 000$. 该公司销售这两种商品 1 周的平均利润为

$$\frac{1}{\sigma}\iint_D P(x,y)\mathrm{d}\sigma=\frac{1}{1\ 000}\iint_D[-(x-200)^2-(y-100)^2+5\ 000]\mathrm{d}\sigma$$

$$=\frac{1}{1\ 000}\int_{150}^{200}\mathrm{d}x\int_{80}^{100}[-(x-200)^2-(y-100)^2+5\ 000]\mathrm{d}y$$

$$=\frac{1}{1\ 000}\int_{150}^{200}\left[-(x-200)^2y-\frac{(y-100)^3}{3}+5\ 000y\right]\Bigg|_{80}^{100}\mathrm{d}x$$

$$=\frac{1}{1\ 000}\int_{150}^{200}\left[-20(x-200)^2+\frac{292\ 000}{3}\right]\mathrm{d}x$$

$$=\frac{12\ 100\ 000}{3\ 000}(\text{元})\approx 4\ 033(\text{元}).$$

基础题

1. 求平面 $x+2y+z=4$ 和三坐标面所围成的四面体的体积.

2. 求由圆锥面 $z=4-\sqrt{x^2+y^2}$ 与旋转抛物面 $2z=x^2+y^2$ 所围立体的体积.

3. 求平面 $\frac{x}{a}+\frac{y}{b}+\frac{z}{c}=1$ 被三坐标面所割出部分的面积.

4. 求底圆半径相等的两个直交圆柱面 $x^2+y^2=R^2$ 及 $x^2+z^2=R^2$ 所围立体的表面积.

5. 求锥面 $z=\sqrt{x^2+y^2}$ 被圆柱面 $x^2+y^2=x$ 所截下部分的面积.

6. 求抛物线 $y^2=4x$ 和直线 $y=2x$ 所围成的平面图形的重心.

7. 设半径为 1 的半圆形薄片上各点处的面密度等于该点到圆心的距离,求此半圆的重心坐标及关于 x 轴(直径边)的转动惯量.

8. 设均匀薄片(面密度为常数 1)所占闭区域 D 由抛物线 $y^2=\frac{9}{2}x$ 与直线 $x=2$ 所围成,求 I_x 和 I_y.

提高题

【2019 年数一】设 a,b 为实数,函数 $z=2+ax^2+by^2$ 在点(3,4)处的方向导数中,沿方向 $\boldsymbol{l}=-3\boldsymbol{i}-4\boldsymbol{j}$ 的方向导数最大,最大值为 10.

(1)求 a,b.

(2)求曲面 $z=2+ax^2+by^2(z\geqslant0)$ 的面积.

应用题

设有一由 $y=\ln x, y=0$ 及 $x=\mathrm{e}$ 所围成的均匀薄片(密度为 1),问此薄片绕哪一条垂直于 x 轴的直线旋转时转动惯量最小?

总习题 9

基础题

1. 选择题：

(1) 设

$$I_1 = \iint_D \cos\sqrt{x^2+y^2}\,d\sigma,$$

$$I_2 = \iint_D \cos(x^2+y^2)\,d\sigma,$$

$$I_3 = \iint_D \cos(x^2+y^2)^2\,d\sigma,$$

其中 $D=\{(x,y)\mid x^2+y^2\leqslant 1\}$，则（　　）．

A. $I_3>I_2>I_1$　　B. $I_1>I_2>I_3$

C. $I_2>I_1>I_3$　　D. $I_3>I_1>I_2$

(2) 若平面区域 $D: x^2+y^2\leqslant 16$，利用二重积分的几何意义，则 $\iint_D \sqrt{16-x^2-y^2}\,d\sigma=$（　　）．

A. $\dfrac{64}{3}\pi$　　B. $\dfrac{128}{3}\pi$

C. $\dfrac{256}{3}\pi$　　D. $\dfrac{32}{3}\pi$

(3) 设函数 $f(x,y)$ 连续，则二次积分 $\int_{\frac{\pi}{2}}^{\pi}dx\int_{\sin x}^{1}f(x,y)\,dy=$（　　）．

A. $\int_0^1 dy\int_{\frac{\pi}{2}}^{\pi-\arcsin y}f(x,y)\,dx$　　B. $\int_0^1 dy\int_{\pi-\arcsin y}^{\pi}f(x,y)\,dx$

C. $\int_0^1 dy\int_{\frac{\pi}{2}}^{\pi+\arcsin y}f(x,y)\,dx$　　D. $\int_0^1 dy\int_{\arcsin y}^{\pi}f(x,y)\,dx$

(4) 设平面闭区域

$$D=\{(x,y)\mid -a\leqslant x\leqslant a, x\leqslant y\leqslant a\},$$

$$D_1=\{(x,y)\mid 0\leqslant x\leqslant a, x\leqslant y\leqslant a\},$$

则$\iint\limits_{D}(xy+\cos x\sin y)\mathrm{d}x\mathrm{d}y=(\quad)$.

A. $2\iint\limits_{D_1}\cos x\sin y\,\mathrm{d}x\mathrm{d}y$　　B. $2\iint\limits_{D_1}xy\,\mathrm{d}x\mathrm{d}y$

C. $4\iint\limits_{D_1}(xy+\cos x\sin y)\mathrm{d}x\mathrm{d}y$　　D. 0

(5) 设$f(x)$为连续函数,$F(t)=\int_1^t\mathrm{d}y\int_y^t f(x)\mathrm{d}x$,则$F'(2)=(\quad)$.

A. $2f(2)$　　B. $f(2)$　　C. $-f(2)$　　D. 0

(6)【2014年数一】设$f(x,y)$是连续函数,则$\int_0^1\mathrm{d}y\int_{-\sqrt{1-y^2}}^{1-y}f(x,y)\mathrm{d}x=(\quad)$.

A. $\int_0^1\mathrm{d}x\int_0^{x-1}f(x,y)\mathrm{d}y+\int_{-1}^0\mathrm{d}x\int_0^{\sqrt{1-x^2}}f(x,y)\mathrm{d}y$

B. $\int_0^1\mathrm{d}x\int_0^{1-x}f(x,y)\mathrm{d}y+\int_{-1}^0\mathrm{d}x\int_{-\sqrt{1-x^2}}^0 f(x,y)\mathrm{d}y$

C. $\int_0^{\frac{\pi}{2}}\mathrm{d}\theta\int_0^{\frac{1}{\cos\theta+\sin\theta}}f(r\cos\theta,r\sin\theta)\mathrm{d}r+\int_{\frac{\pi}{2}}^{\pi}\mathrm{d}\theta\int_0^1 f(r\cos\theta,r\sin\theta)\mathrm{d}r$

D. $\int_0^{\frac{\pi}{2}}\mathrm{d}\theta\int_0^{\frac{1}{\cos\theta+\sin\theta}}f(r\cos\theta,r\sin\theta)r\,\mathrm{d}r+\int_{\frac{\pi}{2}}^{\pi}\mathrm{d}\theta\int_0^1 f(r\cos\theta,r\sin\theta)r\,\mathrm{d}r$

(7)【2012年数三】设函数$f(t)$连续,则二次积分$\int_0^{\frac{\pi}{2}}\mathrm{d}\theta\int_{2\cos\theta}^2 f(r^2)r\,\mathrm{d}r=$ $(\quad)$.

A. $\int_0^2\mathrm{d}x\int_{\sqrt{2x-x^2}}^{\sqrt{4-x^2}}\sqrt{x^2+y^2}f(x^2+y^2)\mathrm{d}y$

B. $\int_0^2\mathrm{d}x\int_{\sqrt{2x-x^2}}^{\sqrt{4-x^2}}f(x^2+y^2)\mathrm{d}y$

C. $\int_0^2\mathrm{d}y\int_{1+\sqrt{1-y^2}}^{\sqrt{4-y^2}}\sqrt{x^2+y^2}f(x^2+y^2)\mathrm{d}x$

D. $\int_0^2\mathrm{d}y\int_{1+\sqrt{1-y^2}}^{\sqrt{4-y^2}}f(x^2+y^2)\mathrm{d}x$

(8)【2013年数三】设D_k是圆域$D=\{(x,y)\mid x^2+y^2\leqslant 1\}$位于第$k$象限的部分,记$I_k=\iint\limits_{D_k}(y-x)\mathrm{d}x\mathrm{d}y(k=1,2,3,4)$,则$(\quad)$.

A. $I_1>0$　　B. $I_2>0$

C. $I_3 > 0$　　　　D. $I_4 > 0$

2. 填空题：

(1)【2016 年数三】设 $D = \{(x,y) \mid |x| \leqslant y \leqslant 1, -1 \leqslant x \leqslant 1\}$，则 $\iint\limits_D x^2 e^{-y^2} dxdy =$ ________.

(2)【2014 年数三】二次积分 $\int_0^1 dy \int_y^1 \left(\frac{e^{x^2}}{x} - e^{y^2}\right) dx =$ ________.

3. 计算下列积分：

(1) $\iint\limits_D 6x^2y^2 dxdy$，其中 D 是由 $y = x, y = -x$ 及与 $y = 2 - x^2$ 围成的在 x 轴上方的区域.

(2) $\iint\limits_D \frac{y^3}{x} dxdy$，其中 $D: x^2 + y^2 \leqslant 1, 0 \leqslant y \leqslant \sqrt{\frac{3}{2}x}$.

(3) $\int_0^1 dx \int_x^{\sqrt{x}} \frac{\sin y}{y} dy$.

(4) $\iint\limits_D (y^2 + 3x - 6y + 9) dxdy$，其中 $D = \{(x,y) \mid x^2 + y^2 \leqslant R^2\}$.

4. 改变下列二次积分的积分次序：

(1) $\int_0^{2\pi} dx \int_0^{\sin x} f(x,y) dy$.

(2) $\int_0^{2a} dx \int_{\sqrt{2ax - x^2}}^{\sqrt{2ax}} f(x,y) dy \ (a > 0)$.

(3) $\int_0^1 dy \int_{\sqrt{y}}^{1 + \sqrt{1 - y^2}} f(x,y) dx$.

5. 证明：$\int_a^b dx \int_a^x (x - y)^{n-2} f(y) dy = \frac{1}{n-1} \int_a^b (b - y)^{n-1} f(y) dy$.

6. 设 $f(x)$ 在区间 $[a,b]$ 上连续，证明：

$$\left[\int_a^b f(x) dx\right]^2 \leqslant (b - a) \int_a^b f^2(x) dx.$$

7. 设 $f(x)$ 在 $[0,1]$ 上连续，并设 $\int_0^1 f(x) dx = A$，求 $\int_0^1 dx \int_x^1 f(x) f(y) dy$.

8. 计算 $\iint\limits_D xy \, dxdy$，其中 D 是由曲线 $y = \sqrt{1 - x^2}, x^2 + (y - 1)^2 = 1$ 与 y 轴围成的在右上方的区域.

9. 计算$\iint\limits_D (x+y)\mathrm{d}x\mathrm{d}y$,其中区域$D:x^2+y^2-2Rx\leqslant 0$.

10. 计算$I=\iint\limits_D \sqrt{1-\sin^2(x+y)}\,\mathrm{d}x\mathrm{d}y$,其中$D$是由直线$y=x,y=0,x=\dfrac{\pi}{2}$围成.

11. 求平面$\dfrac{x}{a}+\dfrac{y}{b}+\dfrac{z}{c}=1$被三坐标面所割出的有限部分的面积.

12. 计算以xOy面上的由圆周$x^2+y^2=ax$所围成的闭区域为底,以曲面$z=x^2+y^2$为顶的曲顶柱体的体积.

13. 求由抛物线$y=x^2$及直线$y=1$所围成的均匀薄片(面密度为常数μ)对直线$y=-1$的转动惯量.

提高题

1. 设$f(x)$在区间$[a,b]$上连续,$f(x)>0$,证明:

$$\int_a^b f(x)\mathrm{d}x\int_a^b \frac{\mathrm{d}x}{f(x)}\geqslant (b-a)^2.$$

2. 计算$I=\iint\limits_D f(x,y)\mathrm{d}x\mathrm{d}y$,其中$f(x,y)=\begin{cases}\mathrm{e}^{-(x+y)} & x>0,y>0\\ 0 & 其他\end{cases}$,$D$是由$x+y=a,x+y=b,y=0$和$y=b+a$围成$(b>a>0)$.

3. 计算$I=\iint\limits_D |x^2+y^2-2x|\mathrm{d}x\mathrm{d}y$,其中$D:x^2+y^2\leqslant 4$.

4. 密度均匀的平面薄片,由曲线$y=x^2,x=0,y=t(x>0,t$可变)围成,求该可变面积平面薄片的重心轨迹.

5.【2017年数三】计算积分$\iint\limits_D \dfrac{y^3}{(1+x^2+y^4)^2}\mathrm{d}x\mathrm{d}y$,其中$D$是第一象限中以曲线$y=\sqrt{x}$与$x$轴为边界的无界区域.

6.【2018年数三】设平面区域D由曲线$y=\sqrt{3(1-x^2)}$与直线$y=\sqrt{3}x$及y轴围成,计算二重积分$\iint\limits_D x^2\mathrm{d}x\mathrm{d}y$.

应用题

1. 在均匀的半径为R的半圆形薄片的直径上,要接上一个一边与直径等长的同样材料的均匀矩形薄片,为了使整个均匀薄片的重心恰好落在圆心上,问接上去的均匀矩形薄片另一边的长度应是多少？

2.【2017 年数一】设薄片型物体 S 是圆锥面 $z=\sqrt{x^2+y^2}$ 被柱面 $z^2=2x$ 割下的有限部分，其上任一点密度为 $u(x,y,z)=9\sqrt{x^2+y^2+z^2}$. 记圆锥面与柱面的交线为 C.

(1) 求 C 在 xOy 平面上的投影曲线的方程.

(2) 求 S 的质量 M.

3.【2012 年数一】已知曲线 $L:\begin{cases}x=f(t)\\y=\cos t\end{cases}\left(0\leqslant t<\dfrac{\pi}{2}\right)$，其中函数 $f(t)$ 具有连续导数，且 $f(0)=0$，$f'(t)>0\left(0<t<\dfrac{\pi}{2}\right)$. 若曲线 L 的切线与 x 轴的交点到切点的距离恒为 1，求函数 $f(t)$ 的表达式，并求此曲线 L 及 x 轴和 y 轴为边界的区域的面积.

第10章　无穷级数

由初等数学知识可知,有限个实数 $u_1, u_2, \cdots, u_n$ 相加,其和一定存在且是一个实数,而无限个实数相加会出现什么结果呢?例如,在《庄子·天下篇》中提到的"一尺之棰,日取其半,万世不竭",即把每天截取下来的那一部分的长度"加"起来,即

$$\frac{1}{2}+\frac{1}{2^2}+\frac{1}{2^3}+\cdots+\frac{1}{2^n}+\cdots,$$

这就是"无限个数相加"的例子. 可知,它的和是 1. 有时,"无限个数相加"的"和"为无穷大,如

$$1+\frac{1}{2}+\frac{1}{3}+\cdots+\frac{1}{n}+\cdots=\infty,$$

这一事实,将在本章的 10.1 节例 7 中加以证明. 又如,在由无限个数相加的表达式

$$1+(-1)+1+(-1)+\cdots$$

中,如果将它写为

$$(1-1)+(1-1)+(1-1)+\cdots=0+0+0+\cdots,$$

其结果无疑是 0,如果写为

$$1+[(-1)+1]+[(-1)+1]+\cdots=1+0+0+0+\cdots,$$

其结果则是 1. 因此,对它的"和",我们无法确定它是 1 还是 0,或者其他的结果. 由此提出这样的问题:"无限个数相加"是否存在"和";如果存在,"和"等于什么?可见,无法把对有限和的认知完全移植到"无限和"上,需要建立"无限和"自身的理论.

10.1 常数项级数的概念和性质

10.1.1 常数项级数的概念

一系列无穷多个数 $u_1,u_2,u_3,\cdots,u_n,\cdots$写成和式

$$u_1+u_2+u_3+\cdots+u_n+\cdots,$$

这个表达式称为**(常数项)无穷级数**,简称**级数**,记为 $\sum\limits_{n=1}^{\infty}u_n$,即

$$\sum_{n=1}^{\infty}u_n=u_1+u_2+u_3+\cdots+u_n+\cdots, \tag{10-1}$$

式中的每个数称为常数项级数的**项**,其中 u_n 称为级数(10-1)的**一般项**或**通项**.

无穷级数的定义只是形式上表达了无穷多个数的和.应该怎样理解其意义呢?由于任意有限个数的和是可以确定的,因此,可通过考察无穷级数的前 n 项和随着 n 的变化趋势来认识这个级数.

级数(10-1)的前 n 项和

$$s_n=u_1+u_2+u_3+\cdots+u_n=\sum_{i=1}^{n}u_i$$

称为级数(10-1)的前 n 项**部分和**.当 n 依次取 $1,2,3,\cdots$时,它们构成一个新的数列$\{s_n\}$,即

$$s_1=u_1,\ s_2=u_1+u_2,\cdots,\ s_n=u_1+u_2+\cdots+u_n,\ \cdots.$$

数列$\{s_n\}$称为**部分和数列**.根据数列$\{s_n\}$是否存在极限,并引入级数(10-1)的收敛与发散的概念.

定义1 如果级数 $\sum\limits_{n=1}^{\infty}u_n$ 的部分和数列$\{s_n\}$存在极限 s,即

$$\lim_{n\to\infty}s_n=s,$$

则称级数 $\sum\limits_{n=1}^{\infty}u_n$ **收敛**,极限 s 称为级数 $\sum\limits_{n=1}^{\infty}u_n$ 的**和**,记作

$$s=u_1+u_2+u_3+\cdots+u_n+\cdots \text{或} s=\sum_{n=1}^{\infty}u_n.$$

如果$\{s_n\}$发散,则称级数 $\sum\limits_{n=1}^{\infty}u_n$ **发散**.

如果级数 $\sum_{n=1}^{\infty} u_n$ 收敛于 s,则部分和 $s_n \approx s$,它们之间的差

$$r_n = s - s_n = u_{n+1} + u_{n+2} + \cdots \tag{10-2}$$

称为级数的**余项**. 显然,有 $\lim_{n\to\infty} r_n = 0$,而 $|r_n|$ 是用 s_n 近似代替 s 时所产生的**误差**.

根据以上的定义,级数 $\sum_{n=1}^{\infty} u_n$ 与其部分和数列 $\{s_n\}$ 具有相同的敛散性,收敛时有 $\sum_{n=1}^{\infty} u_n = \lim_{n\to\infty} s_n$,发散的级数没有"和"可言.

例1　讨论级数 $\frac{1}{1\cdot 2}+\frac{1}{2\cdot 3}+\frac{1}{3\cdot 4}+\cdots+\frac{1}{n(n+1)}+\cdots$ 的敛散性.

解　由通项 $u_n = \frac{1}{n(n+1)} = \frac{1}{n} - \frac{1}{n+1}$,得

$$\begin{aligned} s_n &= \frac{1}{1\cdot 2}+\frac{1}{2\cdot 3}+\frac{1}{3\cdot 4}+\cdots+\frac{1}{n(n+1)} \\ &= \left(1-\frac{1}{2}\right)+\left(\frac{1}{2}-\frac{1}{3}\right)+\cdots+\left(\frac{1}{n}-\frac{1}{n+1}\right) \\ &= 1-\frac{1}{n+1}. \end{aligned}$$

所以

$$\lim_{n\to\infty} s_n = \lim_{n\to\infty}\left(1-\frac{1}{n+1}\right) = 1,$$

即题设级数收敛,其和为1.

例2　证明级数 $1+2+3+\cdots+n+\cdots$ 是发散的.

证明　题中级数的部分和为

$$s_n = 1+2+3+\cdots+n = \frac{n(n+1)}{2},$$

显然,$\lim_{n\to\infty} s_n = \infty$,题设级数发散.

例3　讨论**等比级数**(又称**几何级数**)

$$a + aq + aq^2 + \cdots + aq^n + \cdots (a \neq 0)$$

的敛散性.

解　当 $q \neq 1$ 时,有

$$s_n = a + aq + aq^2 + \cdots + aq^{n-1} = \frac{a(1-q^n)}{1-q}.$$

如果 $|q|<1$,有 $\lim_{n\to\infty} q^n = 0$,则 $\lim_{n\to\infty} s_n = \lim_{n\to\infty} a\cdot\frac{1-q^n}{1-q} = \frac{a}{1-q}$. 此时级数收敛,其

和为$\frac{a}{1-q}$;

如果$|q|>1$,有$\lim\limits_{n\to\infty}q^n=\infty$,则$\lim\limits_{n\to\infty}s_n=\infty$,级数发散;

如果$q=1$,有$s_n=na$,则$\lim\limits_{n\to\infty}s_n=\infty$,级数发散;

如果$q=-1$,则级数变为$a-a+a-\cdots+a-a+\cdots$,此时

$$s_n=a-a+a-a+\cdots+(-1)^n a=\frac{1}{2}a[1-(-1)^n].$$

显然,$\lim\limits_{n\to\infty}s_n$不存在.

综上所述,当$|q|<1$时,等比级数收敛,其和为$\frac{a}{1-q}$;当$|q|\geqslant 1$时,等比级数发散.

例4 把循环小数5. 373 737…表示成分数.

解

$$\begin{aligned}5.373\,737\cdots&=5+\frac{37}{100}+\frac{37}{100^2}+\frac{37}{100^3}+\cdots\\&=5+\frac{37}{100}\left(1+\frac{1}{100}+\frac{1}{100^2}+\cdots\right)\\&=5+\frac{37}{100}\cdot\frac{1}{0.99}=\frac{532}{99}.\end{aligned}$$

10.1.2 收敛级数的基本性质

由于级数的敛散性可通过它的部分和数列来确定,因此,根据收敛数列的基本性质可得到收敛级数的以下性质:

性质1 如果级数$\sum\limits_{n=1}^{\infty}u_n$,$\sum\limits_{n=1}^{\infty}v_n$分别收敛于和$A$,$B$,则对任意的常数$\alpha$,$\beta$,级数$\sum\limits_{n=1}^{\infty}(\alpha u_n+\beta v_n)$也收敛,且

$$\sum_{n=1}^{\infty}(\alpha u_n+\beta v_n)=a\sum_{n=1}^{\infty}u_n+\beta\sum_{n=1}^{\infty}v_n=\alpha A+\beta B. \tag{10-3}$$

证明 设级数$\sum\limits_{n=1}^{\infty}u_n$,$\sum\limits_{n=1}^{\infty}v_n$和级数$\sum\limits_{n=1}^{\infty}(\alpha u_n+\beta v_n)$的部分和分别为$A_n$,$B_n$及$s_n$,则

$$\begin{aligned}s_n&=(\alpha u_1+\beta v_1)+(\alpha u_2+\beta v_2)+\cdots+(\alpha u_n+\beta v_n)\\&=\alpha(u_n+u_2+\cdots+u_n)+\beta(v_1+v_2+\cdots+v_n)\\&=\alpha A_n+\beta B_n,\end{aligned}$$

于是

$$\lim_{n\to\infty} s_n = \lim_{n\to\infty}(\alpha A_n + \beta B_n) = \alpha A + \beta B = \alpha\sum_{n=1}^{\infty} u_n + \beta\sum_{n=1}^{\infty} v_n.$$

因此，$\sum_{n=1}^{\infty}(\alpha u_n + \beta v_n)$ 收敛，且

$$\sum_{n=1}^{\infty}(\alpha u_n + \beta v_n) = \alpha\sum_{n=1}^{\infty} u_n + \beta\sum_{n=1}^{\infty} v_n = \alpha A + \beta B.$$

例 5　求级数 $\sum_{n=1}^{\infty}\left[\frac{1}{2^n} + \frac{3}{n(n+1)}\right]$ 的和.

解　由等比级数可知

$$\sum_{n=1}^{\infty}\frac{1}{2^n} = \frac{\frac{1}{2}}{1 - \frac{1}{2}} = 1.$$

由例 1 可知

$$\sum_{n=1}^{\infty}\frac{3}{n(n+1)} = 3\sum_{n=1}^{\infty}\frac{1}{n(n+1)} = 3,$$

所以

$$\sum_{n=1}^{\infty}\left(\frac{1}{2^n} + \frac{3}{n(n+1)}\right) = \sum_{n=1}^{\infty}\frac{1}{2^n} + \sum_{n=1}^{\infty}\frac{3}{n(n+1)} = 4.$$

性质 2　去掉、增加或改变级数的有限项不会改变级数的敛散性.

证明　这里只证明改变级数的前有限项的情况，其他情况可由此推出.

设有级数

$$\sum_{n=1}^{\infty} u_n = u_1 + u_2 + \cdots + u_k + u_{k+1} + \cdots + u_n + \cdots. \tag{10-4}$$

若改变它的前 k 项，得到一个新的级数

$$v_1 + v_2 + \cdots + v_k + u_{k+1} + \cdots + u_n + \cdots. \tag{10-5}$$

设级数(10-4)的前 n 项的和为 A_n，$u_1 + u_2 + \cdots + u_k = a$，则

$$A_n = a + u_{k+1} + \cdots + u_n.$$

同时，设级数(10-5)的前 n 项的和为 B_n，$v_1 + v_2 + \cdots + v_k = b$，则

$$\begin{aligned} B_n &= v_1 + v_2 + \cdots + v_k + u_{k+1} + \cdots + u_n \\ &= u_1 + u_2 + \cdots + u_k + u_{k+1} + \cdots + u_n - a + b \\ &= A_n - a + b. \end{aligned}$$

可知，数列 $\{B_n\}$ 和 $\{A_n\}$ 具有相同的敛散性，即级数(10-4)和级数(10-5)具有相同的敛散性.

性质3 在一个收敛级数中，任意添加括号所得到的新级数也收敛，且收敛于原来的和.

证明 设$\sum_{n=1}^{\infty} u_n$为收敛的级数，且其和为s，记

$$v_1 = u_1 + \cdots + u_{n_1}, \quad v_2 = u_{n_1+1} + \cdots + u_{n_2}, \cdots, \quad v_k = u_{n_{k-1}+1} + \cdots + u_{n_k}, \cdots.$$

现在证明加括号后的级数$\sum_{k=1}^{\infty} v_k$也收敛，且和也是s. 事实上，设$\{s_n\}$为收敛级数$\sum_{n=1}^{\infty} u_n$的部分和数列，则级数$\sum_{k=1}^{\infty} v_k$的部分和数列$\{s_{n_k}\}$是$\{s_n\}$的一个子列. 因$\lim_{n\to\infty} s_n = s$. 故由子列的性质，$\{s_{n_k}\}$也收敛，且$\lim_{k\to\infty} s_{n_k} = s$，即级数$\sum_{k=1}^{\infty} v_k$收敛，且和也为$s$.

注 级数加括号之后收敛并不能推出它在未加括号之前也收敛. 例如

$$(1-1)+(1-1)+\cdots+(1-1)+\cdots = 0+0+\cdots = 0$$

收敛，但级数

$$1-1+1-1+\cdots$$

却是发散的. 但有以下的推论：

推论1 如果加括号后所得的级数发散，则原来的级数也发散.

例6 判别级数

$$\frac{1}{\sqrt{2}-1} - \frac{1}{\sqrt{2}+1} + \frac{1}{\sqrt{3}-1} - \frac{1}{\sqrt{3}+1} + \frac{1}{\sqrt{4}-1} - \frac{1}{\sqrt{4}+1} + \cdots$$

的敛散性.

解 考虑加括号之后的级数

$$\left(\frac{1}{\sqrt{2}-1} - \frac{1}{\sqrt{2}+1}\right) + \left(\frac{1}{\sqrt{3}-1} - \frac{1}{\sqrt{3}+1}\right) + \left(\frac{1}{\sqrt{4}-1} - \frac{1}{\sqrt{4}+1}\right) + \cdots,$$

其通项为$\frac{1}{\sqrt{n}-1} - \frac{1}{\sqrt{n}+1} = \frac{2}{n-1}$，则新的级数$\sum_{n=2}^{\infty} \frac{2}{n-1} = 2\sum_{n=2}^{\infty} \frac{1}{n-1} = 2\sum_{n=1}^{\infty} \frac{1}{n}$发散. 根据推论1，原级数发散.

性质4 若级数$\sum_{n=1}^{\infty} u_n$收敛，则$\lim_{n\to\infty} u_n = 0$.

证明 设$\sum_{n=1}^{\infty} u_n = s$，其部分和为$s_n$，则由$u_n = s_n - s_{n-1}$，得

$$\lim_{n\to\infty} u_n = \lim_{n\to\infty} s_n - \lim_{n\to\infty} s_{n-1} = s - s = 0.$$

注 由性质4可知，若级数的一般项不趋于零，则级数是发散的.

例如

$$\frac{1}{2}+\frac{2}{3}+\frac{3}{4}+\cdots+\frac{n}{n+1}+\cdots,$$

它的一般项 $u_n=\frac{n}{n+1}$ 在 $n\to\infty$ 时不趋于零,故该级数发散.

级数的一般项趋于零只是该级数收敛的必要条件,如下例.

例7　证明**调和级数** $1+\frac{1}{2}+\frac{1}{3}+\frac{1}{4}+\cdots+\frac{1}{n}+\cdots$ 是发散的.

证明　对题设级数按下列方式加括号,即

$$1+\frac{1}{2}+\left(\frac{1}{3}+\frac{1}{4}\right)+\left(\frac{1}{5}+\frac{1}{6}+\frac{1}{7}+\frac{1}{8}\right)+\cdots+\left(\frac{1}{2^m+1}+\frac{1}{2^m+2}+\cdots+\frac{1}{2^{m+1}}\right)+\cdots,$$

即从第三项起,依次用括号括2项、2^2 项、2^3 项……2^m 项……,所得的新级数记为 $\sum_{m=1}^{\infty}v_m$,则

$$v_1=1,\quad v_2=\frac{1}{2},$$

$$v_3=\frac{1}{3}+\frac{1}{4}>\frac{1}{2},\quad v_4=\frac{1}{5}+\frac{1}{6}+\frac{1}{7}+\frac{1}{8}>\frac{1}{2},\cdots,$$

$$v_m=\frac{1}{2^m+1}+\frac{1}{2^m+2}+\cdots+\frac{1}{2^{m+1}}>\underbrace{\frac{1}{2^{m+1}}+\frac{1}{2^{m+1}}+\cdots+\frac{1}{2^{m+1}}}_{2^m\text{个}}=2^m\cdot\frac{1}{2^{m+1}}=\frac{1}{2},\cdots.$$

显然,当 $m\to\infty$ 时,v_m 不趋于零. 由性质4可知,$\sum_{m=1}^{\infty}v_m$ 发散. 再由推论1得,原级数发散.

注　当 n 越来越大时,调和级数的项变得越来越小,趋于零. 但是,调和级数的和会慢慢地增大,超过任何一个有限值.

基础题

1. 写出下列级数的前5项:

(1) $\sum_{n=1}^{\infty}\frac{1+n}{1+n^2}$.　　(2) $\sum_{n=1}^{\infty}\frac{1\cdot 3\cdot 5\cdot\cdots\cdot(2n-1)}{2\cdot 4\cdot\cdots\cdot 2n}$.

(3) $\sum\limits_{n=1}^{\infty} \frac{(-1)^n}{3^n}$.　　(4) $\sum\limits_{n=1}^{\infty} \frac{n!}{n^n}$.

2. 写出下列级数的一般项：

(1) $-\frac{1}{2}+\frac{2}{3}-\frac{3}{4}+\frac{4}{5}-\frac{5}{6}+\cdots$.

(2) $\frac{1}{1.6}+\frac{1}{6\cdot 11}+\frac{1}{11\cdot 16}+\frac{1}{16\cdot 21}+\cdots$.

(3) $1+\frac{1}{2}+3+\frac{1}{4}+5+\frac{1}{6}+\cdots$.

(4) $-\frac{2}{1}+\frac{4}{4}-\frac{6}{9}+\frac{8}{16}-\frac{10}{25}+\cdots$.

(5) $\frac{x}{2}-\frac{x^2}{4}+\frac{x^3}{6}-\frac{x^4}{8}+\cdots$.

3. 根据定义判定下列级数的敛散性：

(1) $\frac{1}{1\cdot 4}+\frac{1}{4\cdot 7}+\cdots+\frac{1}{(3n-2)\cdot(3n+1)}+\cdots$.

(2) $\sum\limits_{n=1}^{\infty}(\sqrt{n+2}-2\sqrt{n+1}+\sqrt{n})$.

4. 判定下列级数的敛散性：

(1) $-\frac{8}{9}+\frac{8^2}{9^2}-\frac{8^3}{9^3}+\frac{8^4}{9^4}-\cdots$.　　(2) $1+\frac{2}{3}+\frac{3}{5}+\cdots+\frac{n}{2n-1}+\cdots$.

(3) $\sum\limits_{n=1}^{\infty}\left(\frac{1}{2^n}+\frac{1}{3^n}\right)$.　　(4) $\sum\limits_{n=1}^{\infty} n^2\left(1-\cos\frac{1}{n}\right)$.

(5) $\sum\limits_{n=1}^{\infty}\left(\frac{\ln^n 2}{2^n}+\frac{1}{3^n}\right)$.　　(6) $\sum\limits_{n=1}^{\infty}\frac{3n^n}{(1+n)^n}$.

提高题

1. 设级数 $\sum\limits_{n=1}^{\infty} a_n$ 收敛，其中 $a_n>0$，证明：级数 $\sum\limits_{n=1}^{\infty}\frac{a_n}{\sqrt{r_{n-1}}+\sqrt{r_n}}$ 仍收敛，其中 $r_n=\sum\limits_{k=n+1}^{\infty} a_k$.

2. 设级数 $\sum\limits_{n=1}^{\infty} u_n$ 的前 n 项和为 $s_n=\frac{1}{n+1}+\cdots+\frac{1}{n+n}$，求级数的一般项 u_n 以及和 s.

3.【2011 年数三】设$\{u_n\}$是数列，则下列命题正确的是(　　).

A. 若$\sum\limits_{n=1}^{\infty} u_n$收敛，则$\sum\limits_{n=1}^{\infty}(u_{2n-1}+u_{2n})$收敛

B. 若$\sum\limits_{n=1}^{\infty}(u_{2n-1}+u_{2n})$收敛，则$\sum\limits_{n=1}^{\infty} u_n$收敛

C. 若$\sum\limits_{n=1}^{\infty} u_n$收敛，则$\sum\limits_{n=1}^{\infty}(u_{2n-1}-u_{2n})$收敛

D. 若$\sum\limits_{n=1}^{\infty}(u_{2n-1}-u_{2n})$收敛，则$\sum\limits_{n=1}^{\infty} u_n$收敛

4.【2004 年数三】设有以下命题：

① 若$\sum\limits_{n=1}^{\infty}(u_{2n-1}+u_{2n})$收敛，则$\sum\limits_{n=1}^{\infty} u_n$收敛.

② 若$\sum\limits_{n=1}^{\infty} u_n$收敛，则$\sum\limits_{n=1}^{\infty} u_{n+1\,000}$收敛.

③ 若$\lim\limits_{n\to\infty}\dfrac{u_{n+1}}{u_n}>1$，则$\sum\limits_{n=1}^{\infty} u_n$发散.

④ 若$\sum\limits_{n=1}^{\infty}(u_n+v_n)$收敛，则$\sum\limits_{n=1}^{\infty} u_n$，$\sum\limits_{n=1}^{\infty} v_n$都收敛.

则以上命题中正确的是(　　).

A. ①、②　　B. ②、③　　C. ③、④　　D. ①、④

应用题

1. 求级数$\sum\limits_{n=1}^{\infty}\dfrac{1}{n(n+1)(n+2)}$的和.

2. 求级数$\sum\limits_{n=1}^{\infty}\dfrac{n}{3^n}$的和.

3. 一个球从 a m 高下落到地面，且其触地反弹的规律为：每下落 h m 后触地再弹起的高度为 rh，其中 r 是小于 1 的正数. 求这个球上下弹跳的总距离.

10.2　正项级数的判别法

本节研究无穷级数中的一类重要级数——正项级数. 它是研究一般级数的重要突破口.

定义 1 如果级数的每一项都是非负的，则称此级数为**正项级数**.

若级数 $\sum_{n=1}^{\infty} u_n$ 为正项级数，易知其部分和数列 $\{s_n\}$ 是单调增加的数列，即

$$s_1 \leqslant s_2 \leqslant \cdots \leqslant s_n \leqslant \cdots.$$

根据数列的单调有界准则可知，$\{s_n\}$ 收敛的充要条件是 $\{s_n\}$ 有界. 由于级数与其部分和数列有相同的敛散性，因此，有以下的定理：

定理 1 正项级数 $\sum_{n=1}^{\infty} u_n$ 收敛的充要条件是：它的部分和数列 $\{s_n\}$ 有界，即存在正数 M，对一切的正整数 n 都有 $s_n < M$.

定理 1 是接下来证明一系列判别法的基础.

定理 2（比较判别法） 设级数 $\sum_{n=1}^{\infty} u_n$，$\sum_{n=1}^{\infty} v_n$ 均为正项级数，且 $u_n \leqslant v_n (n = 1,2,\cdots)$，则：

（1）当 $\sum_{n=1}^{\infty} v_n$ 收敛时，$\sum_{n=1}^{\infty} u_n$ 收敛；

（2）当 $\sum_{n=1}^{\infty} u_n$ 发散时，$\sum_{n=1}^{\infty} v_n$ 发散.

证明 设级数 $\sum_{n=1}^{\infty} u_n$，$\sum_{n=1}^{\infty} v_n$ 的部分和数列分别为 $\{A_n\}$，$\{B_n\}$，则有

$$A_n = u_1 + u_2 + \cdots + u_n \leqslant v_1 + v_2 + \cdots + v_n = B_n.$$

（1）若 $\sum_{n=1}^{\infty} v_n$ 收敛，则其部分和数列 $\{B_n\}$ 有界，从而 $\sum_{i=1}^{n} u_n$ 的部分和数列 $\{A_n\}$ 有界，故由定理 1 可得 $\sum_{n=1}^{\infty} u_n$ 收敛.

（2）反证：假设 $\sum_{n=1}^{\infty} u_n$ 发散时，$\sum_{n=1}^{\infty} v_n$ 收敛. 当 $\sum_{n=1}^{\infty} v_n$ 收敛时，其部分和数列 $\{B_n\}$ 有界，由定理 1 可得 $\sum_{n=1}^{\infty} u_n$ 收敛，这与其发散矛盾，故 $\sum_{n=1}^{\infty} v_n$ 发散.

注 ①由于级数的每一项同乘一个数，或者去掉级数前面的有限项时并不改变级数的敛散性，因此，如果将定理 2 中的条件改为

$$u_n \leqslant C v_n \qquad (C > 0 \text{ 为常数}, n = k, k+1, \cdots),$$

其结论同样成立.

②参考级数通常选取 p-级数或等比级数.

例 1 考察 $\sum_{n=1}^{\infty} \frac{1}{n^2 + n + 1}$ 的敛散性.

解 显然

$$\frac{1}{n^2+n+1} \leqslant \frac{1}{n^2+n} = \frac{1}{n(n+1)},$$

因正项级数 $\sum_{n=1}^{\infty} \frac{1}{n(n+1)}$ 收敛,故由定理 2 可知,级数 $\sum_{n=1}^{\infty} \frac{1}{n^2+n+1}$ 也收敛.

例 2 讨论 p- 级数 $\sum_{n=1}^{\infty} \frac{1}{n^p}$ 的敛散性,其中常数 $p>0$.

解 (1) 当 $p \leqslant 1$ 时,$\frac{1}{n^p} \geqslant \frac{1}{n}$,而调和级数 $\sum_{n=1}^{\infty} \frac{1}{n}$ 是发散的,故由比较判别法可知,此时的 p- 级数是发散的.

(2) 当 $p>1$ 时,由 $n-1 \leqslant x \leqslant n$,有 $\frac{1}{n^p}<\frac{1}{x^p}$,所以

$$\frac{1}{n^p} = \int_{n-1}^{n} \frac{1}{n^p} \mathrm{d}x < \int_{n-1}^{n} \frac{1}{x^p} \mathrm{d}x \qquad (n=2,3,\cdots),$$

从而级数 $\sum_{n=1}^{\infty} \frac{1}{n^p}$ 的部分和

$$\begin{aligned} s_n &= 1+\frac{1}{2^p}+\frac{1}{3^p}+\cdots+\frac{1}{n^p} < 1+\int_1^2 \frac{\mathrm{d}x}{x^p}+\int_2^3 \frac{\mathrm{d}x}{x^p}+\cdots+\int_{n-1}^{n} \frac{\mathrm{d}x}{x^p} \\ &= 1+\int_1^n \frac{\mathrm{d}x}{x^p} = 1+\frac{1}{p-1}\left(1-\frac{1}{n^{p-1}}\right) < 1+\frac{1}{p-1}, \end{aligned}$$

即部分和数列 $\{s_n\}$ 有界,故此时 p-级数是收敛的.

综上所述,当 $0<p \leqslant 1$ 时,p-级数发散;当 $p>1$ 时,p-级数收敛.

注 比较判别法是判别正项级数敛散性的一种重要方法,其关键点在于找到一个已知的级数来判别其敛散性. 只有知道一些重要级数的敛散性,并灵活运用,才能熟练地掌握比较判别法. 截至目前,我们已熟悉的重要级数有等比级数、调和级数和 p-级数.

例 3 判别级数 $\sum_{n=1}^{\infty} \frac{2n+1}{(n+1)^2(n+2)^2}$ 的敛散性.

解 因为

$$\frac{2n+1}{(n+1)^2(n+2)^2} < \frac{2n+2}{(n+1)^2(n+2)^2} < \frac{2}{(n+1)^3} < \frac{2}{n^3},$$

而级数 $\sum_{n=1}^{\infty} \frac{1}{n^3}$ 是收敛的,所以由比较判别法可知,题设级数是收敛的.

例 4 假设 $a_n \leqslant c_n \leqslant b_n (n=1,2,\cdots)$,且 $\sum_{n=1}^{\infty} a_n$, $\sum_{n=1}^{\infty} b_n$ 均收敛,证明级数

$\sum_{n=1}^{\infty} c_n$ 收敛.

证明 根据题中条件,有 $0 \leqslant c_n - a_n \leqslant b_n - a_n$,由 $\sum_{n=1}^{\infty} a_n$, $\sum_{n=1}^{\infty} b_n$ 均收敛,则级数 $\sum_{n=1}^{\infty}(b_n - a_n)$ 收敛. 由比较判别法可知,级数 $\sum_{n=1}^{\infty}(c_n - a_n)$ 也收敛. 因此,级数

$$\sum_{n=1}^{\infty} c_n = \sum_{n=1}^{\infty}[a_n + (c_n - a_n)]$$

收敛.

要应用比较判别法来判定给定级数的敛散性,就必须建立此级数的一般项与另一已知级数的一般项之间的不等式关系. 但有时,这种方法操作起来相当困难,为此,给出比较判别法的极限形式.

定理 2′ 设 $\sum_{n=1}^{\infty} u_n$ 与 $\sum_{n=1}^{\infty} v_n$ 均为正项级数,且 $\lim_{n\to\infty}\frac{u_n}{v_n} = l$.

(1)当 $0 < l < +\infty$ 时,这两个级数有相同的敛散性;

(2)当 $l = 0$ 时,若 $\sum_{n=1}^{\infty} v_n$ 收敛,则 $\sum_{n=1}^{\infty} u_n$ 收敛;

(3)当 $l = +\infty$ 时,若 $\sum_{n=1}^{\infty} v_n$ 发散,则 $\sum_{n=1}^{\infty} u_n$ 发散.

证明 (1)由 $\lim_{n\to\infty}\frac{u_n}{v_n} = l > 0$ 时,对 $\varepsilon = \frac{l}{2} > 0$,存在正数 N,当 $n > N$ 时,有 $\left|\frac{u_n}{v_n} - l\right| < \frac{l}{2}$,从而 $\frac{l}{2}v_n < u_n < \frac{3l}{2}v_n$. 因此,由比较判别法可知,$\sum_{n=1}^{\infty} u_n$ 和 $\sum_{n=1}^{\infty} v_n$ 有相同的敛散性.

(2)当 $l = 0$ 时,对给定的 $\varepsilon > 0$,存在正数 N,当 $n > N$ 时,有 $\left|\frac{u_n}{v_n}\right| < \varepsilon$,得 $\frac{u_n}{v_n} < \varepsilon$,即 $u_n < \varepsilon v_n$,由比较判别法即可得证.

(3)当 $l = +\infty$ 时,对任意给定的正数 M,存在正数 N,使当 $n > N$ 时,有 $\frac{u_n}{v_n} > M$,即 $u_n > M v_n$,由比较判别法即可得证.

p-级数是比较判别法中被使用频率较高的一种级数,如果将给定的级数与 p-级数相比较,可得到以下推论:

推论 1 设 $\sum_{n=1}^{\infty} u_n$ 为正项级数.

(1)若 $\lim\limits_{n\to\infty} nu_n = l > 0$ 或者 $\lim\limits_{n\to\infty} nu_n = +\infty$,则级数 $\sum\limits_{n=1}^{\infty} u_n$ 发散;

(2)若 $p>1$,而 $\lim\limits_{n\to\infty} n^p u_n$ 存在,则级数 $\sum\limits_{n=1}^{\infty} u_n$ 收敛.

例5 判定下列级数的敛散性:

(1) $\sum\limits_{n=1}^{\infty} \ln\left(1+\dfrac{2}{n^2}\right)$;　　　　(2) $\sum\limits_{n=1}^{\infty} \sqrt{n+1}\left(1-\cos\dfrac{1}{n}\right)$.

解 (1)因为

$$\lim_{n\to\infty} n^2 u_n = \lim_{n\to\infty} n^2 \ln\left(1+\frac{2}{n^2}\right) = \lim_{n\to\infty} n^2 \cdot \frac{2}{n^2} = 2,$$

故根据推论1可知,题设级数收敛.

(2)因为 $1-\cos\dfrac{1}{n} \sim \dfrac{1}{2}\left(\dfrac{1}{n}\right)^2 (n\to\infty)$,而

$$\lim_{n\to\infty} n^{3/2} u_n = \lim_{n\to\infty} n^{3/2} \sqrt{n+1}\left(1-\cos\frac{1}{n}\right) = \lim_{n\to\infty} n^2 \sqrt{\frac{n+1}{n}} \cdot \frac{1}{2}\left(\frac{1}{n}\right)^2 = \frac{1}{2},$$

因此,由推论1可知,题设级数收敛.

例6 判别级数 $\sum\limits_{n=1}^{\infty} \left(\dfrac{1}{n} - \ln\dfrac{n+1}{n}\right)$ 的敛散性.

解 令 $u(x) = x - \ln(1+x) > 0 (x>0)$,$v(x) = x^2$,由于

$$\lim_{x\to 0^+} \frac{x-\ln(1+x)}{x^2} = \lim_{x\to 0^+} \frac{1-\dfrac{1}{1+x}}{2x} = \lim_{x\to 0^+} \frac{1}{2(1+x)} = \frac{1}{2},$$

从而

$$\lim_{n\to\infty} \frac{\dfrac{1}{n} - \ln\left(1+\dfrac{1}{n}\right)}{\dfrac{1}{n^2}} = \lim_{n\to\infty} n^2\left(\frac{1}{n} - \ln\frac{n+1}{n}\right) = \frac{1}{2}.$$

由 $p=2>1$ 可知,题设级数收敛.

下面介绍几个新的级数敛散性的判别法,其相较于比较判别法更加简便,因为它不需要找一个已知的级数来作比较,只需利用级数本身的特点来判别级数的敛散性.

定理3(比值判别法或达朗贝尔判别法) 设 $\sum\limits_{n=1}^{\infty} u_n$ 是正项级数,且 $\lim\limits_{n\to\infty} \dfrac{u_{n+1}}{u_n} = \rho$(或 $+\infty$),则:

（1）当 $\rho<1$ 时，级数收敛；

（2）当 $\rho>1$（或 $\rho=+\infty$）时，级数发散；

（3）当 $\rho=1$ 时，本判别法失效.

证明　当 ρ 为有限数时，对任意的 $\varepsilon>0$，存在 $N>0$. 当 $n>N$ 时，有

$$\left|\frac{u_{n+1}}{u_n}-\rho\right|<\varepsilon,$$

即

$$\rho-\varepsilon<\frac{u_{n+1}}{u_n}<\rho+\varepsilon \qquad (n>N).$$

（1）当 $\rho<1$ 时，取 $0<\varepsilon<1-\rho$，使 $r=\rho+\varepsilon<1$，则有

$$u_{N+2}<ru_{N+1},\quad u_{N+3}<ru_{N+2}<r^2u_{N+1},\cdots,$$
$$u_{N+m}<ru_{N+m-1}<r^2u_{N+m-2}<\cdots<r^{m-1}u_{N+1},\cdots,$$

而级数 $\sum\limits_{m=1}^{\infty}r^{m-1}u_{N+1}$ 收敛，由比较判别法可知，$\sum\limits_{m=1}^{\infty}u_{N+m}=\sum\limits_{n=N+1}^{\infty}u_n$ 收敛，根据定理2及其附注可知，级数 $\sum\limits_{n=1}^{\infty}u_n$ 收敛.

（2）当 $\rho>1$ 时，取 $0<\varepsilon<\rho-1$，使 $r=\rho-\varepsilon>1$，则当 $n>N$ 时，有 $\frac{u_{n+1}}{u_n}>r$，即 $u_{n+1}>ru_n>u_n$. 也就是说，当 $n>N$ 时，级数 $\sum\limits_{n=1}^{\infty}u_n$ 的项在逐渐增大. 因此，级数 $\sum\limits_{n=1}^{\infty}u_n$ 发散.

也可类似地说明，当 $\rho=+\infty$ 时，级数 $\sum\limits_{n=1}^{\infty}u_n$ 发散.

（3）当 $\rho=1$ 时，比值判别法失效，如对级数 $\sum\limits_{n=1}^{\infty}\frac{1}{n}$ 和 $\sum\limits_{n=1}^{\infty}\frac{1}{n^2}$，分别有

$$\lim_{n\to\infty}\frac{\frac{1}{n+1}}{\frac{1}{n}}=\lim_{n\to\infty}\frac{n}{n+1}=1,\qquad \lim_{n\to\infty}\frac{\frac{1}{(n+1)^2}}{\frac{1}{n^2}}=\lim_{n\to\infty}\frac{n^2}{(n+1)^2}=1,$$

但级数 $\sum\limits_{n=1}^{\infty}\frac{1}{n}$ 发散，级数 $\sum\limits_{n=1}^{\infty}\frac{1}{n^2}$ 收敛. 因此，如果 $\rho=1$，需用其他判别法进行判定.

例7　判别下列级数的敛散性：

(1) $\sum_{n=1}^{\infty} \frac{1}{n!}$;　　　　(2) $\sum_{n=1}^{\infty} \frac{n!}{10^n}$.

解　(1) $u_n = \frac{1}{n!}$,由于

$$\frac{u_{n+1}}{u_n} = \frac{\frac{1}{(n+1)!}}{\frac{1}{n!}} = \frac{1}{n+1} \to 0 \quad (n \to \infty),$$

因此,级数 $\sum_{n=1}^{\infty} \frac{1}{n!}$ 收敛.

(2) $u_n = \frac{n!}{10^n}$,由于

$$\frac{u_{n+1}}{u_n} = \frac{(n+1)!}{10^{n+1}} \cdot \frac{10^n}{n!} = \frac{n+1}{10} \to +\infty \quad (n \to \infty),$$

因此,级数 $\sum_{n=1}^{\infty} \frac{n!}{10^n}$ 发散.

例8　判别级数 $\sum_{n=1}^{\infty} \frac{n^2}{\left(2+\frac{1}{n}\right)^n}$ 的敛散性.

解　由 $\frac{n^2}{\left(2+\frac{1}{n}\right)^n} < \frac{n^2}{2^n}$,故先判别级数 $\sum_{n=1}^{\infty} \frac{n^2}{2^n}$ 的敛散性. 因

$$\lim_{n\to\infty} \frac{u_{n+1}}{u_n} = \lim_{n\to\infty} \frac{(n+1)^2}{2^{n+1}} \cdot \frac{2^n}{n^2} = \lim_{n\to\infty} \frac{1}{2}\left(1+\frac{1}{n}\right)^2 = \frac{1}{2} < 1.$$

由比值判别法可知,级数 $\sum_{n=1}^{\infty} \frac{n^2}{2^n}$ 收敛;再由比较判别法可知,级数 $\sum_{n=1}^{\infty} \frac{n^2}{\left(2+\frac{1}{n}\right)^n}$ 收敛.

定理4(根值判别法或柯西判别法)　设 $\sum_{n=1}^{\infty} u_n$ 是正项级数,且 $\lim_{n\to\infty} \sqrt[n]{u_n} = \rho$(或 $+\infty$),则:

(1)当 $\rho < 1$ 时,级数收敛;

(2)当 $\rho > 1$(包括 $\rho = +\infty$)时,级数发散;

(3)当 $\rho = 1$ 时,本判别法失效.

证明 当ρ为有限数时,对任意的$\varepsilon>0$,存在$N>0$,当$n>N$时,有

$$\left|\sqrt[n]{u_n}-\rho\right|<\varepsilon,$$

即

$$\rho-\varepsilon<\sqrt[n]{u_n}<\rho+\varepsilon \qquad (n>N).$$

(1)当$\rho<1$时,取$0<\varepsilon<1-\rho$,使$r=\rho+\varepsilon<1$,则当$n>N$时,有

$$\sqrt[n]{u_n}<r,$$

即

$$u_n<r^n \qquad (n>N).$$

因为级数$\sum\limits_{n=1}^{\infty} r^n$收敛,所以由比较判别法可知,级数$\sum\limits_{n=1}^{\infty} u_n$收敛.

(2)当$\rho>1$(或$+\infty$)时,取$0<\varepsilon<\rho-1$,使$r=\rho-\varepsilon>1$,则当$n>N$时,有

$$\sqrt[n]{u_n}>r,$$

即

$$u_n>r^n.$$

当$n>N$时,级数$\sum\limits_{n=1}^{\infty} u_n$的一般项不趋于零,故级数$\sum\limits_{n=1}^{\infty} u_n$发散.

(3)当$\rho=1$时,本判别法将不再适用,例如,对级数$\sum\limits_{n=1}^{\infty}\dfrac{1}{n}$和$\sum\limits_{n=1}^{\infty}\dfrac{1}{n^2}$,分别有

$$\lim_{n\to\infty}\sqrt[n]{\frac{1}{n}}=1,\quad \lim_{n\to\infty}\sqrt[n]{\frac{1}{n^2}}=1,$$

但级数$\sum\limits_{n=1}^{\infty}\dfrac{1}{n}$发散,而级数$\sum\limits_{n=1}^{\infty}\dfrac{1}{n^2}$收敛.

例9 判别级数$\sum\limits_{n=1}^{\infty}\left(1-\dfrac{1}{n}\right)^{n^2}$的敛散性.

解 因为

$$\lim_{n\to\infty}\sqrt[n]{u_n}=\lim_{n\to\infty}\sqrt[n]{\left(1-\frac{1}{n}\right)^{n^2}}=\lim_{n\to\infty}\left(1-\frac{1}{n}\right)^n=\frac{1}{\mathrm{e}}<1,$$

由根值判别法可知,此级数收敛.

例10 判别级数$\sum\limits_{n=1}^{\infty}\left(\dfrac{3n^2}{n^2+1}\right)^n$的敛散性.

解 因为

$$\lim_{n\to\infty}\sqrt[n]{u_n}=\lim_{n\to\infty}\sqrt[n]{\left(\frac{3n^2}{n^2+1}\right)^n}=\lim_{n\to\infty}\frac{3n^2}{n^2+1}=3>1,$$

由根值判别法可知,此级数发散.

基础题

1. 用比较判别法或其极限形式判别下列级数的敛散性：

(1) $\sum\limits_{n=1}^{\infty} \frac{1+n}{1+n^2}$.　　(2) $\sum\limits_{n=1}^{\infty} \frac{1}{n^2+a^2}$.

(3) $\sum\limits_{n=1}^{\infty} \frac{1}{(n+1)(n+4)}$.　　(4) $\sum\limits_{n=1}^{\infty} \frac{1}{n\sqrt{n+1}}$.

(5) $\sum\limits_{n=1}^{\infty} 2^n \sin \frac{\pi}{3^n}$.　　(6) $\sum\limits_{n=1}^{\infty} \frac{1}{\sqrt{n}} \sin \frac{2}{\sqrt{n}}$.

(7) $\sum\limits_{n=1}^{\infty} \frac{2}{na+b}(a>0, b>0)$.　　(8) $\sum\limits_{n=1}^{\infty} \frac{2}{1+a^n}(a>0)$.

2. 用比值判别法判别下列级数的敛散性：

(1) $\sum\limits_{n=1}^{\infty} \frac{5^n}{n \cdot 3^n}$.　　(2) $\sum\limits_{n=1}^{\infty} \frac{2n-1}{2^n}$.

(3) $\sum\limits_{n=1}^{\infty} \frac{1 \cdot 3 \cdot \cdots \cdot (2n-1)}{n!}$.　　(4) $\sum\limits_{n=1}^{\infty} \frac{6^{n-1}}{n!}$.

(5) $\sum\limits_{n=1}^{\infty} \frac{2^n}{n(n+1)}$.　　(6) $\sum\limits_{n=1}^{\infty} \frac{a^n}{n^k}(a>0)$.

(7) $\sum\limits_{n=1}^{\infty} n\left(\frac{4}{5}\right)^n$.

3. 用根值判别法判别下列级数的敛散性：

(1) $\sum\limits_{n=1}^{\infty} \left(\frac{n}{3n+2}\right)^n$.　　(2) $\sum\limits_{n=1}^{\infty} \frac{n!}{n^n}$.　　(3) $\sum\limits_{n=1}^{\infty} \frac{3^n \cdot n!}{n^n}$.

(4) $\sum\limits_{n=1}^{\infty} \left(\frac{n}{3n-1}\right)^{2n-1}$.　　(5) $\sum\limits_{n=1}^{\infty} \frac{3^n}{\left(\frac{n+1}{n}\right)^{n^2}}$.　　(6) $\sum\limits_{n=1}^{\infty} \frac{3^n}{1+\mathrm{e}^n}$.

提高题

1. 设 $\sum\limits_{n=1}^{\infty} u_n$ 和 $\sum\limits_{n=1}^{\infty} v_n$ 为正项级数，且 $\frac{u_{n+1}}{u_n} \leqslant \frac{v_{n+1}}{v_n}$，证明：若级数 $\sum\limits_{n=1}^{\infty} v_n$ 收敛，则级

数 $\sum_{n=1}^{\infty} u_n$ 也收敛.

2. 证明下列级数收敛，其中级数 $\sum_{n=1}^{\infty} a_n^2$ 和 $\sum_{n=1}^{\infty} b_n^2$ 均收敛：

(1) $\sum_{n=1}^{\infty} |a_n b_n|$.　　(2) $\sum_{n=1}^{\infty} (a_n + b_n)^2$.　　(3) $\sum_{n=1}^{\infty} \frac{|a_n|}{n}$.

3. 若 $\sum_{n=1}^{\infty} u_n$ 是收敛的正项级数，并且数列 $\{u_n\}$ 单调下降. 证明：$\lim_{n\to\infty} nu_n = 0$.

4.【2004 年数一】设 $\sum_{n=1}^{\infty} a_n$ 为正项级数，下列结论中正确的是（　　）.

A. 若 $\lim_{n\to\infty} na_n = 0$，则级数 $\sum_{n=1}^{\infty} a_n$ 收敛

B. 若存在非零常数 λ，使 $\lim_{n\to\infty} na_n = \lambda$，则级数 $\sum_{n=1}^{\infty} a_n$ 发散

C. 若级数 $\sum_{n=1}^{\infty} a_n$ 收敛，则 $\lim_{n\to\infty} n^2 a_n = 0$

D. 若级数 $\sum_{n=1}^{\infty} a_n$ 发散，则存在非零常数 λ，使 $\lim_{n\to\infty} na_n = \lambda$

10.3　一般常数项级数

上一节已讨论了正项级数敛散性的判别法，这一节将进一步讨论一般常数项级数敛散性的判别方法. 一般常数项级数，它的各项可以是正数、负数或零. 下面首先讨论交错级数.

10.3.1　交错级数

若 $u_n > 0 (n = 1, 2, 3, \cdots)$，称级数

$$\sum_{n=1}^{\infty} (-1)^{n-1} u_n = u_1 - u_2 + u_3 - u_4 + \cdots + (-1)^{n-1} u_n + \cdots$$

为**交错级数**.

对交错级数，有以下常用的判别方法：

定理1(莱布尼茨定理) 若交错级数 $\sum_{n=1}^{\infty}(-1)^{n-1}u_n$ 满足条件:

(1) $u_n \geqslant u_{n+1}(n=1,2,\cdots)$;

(2) $\lim_{n\to\infty} u_n=0$,

则级数 $\sum_{n=1}^{\infty}(-1)^{n-1}u_n$ 收敛,并且它的和 $s\leqslant u_1$.

证明 设题设级数的部分和为 s_n,由

$$0\leqslant s_{2n}=(u_1-u_2)+(u_3-u_4)+\cdots+(u_{2n-1}-u_{2n})$$

易知,数列 $\{s_{2n}\}$ 是单调增加的;又由条件(1),有

$$s_{2n}=u_1-(u_2-u_3)-\cdots-(u_{2n-2}-u_{2n-1})-u_{2n}\leqslant u_1,$$

即数列 $\{s_{2n}\}$ 是有界的,故 $\{s_{2n}\}$ 的极限存在.

设 $\lim_{n\to\infty} s_{2n}=s$,由条件(2),有

$$\lim_{n\to\infty} s_{2n+1}=\lim_{n\to\infty}(s_{2n}+u_{2n+1})=s,$$

故 $\lim_{n\to\infty} s_n=s$,从而题设级数收敛于和 s,且 $s\leqslant u_1$.

推论1 若交错级数满足莱布尼茨定理的条件,则其余项估计式为

$$|r_n|=|s-s_n|\leqslant u_{n+1}.$$

证明 交错级数 $\sum_{n=1}^{\infty}(-1)^{n-1}u_n$ 的余项的绝对值

$$\begin{aligned}|r_n|&=|(-1)^n u_{n+1}+(-1)^{n+1}u_{n+2}+\cdots|\\&=u_{n+1}-u_{n+2}+u_{n+3}-u_{n+4}+\cdots\leqslant u_{n+1}.\end{aligned}$$

例1 判断级数 $\sum_{n=1}^{\infty}\frac{(-1)^{n-1}}{n}$ 的敛散性.

解 易知,题设级数的一般项为 $(-1)^{n-1}u_n=\frac{(-1)^{n-1}}{n}$,满足:

(1) $\frac{1}{n}\geqslant\frac{1}{n+1}(n=1,2,3,\cdots)$;

(2) $\lim_{n\to\infty}\frac{1}{n}=0$.

故级数 $\sum_{n=1}^{\infty}\frac{(-1)^{n-1}}{n}$ 收敛,其和 $s\leqslant 1$,用部分和 s_n 近似代替和 s 产生的误差为

$$|r_n|\leqslant\frac{1}{n+1}.$$

例2 判断 $\sum_{n=1}^{\infty}(-1)^{n-1}\frac{\ln n}{n}$ 的敛散性.

解　题设级数判断$\sum_{n=1}^{\infty}(-1)^{n-1}\frac{\ln n}{n}$为交错级数. 令$f(x)=\frac{\ln x}{x}(x>3)$,则

$$f'(x)=\frac{1-\ln x}{x^2}<0 \quad (x>3),$$

即$n>3$时,$\left\{\frac{\ln n}{n}\right\}$是递减数列,而$\lim_{n\to\infty}\frac{\ln n}{n}=0$,故由莱布尼茨定理可知,该级数收敛.

10.3.2　绝对收敛与条件收敛

一般的常数项级数

$$\sum_{n=1}^{\infty}u_n=u_1+u_2+\cdots+u_n+\cdots, \tag{10-6}$$

各项绝对值所组成的级数为

$$\sum_{n=1}^{\infty}|u_n|=|u_1|+|u_2|+\cdots+|u_n|+\cdots, \tag{10-7}$$

称级数(10-7)为原级数(10-6)的**绝对值级数**.

上面的两个级数具有以下联系：

定理 2　如果$\sum_{n=1}^{\infty}|u_n|$收敛,则$\sum_{n=1}^{\infty}u_n$收敛.

证明　由于$0\leqslant u_n+|u_n|\leqslant 2|u_n|$,且级数$\sum_{n=1}^{\infty}2|u_n|$收敛. 由比较判别法可知,级数$\sum_{n=1}^{\infty}(u_n+|u_n|)$收敛,又

$$\sum_{n=1}^{\infty}u_n=\sum_{n=1}^{\infty}[(u_n+|u_n|)-|u_n|],$$

因此,级数$\sum_{n=1}^{\infty}u_n$收敛.

据此,又有以下定义：

定义 1　设$\sum_{n=1}^{\infty}u_n$为一般常数项级数：

(1) 当$\sum_{n=1}^{\infty}|u_n|$收敛时,称$\sum_{n=1}^{\infty}u_n$**绝对收敛**;

(2) 当$\sum_{n=1}^{\infty}|u_n|$发散,但$\sum_{n=1}^{\infty}u_n$收敛时,称$\sum_{n=1}^{\infty}u_n$**条件收敛**.

例 3　判别级数$\sum_{n=1}^{\infty}\frac{(-1)^{n-1}}{n^p}(p>0)$的敛散性.

解　由$\sum_{n=1}^{\infty}\left|\frac{(-1)^{n-1}}{n^p}\right|=\sum_{n=1}^{\infty}\frac{1}{n^p}$可知，当$p>1$时，题中的级数绝对收敛；当$0<p\leqslant 1$时，由莱布尼茨定理得$\sum_{n=1}^{\infty}\frac{(-1)^{n-1}}{n^p}$收敛，但$\sum_{n=1}^{\infty}\frac{1}{n^p}$发散，故此时级数条件收敛.

例4　判别级数$\sum_{n=1}^{\infty}\frac{\cos n}{n^3}$的敛散性.

解　因$\left|\frac{\cos n}{n^3}\right|\leqslant\frac{1}{n^3}$，而级数$\sum_{n=1}^{\infty}\frac{1}{n^3}$收敛，故级数$\sum_{n=1}^{\infty}\left|\frac{\cos n}{n^3}\right|$收敛，原级数绝对收敛.

例5　判别级数$\sum_{n=1}^{\infty}(-1)^n\frac{n^{n+1}}{(n+1)!}$的敛散性.

解　首先，判断$\sum_{n=1}^{\infty}|u_n|$是否收敛，利用比值判别法，因为

$$\lim_{n\to\infty}\frac{|u_{n+1}|}{|u_n|}=\lim_{n\to\infty}\frac{(n+1)^{n+2}}{[(n+1)+1]!}\cdot\frac{(n+1)!}{n^{n+1}}$$

$$=\lim_{n\to\infty}\left(\frac{n+1}{n}\right)^n\cdot\frac{(n+1)^2}{n(n+2)}=\lim_{n\to\infty}\left(1+\frac{1}{n}\right)^n=\mathrm{e}>1,$$

所以原级数并不绝对收敛.

其次，由$\lim_{n\to\infty}\frac{|u_{n+1}|}{|u_n|}=\mathrm{e}>1$可知，当$n$充分大时，有$|u_{n+1}|>|u_n|$，故$\lim_{n\to\infty}u_n\neq 0$. 因此，原级数发散.

习题 10-3

基础题

下列哪些级数绝对收敛，条件收敛或者发散：

(1) $\sum_{n=1}^{\infty}(-1)^n\frac{n}{n+1}$.　　(2) $\sum_{n=1}^{\infty}\frac{\sin nx}{n!}$.

(3) $\sum_{n=1}^{\infty}\frac{\sin na}{(n+1)^2}$.　　(4) $\sum_{n=1}^{\infty}(-1)^{n-1}\frac{1}{\sqrt{n+1}}$.

(5) $\sum_{n=1}^{\infty}(-1)^n\frac{n^2}{3^{n-1}}$.　　(6) $\sum_{n=1}^{\infty}(-1)^n\sin\frac{2}{n}$.

(7) $\sum_{n=1}^{\infty}\left(\frac{(-1)^n}{\sqrt{n}}+\frac{1}{n}\right)$.　　(8) $\sum_{n=1}^{\infty}\frac{(-1)^n\ln(n+1)}{n+1}$.

提高题

1. 下列哪些级数绝对收敛，条件收敛或者发散：

(1) $\sum_{n=1}^{\infty}(-1)^{\frac{n(n-1)}{2}}\frac{(2n+1)^2}{2^{n+1}}$.　　(2) $\frac{1}{2}-\frac{3}{10}+\frac{1}{2^2}-\frac{3}{10^2}+\frac{1}{2^3}-\frac{3}{10^3}+\cdots$.

(3) $\sum_{n=1}^{\infty}\frac{(-1)^n\sqrt{n}}{n+1}$.　　(4) $\sum_{n=1}^{\infty}\sin\left(n\pi+\frac{1}{\ln n}\right)$.

2. 判别级数 $\sum_{n=1}^{\infty}\frac{(-1)^{n-1}}{[n+(-1)^n]^p}(p>0)$ 的敛散性.

3. 证明下列级数绝对收敛，其中 $\sum_{n=1}^{\infty}a_n$ 和 $\sum_{n=1}^{\infty}b_n$ 绝对收敛：

(1) $\sum_{n=1}^{\infty}(a_n+b_n)$.　　(2) $\sum_{n=1}^{\infty}(a_n-b_n)$.　　(3) $\sum_{n=1}^{\infty}ka_n$.

4.【2006 年数三】若级数 $\sum_{n=1}^{\infty}a_n$ 收敛，则级数（　　）.

A. $\sum_{n=1}^{\infty}|a_n|$ 收敛　　B. $\sum_{n=1}^{\infty}(-1)^na_n$ 收敛

C. $\sum_{n=1}^{\infty}a_na_{n+1}$ 收敛　　D. $\sum_{n=1}^{\infty}\frac{a_n+a_{n+1}}{2}$ 收敛

5.【1992 年数一】级数 $\sum_{n=1}^{\infty}(-1)^n\left(1-\cos\frac{\alpha}{n}\right)$（常数 $\alpha>0$）（　　）.

A. 发散　　B. 条件收敛

C. 绝对收敛　　D. 收敛性与 α 有关

10.4 幂级数

10.4.1 函数项级数的一般概念

如果给定一个定义在区间 I 上的函数列

$$u_1(x),u_2(x),\cdots,u_n(x),\cdots,$$

那么由该函数列构成的表达式

$$u_1(x)+u_2(x)+\cdots+u_n(x)+\cdots=\sum_{n=1}^{\infty}u_n(x) \tag{10-8}$$

称为定义在 I 上的**函数项级数**,而

$$s_n(x)=u_1(x)+u_2(x)+\cdots+u_n(x) \tag{10-9}$$

称为函数项级数(10-8)的**部分和**.

对 $x_0\in I$,如果常数项级数 $\sum\limits_{n=1}^{\infty}u_n(x_0)$ 收敛,即 $\lim\limits_{n\to\infty}s_n(x_0)$ 存在,则称函数项级数 $\sum\limits_{n=1}^{\infty}u_n(x)$ 在点 x_0 处**收敛**,x_0 称为该函数项级数的**收敛点**. 如果 $\lim\limits_{n\to\infty}s_n(x_0)$ 不存在,则称函数项级数 $\sum\limits_{n=1}^{\infty}u_n(x)$ 在点 x_0 处发散,x_0 称为该函数项级数的**发散点**. 函数项级数 $\sum\limits_{n=1}^{\infty}u_n(x)$ 全体收敛点的集合,称为该函数项级数的**收敛域**;全体发散点的集合,称为**发散域**.

设函数项级数 $\sum\limits_{n=1}^{\infty}u_n(x)$ 的收敛域为 D,则对 D 内的每一点 x,$\lim\limits_{n\to\infty}s_n(x)$ 存在,记 $\lim\limits_{n\to\infty}s_n(x)=s(x)$,它是 x 的函数,称为函数项级数 $\sum\limits_{n=1}^{\infty}u_n(x)$ 的和函数,称

$$r_n(x)=s(x)-s_n(x)=u_{n+1}(x)+u_{n+2}(x)+\cdots$$

为函数项级数 $\sum\limits_{n=1}^{\infty}u_n(x)$ 的余项. 对收敛域上的每一点 x,有

$$\lim_{n\to\infty}r_n(x)=0.$$

根据上述定义可知,函数项级数在某区域的敛散性问题是指函数项级数在该区域内任意一点的敛散性问题,而函数项级数在某点 x 处的敛散性问题实质上是常数项级数的敛散性问题. 这样,仍可利用常数项级数的敛散性判别法来判断函数项级数的敛散性.

例1　几何级数

$$\sum_{n=0}^{\infty}x^n=1+x+x^2+\cdots+x^n+\cdots$$

就是一个函数项级数. 根据等比级数的性质可知,当 $|x|<1$ 时,级数收敛;当 $|x|\geqslant 1$ 时,级数发散. 因此,这个级数的收敛域是区间 $(-1,1)$,发散域是

$(-\infty,-1]\cup[1,+\infty)$. 在收敛域$(-1,1)$内,有

$$1+x+x^2+\cdots+x^n+\cdots=\frac{1}{1-x},\tag{10-10}$$

即级数$\sum_{n=0}^{\infty}x^n$的和函数为$\frac{1}{1-x}$,此问题在许多结果中均有重要应用.

10.4.2 幂级数及其收敛性

在研究一个比较复杂的函数时,往往把它表示为无穷个简单函数的和,即将该函数展开成(函数项)无穷级数,通过对相应的函数项无穷级数的研究代替对该函数的研究. 函数项级数中最简单且最常见的一类级数就是各项都是幂函数的函数项级数,即所谓的**幂级数**,它的形式为

$$\sum_{n=0}^{\infty}a_nx^n=a_0+a_1x+a_2x^2+\cdots+a_nx^n+\cdots,\tag{10-11}$$

其中,常数$a_0,a_1,a_2,\cdots,a_n,\cdots$称为**幂级数的系数**. 例如

$$\sum_{n=0}^{\infty}x^n=1+x+x^2+\cdots+x^n+\cdots,$$

$$\sum_{n=0}^{\infty}\frac{x^n}{n!}=1+x+\frac{x^2}{2!}+\cdots+\frac{x^n}{n!}+\cdots$$

都是幂级数.

显然,当$x=0$时,幂级数$\sum_{n=0}^{\infty}a_nx^n$收敛于$a_0$,这说明幂级数的收敛域不是空集. 几何级数$\sum_{n=0}^{\infty}x^n$的收敛域为$(-1,1)$,这个例子表明,几何级数的收敛域是一个区间. 事实上,这个结论对一般的幂级数也是成立的.

定理1(阿贝尔定理) 如果级数$\sum_{n=0}^{\infty}a_nx_0^n(x_0\neq 0)$收敛,则对满足不等式$|x|<|x_0|$的一切$x$,级数$\sum_{n=0}^{\infty}a_nx^n$绝对收敛;反之,如果级数$\sum_{n=0}^{\infty}a_nx_0^n$发散,则对满足不等式$|x|>|x_0|$的一切$x$,级数$\sum_{n=0}^{\infty}a_nx^n$发散.

证明 (1)设点x_0是收敛点,即$\sum_{n=0}^{\infty}a_nx_0^n$收敛,根据级数收敛的必要条件,有$\lim_{n\to\infty}a_nx_0^n=0$. 于是,存在常数$M$,使得

$$|a_nx_0^n|\leqslant M\qquad(n=0,1,2,\cdots).$$

因为

$$|a_n x^n| = \left|a_n x_0^n \cdot \frac{x^n}{x_0^n}\right| = |a_n x_0^n| \cdot \left|\frac{x}{x_0}\right|^n \leqslant M\left|\frac{x}{x_0}\right|^n,$$

而当 $\left|\frac{x}{x_0}\right| < 1$ 时，等比级数 $\sum\limits_{n=0}^{\infty} M\left|\frac{x}{x_0}\right|^n$ 收敛. 因此，根据比较判断法可知，级数 $\sum\limits_{n=0}^{\infty} |a_n x^n|$ 收敛，即级数 $\sum\limits_{n=0}^{\infty} a_n x^n$ 绝对收敛.

(2)采用反证法来证明第二部分，设 $x = x_0$ 时发散，而另有一点 x_1 存在，它满足 $|x_1| > |x_0|$，并使得级数 $\sum\limits_{n=0}^{\infty} a_n x_1^n$ 收敛，则根据(1)的结论，当 $x = x_0$ 时，级数也应收敛，这与假设矛盾，从而得证.

定理 1 的结论表明，如果幂级数在 $x = x_0 \neq 0$ 处收敛，则可断定对开区间 $(-|x_0|, |x_0|)$ 内的任意 x，幂级数必收敛；若已知幂级数在点 $x = x_1$ 处发散，则可断定对闭区间 $[-|x_1|, |x_1|]$ 外的任意 x，幂级数必发散. 这样，如果幂级数在数轴上既有收敛点(不仅是原点)也有发散点，则从数轴的原点出发沿正向走去，最初只遇到收敛点，越过一个分界点后，就只遇到发散点，这个分界点可能是收敛点，也可能是发散点.

根据上述分析，可得到以下重要结论：

推论 1 如果幂级数 $\sum\limits_{n=0}^{\infty} a_n x^n$ 不是仅在 $x = 0$ 一点收敛，也不是在整个数轴上都收敛，则必存在一个完全确定的正数 R，使得：

(1)当 $|x| < R$ 时，幂级数绝对收敛；

(2)当 $|x| > R$ 时，幂级数发散；

(3)当 $|x| = R$ 时，幂级数可能收敛，也可能发散.

上述推论中的正数 R 称为幂级数的**收敛半径**. $(-R, R)$ 称为幂级数的**收敛区间**. 若幂级数的收敛域为 D，则

$$(-R, R) \subseteq D \subseteq [-R, R].$$

因此，幂级数的收敛域为 D 是收敛区间 $(-R, R)$ 与收敛端点的并集.

特别地，如果幂级数只在 $x = 0$ 处收敛，则规定收敛半径 $R = 0$，收敛域只有一个点 $x = 0$；如果幂级数对一切 x 都收敛，则规定收敛半径 $R = +\infty$，此时收敛域为 $(-\infty, +\infty)$.

关于幂级数收敛半径的求法，有以下定理：

定理 2 设幂级数 $\sum\limits_{n=0}^{\infty} a_n x^n$ 的所有系数 $a_n \neq 0$，如果 $\lim\limits_{n \to \infty} \left|\frac{a_{n+1}}{a_n}\right| = \rho$，则：

(1)当 $\rho \neq 0$ 时,此幂级数的收敛半径 $R=\frac{1}{\rho}$;

(2)当 $\rho=0$ 时,此幂级数的收敛半径 $R=+\infty$;

(3)当 $\rho=+\infty$ 时,此幂级数的收敛半径 $R=0$.

证明 对绝对值级数 $\sum\limits_{n=0}^{\infty}|a_n x^n|$ 应用比值判别法,有

$$\lim_{n\to\infty}\frac{|a_{n+1}x^{n+1}|}{|a_n x^n|}=\lim_{n\to\infty}\frac{|a_{n+1}|}{|a_n|}|x|=\rho|x|.$$

(1) 若 $\lim\limits_{n\to\infty}\frac{|a_{n+1}|}{|a_n|}=\rho(\rho\neq 0)$ 存在,则当 $|x|<\frac{1}{\rho}$ 时,题设级数绝对收敛;当 $|x|>\frac{1}{\rho}$ 时,级数 $\sum\limits_{n=0}^{\infty}|a_n x^n|$ 发散,且当 n 充分大时,有

$$|a_{n+1}x^{n+1}|>|a_n x^n|,$$

故一般项 $|a_n x^n|$ 不趋于零,从而题设级数发散,即收敛半径 $R=\frac{1}{\rho}$.

(2)若 $\rho=0$,则对任意 $x\neq 0$,有

$$\frac{|a_{n+1}x^{n+1}|}{|a_n x^n|}\to 0 \qquad (n\to\infty),$$

故级数 $\sum\limits_{n=0}^{\infty}|a_n x^n|$ 收敛,从而题设级数绝对收敛,即收敛半径 $R=+\infty$.

(3)若 $\rho=+\infty$,则对任意非零的 x,有

$$\rho|x|=+\infty,$$

故幂级数 $\sum\limits_{n=0}^{\infty}|a_n x^n|$ 发散. 于是,$R=0$.

注 根据幂级数的系数形式,有时也可根据根值判别法来求收敛半径,此时有

$$\lim_{n\to\infty}\sqrt[n]{|a_n|}=\rho.$$

在定理 2 中,假设幂级数 $\sum\limits_{n=0}^{\infty}a_n x^n$ 的所有系数 $a_n\neq 0$,这样幂级数的各项是依幂次 n 连续的. 如果幂级数有缺项,如缺少奇数次幂的项等,则应直接利用比值判别法或根值判别法来判断幂级数的收敛性.

求幂级数 $\sum\limits_{n=0}^{\infty}a_n x^n$ 收敛域的基本步骤如下:

(1)求出收敛半径 R;

(2)判别常数项级数 $\sum_{n=0}^{\infty} a_n R^n$, $\sum_{n=0}^{\infty} a_n(-R)^n$ 的敛散性;

(3)写出幂级数的收敛域.

例2 求下列幂级数的收敛域:

(1) $\sum_{n=1}^{\infty}(-1)^n \frac{x^n}{n}$.　　(2) $\sum_{n=1}^{\infty}(-nx)^n$.　　(3) $\sum_{n=1}^{\infty} \frac{x^n}{n!}$.

解 (1)因为

$$\rho=\lim_{n\to\infty}\left|\frac{a_{n+1}}{a_n}\right|=\lim_{n\to\infty}\frac{\frac{1}{n+1}}{\frac{1}{n}}=\lim_{n\to\infty}\frac{n}{n+1}=1,$$

所以收敛半径 $R=1$.

当 $x=1$ 时,级数成为 $\sum_{n=1}^{\infty}\frac{(-1)^n}{n}$,该级数收敛;当 $x=-1$ 时,级数成为 $\sum_{n=1}^{\infty}\frac{1}{n}$,该级数发散. 从而所求收敛域为 $(-1,1]$.

(2)因为

$$\rho=\lim_{n\to\infty}\sqrt[n]{|a_n|}=\lim_{n\to\infty} n=+\infty,$$

所以收敛半径 $R=0$,即题设级数只在 $x=0$ 处收敛.

(3)因为

$$\rho=\lim_{n\to\infty}\left|\frac{a_{n+1}}{a_n}\right|=\lim_{n\to\infty}\frac{\frac{1}{(n+1)!}}{\frac{1}{n!}}=\lim_{n\to\infty}\frac{1}{n+1}=0,$$

所以收敛半径 $R=+\infty$,所求收敛域为 $(-\infty,+\infty)$.

例3 求幂级数 $\sum_{n=1}^{\infty}(-1)^n\frac{2^n}{\sqrt{n}}\left(x-\frac{1}{2}\right)^n$ 的收敛域.

解 令 $t=x-\frac{1}{2}$,题设级数化为 $\sum_{n=1}^{\infty}(-1)^n\frac{2^n}{\sqrt{n}}t^n$,因为

$$\rho=\lim_{n\to\infty}\left|\frac{a_{n+1}}{a_n}\right|=\lim_{n\to\infty}\frac{2^{n+1}}{\sqrt{n+1}}\cdot\frac{\sqrt{n}}{2^n}=2,$$

所以收敛半径 $R=\frac{1}{2}$,收敛区间为 $|t|<\frac{1}{2}$,即 $0<x<1$.

当 $x=0$ 时,级数成为 $\sum_{n=1}^{\infty}\frac{1}{\sqrt{n}}$,该级数发散;当 $x=1$ 时,级数成为 $\sum_{n=1}^{\infty}\frac{(-1)^n}{\sqrt{n}}$,该级数收敛. 从而所求收敛域为(0,1].

例 4 求幂级数 $\sum_{n=1}^{\infty}\frac{x^{2n-1}}{2^n}$ 的收敛域.

解 题设级数缺少偶数次幂,此时不能用定理 2 中的方法求收敛半径,但可直接利用比值判别法来求. 由于

$$\lim_{n\to\infty}\left|\frac{u_{n+1}(x)}{u_n(x)}\right|=\lim_{n\to\infty}\frac{x^{2n+1}}{2^{n+1}}\cdot\frac{2^n}{x^{2n-1}}=\frac{1}{2}|x|^2,$$

因此,当 $\frac{1}{2}|x|^2<1$,即 $|x|<\sqrt{2}$ 时,级数收敛.

当 $\frac{1}{2}|x|^2>1$,即 $|x|>\sqrt{2}$ 时,级数发散. 因此,收敛半径 $R=\sqrt{2}$.

当 $x=\sqrt{2}$ 时,级数成为 $\sum_{n=1}^{\infty}\frac{1}{\sqrt{2}}$,该级数发散.

当 $x=-\sqrt{2}$ 时,级数成为 $\sum_{n=1}^{\infty}\frac{-1}{\sqrt{2}}$,该级数发散.

因此,所求收敛域为 $(-\sqrt{2},\sqrt{2})$.

10.4.3 幂级数的运算

设幂级数 $\sum_{n=0}^{\infty}a_nx^n$ 和 $\sum_{n=0}^{\infty}b_nx^n$ 的收敛半径分别为 R_1 和 R_2,记

$$R=\min\{R_1,R_2\},$$

则由常数项级数的相应运算性质可知,这两个幂级数可进行下列代数运算:

(1)加减法:

$$\sum_{n=0}^{\infty}a_nx^n\pm\sum_{n=0}^{\infty}b_nx^n=\sum_{n=0}^{\infty}c_nx^n,$$

其中,$c_n=a_n\pm b_n$,$x\in(-R,R)$.

(2)乘法:

$$\left(\sum_{n=0}^{\infty}a_nx^n\right)\cdot\left(\sum_{n=0}^{\infty}b_nx^n\right)=\sum_{n=0}^{\infty}c_nx^n,$$

其中

$$c_n=a_0\cdot b_n+a_1\cdot b_{n-1}+\cdots+a_n\cdot b_n,\quad x\in(-R,R).$$

例 5 求幂级数 $\sum_{n=1}^{\infty}\left[\frac{(-1)^n}{n}+\frac{1}{4^n}\right]x^n$ 的收敛域.

解 从例 2 的(1) 可知,级数 $\sum_{n=1}^{\infty}\frac{(-1)^n}{n}x^n$ 的收敛域为$(-1,1]$. 对级数 $\sum_{n=1}^{\infty}\frac{1}{4^n}x^n$, 有

$$\rho=\lim_{n\to\infty}\left|\frac{a_{n+1}}{a_n}\right|=\lim_{n\to\infty}\frac{1}{4^{n+1}}\cdot\frac{4^n}{1}=\frac{1}{4},$$

因此,其收敛半径 $R_2=4$. 易知,当 $x=\pm 4$ 时,该级数发散. 因此,级数 $\sum_{n=1}^{\infty}\frac{1}{4^n}x^n$ 的收敛域为$(-4,4)$.

根据幂级数的代数运算性质,题设级数的收敛域为$(-1,1]$.

已知幂级数的和函数是在其收敛域内定义的一个函数,关于这个函数的连续性、可导性和可积性,有下列定理:

定理 3 设幂级数 $\sum_{n=0}^{\infty}a_nx^n$ 的收敛半径为 R,则:

(1)幂级数的和函数 $s(x)$ 在其收敛域 I 上连续;

(2)幂级数的和函数 $s(x)$ 在其收敛域 I 上可积,并在 I 上有逐项积分公式

$$\int_0^x s(x)\,\mathrm{d}x=\int_0^x\left(\sum_{n=0}^{\infty}a_nx^n\right)\mathrm{d}x=\sum_{n=0}^{\infty}\int_0^x a_nx^n\,\mathrm{d}x=\sum_{n=0}^{\infty}\frac{a_n}{n+1}x^{n+1},$$

且逐项积分后得到的幂级数和原级数有相同的收敛半径;

(3)幂级数的和函数 $s(x)$ 在其收敛区间$(-R,R)$内可导,并在$(-R,R)$内有逐项求导公式

$$s'(x)=\left(\sum_{n=0}^{\infty}a_nx^n\right)'=\sum_{n=0}^{\infty}(a_nx^n)'=\sum_{n=1}^{\infty}na_nx^{n-1},$$

且逐项求导后得到的幂级数和原级数有相同的收敛半径.

注 反复应用结论(3)可得,幂级数的和函数 $s(x)$ 在其收敛区间$(-R,R)$内具有任意阶导数.

上述运算性质称为幂级数的**分析运算性质**. 它常用于求幂级数的和函数. 此外,几何级数的和函数

$$1+x+x^2+\cdots+x^n+\cdots=\frac{1}{1-x}\qquad(-1<x<1)$$

是幂级数求和中的一个基本结果,讨论的许多级数求和的问题都可利用幂级数的运算性质转化为几何级数求和问题来解决.

例6 求幂级数$\sum_{n=1}^{\infty}(-1)^{n-1}\frac{x^n}{n}$的和函数.

解 由例2(1)的结果可知,题设级数的收敛域为$(-1,1]$,设其和函数为$s(x)$,即

$$s(x)=x-\frac{x^2}{2}+\frac{x^3}{3}-\frac{x^4}{4}+\cdots+(-1)^{n-1}\frac{x^n}{n}+\cdots,$$

显然,$s(0)=0$,且

$$\begin{aligned}s'(x)&=1-x+x^2-x^3+\cdots+(-1)^{n-1}x^{n-1}+\cdots\\&=\frac{1}{1-(-x)}\\&=\frac{1}{1+x}\qquad(-1<x<1).\end{aligned}$$

由积分公式$\int_0^x s'(x)\mathrm{d}x=s(x)-s(0)$,得

$$s(x)=s(0)+\int_0^x s'(x)\mathrm{d}x=\int_0^x\frac{1}{1+x}\mathrm{d}x=\ln(1+x).$$

因题设级数在$x=1$时收敛,故

$$\sum_{n=1}^{\infty}(-1)^{n-1}\frac{x^n}{n}=\ln(1+x)\qquad(-1<x\leqslant 1).$$

例7 求幂级数$\sum_{n=0}^{\infty}(n+1)^2x^n$的和函数.

解 因为

$$\left|\frac{a_{n+1}}{a_n}\right|=\frac{(n+2)^2}{(n+1)^2}\to 1\qquad(n\to\infty),$$

所以题设级数的收敛半径$R=1$. 易知,当$x=\pm 1$时,题设级数发散,故题设级数的收敛域为$(-1,1)$. 设$s(x)=\sum_{n=0}^{\infty}(n+1)^2x^n(|x|<1)$,则

$$\begin{aligned}\int_0^x s(x)\mathrm{d}x&=\sum_{n=0}^{\infty}(n+1)x^{n+1}=x\sum_{n=0}^{\infty}(x^{n+1})'\\&=x\left(\sum_{n=0}^{\infty}x^{n+1}\right)'=x\left(\frac{x}{1-x}\right)'=\frac{x}{(1-x)^2},\end{aligned}$$

对上式两端求导,得所求和函数为

$$s(x)=\frac{1+x}{(1-x)^3}\qquad(|x|<1).$$

基础题

1. 求下列幂级数的收敛半径和收敛域：

(1) $\sum_{n=1}^{\infty} \frac{x^n}{\sqrt{n^2+1}}$. (2) $\sum_{n=1}^{\infty} \frac{(x-3)^n}{n \cdot 3^n}$. (3) $\sum_{n=1}^{\infty} (-1)^n \frac{x^n}{n^2}$.

(4) $\sum_{n=1}^{\infty} \frac{(x-1)^n}{\sqrt{n}}$. (5) $\sum_{n=1}^{\infty} \frac{(x-2)^n}{n^2}$. (6) $\sum_{n=1}^{\infty} \frac{\ln(n+1)}{n+1} x^{n+1}$.

2. 求下列级数的和函数：

(1) $\sum_{n=1}^{\infty} \frac{x^{2n-1}}{2n-1}$. (2) $\sum_{n=1}^{\infty} n x^{n-1}$. (3) $\sum_{n=1}^{\infty} \frac{x^{4n+1}}{4n+1}$.

提高题

1. 求幂级数 $\sum_{n=1}^{\infty} \frac{x^{2n-1}}{2n-1}$ 的和函数，并求级数 $\sum_{n=1}^{\infty} \frac{1}{(2n-1)2^n}$ 的和.

2. 试求极限 $\lim_{n \to \infty}\left(\frac{1}{a} + \frac{2}{a^2} + \cdots + \frac{n}{a^n}\right)$，其中 $a > 1$.

3.【2009 年数三】幂级数 $\sum_{n=1}^{\infty} \frac{e^n - (-1)^n}{n^2} x^n$ 的收敛半径为________.

4.【2005 年数三】求幂级数 $\sum_{n=1}^{\infty}\left(\frac{1}{2n+1} - 1\right) x^{2n}$ 在区间$(-1,1)$内的和函数 $s(x)$.

10.5 函数的幂级数展开

本节主要针对给定的函数 $f(x)$，考虑能否找到某一幂级数，使这一幂级数在某一区间内收敛，并且在这一区间内幂级数的和刚好就是给定的函数 $f(x)$. 如果能，则称**函数 $f(x)$ 在该区间内能展开成幂级数**，此幂级数在该区间内等于函数 $f(x)$.

10.5.1 泰勒级数的概念

由泰勒公式可知,如果函数$f(x)$在点x_0处的某邻域内有$n+1$阶导数,则对该邻域内的任意一点,有

$$f(x)=f(x_0)+f'(x_0)(x-x_0)+\frac{f''(x_0)}{2!}(x-x_0)^2+\cdots+\frac{f^{(n)}(x_0)}{n!}(x-x_0)^n+R_n(x),$$

其中,$R_n(x)=\frac{f^{(n+1)}(\xi)}{(n+1)!}(x-x_0)^{n+1}$. 这里,$\xi$是介于$x$与$x_0$之间的某个值.

如果$f(x)$存在任意阶导数,并且函数项级数$\sum\limits_{n=0}^{\infty}\frac{f^{(n)}(x_0)}{n!}(x-x_0)^n$的收敛半径为$R$,则

$$f(x)=\lim_{n\to\infty}\left[f(x_0)+f'(x_0)(x-x_0)+\frac{f''(x_0)}{2!}(x-x_0)^2+\cdots+\frac{f^{(n)}(x_0)}{n!}(x-x_0)^n+R_n(x)\right].$$

于是,有以下定理:

定理1 设$f(x)$在区间$|x-x_0|<R$内存在任意阶导数,且区间$|x-x_0|<R$是幂级数$\sum\limits_{n=0}^{\infty}\frac{f^{(n)}(x_0)}{n!}(x-x_0)^n$的收敛区间,则

$$f(x)=\sum_{n=0}^{\infty}\frac{f^{(n)}(x_0)}{n!}(x-x_0)^n$$

在区间$|x-x_0|<R$内成立的充要条件是:在该区间内

$$\lim_{n\to\infty}R_n(x)=\lim_{n\to\infty}\frac{f^{(n+1)}(\xi)}{(n+1)!}(x-x_0)^{n+1}=0.$$

这里$\sum\limits_{n=0}^{\infty}\frac{f^{(n)}(x_0)}{n!}(x-x_0)^n$称为$f(x)$在点$x_0$处的**泰勒级数**. 而

$$P_n(x)=\sum_{i=0}^{n}\frac{f^{(i)}(x_0)}{i!}(x-x_0)^i$$

称为$f(x)$在$x=x_0$处的n**阶泰勒多项式**.

特别地,当$x_0=0$时,泰勒级数为

$$f(0)+f'(0)x+\frac{f''(0)}{2!}x^2+\cdots+\frac{f^{(n)}(0)}{n!}x^n+\cdots,$$

称其为$f(x)$的**麦克劳林级数**.

注　如果函数$f(x)$在某个区间内能展开成幂级数,则其必定在这个区间内的每一点都具有任意阶导数,否则不可能展开成幂级数.

函数的麦克劳林级数是x的幂级数,可以证明,如果$f(x)$能展开成幂级数,那么这种幂级数是唯一的,即$f(x)$的麦克劳林级数.下面具体讨论把函数展开成x的幂级数的方法.

10.5.2　函数展开成幂级数的方法

1)直接法

可按下列步骤把函数$f(x)$展开成泰勒级数:

(1)计算$f^{(n)}(x_0), n=0,1,2,\cdots$;

(2)写出相应的泰勒级数$\sum\limits_{n=0}^{\infty}\dfrac{f^{(n)}(x_0)}{n!}(x-x_0)^n$,并求出其收敛半径$R$;

(3)验证在$|x-x_0|<R$内,$\lim\limits_{n\to\infty}R_n(x)=0$;

(4)写出所求函数$f(x)$的泰勒级数和收敛区间

$$f(x)=\sum_{n=0}^{\infty}\frac{f^{(n)}(x_0)}{n!}(x-x_0)^n,\quad |x-x_0|<R.$$

例1　将函数$f(x)=e^x$展开成x的幂级数.

解　根据$f^{(n)}(x)=e^x$,得$f^{(n)}(0)=e^0=1(n=0,1,2,\cdots)$,故$f(x)=e^x$的麦克劳林级数为

$$1+x+\frac{1}{2!}x^2+\cdots+\frac{1}{n!}x^n+\cdots,$$

该级数的收敛半径为$R=+\infty$.

对任意有限的数x,ξ(ξ介于0与x之间),有

$$|R_n(x)|=\left|\frac{e^{\xi}}{(n+1)!}x^{n+1}\right|<e^{|x|}\cdot\frac{|x|^{n+1}}{(n+1)!}.$$

可知,对任意固定的有限数x,$e^{|x|}$为有限数,而$\dfrac{|x|^{n+1}}{(n+1)!}$是收敛级数$\sum\limits_{n=0}^{\infty}\dfrac{|x|^{n+1}}{(n+1)!}$的一般项,故$\dfrac{|x|^{n+1}}{(n+1)!}\to 0(n\to\infty)$,因此

$$e^{|x|}\cdot\frac{|x|^{n+1}}{(n+1)!}\to 0\qquad(n\to\infty),$$

即有$\lim\limits_{n\to\infty}R_n(x)=0$.于是

$$e^x = 1 + x + \frac{1}{2!}x^2 + \cdots + \frac{1}{n!}x^n + \cdots, \quad x \in (-\infty, +\infty).$$

例 2 将函数 $f(x)=\sin x$ 展开成 x 的幂级数.

解 所给函数的各阶导数为

$$f^{(n)}(x) = \sin\left(x + \frac{n\pi}{2}\right) \qquad (n = 0,1,2,\cdots),$$

$f^{(n)}(0)$ 依次取值为 $0,1,0,-1,\cdots(n=0,1,2,\cdots)$. 于是，$\sin x$ 的麦克劳林级数为

$$x - \frac{1}{3!}x^3 + \frac{1}{5!}x^5 - \cdots + (-1)^n \frac{x^{2n+1}}{(2n+1)!} + \cdots,$$

该级数的收敛半径为 $R=+\infty$.

对任意有限的数 x 有

$$|R_n(x)| = \left| \frac{\sin\left[\xi + \frac{(n+1)\pi}{2}\right]}{(n+1)!} x^{n+1} \right| < \frac{|x|^{n+1}}{(n+1)!} \to 0 \qquad (n \to \infty).$$

其中，ξ 介于 0 与 x 之间，于是

$$\sin x = x - \frac{1}{3!}x^3 + \frac{1}{5!}x^5 - \cdots + (-1)^n \frac{x^{2n+1}}{(2n+1)!} + \cdots, \quad x \in (-\infty, +\infty).$$

例 3 将函数 $f(x)=\cos x$ 展开成关于 x 的幂级数.

解 利用幂级数的运算性质，可直接对 $\sin x$ 的幂级数展开式逐项求导，得

$$\cos x = 1 - \frac{x^2}{2!} + \frac{x^4}{4!} - \cdots + (-1)^n \frac{x^{2n}}{(2n)!} + \cdots, \quad x \in (-\infty, +\infty).$$

例 4 将函数 $f(x)=\ln(1+x)$ 展开成 x 的幂级数.

解 因 $f'(x)=\dfrac{1}{1+x}$，而

$$\frac{1}{1+x} = 1 - x + x^2 - x^3 + \cdots + (-1)^n x^n + \cdots, \quad x \in (-1,1).$$

在上式两端从 0 到 x 积分，得到

$$\ln(1+x) = x - \frac{x^2}{2} + \frac{x^3}{3} - \cdots + (-1)^n \frac{x^{n+1}}{n+1} + \cdots, \quad x \in (-1,1].$$

因上式的右端对 $x=1$ 时也收敛，而且 $\ln(1+x)$ 在 $x=1$ 处有定义且连续，故上式对 $x=1$ 时也成立.

此外，利用直接法和幂级数的运算性质，可得

$$f(x) = (1+x)^\alpha, \quad \alpha \in (-\infty, +\infty)$$

的麦克劳林展开式

$$(1+x)^{\alpha}=1+\alpha x+\frac{\alpha(\alpha-1)}{2!}x^{2}+\cdots+\frac{\alpha(\alpha-1)\cdot\cdots\cdot(\alpha-n+1)}{n!}x^{n}+\cdots.\quad x\in(-1,1).\tag{10-12}$$

在区间的端点 $x=\pm1$ 处,可以证明:当 $\alpha\leqslant-1$ 时,收敛域为 $(-1,1)$;当 $-1<\alpha<0$ 时,收敛域为 $(-1,1]$;当 $\alpha>0$ 时,收敛域为 $[-1,1]$.

例如,当 $\alpha=\frac{1}{2},\alpha=-\frac{1}{2}$ 时,$f(x)=(1+x)^{\alpha}$ 关于 x 的幂级数展开式为

$$\sqrt{1+x}=1+\frac{1}{2}x-\frac{1}{2\cdot4}x^{2}+\frac{1\cdot3}{2\cdot4\cdot6}x^{3}+\cdots,\quad x\in[-1,1],$$

$$\frac{1}{\sqrt{1+x}}=1-\frac{1}{2}x+\frac{1\cdot3}{2\cdot4}x^{2}-\frac{1\cdot3\cdot5}{2\cdot4\cdot6}x^{3}+\cdots,\quad x\in(-1,1].$$

式(10-12)称为**二项展开式**.易知,当 α 为正整数时,式(10-12)就是初等代数中的二项式定理.

到此,已得到了5个常用的麦克劳林展开式:

$$e^{x}=1+x+\frac{1}{2!}x^{2}+\cdots+\frac{1}{n!}x^{n}+\cdots,\quad x\in(-\infty,+\infty);\tag{10-13}$$

$$\sin x=x-\frac{1}{3!}x^{3}+\frac{1}{5!}x^{5}-\cdots+(-1)^{n}\frac{x^{2n+1}}{(2n+1)!}+\cdots,\quad x\in(-\infty,+\infty);\tag{10-14}$$

$$\cos x=1-\frac{x^{2}}{2!}+\frac{x^{4}}{4!}-\cdots+(-1)^{n}\frac{x^{2n}}{(2n)!}+\cdots,\quad x\in(-\infty,+\infty);\tag{10-15}$$

$$\ln(1+x)=x-\frac{x^{2}}{2}+\frac{x^{3}}{3}-\cdots+(-1)^{n}\frac{x^{n+1}}{n+1}+\cdots,\quad x\in(-1,1];\tag{10-16}$$

$$(1+x)^{\alpha}=1+\alpha x+\frac{\alpha(\alpha-1)}{2!}x^{2}+\cdots+$$

$$\frac{\alpha(\alpha-1)\cdot\cdots\cdot(\alpha-n+1)}{n!}x^n+\cdots,\quad x\in(-1,1).$$

(10-17)

此外,根据几何级数的性质,还可得到两个常用的麦克劳林展开式

$$\frac{1}{1-x}=1+x+x^2+x^3+\cdots+x^n+\cdots,\quad x\in(-1,1);\tag{10-18}$$

$$\frac{1}{1+x}=1-x+x^2-x^3+\cdots+(-1)^n x^n+\cdots,\quad x\in(-1,1).$$

(10-19)

2)间接法

通常能用直接法得到其麦克劳林展开式的函数很少. 更多的函数是利用唯一性定理,即利用已知函数的展开式(主要是以上 7 个常用函数的麦克劳林展开式),通过逐项求导、逐项积分、变量代换、线性运算法则或恒等变形等方法,间接地求得函数的幂级数展开式. 这种方法称为函数幂级数展开的**间接法**.

例 5 将函数 $f(x)=\arctan x$ 展开成 x 的幂级数.

解 $\arctan x=\int_0^x\frac{\mathrm{d}x}{1+x^2}=\int_0^x[1-x^2+x^4-\cdots+(-1)^n x^{2n}+\cdots]\mathrm{d}x$

$$=x-\frac{1}{3}x^3+\frac{1}{5}x^5-\cdots+(-1)^n\frac{x^{2n+1}}{2n+1}+\cdots,\quad x\in(-1,1).$$

当 $x=1$ 时,级数 $\sum_{n=0}^{\infty}\frac{(-1)^n}{2n+1}$ 收敛;当 $x=-1$ 时,级数 $\sum_{n=0}^{\infty}\frac{(-1)^{n+1}}{2n+1}$ 也收敛. 同时,当 $x=\pm1$ 时,函数 $f(x)=\arctan x$ 连续,故

$$\arctan x=x-\frac{1}{3}x^3+\frac{1}{5}x^5-\cdots+(-1)^n\frac{x^{2n+1}}{2n+1}+\cdots,\quad x\in[-1,1].$$

例 6 将函数 $3^{\frac{x}{3}}$ 展开成 x 的幂级数.

解 因 $3^{\frac{x}{3}}=\mathrm{e}^{\frac{x}{3}\ln 3}$,根据式(10-13)得

$$\mathrm{e}^{\frac{x}{3}\ln 3}=1+\frac{\ln 3}{3}x+\frac{1}{2!}\left(\frac{\ln 3}{3}\right)^2x^2+\cdots,\quad x\in(-\infty,+\infty).$$

若要把函数展开成 $x-x_0$ 的幂级数时,只需把 $f(x)$ 转化成 $x-x_0$ 的表达式,并将 $x-x_0$ 看成变量 t,将其展开成关于 t 的幂级数. 或作变量替换 $x-x_0=t$,于是

$$f(x)=f(x_0+t)=\sum_{n=0}^{\infty}a_n t^n=\sum_{n=0}^{\infty}a_n(x-x_0)^n.$$

例 7　将函数$f(x)=\dfrac{1}{x^2+4x+3}$展开成$(x-1)$的幂级数.

解　$$f(x)=\frac{1}{x^2+4x+3}=\frac{1}{(x+1)(x+3)}=\frac{1}{2(x+1)}-\frac{1}{2(x+3)}$$
$$=\frac{1}{4\left(1+\frac{x-1}{2}\right)}-\frac{1}{8\left(1+\frac{x-1}{4}\right)},$$

根据式(10-19)得

$$\frac{1}{4\left(1+\frac{x-1}{2}\right)}=\frac{1}{4}\sum_{n=0}^{\infty}\frac{(-1)^n}{2^n}(x-1)^n\qquad(-1<x<3),$$

$$\frac{1}{8\left(1+\frac{x-1}{4}\right)}=\frac{1}{8}\sum_{n=0}^{\infty}\frac{(-1)^n}{4^n}(x-1)^n\qquad(-3<x<5),$$

所以

$$\frac{1}{x^2+4x+3}=\sum_{n=0}^{\infty}(-1)^n\left(\frac{1}{2^{n+2}}-\frac{1}{2^{2n+3}}\right)(x-1)^n\qquad(-1<x<3).$$

10.5.3　函数幂级数展开式的应用

1）近似计算

在计算复杂的函数值时，可用其泰勒多项式近似地代替其泰勒级数，而多项式的计算是非常简便的，只需运用四则运算.

例如，对正弦函数，当$|x|$很小时，由其幂级数展开式可得近似计算公式为

$$\sin x\approx x,\quad \sin x\approx x-\frac{x^3}{3!},\quad \sin x\approx x-\frac{x^3}{3!}+\frac{x^5}{5!}.$$

级数的主要应用之一就是利用它进行数值计算，我们所熟知的三角函数表、对数表等都是用级数计算出来的. 如果将数A表示为级数

$$A=a_1+a_2+\cdots+a_n+\cdots,\tag{10-20}$$

而取其部分和$A_n=a_1+a_2+\cdots+a_n$作为A的近似值，势必会有误差，其误差源于两个方面：一是级数的余项

$$r_n=A-A_n=a_{n+1}+a_{n+2}+\cdots,$$

称为**截断误差**；二是四舍五入计算A_n时产生的误差，称为**舍入误差**.

如果级数(10-20)是交错级数，并且满足莱布尼茨定理，则其误差

$$|r_n| < |a_{n+1}|.$$

否则,可适当地放大余项中的各项至放大后的新级数容易估计余项为止,此时可取新级数余项 r_n' 作为原级数截断误差 r_n 的估计值,且有

$$r_n \leqslant r_n'.$$

例 8 利用 $\sin x \approx x - \frac{x^3}{3!}$,求 $\sin 9°$ 的近似值,并估计误差.

解 利用所给公式

$$\sin 9° = \sin \frac{\pi}{20} \approx \frac{\pi}{20} - \frac{1}{3!}\left(\frac{\pi}{20}\right)^3.$$

因为 $\sin x$ 的展开式是收敛的交错级数,且各项的绝对值单调减少,所以

$$|r_2| \leqslant \frac{1}{5!}\left(\frac{\pi}{20}\right)^5 < \frac{1}{120}(0.2)^5 < \frac{1}{300\ 000} < 10^{-5}.$$

若取 $\frac{\pi}{20} \approx 0.157\ 080, \left(\frac{\pi}{20}\right)^3 \approx 0.003\ 876$,则

$$\sin 9° \approx 0.157\ 080 - 0.000\ 646 \approx 0.156\ 434.$$

其误差不超过 10^{-5}.

2)计算定积分

许多函数的原函数不能用初等函数表示,但是如果能在积分区间上展开成幂级数,则可通过幂级数展开式逐项积分,并用积分后的级数近似计算所给定的积分.

例 9 计算积分 $\int_0^1 \frac{\sin x}{x} \mathrm{d}x$ 的近似值,误差不超过 10^{-4}.

解 因为

$$\sin x = x - \frac{1}{3!}x^3 + \frac{1}{5!}x^5 - \frac{1}{7!}x^7 + \cdots, \quad x \in (-\infty, +\infty)$$

则

$$\frac{\sin x}{x} = 1 - \frac{1}{3!}x^2 + \frac{1}{5!}x^4 - \frac{1}{7!}x^6 + \cdots, \quad x \in (-\infty, +\infty)$$

所以

$$\int_0^1 \frac{\sin x}{x} \mathrm{d}x = 1 - \frac{1}{3 \cdot 3!} + \frac{1}{5 \cdot 5!} - \frac{1}{7 \cdot 7!} + \cdots.$$

这是一个收敛的交错级数,因

$$\frac{1}{7 \cdot 7!} < \frac{1}{30\ 000} < 10^{-4},$$

故取前 3 项作为积分的近似值,得

$$\int_0^1 \frac{\sin x}{x} \mathrm{d}x \approx 1 - \frac{1}{3 \cdot 3!} + \frac{1}{5 \cdot 5!} \approx 0.946\ 1.$$

3)求常数项级数的和

之前我们已熟悉了求常数项级数和的几种常用的方法,这里再介绍一种新的借助幂级数的和函数来求常数项级数和的方法,即**阿贝尔方法**. 其基本步骤如下:

(1)对所给常数项级数 $\sum\limits_{n=0}^{\infty} a_n$,构造幂级数 $\sum\limits_{n=0}^{\infty} a_n x^n$;

(2)利用幂级数的运算性质,求出 $\sum\limits_{n=0}^{\infty} a_n x^n$ 的和函数 $s(x)$;

(3)所求常数项级数 $\sum\limits_{n=0}^{\infty} a_n = \lim\limits_{x \to 1^-} s(x)$.

例 10　求级数 $\sum\limits_{n=1}^{\infty} \frac{2n-1}{2^n}$ 的和.

解　构造幂级数 $\sum\limits_{n=1}^{\infty} \frac{2n-1}{2^n} x^{2n-2}$,利用比值判别法可知,该级数的收敛区间为$(-\sqrt{2},\sqrt{2})$. 设

$$s(x) = \sum_{n=1}^{\infty} \frac{2n-1}{2^n} x^{2n-2}, \quad x \in (-\sqrt{2},\sqrt{2}),$$

因为

$$s(x) = \left(\sum_{n=1}^{\infty} \int_0^x \frac{2n-1}{2^n} x^{2n-2} \mathrm{d}x \right)' = \left(\sum_{n=1}^{\infty} \frac{x^{2n-1}}{2^n} \right)' = \left(\frac{1}{x} \sum_{n=1}^{\infty} \left(\frac{x^2}{2} \right)^n \right)'$$

$$= \left(\frac{1}{x} \cdot \frac{x^2}{2-x^2} \right)' = \frac{x^2+2}{(2-x^2)^2}, \quad x \in (-\sqrt{2},\sqrt{2}),$$

所以

$$\sum_{n=1}^{\infty} \frac{2n-1}{2^n} = \lim_{x \to 1^-} s(x) = \lim_{x \to 1^-} \frac{x^2+2}{(2-x^2)^2} = 3.$$

基础题

1. 将下列函数展开成 x 的幂级数，并求其成立的区间：

(1) $f(x)=\ln(a+x)$.　　(2) $f(x)=\dfrac{x^{10}}{1-x}$.

(3) $f(x)=\mathrm{e}^{x^2}$.　　(4) $f(x)=\dfrac{x}{\sqrt{1-2x}}$.

(5) $f(x)=\sin^2 x$.　　(6) $f(x)=\dfrac{x}{1+x-2x^2}$.

2. 将下列函数展开成 $x-1$ 的幂级数：

(1) $f(x)=3+2x-4x^2+7x^3$.

(2) $f(x)=\dfrac{1}{x}$.

(3) $f(x)=\ln(3x-x^2)$.

提高题

1. 将下列函数展开成 x 的幂级数：

(1) $f(x)=\dfrac{x}{(1-x)(1-x^2)}$.　　(2) $f(x)=\arctan\dfrac{1+x}{1-x}$.

(3) $f(x)=x\arctan x-\ln\sqrt{1+x^2}$.

2.【2006 年数一】将函数 $f(x)=\dfrac{x}{2+x-x^2}$ 展开成 x 的幂级数.

3.【2003 年数一】将函数 $f(x)=\arctan\dfrac{1-2x}{1+2x}$ 展开成 x 的幂级数，并求出级数 $\sum\limits_{n=0}^{\infty}\dfrac{(-1)^n}{2n+1}$ 的和.

4.【2018 年数三】已知 $\cos 2x-\dfrac{1}{(1+x)^2}=\sum\limits_{n=0}^{\infty}a_n x^n\ (-1<x<1)$，求 a_n.

10.6 傅里叶级数

本节我们开始学习由三角函数组成的函数项级数,即所谓的三角级数. 它主要研究如何把函数展开成三角级数.

10.6.1 三角级数 三角函数系的正交性

本书上册的第 1 章已介绍了周期函数的概念. 周期函数反映了客观世界的周期变化. 正弦函数是一种常见且简单的周期函数. 例如,描写简谐振动的函数

$$y = A\sin(\omega t + \varphi),$$

就是一个以$\frac{2\pi}{\omega}$为周期的正弦函数. 其中,y 表示动点的位置,t 表示时间,A 为**振幅**,ω 表示**角频率**,φ 为**初相**.

在实际生活中,除了正弦函数,还会遇到一些反映更复杂周期变化的周期函数. 例如,电子技术中常遇到的周期为 T 的矩形波(见图 10-1)就是一个非正弦周期函数的例子.

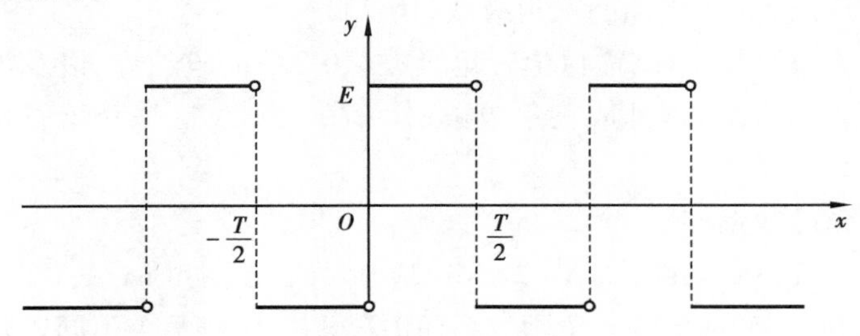

图 10-1

研究非正弦周期函数时,结合前面介绍过的用函数的幂级数展开式表示与讨论函数,也想将周期函数展开成简单的周期函数,如三角函数组成的级数,即将周期为 $T\left(=\frac{2\pi}{\omega}\right)$的周期函数用一系列周期为 T 的正弦函数 $A_n\sin(n\omega t + \varphi_n)$ 所构成的级数来表示,记为

$$f(t) = A_0 + \sum_{n=1}^{\infty} A_n \sin(n\omega t + \varphi_n), \tag{10-21}$$

其中,$A_0, A_n, \varphi_n (n=1,2,3,\cdots)$都是常数.

以上展开式的物理意义在于，把一个复杂的周期运动看成许多不同频率的简谐振动的叠加．在电工学上，这种展开称为**谐波分析**．其中，常数项 A_0 称为 $f(t)$ 的**直流分量**；$A_1\sin(\omega t+\varphi_1)$ 称为**一次谐波**；$A_2\sin(2\omega t+\varphi_2)$，$A_3\sin(3\omega t+\varphi_3)$ 分别称为**二次谐波**、**三次谐波**；以此类推．

为了讨论方便，将正弦函数 $A_n\sin(n\omega t+\varphi_n)$ 变形为

$$A_n\sin(n\omega t+\varphi_n)=A_n\sin\varphi_n\cos n\omega t+A_n\sin n\omega t\cos\varphi_n,$$

并且令 $\frac{a_0}{2}=A_0$，$a_n=A_n\sin\varphi_n$，$b_n=A_n\cos\varphi_n$，$\omega=\frac{\pi}{l}$ 即 $(T=2l)$，则式(10-21)的右端可改写为

$$\frac{a_0}{2}+\sum_{n=1}^{\infty}\left(a_n\cos\frac{n\pi t}{l}+b_n\sin\frac{n\pi t}{l}\right), \tag{10-22}$$

形如式(10-22)的级数称为**三角级数**．其中，$a_0,a_n,b_n(n=1,2,3,\cdots)$ 为常数．

若令 $\frac{\pi t}{l}=x$，则式(10-22)变为

$$\frac{a_0}{2}+\sum_{n=1}^{\infty}(a_n\cos nx+b_n\sin nx), \tag{10-23}$$

即把以 $2l$ 为周期的三角级数转化为以 2π 为周期的三角级数．

下面讨论以 2π 为周期的三角级数(10-23)．

如同讨论幂级数一样，需讨论三角级数(10-23)的收敛性，以及如何将给定周期为 2π 的周期函数展开成三角级数(10-23)．为此，首先介绍三角函数系的正交性．

所谓**三角函数系**

$$1,\cos x,\sin x,\cos 2x,\sin 2x,\cdots,\cos nx,\sin nx,\cdots \tag{10-24}$$

在 $[-\pi,\pi]$ 上正交，是指在三角函数系(10-24)中，任何两个不同函数的乘积在 $[-\pi,\pi]$ 上的积分为零，即

$$\int_{-\pi}^{\pi}\cos nx\,\mathrm{d}x=0\quad(n=1,2,3,\cdots),$$

$$\int_{-\pi}^{\pi}\sin nx\,\mathrm{d}x=0\quad(n=1,2,3,\cdots),$$

$$\int_{-\pi}^{\pi}\sin kx\cos nx\,\mathrm{d}x=0\quad(k,n=1,2,3,\cdots),$$

$$\int_{-\pi}^{\pi}\cos kx\cos nx\,\mathrm{d}x=0\quad(k,n=1,2,3,\cdots,k\neq n),$$

$$\int_{-\pi}^{\pi}\sin kx\sin nx\,\mathrm{d}x = 0 \qquad (k,n = 1,2,3,\cdots,k \neq n),$$

以上式子都可通过定积分的运算来验证,如对第四式(其他的式子可自行验证),利用三角函数的积化和差公式可得到

$$\cos kx\cos nx = \frac{1}{2}[\cos(k+n)x + \cos(k-n)x],$$

当 $k \neq n$ 时,有

$$\begin{aligned}\int_{-\pi}^{\pi}\cos kx\cos nx\,\mathrm{d}x &= \frac{1}{2}\int_{-\pi}^{\pi}[\cos(k+n)x + \cos(k-n)x]\mathrm{d}x \\ &= \frac{1}{2}\left[\frac{\sin(k+n)x}{k+n} + \frac{\sin(k-n)x}{k-n}\right]\Bigg|_{-\pi}^{\pi} \\ &= 0 \qquad (k,n = 1,2,3,\cdots,k \neq n).\end{aligned}$$

在三角函数系(10-24)中,两个相同函数的乘积在$[-\pi,\pi]$上的积分不等于零,即

$$\int_{-\pi}^{\pi}1^2\mathrm{d}x = 2\pi,\quad \int_{-\pi}^{\pi}\sin^2 nx\,\mathrm{d}x = \pi,\quad \int_{-\pi}^{\pi}\cos^2 nx\,\mathrm{d}x = \pi \qquad (n = 1,2,3,\cdots).$$

10.6.2 函数展开成傅里叶级数

设$f(x)$是周期为2π的周期函数,且能展开成三角级数

$$f(x) = \frac{a_0}{2} + \sum_{k=1}^{\infty}(a_k\cos kx + b_k\sin kx), \tag{10-25}$$

我们自然要考虑系数 $a_0,a_1,b_1,\cdots$与函数$f(x)$之间存在着怎样的关系. 换句话说,如何利用$f(x)$把 $a_0,a_1,b_1,\cdots$求出来. 为此,假设式(10-25)右端可以逐项积分.

先求 a_0. 对式(10-25)从$-\pi$到π积分,由于假设式(10-25)右端可逐项积分,故有

$$\int_{-\pi}^{\pi}f(x)\mathrm{d}x = \int_{-\pi}^{\pi}\frac{a_0}{2}\mathrm{d}x + \sum_{k=1}^{\infty}\left(a_k\int_{-\pi}^{\pi}\cos kx\,\mathrm{d}x + b_k\int_{-\pi}^{\pi}\sin kx\,\mathrm{d}x\right).$$

根据三角函数系的正交性可知,等式右端除第一项之外,其余都为零,故

$$\int_{-\pi}^{\pi}f(x)\mathrm{d}x = \frac{a_0}{2}\cdot 2\pi,$$

于是有

$$a_0 = \frac{1}{\pi}\int_{-\pi}^{\pi}f(x)\mathrm{d}x.$$

再求 a_n. 对式(10-25)两端乘以 $\cos nx$，再从 $-\pi$ 到 π 积分得

$$\int_{-\pi}^{\pi} f(x)\cos nx\,\mathrm{d}x = \frac{a_0}{2}\int_{-\pi}^{\pi}\cos nx\,\mathrm{d}x + \sum_{k=1}^{\infty}\left(a_k\int_{-\pi}^{\pi}\cos kx\cos nx\,\mathrm{d}x + b_k\int_{-\pi}^{\pi}\sin kx\cos nx\,\mathrm{d}x\right).$$

根据三角函数系的正交性，上式的右端除 $k=n$ 的一项之外，其余项全为零，故

$$\int_{-\pi}^{\pi} f(x)\cos nx\,\mathrm{d}x = a_n\int_{-\pi}^{\pi}\cos^2 nx\,\mathrm{d}x = a_n\pi,$$

于是有

$$a_n = \frac{1}{\pi}\int_{-\pi}^{\pi} f(x)\cos nx\,\mathrm{d}x \qquad (n=1,2,3,\cdots).$$

类似地，用 $\sin nx$ 乘以式(10-25)的两端，再从 $-\pi$ 到 π 积分得

$$b_n = \frac{1}{\pi}\int_{-\pi}^{\pi} f(x)\sin nx\,\mathrm{d}x \qquad (n=1,2,3,\cdots).$$

因此，式(10-25)的各系数表达式可合并成

$$\begin{aligned} a_n &= \frac{1}{\pi}\int_{-\pi}^{\pi} f(x)\cos nx\,\mathrm{d}x \qquad (n=0,1,2,3,\cdots), \\ b_n &= \frac{1}{\pi}\int_{-\pi}^{\pi} f(x)\sin nx\,\mathrm{d}x \qquad (n=1,2,3,\cdots). \end{aligned} \tag{10-26}$$

如果式(10-26)中的积分都存在，此时由式(10-26)得出的系数 $a_0,a_1,b_1,\cdots$ 称为函数 $f(x)$ 的**傅里叶系数**，将这些系数代入式(10-25)的右端，得到的三角级数

$$\frac{a_0}{2} + \sum_{n=1}^{\infty}(a_n\cos nx + b_n\sin nx)$$

称为函数 $f(x)$ 的**傅里叶级数**.

下面介绍一个收敛定理，它是傅里叶级数收敛的重要结论.

定理 1（收敛定理，狄利克雷充分条件） 设 $f(x)$ 是周期为 2π 的周期函数，如果满足：

(1) 在一个周期内连续或者只有有限个第一类间断点；

(2) 在一个周期内至多只有有限个极值点，

那么，$f(x)$ 的傅里叶级数收敛，并且：

当 x 是 $f(x)$ 的连续点时，级数收敛于 $f(x)$；

当 x 是 $f(x)$ 的间断点时，级数收敛于 $\frac{1}{2}[f(x^-)+f(x^+)]$.

上述定理说明,只要函数在$[-\pi,\pi]$上有有限个第一类间断点,并且不作无限次的振动,那么函数的傅里叶级数在连续点处就收敛于该点的函数值,在间断点处就收敛于该点处函数的左右极限的算术平均数,记

$$C=\left\{x\,\middle|\,f(x)=\frac{1}{2}[f(x^-)+f(x^+)]\right\},$$

在C上就成立$f(x)$的傅里叶级数展开式

$$f(x)=\frac{a_0}{2}+\sum_{n=1}^{\infty}(a_n\cos nx+b_n\sin nx),\quad x\in C. \tag{10-27}$$

例1 设$f(x)$是周期为2π的周期函数,它在$[-\pi,\pi)$上的表达式为

$$f(x)=\begin{cases}-1 & -\pi\leqslant x<0\\ 1 & 0\leqslant x<\pi\end{cases}.$$

将$f(x)$展开成傅里叶级数,并作出级数的和函数的图形.

解 可知所给函数$f(x)$满足收敛定理中的条件,在$x=k\pi(k=0,\pm1,\pm2,\cdots)$处不连续,在其他点处连续. 由收敛定理可知,函数$f(x)$的傅里叶级数收敛,并且当$x=k\pi$时,级数收敛于

$$\frac{-1+1}{2}=0.$$

当$x\neq k\pi$时,级数收敛于$f(x)$.

傅里叶系数的计算为

$$\begin{aligned}a_n&=\frac{1}{\pi}\int_{-\pi}^{\pi}f(x)\cos nx\,dx\\&=\frac{1}{\pi}\left[\int_{-\pi}^{0}(-1)\cos nx\,dx+\int_{0}^{\pi}1\cdot\cos nx\,dx\right]\\&=0\qquad(n=0,1,2,\cdots);\end{aligned}$$

$$\begin{aligned}b_n&=\frac{1}{\pi}\int_{-\pi}^{\pi}f(x)\sin nx\,dx\\&=\frac{1}{\pi}\left[\int_{-\pi}^{0}(-1)\sin nx\,dx+\int_{0}^{\pi}1\cdot\sin nx\,dx\right]\\&=\frac{1}{\pi}\left[\frac{\cos nx}{n}\right]\Bigg|_{-\pi}^{0}+\frac{1}{\pi}\left[-\frac{\cos nx}{n}\right]\Bigg|_{0}^{\pi}\\&=\frac{1}{n\pi}(1-\cos n\pi-\cos n\pi+1)=\frac{2}{n\pi}[1-(-1)^n]\\&=\begin{cases}\dfrac{4}{n\pi} & n\text{ 为奇数}\\ 0 & n\text{ 为偶数},n\neq0\end{cases}.\end{aligned}$$

将所求系数代入式(10-27)得到$f(x)$的傅里叶级数展开式

$$f(x)=\frac{4}{\pi}\left[\sin x+\frac{1}{3}\sin 3x+\frac{1}{5}\sin 5x+\cdots+\frac{1}{2k-1}\sin(2k-1)x+\cdots\right]$$

$$=\frac{4}{\pi}\sum_{k=1}^{\infty}\frac{1}{2k-1}\sin(2k-1)x$$

$$(-\infty<x<+\infty;\quad x\neq 0,\pm\pi,\pm 2\pi,\cdots).$$

级数的和函数图形如图 10.2 所示.

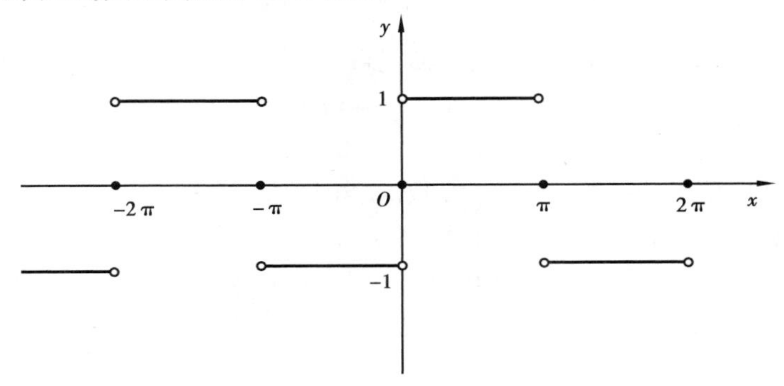

图 10-2

例 2　设$f(x)$是以 2π 为周期的周期函数,它在$[-\pi,\pi)$上的表达式为

$$f(x)=\begin{cases}x & -\pi\leqslant x<0\\ 0 & 0\leqslant x<\pi\end{cases}.$$

将$f(x)$展开成傅里叶级数,并作出级数的和函数的图形.

解　所给函数满足收敛定理的条件,它在点 $x=(2k+1)\pi(k=0,\pm1,\pm2,\cdots)$处间断. 因此,当 $x\neq(2k+1)\pi$ 时,函数 $f(x)$ 的傅里叶级数收敛于 $f(x)$;当 $x=(2k+1)\pi$ 时,函数$f(x)$的傅里叶级数收敛于

$$\frac{f(\pi^-)+f(-\pi^+)}{2}=\frac{0-\pi}{2}=-\frac{\pi}{2}.$$

函数$f(x)$的傅里叶系数计算为

$$a_n=\frac{1}{\pi}\int_{-\pi}^{\pi}f(x)\cos nx\,\mathrm{d}x=\frac{1}{\pi}\int_{-\pi}^{0}x\cos nx\,\mathrm{d}x$$

$$=\frac{1}{\pi}\left[\frac{x\sin nx}{n}+\frac{\cos nx}{n^2}\right]\Bigg|_{-\pi}^{0}=\frac{1}{n^2\pi}(1-\cos n\pi)$$

$$=\begin{cases}\dfrac{2}{n^2\pi} & n\text{ 为奇数}\\ 0 & n\text{ 为偶数},n\neq 0\end{cases}.$$

$$a_0 = \frac{1}{\pi}\int_{-\pi}^{\pi} f(x)\,\mathrm{d}x = \frac{1}{\pi}\int_{-\pi}^{0} x\,\mathrm{d}x = -\frac{\pi}{2},$$

$$\begin{aligned} b_n &= \frac{1}{\pi}\int_{-\pi}^{\pi} f(x)\sin nx\,\mathrm{d}x = \frac{1}{\pi}\int_{-\pi}^{0} x\sin nx\,\mathrm{d}x \\ &= \frac{1}{\pi}\left[-\frac{x\cos nx}{n} + \frac{\sin nx}{n^2}\right]\Bigg|_{-\pi}^{0} \\ &= -\frac{\cos n\pi}{n} = \frac{(-1)^{n+1}}{n} \qquad (n = 1,2,3,\cdots). \end{aligned}$$

将所求得的系数代入式(10-27),得到$f(x)$的傅里叶级数展开式

$$\begin{aligned} f(x) &= -\frac{\pi}{4} + \left(\frac{2}{\pi}\cos x + \sin x\right) - \frac{1}{2}\sin 2x + \left(\frac{2}{3^2\pi}\cos 3x + \frac{1}{3}\sin 3x\right) - \\ &\quad \frac{1}{4}\sin 4x + \left(\frac{2}{5^2\pi}\cos 5x + \frac{1}{5}\sin 5x\right) - \cdots \\ &= -\frac{\pi}{4} + \frac{2}{\pi}\sum_{k=1}^{\infty}\frac{1}{(2k-1)^2}\cos(2k-1)x + \sum_{n=1}^{\infty}\frac{(-1)^{n-1}}{n}\sin nx \\ &\quad (-\infty < x < +\infty;\ \ x \neq \pm\pi, \pm 3\pi, \cdots). \end{aligned}$$

级数的和函数的图形如图 10-3 所示.

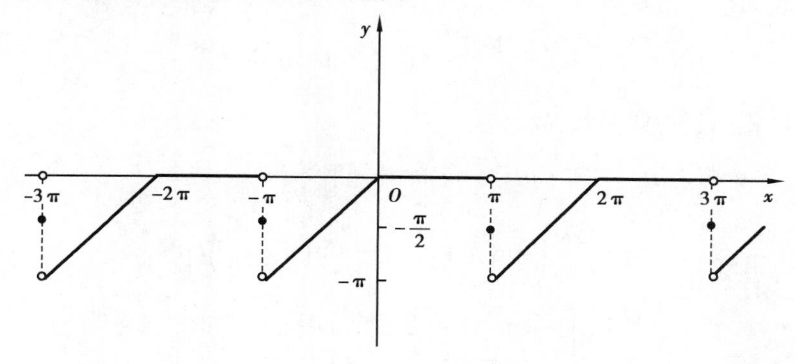

图 10-3

应该注意,如果函数$f(x)$只在$[-\pi,\pi]$上有定义,并且满足收敛定理的条件,那么函数$f(x)$也可展开成傅里叶级数. 事实上,可在$[-\pi,\pi)$或$(-\pi,\pi]$外补充函数$f(x)$的定义,使它拓广成周期为2π的周期函数$F(x)$. 按这种方式拓广函数的定义域的过程,称为**周期延拓**. 再将$F(x)$展开成傅里叶级数. 最后限制x在$(-\pi,\pi)$内,此时$F(x)\equiv f(x)$,这样便得到$f(x)$的傅里叶级数展开式. 根据收敛定理,这级数在区间端点$x=\pm\pi$处收敛于$\frac{f(\pi^-)+(f-\pi^+)}{2}$.

例 3　将函数

$$f(t)=\left|\sin\frac{t}{2}\right|,\quad -\pi\leqslant t\leqslant\pi$$

展开成傅里叶级数.

解　题中所给函数在$[-\pi,\pi]$上满足收敛定理的条件,若将其拓展为周期函数,则此周期函数在每一点 t 处都是连续的(见图 10-4),因此,拓展的周期函数的傅里叶级数在$[-\pi,\pi]$内收敛于$f(t)$.

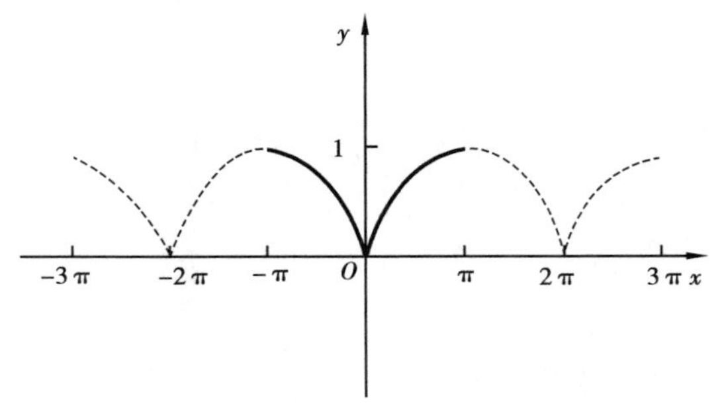

图 10-4

计算傅里叶系数为

$$a_n=\frac{1}{\pi}\int_{-\pi}^{\pi}\left|\sin\frac{t}{2}\right|\cos nt\ \mathrm{d}t.$$

因被积函数为偶函数,故

$$\begin{aligned}
a_n&=\frac{2}{\pi}\int_0^{\pi}\sin\frac{t}{2}\cos nt\ \mathrm{d}t\\
&=\frac{1}{\pi}\int_0^{\pi}\left[\sin\left(n+\frac{1}{2}\right)t-\sin\left(n-\frac{1}{2}\right)t\right]\mathrm{d}t\\
&=\frac{1}{\pi}\left[\frac{-\cos\left(n+\frac{1}{2}\right)t}{n+\frac{1}{2}}+\frac{\cos\left(n-\frac{1}{2}\right)t}{n-\frac{1}{2}}\right]\Bigg|_0^{\pi}\\
&=\frac{1}{\pi}\left(\frac{1}{n+\frac{1}{2}}-\frac{1}{n-\frac{1}{2}}\right)\\
&=-\frac{4}{(4n^2-1)\pi}\qquad(n=0,1,2,\cdots).
\end{aligned}$$

$$b_n=\frac{1}{\pi}\int_{-\pi}^{\pi}\left|\sin\frac{t}{2}\right|\sin nt\ \mathrm{d}t=0\qquad(n=1,2,3,\cdots).$$

因此，函数$f(t)$的傅里叶级数为

$$f(t)=\frac{4}{\pi}\left(\frac{1}{2}-\sum_{n=1}^{\infty}\frac{1}{4n^2-1}\cos nt\right)\qquad(-\pi\leqslant t\leqslant\pi).$$

10.6.3 正弦级数和余弦级数

一般来说，一个函数的傅里叶级数会同时含有正弦项和余弦项. 但是，也会存在一些函数的傅里叶展开式只含有其中的一种，其原因与所给函数$f(x)$的奇偶性有关. 对周期为2π的周期函数$f(x)$，它的傅里叶系数的计算公式为

$$a_n=\frac{1}{\pi}\int_{-\pi}^{\pi}f(x)\cos nx\,\mathrm{d}x\qquad(n=0,1,2,\cdots),$$

$$b_n=\frac{1}{\pi}\int_{-\pi}^{\pi}f(x)\sin nx\,\mathrm{d}x\qquad(n=1,2,3,\cdots).$$

由于奇函数在对称区间上的积分为零，偶函数在对称区间上的积分等于半区间上积分的2倍，因此，当$f(x)$为奇函数时，$f(x)\cos nx$是奇函数，$f(x)\sin nx$是偶函数，故

$$a_n=0\qquad(n=0,1,2,\cdots),\tag{10-28}$$

$$b_n=\frac{2}{\pi}\int_{0}^{\pi}f(x)\sin nx\,\mathrm{d}x\qquad(n=1,2,3,\cdots).$$

可知，奇函数的傅里叶级数是只含有正弦项的**正弦级数**

$$\sum_{n=1}^{\infty}b_n\sin nx.\tag{10-29}$$

当$f(x)$为偶函数时，$f(x)\cos nx$是偶函数，$f(x)\sin nx$是奇函数，故

$$\begin{aligned}a_n&=\frac{2}{\pi}\int_{0}^{\pi}f(x)\cos nx\,\mathrm{d}x\qquad(n=0,1,2,\cdots),\\ b_n&=0\qquad(n=1,2,3,\cdots).\end{aligned}\tag{10-30}$$

可知，偶函数的傅里叶级数是只含有常数项和余弦项的**余弦级数**

$$\frac{a_0}{2}+\sum_{n=1}^{\infty}a_n\cos nx.\tag{10-31}$$

例4 设$f(x)$是周期为2π的周期函数，它在$[-\pi,\pi)$上的表达式为$f(x)=x$. 将$f(x)$展开成傅里叶级数，并作出级数的和函数的图形.

解 首先，所给函数满足收敛定理的条件，它在点

$$x=(2k+1)\pi\qquad(k=0,\pm1,\pm2,\cdots)$$

处不连续. 因此，$f(x)$的傅里叶级数在点$x=(2k+1)\pi$处收敛于

$$\frac{f(\pi^-)+f(-\pi^+)}{2}=\frac{\pi+(-\pi)}{2}=0,$$

在连续点 $x(x\neq(2k+1)\pi)$ 处收敛于 $f(x)$.

其次,若不计 $x=(2k+1)\pi(k=0,\pm1,\pm2,\cdots)$,则 $f(x)$ 是周期为 2π 的奇函数. 显然,此时按照式(10-28)有 $a_n=0(n=0,1,2,\cdots)$,而

$$\begin{aligned}b_n&=\frac{2}{\pi}\int_0^{\pi}f(x)\sin nx\,\mathrm{d}x=\frac{2}{\pi}\int_0^{\pi}x\sin nx\,\mathrm{d}x\\&=\frac{2}{\pi}\left[-\frac{x\cos nx}{n}+\frac{\sin nx}{n^2}\right]\Bigg|_0^{\pi}\\&=-\frac{2}{n}\cos n\pi=\frac{2}{n}(-1)^{n+1}\qquad(n=1,2,3,\cdots).\end{aligned}$$

将求得的 b_n 代入正弦级数(10-29),得 $f(x)$ 的傅里叶级数展开式为

$$\begin{aligned}f(x)&=2\left[\sin x-\frac{1}{2}\sin 2x+\frac{1}{3}\sin 3x-\cdots+\frac{(-1)^{n+1}}{n}\sin nx+\cdots\right]\\&=2\sum_{n=1}^{\infty}\frac{(-1)^{n+1}}{n}\sin nx\qquad(-\infty<x<+\infty;x\neq\pm\pi,\pm3\pi,\cdots).\end{aligned}$$

级数的和函数的图形如图 10-5 所示.

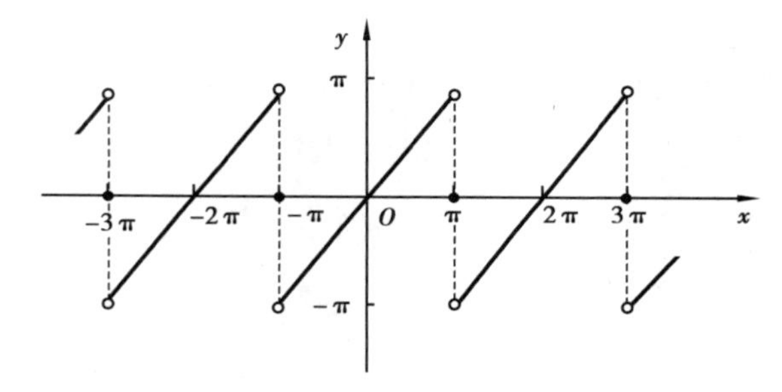

图 10-5

例 5 设 $f(x)$ 是周期为 2π 的周期函数,它在 $[-\pi,\pi)$ 上的表达式为 $f(x)=|x|$,将 $f(x)$ 展开成傅里叶级数.

解 所给函数满足收敛定理的条件,它在整个数轴上连续. 因此,$f(x)$ 的傅里叶级数处处收敛于 $f(x)$.

因为 $f(x)$ 是偶函数,所以按式(10-30),有 $b_n=0(n=1,2,3,\cdots)$,而

$$\begin{aligned}a_n&=\frac{2}{\pi}\int_0^{\pi}f(x)\cos nx\,\mathrm{d}x=\frac{2}{\pi}\int_0^{\pi}x\cos nx\,\mathrm{d}x\\&=\frac{2}{\pi}\left[\frac{x\sin nx}{n}+\frac{\cos nx}{n^2}\right]\Bigg|_0^{\pi}=\frac{2}{\pi n^2}(\cos n\pi-1)\end{aligned}$$

$$
= \begin{cases} -\dfrac{4}{\pi n^2} & n = 1,3,5,\cdots \\ 0 & n = 2,4,6,\cdots \end{cases}
$$

$$
a_0 = \frac{2}{\pi}\int_0^{\pi} f(x)\,\mathrm{d}x = \frac{2}{\pi}\int_0^{\pi} x\,\mathrm{d}x = \pi.
$$

将系数代入余弦级数(10-31),得$f(x)$的傅里叶级数展开式为

$$
f(x) = \frac{\pi}{2} - \frac{4}{\pi}\left[\cos x + \frac{1}{3^2}\cos 3x + \frac{1}{5^2}\cos 5x + \cdots + \frac{1}{(2k-1)^2}\cos(2k-1)x + \cdots\right]
$$

$$
= \frac{\pi}{2} - \frac{4}{\pi}\sum_{k=1}^{\infty}\frac{1}{(2k-1)^2}\cos(2k-1)x \qquad (-\infty < x < +\infty).
$$

在实际应用中,有时还需要把定义在区间$[0,\pi]$上的函数$f(x)$展开成正弦级数或者余弦级数.

根据前面讨论的结果,这类展开问题解决方法为:设函数$f(x)$定义在区间$[0,\pi]$上并且满足收敛定理的条件,在开区间$(-\pi,0)$内补充$f(x)$的定义,可得定义在$(-\pi,\pi]$上的函数$F(x)$,使它在$(-\pi,\pi)$上成为奇函数(偶函数). 按这种方式拓广函数定义域的过程,称为**奇延拓(偶延拓)**. 然后将延拓后的函数展开成傅里叶级数,这个级数必定是正弦级数(余弦级数). 再限制x在$(0,\pi]$上,此时$F(x)\equiv f(x)$,这样便得到$f(x)$的正弦级数(余弦级数)展开式.

例如,将函数

$$
\varphi(x) = x \qquad (0 \leqslant x \leqslant \pi)
$$

作奇延拓,再作周期延拓,便成例4中的函数,根据例4的结果,有

$$
x = 2\sum_{n=1}^{\infty}\frac{(-1)^{n+1}}{n}\sin nx \qquad (0 \leqslant x < \pi);
$$

将$\varphi(x)$作偶延拓,再作周期延拓,便成例5中的函数,根据其结果,有

$$
x = \frac{\pi}{2} - \frac{4}{\pi}\sum_{k=1}^{\infty}\frac{1}{(2k-1)^2}\cos(2k-1)x \qquad (0 \leqslant x \leqslant \pi).
$$

注 利用函数的傅里叶级数展开式,有时可得到一些特殊级数的和. 例如,根据例5的结果,有

$$
|x| = \frac{\pi}{2} - \frac{4}{\pi}\sum_{k=1}^{\infty}\frac{1}{(2k-1)^2}\cos(2k-1)x \qquad (-\pi \leqslant x \leqslant \pi),
$$

在上式中令$x=0$,得

$$
\sum_{k=1}^{\infty}\frac{1}{(2k-1)^2} = \frac{\pi^2}{8}.
$$

设

$$\sigma = 1 + \frac{1}{2^2} + \frac{1}{3^2} + \frac{1}{4^2} + \cdots + \frac{1}{n^2} + \cdots,$$

$$\sigma_1 = 1 + \frac{1}{3^2} + \frac{1}{5^2} + \cdots + \frac{1}{(2n-1)^2} + \cdots\left(=\frac{\pi^2}{8}\right),$$

$$\sigma_2 = \frac{1}{2^2} + \frac{1}{4^2} + \frac{1}{6^2} + \cdots + \frac{1}{(2n)^2} + \cdots,$$

$$\sigma_3 = 1 - \frac{1}{2^2} + \frac{1}{3^2} - \frac{1}{4^2} + \cdots + (-1)^{n+1}\frac{1}{n^2} + \cdots.$$

因为

$$\sigma_2 = \frac{\sigma}{4} = \frac{\sigma_1 + \sigma_2}{4},$$

所以

$$\sigma_2 = \frac{\sigma_1}{3} = \frac{\pi^2}{24},\quad \sigma = \sigma_1 + \sigma_2 = \frac{\pi^2}{8} + \frac{\pi^2}{24} = \frac{\pi^2}{6},$$

又

$$\sigma_3 = 2\sigma_1 - \sigma = \frac{\pi^2}{4} - \frac{\pi^2}{6} = \frac{\pi^2}{12}.$$

在上述讨论的例子中，周期函数都是以 2π 为周期，但实际生活中所遇到的周期函数，它的周期不一定是 2π. 因此，就需要作适当的变量代换.

设 $f(x)$ 的周期为 T，它在 $\left[-\frac{T}{2},\frac{T}{2}\right]$ 上满足收敛定理的条件，作变量代换 $x=\frac{T}{2\pi}\xi$，则

$$f(x) = f\left(\frac{T}{2\pi}\xi\right) = \varphi(\xi),$$

那么，$\varphi(\xi)$ 是 $[-\pi,\pi]$ 上的以 2π 为周期的周期函数，于是有

$$\varphi(\xi) = \frac{a_0}{2} + \sum_{n=1}^{\infty}(a_n\cos n\xi + b_n\sin n\xi),$$

$$a_n = \frac{1}{\pi}\int_{-\pi}^{\pi}\varphi(\xi)\cos n\xi\,\mathrm{d}\xi = \frac{2}{T}\int_{-\frac{T}{2}}^{\frac{T}{2}}f(x)\cos n\omega x\,\mathrm{d}x,$$

$$b_n = \frac{2}{T}\int_{-\frac{T}{2}}^{\frac{T}{2}}f(x)\sin n\omega x\,\mathrm{d}x,$$

此处 $\omega=\dfrac{2\pi}{T}$,故

$$f(x)=\frac{a_0}{2}+\sum_{n=1}^{\infty}(a_n\cos n\omega x+b_n\sin n\omega x),$$

其中,$\omega=\dfrac{2\pi}{T}$是角频率,$a_n\cos n\omega x+b_n\sin n\omega x$ 是 k 阶谐波.

例 6　将以下函数展开为正弦级数

$$f(x)=\begin{cases}\sin\dfrac{\pi x}{l} & 0<x<\dfrac{l}{2}\\ 0 & \dfrac{l}{2}<x<l\end{cases}.$$

解　先对 $f(x)$ 作奇延拓,延拓后得到

$$b_1=\frac{2}{l}\int_0^{\frac{l}{2}}\sin^2\frac{\pi x}{l}\,\mathrm{d}x=\frac{2}{\pi}\int_0^{\frac{\pi}{2}}\sin^2 t\,\mathrm{d}t=\frac{1}{2},$$

$$\begin{aligned}b_n&=\frac{2}{l}\int_0^{\frac{l}{2}}\sin\frac{\pi x}{l}\sin\frac{n\pi x}{l}\,\mathrm{d}x\\&=\begin{cases}0 & k>1,\ k\text{ 为奇数}\\ -\dfrac{(-1)^{\frac{k}{2}}2k}{\pi(k^2-1)} & k\text{ 为偶数}\end{cases},\end{aligned}$$

则

$$\begin{aligned}f(x)&=\frac{1}{2}\sin\frac{\pi x}{l}-\frac{4}{\pi}\sum_{n=1}^{\infty}\frac{(-1)^n n}{4n^2-1}\sin\frac{2n\pi x}{l}\\&=\begin{cases}\sin\dfrac{\pi x}{l} & 0<x<\dfrac{l}{2}\\ 0 & \dfrac{l}{2}<x<l\\ \dfrac{1}{2} & x=\dfrac{l}{2}\\ 0 & x=0,l\end{cases}.\end{aligned}$$

其傅里叶级数的图形如图 10-6 所示.

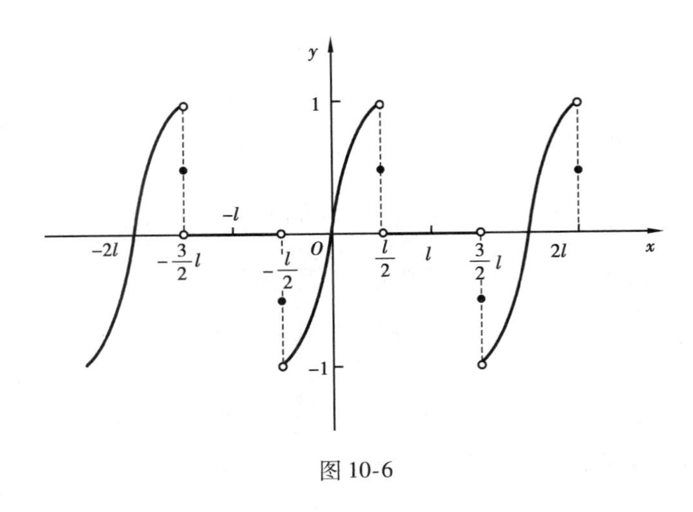

图 10-6

基础题

1. 证明：

(1) $1, \cos x, \cos 2x, \cdots, \cos nx, \cdots$.

(2) $\sin x, \sin 2x, \sin 3x, \cdots, \sin nx, \cdots$是$[0,\pi]$上的正交系，但

$1, \cos x, \sin x, \cos 2x, \sin 2x, \cos 3x, \sin 3x, \cdots, \cos nx, \sin nx, \cdots$

不是$[0,\pi]$上的正交系.

2. 将下列周期为 2π 的函数展开成傅里叶级数：

(1) $f(x)=3x^2+1 \quad (-\pi \leqslant x < \pi)$.　　(2) $f(x)=e^{2x} \quad (-\pi \leqslant x < \pi)$.

3. 将函数 $f(x)=\dfrac{\pi-x}{2} \quad (0 \leqslant x \leqslant \pi)$ 展开成正弦级数.

4. 将函数 $f(x)=2x^2 \quad (0 \leqslant x \leqslant \pi)$ 分别展开成正弦级数和余弦级数.

5. 设 $f(x)$ 是周期为 2π、高为 h 的锯齿形波，它在 $[0,2\pi)$ 上的函数为 $f(x)=\dfrac{h}{2\pi}x$，将这个锯齿形波展开成傅里叶级数.

6. 将宽为 τ、高为 h、周期为 T 的矩形波展开成余弦级数.

提高题

1. 设$f(x)$的周期为2π,证明:

(1)若$f(x-\pi)=-f(x)$,则$f(x)$的傅里叶系数

$$a_0=0,\quad a_{2k}=0,\quad b_{2k}=0\qquad(k=1,2,3,\cdots).$$

(2)若$f(x-\pi)=f(x)$,则$f(x)$的傅里叶系数

$$a_{2k+1}=0,\ b_{2k+1}=0\qquad(k=1,2,3,\cdots).$$

2. 如何把区间$\left(0,\dfrac{\pi}{2}\right)$内的可积函数$f(x)$延拓后,使它展开成傅里叶级数

$$f(x)=\sum_{n=1}^{\infty}a_n\cos(2n-1)x\qquad(-\pi<x<\pi).$$

3.【2003 年数一】设$x^2=\sum\limits_{n=0}^{\infty}a_n\cos nx(-\pi\leqslant x\leqslant\pi)$,则$a_2=$ ________.

4.【2008 年数一】$f(x)=1-x^2(0\leqslant x\leqslant\pi)$,用余弦级数展开,并求$\sum\limits_{n=1}^{\infty}\dfrac{(-1)^{n-1}}{n^2}$的和.

总习题 10

基础题

1. 求下列级数的和:

(1) $\sum\limits_{n=1}^{\infty}\left(\dfrac{1}{2^n}+\dfrac{1}{3^n}\right)$.　　(2) $\sum\limits_{n=1}^{\infty}\dfrac{2n-1}{3^n}$.

(3) $\sum\limits_{n=1}^{\infty}\dfrac{1}{n(n+1)(n+2)}$.　　(4) $\sum\limits_{n=1}^{\infty}(\sqrt{n+2}-2\sqrt{n+1}+\sqrt{n})$.

2. 判断下列级数的敛散性:

(1) $\sum\limits_{n=1}^{\infty}2^n\sin\dfrac{\pi}{3^n}$.　　(2) $\sum\limits_{n=1}^{\infty}(\sqrt[n]{a}-1)(a>1)$.

(3) $\sum\limits_{n=1}^{\infty}\dfrac{(n!)}{(2n)!}$.　　(4) $\sum\limits_{n=1}^{\infty}\dfrac{n^2}{\left(2+\dfrac{1}{n}\right)^n}$.

(5) $\sum\limits_{n=1}^{\infty}\dfrac{[(n+1)!]^{n}}{2!4!\cdot\cdots\cdot(2n)!}$.　　(6) $\sum\limits_{n=1}^{\infty}\dfrac{\sqrt{n+2}-\sqrt{n-2}}{n^{a}}$.

3. 利用级数收敛的必要条件证明下列极限:

(1) $\lim\limits_{n\to\infty}\dfrac{n^{n}}{(n!)^{2}}=0$.　　(2) $\lim\limits_{n\to\infty}\dfrac{(2n)!}{a^{n!}}=0(a>1)$.

4. 判断级数 $\sum\limits_{n=1}^{\infty}(-1)^{n+1}\dfrac{(n+1)^{n}}{2n^{n+1}}$ 的敛散性. 若收敛,是条件收敛还是绝对收敛?

5. 求下列幂级数的收敛区间:

(1) $\sum\limits_{n=1}^{\infty}\dfrac{x^{n}}{n^{2}\cdot 2^{n}}$.　　(2) $\sum\limits_{n=1}^{\infty}\dfrac{(x-2)^{2n-1}}{(2n-1)!}$.

(3) $\sum\limits_{n=1}^{\infty}\left(1+\dfrac{1}{2}+\cdots+\dfrac{1}{n}\right)x^{n}$.

6. 求幂级数 $\sum\limits_{n=1}^{\infty}\dfrac{x^{5n+1}}{5n+1}$ 的和函数.

7. 将函数 $x\arctan x-\ln\sqrt{1+x^{2}}$ 展开成幂级数.

8. 将函数$\dfrac{1}{x^{2}+3x+2}$展开成 $x+4$ 的幂级数.

提高题

1. 求下列级数的收敛域及和函数:

(1) $\sum\limits_{n=1}^{\infty}\dfrac{x^{n}}{n(n+1)}$.　　(2) $\sum\limits_{n=1}^{\infty}\dfrac{x^{n}}{n(n+1)(n+2)}$.

2. 利用幂级数求数项级数 $\sum\limits_{n=0}^{\infty}\dfrac{1}{2^{n}}\cdot\dfrac{2n+1}{n!}$ 的和.

3. 已知级数 $\sum\limits_{n=1}^{\infty}a_{n}^{2}$ 收敛,且 $a_{n}>0$,证明:$\sum\limits_{n=1}^{\infty}\dfrac{a_{n}}{n}$ 也收敛.

4. 设 $f(x)$ 是周期为 2π 的周期函数,其在 $[-\pi,\pi)$ 上的表达式为

$$f(x)=\begin{cases}-\dfrac{\pi}{2} & -\pi\leqslant x<-\dfrac{\pi}{2}\\ x & -\dfrac{\pi}{2}\leqslant x<\dfrac{\pi}{2}\\ \dfrac{\pi}{2} & \dfrac{\pi}{2}\leqslant x<\pi\end{cases},$$

将其展开成傅里叶级数.

5.【2014 年数一】设数列$\{a_n\}$,$\{b_n\}$满足$0 < a_n < \frac{\pi}{2}$,$0 < b_n < \frac{\pi}{2}$,$\cos a_n - a_n = \cos b_n$,且级数$\sum_{n=1}^{\infty} b_n$收敛.

(1)证明:$\lim_{n\to\infty} a_n = 0$.

(2)证明:级数$\sum_{n=1}^{\infty} \frac{a_n}{b_n}$收敛.

6.【2015 年数一】若级数$\sum_{n=1}^{\infty} a_n$条件收敛,则$x = \sqrt{3}$与$x = 3$依次为幂级数$\sum_{n=1}^{\infty} na_n(x-1)^n$的(　　).

A. 收敛点,收敛点　　B. 收敛点,发散点

C. 发散点,收敛点　　D. 发散点,发散点

7.【2000 年数一】求幂级数$\sum_{n=1}^{\infty} \frac{1}{3^n + (-2)^n} \cdot \frac{x^n}{n}$的收敛区间,并讨论该区间端点处的收敛性.

应用题

1. 利用函数的幂级数展开式,求$\sqrt{e}$的近似值(精确到 0. 001).

2. 设有两条抛物线$y = nx^2 + \frac{1}{n}$和$y = (n+1)x^2 + \frac{1}{n+1}$,记它们交点横坐标的绝对值为$a_n$.

(1)求这两条抛物线所围成平面图形的面积S_n.

(2)求级数$\sum_{n=1}^{\infty} \frac{S_n}{a_n}$的和.

第11章　三重积分、曲线积分和曲面积分

前面介绍了定积分和二重积分，本章将介绍三重积分、曲线积分和曲面积分，这些概念也都是从实践中抽象出来的，是定积分的推广，积分范围从区间和平面区域推广到空间区域、曲线域和曲面域上. 数学思想与定积分一样，采用的思想方法是“分割，近似，求和，取极限”，也是一种“和式的极限”.

11.1　三重积分(一)

11.1.1　三重积分的概念

定积分及二重积分作为和的极限的概念，可很自然地推广到三重积分.

定义1　设 $f(x,y,z)$ 是空间有界闭区域 Ω 上的有界函数. 将 Ω 任意分成 n 个小闭区域 $\Delta v_1,\Delta v_2,\cdots,\Delta v_n$，其中，$\Delta v_i$ 表示第 i 个小闭区域，也表示它的体积. 在每个 Δv_i 上任取一点 (ξ_i,η_i,ζ_i)，作乘积 $f(\xi_i,\eta_i,\zeta_i)\Delta v_i(i=1,2,\cdots,n)$，并作和 $\sum\limits_{i=1}^{n}f(\xi_i,\eta_i,\zeta_i)\Delta v_i$. 如果当各小闭区域的直径中的最大值 λ 趋于零时，该和式的极限总存在，则称此极限为函数 $f(x,y,z)$ 在闭区域 Ω 上的三重积分，记作 $\iiint\limits_{\Omega}f(x,y,z)\mathrm{d}v$. 即

$$\iiint\limits_{\Omega}f(x,y,z)\mathrm{d}v=\lim_{\lambda\to 0}\sum_{i=1}^{n}f(\xi_i,\eta_i,\zeta_i)\Delta v_i. \tag{11-1}$$

三重积分中的有关术语如下：

$\iiint\limits_{\Omega}$—— 积分号；

$f(x,y,z)$—— 被积函数；

$f(x,y,z)\mathrm{d}v$—— 被积表达式；

$\mathrm{d}v$—— 体积元素；

x,y,z—— 积分变量；

Ω —— 积分区域.

根据定义，密度为$f(x,y,z)$的空间立体Ω的质量为

$$M = \iiint\limits_{\Omega} f(x,y,z)\,\mathrm{d}v,$$

这就是三重积分的物理意义.

在直角坐标系中，如果用平行于坐标面的平面来划分Ω，则$\Delta v_i = \Delta x_i \Delta y_i \Delta z_i$，故也把**体积元素**记为$\mathrm{d}v = \mathrm{d}x\mathrm{d}y\mathrm{d}z$，三重积分记作

$$\iiint\limits_{\Omega} f(x,y,z)\,\mathrm{d}v = \iiint\limits_{\Omega} f(x,y,z)\,\mathrm{d}x\mathrm{d}y\mathrm{d}z.$$

当函数$f(x,y,z)$在闭区域Ω上连续时，极限$\lim\limits_{\lambda \to 0}\sum\limits_{i=1}^{n} f(\xi_i,\eta_i,\zeta_i)\Delta v_i$是存在的，因此，$f(x,y,z)$在$\Omega$上的三重积分是存在的，以后也总假定$f(x,y,z)$在闭区域$\Omega$上是连续的.

三重积分的性质与二重积分的性质类似，这里不再叙述.

当$f(x,y,z) \equiv 1$时，设积分区域Ω的体积为V，则有

$$V = \iiint\limits_{\Omega} 1 \cdot \mathrm{d}v = \iiint\limits_{\Omega} \mathrm{d}v. \tag{11-2}$$

这个公式的物理意义是：密度为1的均匀立体Ω的质量在数值上等于Ω的体积.

11.1.2　直角坐标下三重积分的计算

三重积分的计算与二重积分的计算类似，其基本思路也是化为累次积分.下面借助三重积分的物理意义来导出将三重积分化为累次积分的方法.

1）投影法

假设平行于z轴且穿过闭区域Ω内部的直线与闭区域Ω的边界曲面S相

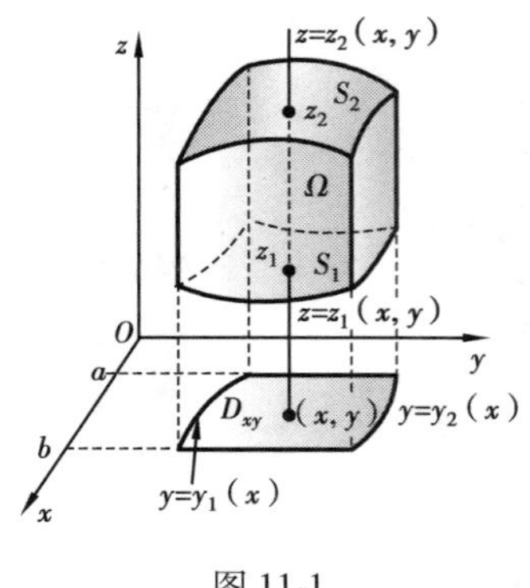

图 11-1

交不多于两点. 把闭区域 Ω 投影到 xOy 面上,得一平面闭区域 D_{xy}(见图 11-1),以 D_{xy} 的边界为准线作母线平行于 z 轴的柱面. 此柱面与曲面 S 的交线从 S 中分出上下两部分,它们的方程分别为

$$S_1: z = z_1(x,y),$$
$$S_2: z = z_2(x,y),$$

其中,$z_1(x,y)$ 与 $z_2(x,y)$ 都是 D_{xy} 上的连续函数,且 $z_1(x,y) \leqslant z_2(x,y)$. 过 D_{xy} 内任意一点 (x,y) 作平行于 z 轴的直线,这一直线通过曲面 S_1 穿入 Ω 内,然后通过曲面 S_2 穿出 Ω 外,穿入点和穿出点的竖坐标分别为 $z_1(x,y)$,$z_2(x,y)$. 于是,积分区域 Ω 可表示为

$$\Omega = \{(x,y,z) \mid z_1(x,y) \leqslant z \leqslant z_2(x,y), (x,y) \in D_{xy}\}.$$

首先将 x, y 看成定值,而将 $f(x, y, z)$ 只看成 z 的函数,在区间 $[z_1(x,y), z_2(x,y)]$ 上对 z 积分. 积分的结果是 x, y 的函数,记为 $F(x,y)$,即

$$F(x,y) = \int_{z_1(x,y)}^{z_2(x,y)} f(x,y,z)\,\mathrm{d}z.$$

然后计算 $F(x,y)$ 在闭区域 D_{xy} 上的二重积分

$$\iint_{D_{xy}} F(x,y)\,\mathrm{d}\sigma = \iint_{D_{xy}} \left[\int_{z_1(x,y)}^{z_2(x,y)} f(x,y,z)\,\mathrm{d}z\right]\mathrm{d}\sigma.$$

假如闭区域

$$D_{xy} = \{(x,y) \mid y_1(x) \leqslant y \leqslant y_2(x), a \leqslant x \leqslant b\},$$

把这个二重积分化为二次积分,则得到三重积分的计算公式

$$\iiint_{\Omega} f(x,y,z)\,\mathrm{d}v = \int_a^b \mathrm{d}x \int_{y_1(x)}^{y_2(x)} \mathrm{d}y \int_{z_1(x,y)}^{z_2(x,y)} f(x,y,z)\,\mathrm{d}z. \tag{11-3}$$

式(11-3)把三重积分化为先对 z 再对 y,最后对 x 的三次积分.

如果平行于 x 轴或 y 轴且穿过闭区域 Ω 内部的直线与 Ω 的边界曲面 S 相交不多于两点,也可把闭区域 Ω 投影到 yOz 面上或 zOx 面上,这样便可把三重积分化为其他顺序的三次积分. 如果平行于坐标轴且穿过闭区域 Ω 内部的直线与边界曲面 S 的交点多于两个,也可像处理二重积分那样,把 Ω 分成若干部分,使 Ω 上的三重积分化为各部分闭区域上的三重积分的和.

例 1 计算三重积分 $\iiint_{\Omega} x\,\mathrm{d}x\,\mathrm{d}y\,\mathrm{d}z$,其中 Ω 为 3 个坐标面及平面 $x + 2y + z = 1$ 所围成的闭区域.

解　作出闭区域Ω，如图11-2所示.

将Ω投影到xOy面上，得到的投影区域D_{xy}为三角形闭区域OAB. 直线OA，OB及AB的方程依次为$y=0$，$x=0$及$x+2y=1$，故

$$D_{xy}=\left\{(x,y)\left|0\leqslant y\leqslant\frac{1-x}{2},0\leqslant x\leqslant 1\right.\right\}.$$

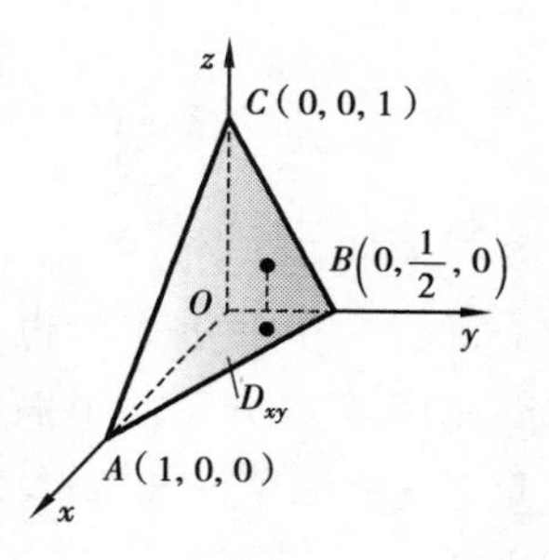

图11-2

在D_{xy}内任取一点(x,y)，过此点作平行于z轴的直线，该直线通过平面$z=0$穿过Ω内，然后通过平面$z=1-x-2y$穿出Ω外，即有$0\leqslant z\leqslant 1-x-2y$. 于是

$$\begin{aligned}\iiint_{\Omega}x\,\mathrm{d}x\mathrm{d}y\mathrm{d}z&=\int_0^1\mathrm{d}x\int_0^{\frac{1-x}{2}}\mathrm{d}y\int_0^{1-x-2y}x\,\mathrm{d}z\\&=\int_0^1 x\,\mathrm{d}x\int_0^{\frac{1-x}{2}}(1-x-2y)\mathrm{d}y\\&=\frac{1}{4}\int_0^1(x-2x^2+x^3)\mathrm{d}x=\frac{1}{48}.\end{aligned}$$

例2　化三重积分$\iiint\limits_{\Omega}f(x,y,z)\mathrm{d}x\mathrm{d}y\mathrm{d}z$为三次积分，其中积分区域$\Omega$为由曲面$z=x^2+2y^2$及$z=2-x^2$所围成的闭区域.

解　曲面$z=x^2+2y^2$为开口向上的椭圆抛物面，而$z=2-x^2$为母线平行于y轴的开口向下的抛物柱面，解方程组

$$\begin{cases}z=x^2+2y^2\\z=2-x^2\end{cases},$$

即可得到这两个曲面的交线为$x^2+y^2=1$. 由此可知，这两个曲面所围成的空间立体Ω的投影区域为$D_{xy}:x^2+y^2\leqslant 1$. 由这两个曲面的图形特征可知，在投影区域$D_{xy}$上，$z=2-x^2$为上曲面，$z=x^2+2y^2$为下曲面. 于是，积分区域$\Omega$可表示为

$$\Omega=\{(x,y,z)\mid x^2+2y^2\leqslant z\leqslant 2-x^2,(x,y)\in D_{xy}\},$$

所以

$$\iiint_{\Omega}f(x,y,z)\mathrm{d}x\mathrm{d}y\mathrm{d}z=\iint_{D_{xy}}\mathrm{d}x\mathrm{d}y\int_{x^2+2y^2}^{2-x^2}f(x,y,z)\,\mathrm{d}z,$$

而投影区域D_{xy}的积分限为

$$D_{xy}:-1\leqslant x\leqslant 1,-\sqrt{1-x^2}\leqslant y\leqslant\sqrt{1-x^2},$$

于是

$$\iiint_{\Omega} f(x,y,z)\mathrm{d}x\mathrm{d}y\mathrm{d}z = \int_{-1}^{1}\mathrm{d}x\int_{-\sqrt{1-x^2}}^{\sqrt{1-x^2}}\mathrm{d}y\int_{x^2+2y^2}^{2-x^2} f(x,y,z)\mathrm{d}z.$$

2）截面法

计算一个三重积分也可化为先计算一个二重积分、再计算一个定积分. 设空间闭区域 Ω 介于两平面 $z=c, z=d$ 之间($c<d$)，过点 $(0,0,z)$ ($z\in[c,d]$) 作垂直于 z 轴的平面与立体 Ω 相截得一截面 D_z（见图 11-3）. 于是，区域 Ω 可表示为

$$\Omega = \{(x,y,z) \mid (x,y) \in D_z, c \leqslant z \leqslant d\},$$

则有

$$\iiint_{\Omega} f(x,y,z)\mathrm{d}v = \int_{c}^{d}\mathrm{d}z\iint_{D_z} f(x,y,z)\mathrm{d}x\mathrm{d}y. \tag{11-4}$$

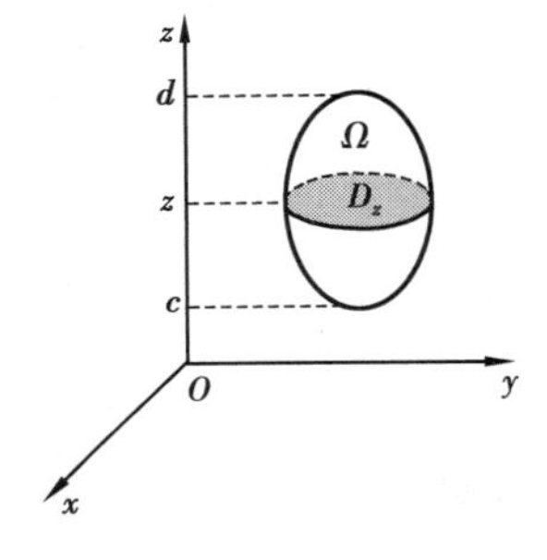

图 11-3

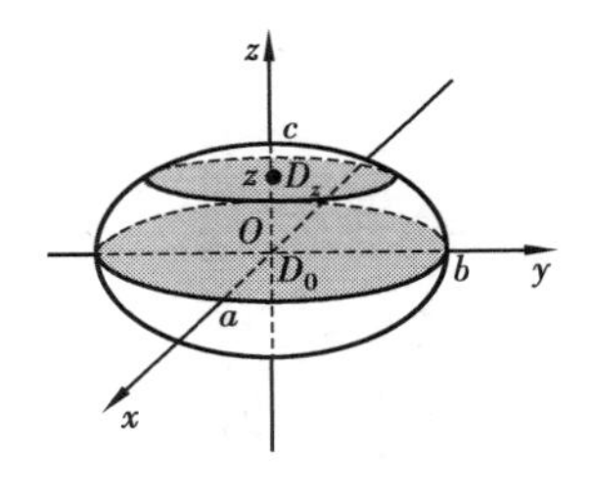

图 11-4

例 3 计算三重积分 $\iiint_{\Omega} z^2\mathrm{d}x\mathrm{d}y\mathrm{d}z$，其中 Ω 是由椭球面 $\frac{x^2}{a^2}+\frac{y^2}{b^2}+\frac{z^2}{c^2}=1$ 所围成的空间闭区域.

解 空间闭区域 Ω 可表示为

$$\left\{(x,y,z) \,\middle|\, \frac{x^2}{a^2}+\frac{y^2}{b^2} \leqslant 1-\frac{z^2}{c^2},\ -c \leqslant z \leqslant c\right\},$$

如图 11-4 所示. 由式(11-4)得

$$\iiint_{\Omega} z^2\mathrm{d}x\mathrm{d}y\mathrm{d}z = \int_{-c}^{c} z^2\mathrm{d}z\iint_{D_z}\mathrm{d}x\mathrm{d}y$$

$$= \pi ab\int_{-c}^{c}\left(1-\frac{z^2}{c^2}\right)z^2\mathrm{d}z = \frac{4}{15}\pi abc^3.$$

11.1.3　利用对称性简化三重积分的计算

在计算二重积分时，利用积分区域的对称性和被积函数的奇偶性可简化积分的计算. 对三重积分，也有类似的结果.

一般地，当积分区域 Ω 关于 xOy 平面对称时，如果被积函数 $f(x,y,z)$ 是关于 z 的奇函数，则三重积分为零；如果被积函数 $f(x,y,z)$ 是关于 z 的偶函数，则三重积分为 Ω 在 xOy 平面上方的半个闭区域的三重积分的 2 倍. 当积分区域 Ω 关于 yOz 或 zOx 平面对称时，也有类似的结果.

例 4　计算

$$\iiint_{\Omega} \frac{z\ln(x^2+y^2+z^2+1)}{x^2+y^2+z^2+1}\mathrm{d}x\mathrm{d}y\mathrm{d}z,$$

其中积分区域 $\Omega=\{(x,y,z)\mid x^2+y^2+z^2\leqslant 1\}$.

解　因为积分区域 $\Omega=\{(x,y,z)\mid x^2+y^2+z^2\leqslant 1\}$ 关于 3 个坐标面都对称，且被积函数是变量 z 的奇函数，所以

$$\iiint_{\Omega} \frac{z\ln(x^2+y^2+z^2+1)}{x^2+y^2+z^2+1}\mathrm{d}x\mathrm{d}y\mathrm{d}z=0.$$

基础题

1. 化三重积分 $I=\iiint_{\Omega} f(x,y,z)\mathrm{d}x\mathrm{d}y\mathrm{d}z$ 为三次积分，其中积分区域 Ω 分别是：

（1）由双曲抛物面 $z=xy$ 及平面 $x+y-1=0,z=0$ 所围成的闭区域.

（2）由曲面 $z=\sqrt{x^2+y^2}$ 及平面 $z=1$ 所围成的闭区域.

（3）由 6 个平面 $x=0,x=2,y=1,x+2y=4,z=x,z=2$ 所围成的闭区域.

2. 设有一个物体，占有空间闭区域 Ω:$0\leqslant x\leqslant 1,0\leqslant y\leqslant 2,0\leqslant z\leqslant 3$，在点 (x,y,z) 处的密度为 $\rho(x,y,z)=x+y+z$，计算该物体的质量 M.

3. 计算 $\iiint_{\Omega}\frac{\mathrm{d}x\mathrm{d}y\mathrm{d}z}{(1+x+y+z)^3}$，其中 Ω 为由 $x=0,y=0,z=0$ 和 $x+y+z=1$ 所围成的四面体.

4. 计算$\iiint\limits_{\Omega} xy^2z^3\mathrm{d}v$,其中$\Omega$是由曲面$z = xy$与平面$y = x, x = 1, z = 0$所围成的区域.

提高题

1.【2015 年数一】设Ω是由平面$x + y + z = 1$与 3 个坐标平面所围成的空间区域,则$\iiint\limits_{\Omega}(x + 2y + 3z)\mathrm{d}x\mathrm{d}y\mathrm{d}z =$ ________.

2. 计算$\iiint\limits_{\Omega} \mathrm{e}^{|z|}\mathrm{d}x\mathrm{d}y\mathrm{d}z$,其中$\Omega: x^2 + y^2 + z^2 \leqslant 1$.

11.2　三重积分(二)

11.2.1　利用柱面坐标计算三重积分

设$M(x,y,z)$为空间内一点,并设点M在xOy面上的投影P的极坐标为(ρ,θ),则这样的 3 个数ρ,θ,z就称为点M的**柱面坐标**(见图 11-5),这里规定ρ,θ,z的变化范围为

$$\begin{cases} 0 \leqslant \rho < +\infty \\ 0 \leqslant \theta \leqslant 2\pi \\ -\infty < z < +\infty \end{cases}.$$

点M的直角坐标(x,y,z)与柱面坐标(ρ,θ,z)的关系为

$$\begin{cases} x = \rho\cos\theta \\ y = \rho\sin\theta \\ z = z \end{cases}. \tag{11-5}$$

柱面坐标系中的三簇坐标面分别为:

(1)$\rho =$常数,即以z轴为轴的圆柱面;

(2)$\theta =$常数,即过z轴的半平面;

(3)$z =$常数,即与xOy面平行的平面.

现在来考察三重积分在柱面坐标系下的形式. 为此,用柱面坐标系中的三簇坐标面把空间区域Ω划分为许多小闭区域,除了含Ω的边界点的一些不规则

小闭区域外，这种小闭区域都是柱体. 考虑由 ρ,θ,z 各取得微小增量 $\mathrm{d}\rho,\mathrm{d}\theta,\mathrm{d}z$ 所围成柱体的体积，如图 11-6 所示.

在不计高阶无穷小时，这个柱体的体积可近似看成边长为 $\rho\ \mathrm{d}\theta,\mathrm{d}\rho,\mathrm{d}z$ 的长方体的体积，故得到**柱面坐标系中的体积元素**

$$\mathrm{d}v = \rho\ \mathrm{d}\rho\mathrm{d}\theta\mathrm{d}z.$$

简单来说，$\mathrm{d}x\mathrm{d}y=\rho\ \mathrm{d}\rho\mathrm{d}\theta$，$\mathrm{d}x\mathrm{d}y\mathrm{d}z=\mathrm{d}x\mathrm{d}y\cdot\mathrm{d}z=\rho\ \mathrm{d}\rho\mathrm{d}\theta\mathrm{d}z$. 再利用关系式 (11-5)，就得到柱面坐标系中的三重积分

$$\iiint\limits_{\Omega} f(x,y,z)\,\mathrm{d}x\mathrm{d}y\mathrm{d}z = \iiint\limits_{\Omega} f(\rho\cos\theta,\rho\sin\theta,z)\rho\ \mathrm{d}\rho\mathrm{d}\theta\mathrm{d}z. \tag{11-6}$$

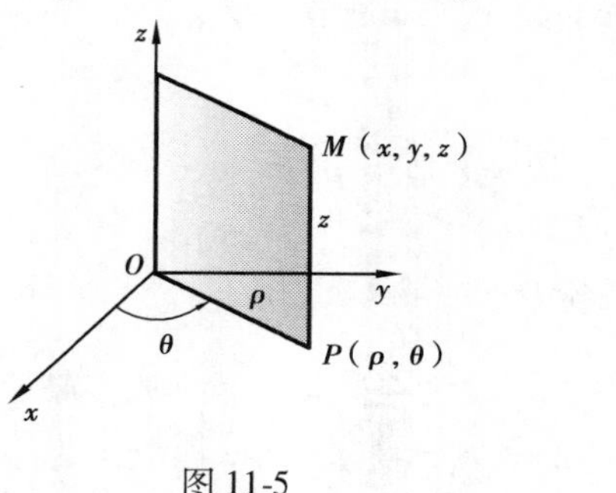

图 11-5

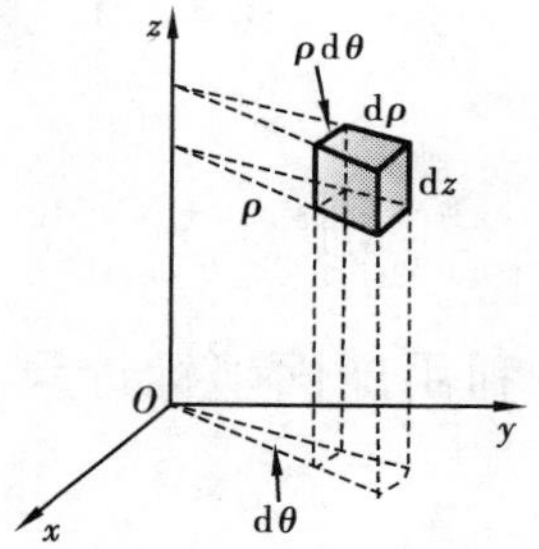

图 11-6

为了把式(11-6)右端的三重积分化为累次积分，假定平行于 z 轴的直线与区域 Ω 的边界最多只有两个交点. 设 Ω 在 xOy 面上的投影为 D_{xy}，区域 D_{xy} 用 ρ，θ 表示. 区域 Ω 关于 xOy 面的投影柱面将 Ω 的边界曲面分为上下两部分，设下曲面方程为 $z=z_1(\rho,\theta)$，上曲面方程为 $z=z_2(\rho,\theta)$，$z_1(\rho,\theta)\leqslant z\leqslant z_2(\rho,\theta)$，$(\rho,\theta)\in D_{xy}$，于是

$$\iiint\limits_{\Omega} f(\rho\cos\theta,\rho\sin\theta,z)\rho\ \mathrm{d}\rho\mathrm{d}\theta\mathrm{d}z = \iint\limits_{D_{xy}} \rho\ \mathrm{d}\rho\mathrm{d}\theta\int_{z_1(\rho,\theta)}^{z_2(\rho,\theta)} f(\rho\cos\theta,\rho\sin\theta,z)\,\mathrm{d}z.$$

注　采用柱面坐标按上述公式计算三重积分，实际上是对 z 采用直角坐标进行积分，而对另两个变量采用平面极坐标变换进行积分.

例1　利用柱面坐标计算三重积分 $\iiint\limits_{\Omega} z\ \mathrm{d}x\mathrm{d}y\mathrm{d}z$，其中 Ω 是由曲面 $z=x^2+y^2$ 与平面 $z=4$ 所围成的闭区域.

解　闭区域 Ω 可表示为

$$\rho^2\leqslant z\leqslant 4,\quad 0\leqslant\rho\leqslant 2,\quad 0\leqslant\theta\leqslant 2\pi.$$

于是

$$\iiint_\Omega z\,dxdydz = \iiint_\Omega z\rho\,d\rho d\theta dz = \int_0^{2\pi}d\theta\int_0^2\rho\,d\rho\int_{\rho^2}^4 z\,dz$$
$$= \frac{1}{2}\int_0^{2\pi}d\theta\int_0^2\rho(16-\rho^4)\,d\rho$$
$$= \frac{1}{2}\cdot 2\pi\left(8\rho^2-\frac{1}{6}\rho^6\right)\Big|_0^2 = \frac{64}{3}\pi.$$

例 2 求 $\iiint_\Omega (x^2+y^2)\,dv$，其中 Ω 是由 $z^2=x^2+y^2$ 与 $z=1$ 所围成的区域.

解 闭区域 Ω 可表示为

$$\rho\leqslant z\leqslant 1,\quad 0\leqslant\rho\leqslant 1,\quad 0\leqslant\theta\leqslant 2\pi.$$

于是

$$\iiint_\Omega(x^2+y^2)\,dv = \int_0^{2\pi}d\theta\int_0^1\rho\,d\rho\int_\rho^1\rho^2 dz = \frac{\pi}{10}.$$

11.2.2 利用球面坐标计算三重积分

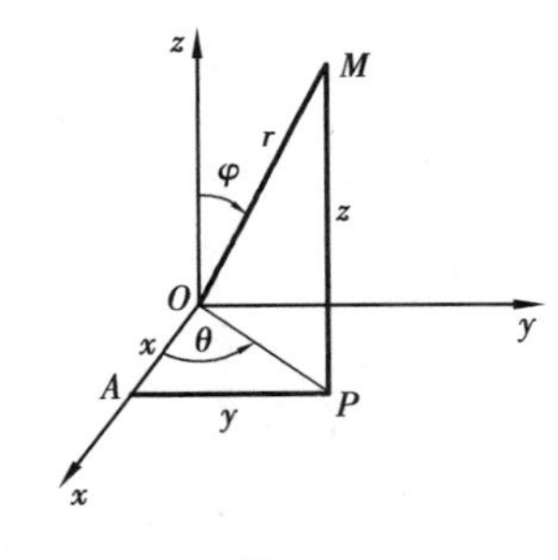

图 11-7

设 $M(x,y,z)$ 为空间内一点，则点 M 也可用这样 3 个有次序的数 r,φ,θ 来确定. 其中，r 为原点 O 与点 M 间的距离；φ 为 $\overrightarrow{OM}$ 与 z 轴正向所夹的角；θ 为从正 z 轴来看自 x 轴按逆时针方向转到有向线段 $\overrightarrow{OP}$ 的角，这里 P 为点 M 在 xOy 面上的投影（见图11-7）. 这样的 3 个数 r,φ,θ 称为点 M 的**球面坐标**. 这里，r,φ,θ 的变化范围为

$$0\leqslant r<+\infty,\quad 0\leqslant\varphi\leqslant\pi,\quad 0\leqslant\theta\leqslant 2\pi.$$

易知，点 M 的直角坐标 (x,y,z) 与球面坐标 (r,φ,θ) 之间的关系为

$$\begin{cases} x = OP\cos\theta = r\sin\varphi\cos\theta \\ y = OP\sin\theta = r\sin\varphi\sin\theta\cdot \\ z = r\cos\varphi \end{cases} \tag{11-7}$$

球面坐标系中的三簇坐标面分别为：

(1) $r=$ 常数，即以原点 $(0,0,0)$ 为球心的球面；

(2) $\varphi=$ 常数，即以原点为顶点、z 轴为对称轴的圆锥面；

(3) $\theta=$ 常数，即一簇过 z 轴的半平面.

现在来考察三重积分在球面坐标系下的形式. 为此,用球面坐标系中的三簇坐标面把空间区域 Ω 划分成许多小闭区域. 考虑由 r,φ,θ 分别取得的微小增量 $\mathrm{d}r,\mathrm{d}\varphi,\mathrm{d}\theta$ 所成的"六面体"的体积 $\mathrm{d}v$,如图 11-8 所示.

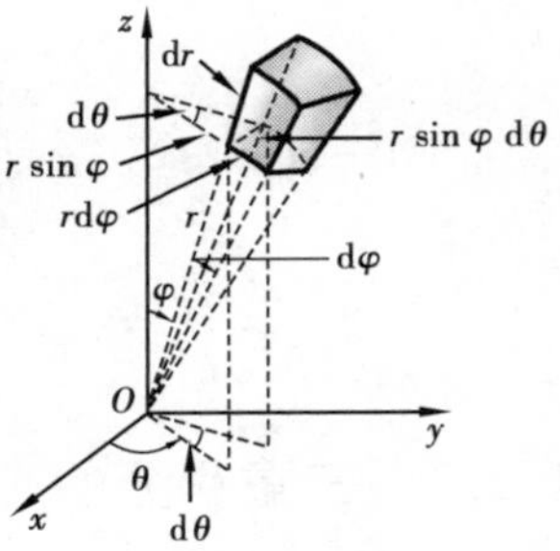

在不计高阶无穷小时,这个体积可近似地看成长方体,3 边长分别为 $r\,\mathrm{d}\varphi, r\sin\varphi\,\mathrm{d}\theta, \mathrm{d}r$,于是得

$$\mathrm{d}v = r^2\sin\varphi\,\mathrm{d}r\,\mathrm{d}\varphi\,\mathrm{d}\theta,$$

图 11-8

这就是**球面坐标的体积元素**. 再用关系式(11-7),就得到球面坐标系下三重积分的表达式

$$\iiint_\Omega f(x,y,z)\,\mathrm{d}v = \iiint_\Omega f(r\sin\varphi\cos\theta, r\sin\varphi\sin\theta, r\cos\varphi)r^2\sin\varphi\,\mathrm{d}r\mathrm{d}\varphi\mathrm{d}\theta. \tag{11-8}$$

注　当被积函数含有 $x^2+y^2+z^2$,积分区域是球面围成的区域或由球面及锥面围成的区域等,并且在球面坐标变换下,区域用 r,φ,θ 表示较简单时,利用球面坐标变换能简化积分的计算.

特别地,当积分区域 Ω 为球面 $r=a$ 所围成时,则有

$$\iiint_\Omega f(x,y,z)\,\mathrm{d}v = \int_0^{2\pi}\mathrm{d}\theta\int_0^{\pi}\mathrm{d}\varphi\int_0^a f(r\sin\varphi\cos\theta, r\sin\varphi\sin\theta, r\cos\varphi)r^2\sin\varphi\,\mathrm{d}r.$$

如果 $f(r\sin\varphi\cos\theta, r\sin\varphi\sin\theta, r\cos\varphi)=1$,由上式即得球的体积为

$$V = \int_0^{2\pi}\mathrm{d}\theta\int_0^{\pi}\sin\varphi\,\mathrm{d}\varphi\int_0^a r^2\mathrm{d}r = 2\pi\cdot 2\cdot\frac{a^3}{3} = \frac{4}{3}\pi a^3.$$

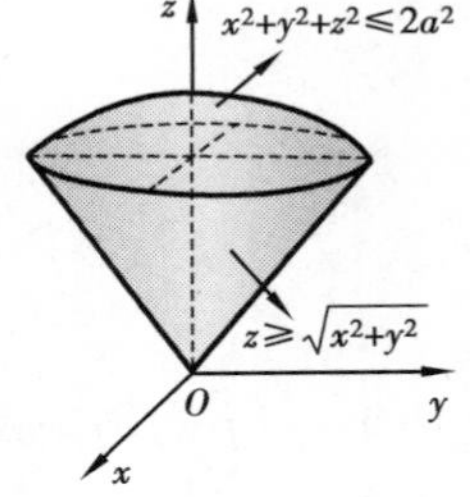

图 11-9

例 3　计算球体 $x^2+y^2+z^2\leqslant 2a^2$ 在锥面 $z=\sqrt{x^2+y^2}$ 上方部分 Ω 的体积(见图 11-9).

解　由三重积分的性质可知

$$V = \iiint_\Omega \mathrm{d}x\mathrm{d}y\mathrm{d}z.$$

在球面坐标变换下,球面 $x^2+y^2+z^2=2a^2$ 的方程为 $r=\sqrt{2}a$,锥面 $z=\sqrt{x^2+y^2}$ 的方程为 $\varphi=\frac{\pi}{4}$. 于是,区域 Ω 可表示为

$$\Omega\text{:}\ 0\leqslant r\leqslant\sqrt{2}a,\quad 0\leqslant\varphi\leqslant\frac{\pi}{4},\quad 0\leqslant\theta\leqslant 2\pi,$$

所以

$$V=\iiint_{\Omega}\mathrm{d}x\mathrm{d}y\mathrm{d}z=\iiint_{\Omega}r^2\sin\varphi\ \mathrm{d}r\mathrm{d}\varphi\mathrm{d}\theta=\int_0^{2\pi}\mathrm{d}\theta\int_0^{\frac{\pi}{4}}\mathrm{d}\varphi\int_0^{\sqrt{2}a}r^2\sin\varphi\ \mathrm{d}r$$

$$=2\pi\int_0^{\frac{\pi}{4}}\sin\varphi\cdot\frac{(\sqrt{2}a)^3}{3}\mathrm{d}\varphi=\frac{4}{3}\pi(\sqrt{2}-1)a^3.$$

11.2.3 三重积分的应用

1)空间立体的重心与转动惯量

设有一空间物体占有闭区域Ω,在点(x,y,z)处的体密度为$\rho(x,y,z)$,假设$\rho(x,y,z)$在闭区域Ω上连续. 与二重积分类似,应用微元法,可求出该物体的**重心**坐标为

$$\bar{x}=\frac{1}{M}\iiint_{\Omega}x\rho(x,y,z)\,\mathrm{d}v,$$

$$\bar{y}=\frac{1}{M}\iiint_{\Omega}y\rho(x,y,z)\,\mathrm{d}v,$$

$$\bar{z}=\frac{1}{M}\iiint_{\Omega}z\rho(x,y,z)\,\mathrm{d}v,$$

其中,$M=\iiint_{\Omega}\rho(x,y,z)\,\mathrm{d}v$ 为该物体的质量.

该物体对x,y,z轴的转动惯量分别为

$$I_x=\iiint_{\Omega}(y^2+z^2)\rho(x,y,z)\,\mathrm{d}v,$$

$$I_y=\iiint_{\Omega}(z^2+x^2)\rho(x,y,z)\,\mathrm{d}v,$$

$$I_z=\iiint_{\Omega}(x^2+y^2)\rho(x,y,z)\,\mathrm{d}v.$$

例 4 求均匀半球体的重心.

解 取半球体的对称轴为z轴,原点取在球心上,又设球半径为a,则半球体所占空间闭区域可表示为

$$\Omega=\{(x,y,z)\mid x^2+y^2+z^2\leqslant a^2,z\geqslant 0\}.$$

显然,均匀半球体的重心在z轴上,故$\bar{x}=\bar{y}=0$,则

$$\bar{z}=\frac{\iiint\limits_{\Omega} z\rho\,\mathrm{d}v}{\iiint\limits_{\Omega}\rho\,\mathrm{d}v}=\frac{\iiint\limits_{\Omega} z\,\mathrm{d}v}{\iiint\limits_{\Omega}\mathrm{d}v}=\frac{3}{8}a.$$

故重心为$\left(0,0,\frac{3a}{8}\right)$.

例5　求密度为ρ的均匀球体对过球心的一条轴l的转动惯量.

解　取球心为坐标原点,z轴与轴l重合,又设球的半径为a,则球体所占空间闭区域

$$\Omega=\{(x,y,z)\mid x^2+y^2+z^2\leqslant a^2\}.$$

所求转动惯量即球体对z轴的转动惯量为

$$\begin{aligned}I_z&=\iiint\limits_{\Omega}(x^2+y^2)\rho\,\mathrm{d}v\\&=\rho\iiint\limits_{\Omega}(r^2\sin^2\varphi\cos^2\theta+r^2\sin^2\varphi\sin^2\theta)r^2\sin\varphi\,\mathrm{d}r\mathrm{d}\varphi\mathrm{d}\theta\\&=\rho\iiint\limits_{\Omega}r^4\sin^3\varphi\,\mathrm{d}r\mathrm{d}\varphi\mathrm{d}\theta\\&=\rho\int_0^{2\pi}\mathrm{d}\theta\int_0^{\pi}\sin^3\varphi\,\mathrm{d}\varphi\int_0^a r^4\mathrm{d}r\\&=\frac{8}{15}\pi a^5\rho=\frac{2}{5}a^2M,\end{aligned}$$

其中,$M=\frac{4}{3}\pi a^3\rho$为球体的质量.

2)引力

下面讨论空间一物体对物体外一点$P_0(x_0,y_0,z_0)$处单位质量的质点的引力问题.

设物体占有空间有界闭区域Ω,它在点(x,y,z)处的密度为$\rho(x,y,z)$,并假定$\rho(x,y,z)$在Ω上连续.

在物体内任取一点(x,y,z)及包含该点的一直径很小的闭区域$\mathrm{d}v$(该闭区域体积也记为$\mathrm{d}v$).把这一小块物体的质量$\rho\,\mathrm{d}v$近似地看成集中在点(x,y,z)处.这一小块物体对位于$P_0(x_0,y_0,z_0)$处单位质量的质点的引力近似地为

$$\begin{aligned}\mathrm{d}\boldsymbol{F}&=(\mathrm{d}F_x,\mathrm{d}F_y,\mathrm{d}F_z)\\&=\left(G\frac{\rho(x,y,z)(x-x_0)}{r^3}\mathrm{d}v,G\frac{\rho(x,y,z)(y-y_0)}{r^3}\mathrm{d}v,G\frac{\rho(x,y,z)(z-z_0)}{r^3}\mathrm{d}v\right),\end{aligned}$$

其中，$\mathrm{d}F_x$，$\mathrm{d}F_y$，$\mathrm{d}F_z$ 为引力元素 $\mathrm{d}\boldsymbol{F}$ 在 3 个坐标轴上的分量，$r=\sqrt{(x-x_0)^2+(y-y_0)^2+(z-z_0)^2}$，$G$ 为引力常数. 将 $\mathrm{d}F_x,\mathrm{d}F_y,\mathrm{d}F_z$ 在 Ω 上分别积分，即可得 F_x,F_y,F_z，从而得

$$\boldsymbol{F}=(F_x,F_y,F_z).$$

注 如果考虑平面薄片对薄片外一点处具有单位质量的质点的引力，设平面薄片占有 xOy 面上的有界闭区域 D，其面密度为 $\mu(x,y)$，那么只要将上式中的密度函数 $\rho(x,y,z)$ 换为 $\mu(x,y)$，将空间闭区域上的三重积分换为 D 上的二重积分，即可得到相应的计算公式.

例 6 设半径为 R 的匀质球（其密度为常数 ρ_0）占有空间闭区域

$$\Omega=\{(x,y,z)\mid x^2+y^2+z^2\leqslant R^2\},$$

求它对位于点 $M_0(0,0,a)(a>R)$ 处单位质量的质点的引力.

解 由球体的对称性及质量分布的均匀性可知，$F_x=F_y=0$，故所求引力沿 z 轴的分量为

$$\begin{aligned}
F_z&=\iiint\limits_{\Omega}G\rho_0\frac{z-a}{[x^2+y^2+(z-a)^2]^{\frac{3}{2}}}\mathrm{d}v\\
&=G\rho_0\int_{-R}^{R}(z-a)\,\mathrm{d}z\iint\limits_{x^2+y^2\leqslant R^2-z^2}\frac{1}{[x^2+y^2+(z-a)^2]^{\frac{3}{2}}}\mathrm{d}x\mathrm{d}y\\
&=G\rho_0\int_{-R}^{R}(z-a)\,\mathrm{d}z\int_0^{2\pi}\mathrm{d}\theta\int_0^{\sqrt{R^2-z^2}}\frac{\rho}{[\rho^2+(z-a)^2]^{\frac{3}{2}}}\mathrm{d}\rho\\
&=2\pi G\rho_0\int_{-R}^{R}(z-a)\left(\frac{1}{a-z}-\frac{1}{\sqrt{R^2-2az+a^2}}\right)\mathrm{d}z\\
&=2\pi G\rho_0\left[-2R+\frac{1}{a}\int_{-R}^{R}(z-a)\;\mathrm{d}\sqrt{R^2-2az+a^2}\right]\\
&=2\pi G\rho_0\left(-2R+2R-\frac{2R^3}{3a^2}\right)\\
&=-G\cdot\frac{4\pi R^3}{3}\rho_0\cdot\frac{1}{a^2}=-G\frac{M}{a^2},
\end{aligned}$$

其中，$M=\dfrac{4\pi R^3}{3}\rho_0$ 为球的质量.

上述结果表明，匀质球对球外一质点的引力如同球的质量集中于球心时两质点间的引力.

基础题

1. 利用柱面坐标计算三重积分$\iiint\limits_{\Omega} z\,\mathrm{d}v$,其中$\Omega$由曲面$x^2+y^2+z^2=4$及$z=\sqrt{x^2+y^2}$所围成(在锥面内的那一部分).

2. 利用柱面坐标计算三重积分$\iiint\limits_{\Omega}(x^2+y^2)\,\mathrm{d}v$,其中$\Omega$是由曲面$x^2+y^2=2z$及平面$z=2$所围成的闭区域.

3. 利用球面坐标计算三重积分$\iiint\limits_{\Omega}(x^2+y^2+z^2)\,\mathrm{d}v$,其中$\Omega$是由球面$x^2+y^2+z^2=1$所围成的闭区域.

4. 利用球面坐标计算三重积分$\iiint\limits_{\Omega} z\sqrt{x^2+y^2+z^2}\,\mathrm{d}v$,其中

$$\Omega: x^2+y^2+z^2\leqslant 1,\quad z\geqslant\sqrt{3(x^2+y^2)}.$$

5. 计算$\iiint\limits_{\Omega} xy\,\mathrm{d}v$,其中$\Omega$是由柱面$x^2+y^2=1$及平面$z=1,z=0,x=0,y=0$所围成的在第 Ⅰ 卦限内的闭区域.

6. 计算$\iiint\limits_{\Omega}\sqrt{x^2+y^2}\,\mathrm{d}v$,其中$\Omega$是由平面$y+z=4,x+y+z=1$与圆柱面$x^2+y^2=1$所围成的闭区域.

7. 计算$\iiint\limits_{\Omega}\sqrt{x^2+y^2+z^2}\,\mathrm{d}v$,其中$\Omega$是由$x^2+y^2+z^2=z$所围成的闭区域.

提高题

1.【2019 年数一】设Ω是由锥面$x^2+(y-z)^2=(1-z)^2(0\leqslant z\leqslant 1)$与平面$z<0$所围成的锥体,求$\Omega$的重心坐标.

2. 设$\Omega=\{(x,y,z)\mid x^2+y^2+z^2\leqslant 1\}$,则$\iiint\limits_{\Omega} z^2\,\mathrm{d}x\mathrm{d}y\mathrm{d}z=$ ________.

3.【2010 年数一】设$\Omega=\{(x,y,z)\mid x^2+y^2\leqslant z\leqslant 1\}$,则$\Omega$的重心坐标$\bar{z}=$ ________.

4. 设函数$f(x)$连续且恒大于零,则

$$F(t)=\frac{\iiint\limits_{\Omega(t)} f(x^2+y^2+z^2)\,\mathrm{d}v}{\iint\limits_{D(t)} f(x^2+y^2)\,\mathrm{d}\sigma},\quad G(t)=\frac{\iint\limits_{D(t)} f(x^2+y^2)\,\mathrm{d}\sigma}{\int_{-1}^{t} f(x^2)\,\mathrm{d}x},$$

其中,$\Omega(t)=\{(x,y,z)\mid x^2+y^2+z^2\leqslant t^2\}$,$D(t)=\{(x,y)\mid x^2+y^2\leqslant t^2\}$.

(1) 讨论 $F(t)$ 在区间$(0,+\infty)$内的单调性.

(2) 证明:当 $t>0$ 时,$F(t)>\dfrac{2}{\pi}G(t)$.

5.【2013 年数一】设直线 L 过 $A(1,0,0)$,$B(0,1,1)$ 两点,将 L 绕 z 轴旋转一周得到曲面 Σ. Σ 与平面 $z=0$,$z=2$ 所围成的立体为 Ω.

(1) 求曲面 Σ 的方程.

(2) 求 Ω 的重心坐标.

11.3 第一型曲线积分

曲线积分是以曲线作为积分区域,这里的曲线都是光滑或逐段光滑的,即曲线上每一点都有切线;如果曲线由几段连续曲线连接而成,则每一段都是光滑的. 当曲线用函数 $y=f(x)$ 或 $x=g(y)$ 表示时,说明函数 $f(x)$ 或 $g(y)$ 有连续的导数;如果曲线是用分段函数表示的,但每一段上有连续的导数,因而是可用定积分求其长度的.

11.3.1 第一型曲线积分的概念与性质

首先讨论曲线形构件的质量问题.

一般来说,根据实际问题的需要,曲线形构件各部分的粗细程度不完全一样,故线密度(即单位长度的质量)是变化的.

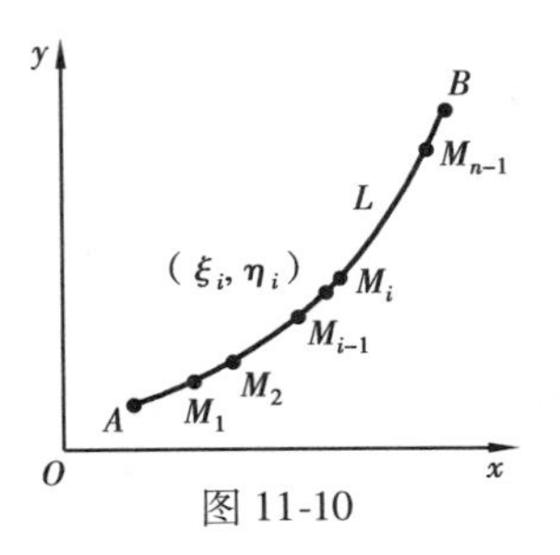

图 11-10

设构件为 xOy 平面内一条有质量的曲线 L(见图 11-10),L 上任一点(x,y)处的线密度为 $\rho(x,y)$,试求该构件的质量 m.

如果构件的线密度是常量 ρ,则其质量就等于它的线密度 ρ 与长度的乘积. 如果线密度是变量,就不能直接用上述方式来计算. 可采用类似于定积分和重积分的方法，即将曲线 L 任意分成 n 个弧段 L_i，分点为 $M_i(i=0,1,2,\cdots,n)$，各弧段及其弧长都记作 $\Delta s_i(i=1,2,\cdots,n)$，如图 11-10 所示. 设 m_i 为弧段 Δs_i 的质量，当分割充分细密时，每个弧段上的密度 $\rho(x,y)$ 可看成均匀的，任取 $(\xi_i,\eta_i)\in L_i$，得第 i 小段质量的近似值为

$$\Delta m_i \approx \rho(\xi_i,\eta_i)\Delta s_i \qquad (i=1,2,\cdots,n).$$

将各弧段上的质量相加，可得质量 m 的近似值

$$m \approx \sum_{i=1}^{n}\rho(\xi_i,\eta_i)\Delta s_i.$$

当 L 分割得到越来越细（即 $\lambda=\max\{\Delta s_1,\Delta s_2,\cdots,\Delta s_n\}\to 0$），则可得整个曲线构件的质量为

$$m=\lim_{\lambda\to 0}\sum_{i=1}^{n}\rho(\xi_i,\eta_i)\Delta s_i.$$

这种和的极限在研究其他问题时也会遇到，因此，给出以下概念：

定义1　设 L 为 xOy 面内的一条光滑曲线段，函数 $f(x,y)$ 在 L 上有界. 在 L 上任意插入一点列 $M_1,M_2,\cdots,M_{n-1}$ 把 L 分成 n 个小段. 设第 i 个小段的长度为 Δs_i，(ξ_i,η_i) 为第 i 个小段上任意取定的一点，作乘积 $f(\xi_i,\eta_i)\Delta s_i(i=1,2,\cdots,n)$，并作和 $\sum\limits_{i=1}^{n}f(\xi_i,\eta_i)\Delta s_i$. 如果各小弧段长度的最大值 $\lambda=\max\{\Delta s_1,\Delta s_2,\cdots,\Delta s_n\}\to 0$，这和的极限总存在，则称此极限为函数 $f(x,y)$ 在曲线 L 上的**第一型曲线积分**或**对弧长的曲线积分**，记作 $\int_L f(x,y)\,\mathrm{d}s$，即

$$\int_L f(x,y)\,\mathrm{d}s=\lim_{\lambda\to 0}\sum_{i=1}^{n}f(\xi_i,\eta_i)\Delta s_i, \tag{11-9}$$

其中，$f(x,y)$ 称为**被积函数**，L 称为**积分弧段**，$\mathrm{d}s$ 称为**弧长微元**.

根据定义，若 $f(x,y)\equiv 1$，则有

$$\int_L 1\cdot\mathrm{d}s=\int_L \mathrm{d}s=s \qquad (L\text{ 的弧长}).$$

特别地，如果 L 是闭曲线，那么函数 $f(x,y)$ 在闭曲线 L 上的第一型曲线积分记作

$$\oint_L f(x,y)\,\mathrm{d}s.$$

若 L 为空间上的光滑曲线段，$f(x,y,z)$ 为定义在 L 上的函数，则可类似地定义 $f(x,y,z)$ 在空间曲线 L 上的第一型曲线积分，记作

$$\int_L f(x,y,z)\,\mathrm{d}s.$$

这样，本节开始所求的曲线形构件的质量可表示为

$$m=\int_L \rho(x,y)\,\mathrm{d}s.$$

类似于函数的定积分，并不是所有的 $f(x,y)$ 在曲线 L 上都是可积的. 当函数 $f(x,y)$ 在光滑曲线弧 L 上连续时，第一型曲线积分 $\int_L f(x,y)\,\mathrm{d}s$ 都是存在的. 因此，下文中总假定 $f(x,y)$ 在 L 上是连续的.

第一型曲线积分也和定积分一样具有下述重要性质.

性质 1（线性性） 设 α,β 为任意常数，则

$$\int_L[\alpha f(x,y)+\beta g(x,y)]\,\mathrm{d}s=\alpha\int_L f(x,y)\,\mathrm{d}s+\beta\int_L g(x,y)\,\mathrm{d}s.$$

性质 2（路径可加性） 若积分弧段 L 可分成两段光滑曲线弧 L_1 和 L_2，则

$$\int_L f(x,y)\,\mathrm{d}s=\int_{L_1} f(x,y)\,\mathrm{d}s+\int_{L_2} f(x,y)\,\mathrm{d}s.$$

11.3.2 第一型曲线积分的计算

定理 1 设 $f(x,y)$ 在曲线段 L 上连续，L 的参数方程为

$$x=\varphi(t),\quad y=\psi(t)\qquad(\alpha\leqslant t\leqslant\beta),$$

其中，$\varphi(t),\psi(t)$ 在 $[\alpha,\beta]$ 上具有一阶连续导数，且 $\varphi'^2(t)+\psi'^2(t)\neq 0$，则曲线积分 $\int_L f(x,y)\,\mathrm{d}s$ 存在，且

$$\int_L f(x,y)\,\mathrm{d}s=\int_\alpha^\beta f[\varphi(t),\psi(t)]\sqrt{\varphi'^2(t)+\psi'^2(t)}\,\mathrm{d}t. \tag{11-10}$$

定理的证明从略.

特别地，如果平面光滑曲线 L 的方程为 $y=\psi(x)$，$a\leqslant x\leqslant b$，则

$$\int_L f(x,y)\,\mathrm{d}s=\int_a^b f[x,\psi(x)]\sqrt{1+\psi'^2(x)}\,\mathrm{d}x. \tag{11-11}$$

如果平面光滑曲线 L 的方程为 $x=\varphi(y)$，$c\leqslant y\leqslant d$，则

$$\int_L f(x,y)\,\mathrm{d}s=\int_c^d f[\varphi(y),y]\sqrt{\varphi'^2(y)+1}\,\mathrm{d}y. \tag{11-12}$$

若空间曲线 L 的方程为 $x=\varphi(t)$，$y=\psi(t)$，$z=\omega(t)$，$\alpha\leqslant t\leqslant\beta$，则

$$\int_L f(x,y,z)\,\mathrm{d}s=\int_\alpha^\beta f[\varphi(t),\psi(t),\omega(t)]\sqrt{\varphi'^2(t)+\psi'^2(t)+\omega'^2(t)}\,\mathrm{d}t. \tag{11-13}$$

例 1 计算 $\int_L \sqrt{y}\,\mathrm{d}s$，其中 L 是抛物线 $y=x^2$ 上点 $O(0,0)$ 与点 $B(1,1)$ 之

间的一段弧.

解　曲线的方程为 $y=x^2(0\leqslant x\leqslant 1)$（见图 11-11），因此

$$\int_L \sqrt{y}\mathrm{d}s = \int_0^1 \sqrt{x^2}\ \sqrt{1+(x^2)'^2}\mathrm{d}x = \int_0^1 x\sqrt{1+4x^2}\mathrm{d}x = \frac{1}{12}(5\sqrt{5}-1).$$

例 2　计算 $\int_L \mathrm{e}^{\sqrt{x^2+y^2}}\mathrm{d}s$，其中 L 是从点 $A(0,1)$ 沿圆周 $x^2+y^2=1$ 到点 $B\left(\frac{\sqrt{2}}{2},-\frac{\sqrt{2}}{2}\right)$ 处的一段劣弧（见图 11-12）.

解　曲线段 L 的参数方程为

$$x=\cos t,\quad y=\sin t,\quad -\frac{\pi}{4}\leqslant t\leqslant \frac{\pi}{2},$$

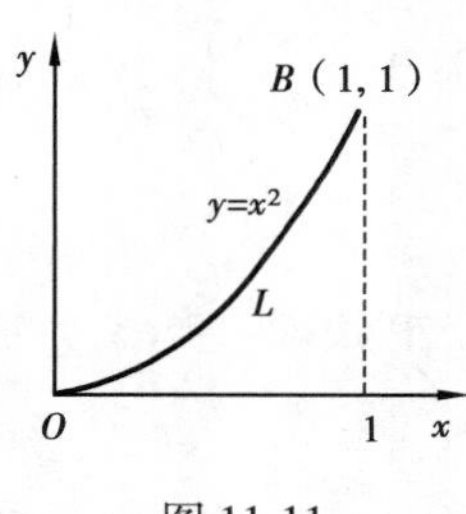

图 11-11

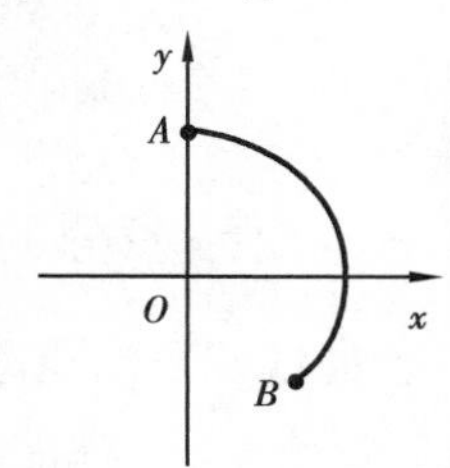

图 11-12

从而 $\mathrm{d}s=\sqrt{(-\sin t)^2+(\cos t)^2}\,\mathrm{d}t=\mathrm{d}t$，故

$$\int_L \mathrm{e}^{\sqrt{x^2+y^2}}\mathrm{d}s = \int_{-\frac{\pi}{4}}^{\frac{\pi}{2}} \mathrm{e}\ \mathrm{d}t = \frac{3}{4}\mathrm{e}\pi.$$

例 3　计算曲线积分 $\int_L (x^2+y^2+z^2)\mathrm{d}s$，其中 L 为螺旋线 $x=a\cos t, y=a\sin t, z=kt$ 上相应于 t 从 0 到 2π 的一段弧.

解　在曲线 L 上有 $x^2+y^2+z^2=(a\cos t)^2+(a\sin t)^2+(kt)^2=a^2+k^2t^2$，并且

$$\mathrm{d}s=\sqrt{(-a\sin t)^2+(a\cos t)^2+k^2}\,\mathrm{d}t=\sqrt{a^2+k^2}\,\mathrm{d}t,$$

于是

$$\begin{aligned}\int_L (x^2+y^2+z^2)\mathrm{d}s &= \int_0^{2\pi}(a^2+k^2t^2)\sqrt{a^2+k^2}\,\mathrm{d}t \\ &= \frac{2}{3}\pi\sqrt{a^2+k^2}(3a^2+4\pi^2k^2).\end{aligned}$$

例 4　计算 $\int_L (x^2+y^2+2z)\mathrm{d}s$，其中 L 为球面 $x^2+y^2+z^2=a^2$ 和平面 $x+$

$y+z=0$ 的交线.

解 由对称性,得

$$\int_L x^2\mathrm{d}s=\int_L y^2\mathrm{d}s=\int_L z^2\mathrm{d}s=\frac{1}{3}\int_L(x^2+y^2+z^2)\mathrm{d}s.$$

由于在 L 上成立 $x^2+y^2+z^2=a^2$,且 L 是一个半径为 a 的圆周,因此

$$\int_L(x^2+y^2+z^2)\mathrm{d}s=\int_L a^2\mathrm{d}s=a^2\int_L\mathrm{d}s=2\pi a^3.$$

同理

$$\int_L x\ \mathrm{d}s=\int_L y\ \mathrm{d}s=\int_L z\ \mathrm{d}s=\frac{1}{3}\int_L(x+y+z)\ \mathrm{d}s=0,$$

于是

$$\int_L(x^2+y^2+2z)\mathrm{d}s=\int_L x^2\mathrm{d}s+\int_L y^2\mathrm{d}s+\int_L 2z\ \mathrm{d}s=\frac{4}{3}\pi a^3.$$

11.3.3 第一型曲线积分的应用

根据第一型曲线积分的概念,容易写出曲线形构件 L 关于 x 轴及 y 轴的静力矩

$$M_x=\int_L y\rho(x,y)\mathrm{d}s,\quad M_y=\int_L x\rho(x,y)\mathrm{d}s. \tag{11-14}$$

于是,曲线 L 的重心坐标 $(\bar{x},\bar{y})$ 为

$$\bar{x}=\frac{M_y}{M},\quad \bar{y}=\frac{M_x}{M}, \tag{11-15}$$

这里,质量 $M=\int_L\rho(x,y)\mathrm{d}s$.

同样,易得到曲线形构件 L 对 x 轴、y 轴和原点的转动惯量

$$I_x=\int_L y^2\rho(x,y)\mathrm{d}s,$$

$$I_y=\int_L x^2\rho(x,y)\mathrm{d}s, \tag{11-16}$$

$$I_O=\int_L(x^2+y^2)\rho(x,y)\mathrm{d}s.$$

例 5 计算半径为 R、中心角为 2α 的圆弧 L 关于它的对称轴的转动惯量 I（设线密度 $\rho=1$）.

解 取坐标系（见图 11-13）,则

$$I=\int_L y^2\mathrm{d}s.$$

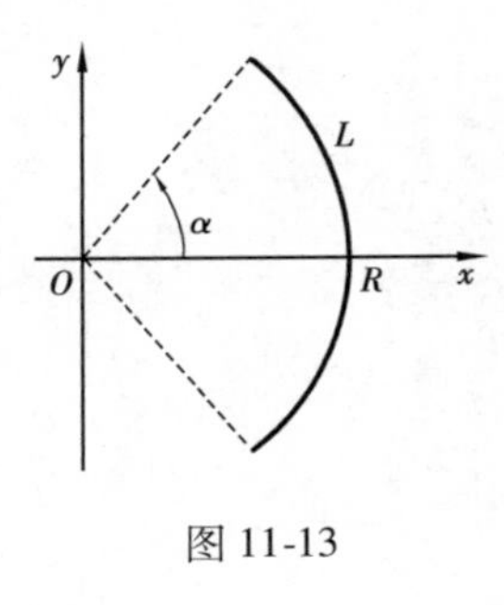

图 11-13

由于 L 的参数方程为

$$x = R\cos t,\quad y = R\sin t \qquad (-\alpha \leqslant t \leqslant \alpha),$$

因此

$$\begin{aligned} I &= \int_L y^2 \mathrm{d}s \\ &= \int_{-\alpha}^{\alpha} R^2 \sin^2 t \sqrt{(-R\sin t)^2 + (R\cos t)^2}\,\mathrm{d}t \\ &= R^3 \int_{-\alpha}^{\alpha} \sin^2 t\,\mathrm{d}t = \frac{R^3}{2}\left(t - \frac{\sin 2t}{2}\right)\Bigg|_{-\alpha}^{\alpha} \\ &= R^3(\alpha - \sin\alpha\cos\alpha). \end{aligned}$$

习题 11-3

基础题

1. 设在 xOy 平面内有一分布着质量的曲线 L，在点 (x,y) 处它的线密度为 $\mu(x,y)$，用对弧长的曲线积分分别表达：

(1) 该曲线弧对 x 轴、y 轴的转动惯量 I_x 和 I_y.

(2) 该曲线弧的重心坐标 $\bar{x}$ 和 $\bar{y}$.

2. 计算积分 $\oint_L \sqrt{x^2+y^2}\,\mathrm{d}s$. 其中 $L: x = a\cos t, y = a\sin t (0 \leqslant t \leqslant 2\pi)$.

3. 计算积分 $\int_L (x+y)\,\mathrm{d}s$. 其中 L 为连接 $(1,0)$ 与 $(0,1)$ 两点的直线段.

4. 计算 $\int_L (x+y)\,\mathrm{d}s$. L 是由 $x+y=1, x-y=-1$ 与 $y=0$ 所围成的三角形区域的边界曲线.

5. 计算积分 $\int_L x\,\mathrm{d}s$. 其中 L 为由直线 $y=x$ 及抛物线 $y=x^2$ 所围成的区域的整个边界.

6. 计算积分 $\oint_L \mathrm{e}^{\sqrt{x^2+y^2}}\mathrm{d}s$，其中 L 为圆周 $x^2+y^2=a^2$，直线 $y=x$ 及 x 轴在第一象限内所围成的扇形的整个边界.

提高题

1. 求 $\oint_L (x^2+y^2)^n \mathrm{d}s$. 其中 L 为圆周 $x = a\cos t, y = a\sin t (a > 0, 0 \leqslant t \geqslant$

2π).

2. 计算$\int_L y^2 \mathrm{d}s$. 其中L为摆线的一拱$x = a(t - \sin t), y = a(1 - \cos t)(0 \leqslant t \leqslant 2\pi)$.

3. 计算$\int_\Gamma \frac{1}{x^2 + y^2 + z^2} \mathrm{d}s$. 其中$\Gamma$为曲线$x = \mathrm{e}^t \cos t, y = \mathrm{e}^t \sin t, z = \mathrm{e}^t$上相应于$t$从0变到2的弧段.

应用题

1. 求曲线$x = a, y = at, z = \frac{1}{2}at^2 (0 \leqslant t \leqslant 1, a > 0)$的质量,设其线密度函数为$\rho = \sqrt{\frac{2z}{a}}$.

2. 求半径为a、中心角为2φ的均匀圆弧(线密度$\rho = 1$)的重心.

3. 求螺旋线$x = a\cos t, y = a\sin t, z = kt (0 \leqslant t \leqslant 2\pi)$,对$z$轴的转动惯量,设曲线的密度为常数$\mu$.

4. 设螺旋形弹簧一圈的方程为$x = a\cos t, y = a\sin t, z = kt$,其中$0 \leqslant t \leqslant 2\pi$,它的线密度为$\rho(x, y, z) = x^2 + y^2 + z^2$. 求:

(1)螺旋形弹簧关于z轴的转动惯量I_z.

(2)螺旋形弹簧的重心.

11.4 第二型曲线积分

上一节从物质曲线的质量问题引入了第一型曲线积分,从直观上看它与曲线的方向无关,然而在力学中变力沿曲线做功的问题就与曲线的方向有关系了. 本节将讨论这类问题.

11.4.1 第二型曲线积分的概念与性质

设在xOy平面内有一条从A点到B点的光滑曲线弧L,一质点在变力

$$\boldsymbol{F}(x, y) = P(x, y)\boldsymbol{i} + Q(x, y)\boldsymbol{j}$$

的作用下沿光滑曲线弧L从点A移动到点B(其中,$P(x, y), Q(x, y)$是定义在L

上的连续函数)，求变力 $\boldsymbol{F}(x,y)$ 所做的功.

如果质点受到常力 $\boldsymbol{F}$ 的作用，且质点从点 A 沿直线移动到点 B，则常力 $\boldsymbol{F}$ 所做的功为

$$W = \boldsymbol{F} \cdot \overrightarrow{AB}.$$

如果质点受到变力 $\boldsymbol{F}$ 的作用，可采用微元法来解决.

用曲线 L 上的点 $M_1(x_1,y_1),M_2(x_2,y_2),\cdots,M_{n-1}(x_{n-1},y_{n-1})$ 把 L 分成 n 个小弧段(见图 11-14)，任取一小弧段 $\widehat{M_{i-1}M_i}$，因其短小且光滑，便可用有向线段

$$\overrightarrow{M_{i-1}M_i} = \Delta x_i \boldsymbol{i} + \Delta y_i \boldsymbol{j}$$

近似地代替，其中，$\Delta x_i = x_i - x_{i-1}, \Delta y_i = y_i - y_{i-1}$. 在 $\widehat{M_{i-1}M_i}$ 上任取一点 (ξ_i,η_i)，用在点 (ξ_i,η_i) 的力

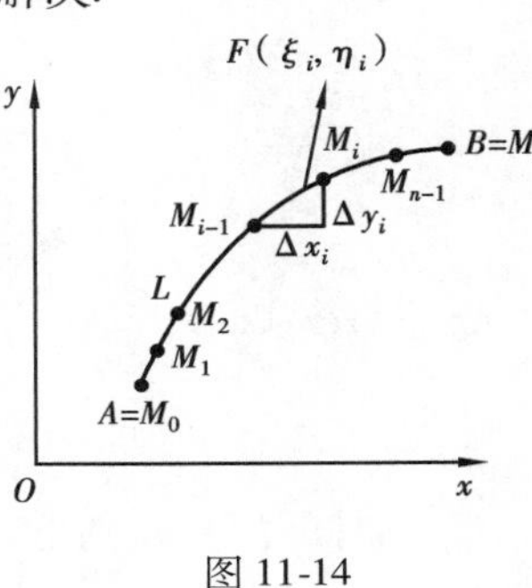

图 11-14

$$\boldsymbol{F}(\xi_i,\eta_i) = P(\xi_i,\eta_i)\boldsymbol{i} + Q(\xi_i,\eta_i)\boldsymbol{j}$$

近似地代替 $\widehat{M_{i-1}M_i}$ 上的力，则在 $\widehat{M_{i-1}M_i}$ 上变力 $\boldsymbol{F}(x,y)$ 所做的功 W_i 就近似地等于常力 $\boldsymbol{F}(\xi_i,\eta_i)$ 沿有向线段 $\overrightarrow{M_{i-1}M_i}$ 所做的功，即有

$$W_i \approx \boldsymbol{F}(\xi_i,\eta_i) \cdot \overrightarrow{M_{i-1}M_i} = P(\xi_i,\eta_i)\Delta x_i + Q(\xi_i,\eta_i)\Delta y_i,$$

对上式求和

$$\sum_{i=1}^{n} W_i \approx \sum_{i=1}^{n} [P(\xi_i,\eta_i)\Delta x_i + Q(\xi_i,\eta_i)\Delta y_i],$$

则得到变力 $\boldsymbol{F}(x,y)$ 沿曲线 L 从 A 点到 B 点所做功的近似值. 显然，有向曲线 L 的分割越细，则近似程度就越高. 如果极限

$$\lim_{\lambda \to 0} \sum_{i=1}^{n} [P(\xi_i,\eta_i)\Delta x_i + Q(\xi_i,\eta_i)\Delta y_i] \tag{11-17}$$

存在(λ是各小弧段长度的最大值)，则称这个极限值为变力 $\boldsymbol{F}(x,y)$ 沿曲线 L 从 A 点到 B 点所做的功.

抽去上述问题的物理意义，便得到**第二型曲线积分**的定义.

定义 1　设 L 为 xOy 平面上从 A 点到 B 点的有向光滑曲线弧，$P(x,y)$，$Q(x,y)$ 是 L 上的连续函数. 用曲线 L 上的点 $M_1(x_1,y_1),M_2(x_2,y_2),\cdots,M_{n-1}(x_{n-1},y_{n-1})$ 把 L 分成 n 个小弧段 $\widehat{M_{i-1}M_i}(i = 1,2,\cdots,n, M_0 = A, M_n = B)$. 令 $\Delta x_i = x_i - x_{i-1}, \Delta y_i = y_i - y_{i-1}$，在 $\widehat{M_{i-1}M_i}$ 上任取一点 (ξ_i,η_i)，作乘积 $P(\xi_i,\eta_i)\Delta x_i$，并作和 $\sum\limits_{i=1}^{n} P(\xi_i,\eta_i)\Delta x_i$，如果当各小弧段长度的最大值 $\lambda \to 0$ 时，

极限

$$\lim_{\lambda\to 0}\sum_{i=1}^{n}P(\xi_i,\eta_i)\Delta x_i$$

存在，并且极限值与有向曲线 L 的分法及点 (ξ_i,η_i) 的取法都无关，则称此极限值为函数 $P(x,y)$ 在有向曲线 L 上的**第二型曲线积分**或**对坐标 x 的曲线积分**，记作

$$\int_L P(x,y)\,\mathrm{d}x,$$

即

$$\int_L P(x,y)\,\mathrm{d}x = \lim_{\lambda\to 0}\sum_{i=1}^{n}P(\xi_i,\eta_i)\Delta x_i. \tag{11-18}$$

同理，有

$$\int_L Q(x,y)\,\mathrm{d}y = \lim_{\lambda\to 0}\sum_{i=1}^{n}Q(\xi_i,\eta_i)\Delta y_i.$$

若二者同时存在，则可记为

$$\int_L P(x,y)\,\mathrm{d}x + \int_L Q(x,y)\,\mathrm{d}y = \int_L P(x,y)\,\mathrm{d}x + Q(x,y)\,\mathrm{d}y. \tag{11-19}$$

这样，在变力 $\boldsymbol{F}(x,y)=P(x,y)\boldsymbol{i}+Q(x,y)\boldsymbol{j}$ 作用下沿光滑曲线弧 L 从点 A 移动到点 B 所做的功为

$$W = \int_L P(x,y)\,\mathrm{d}x + Q(x,y)\,\mathrm{d}y.$$

特别地，如果 L 是有向闭曲线，则记作

$$\oint_L P(x,y)\,\mathrm{d}x + Q(x,y)\,\mathrm{d}y.$$

若记 $\boldsymbol{F}(x,y)=(P(x,y),Q(x,y))$，$\mathrm{d}\boldsymbol{r}=(\mathrm{d}x,\mathrm{d}y)$，则式(11-19)可写成向量形式为

$$\int_L \boldsymbol{F}\cdot\mathrm{d}\boldsymbol{r}. \tag{11-20}$$

第二类曲线积分定义在有向曲线上，它具有的性质如下：

性质1（方向性） 设 L 是有向曲线弧，$-L$ 是与 L 方向相反的有向曲线弧，则

$$\int_{-L} P(x,y)\,\mathrm{d}x + Q(x,y)\,\mathrm{d}y = -\int_L P(x,y)\,\mathrm{d}x + Q(x,y)\,\mathrm{d}y.$$

性质2（路径可加性） 如果把 L 分成 L_1 和 L_2，则

$$\int_L P\,\mathrm{d}x + Q\,\mathrm{d}y = \int_{L_1} P\,\mathrm{d}x + Q\,\mathrm{d}y + \int_{L_2} P\,\mathrm{d}x + Q\,\mathrm{d}y.$$

11.4.2　第二型曲线积分的计算

定理1　设 $P(x,y)$，$Q(x,y)$ 是定义在光滑有向曲线

$$L: x = \varphi(t), y = \psi(t),$$

上的连续函数,当参数 t 单调地由 α 变到 β 时,点 $M(x,y)$ 从 L 的起点 A 沿 L 方向运动到终点 B 则

$$\begin{aligned}&\int_L P(x,y)\,dx + Q(x,y)\,dy \\ &= \int_\alpha^\beta \{P[\varphi(t),\psi(t)]\varphi'(t) + Q[\varphi(t),\psi(t)]\psi'(t)\}\,dt.\end{aligned} \tag{11-21}$$

对沿封闭曲线 L 的第二型曲线积分的计算,可在 L 上任意选取一点作为起点,沿 L 所指定的方向前进,最后回到这一点.

若空间曲线 L 的参数方程为

$$x = \varphi(t),\quad y = \psi(t),\quad z = \omega(t),$$

则

$$\begin{aligned}&\int_L P(x,y,z)\,dx + Q(x,y,z)\,dy + R(x,y,z)\,dz \\ &= \int_a^\beta \{P[\varphi(t),\psi(t),\omega(t)]\varphi'(t) + Q[\varphi(t),\psi(t),\omega(t)]\psi'(t) + \\ &\quad R[\varphi(t),\psi(t),\omega(t)]\omega'(t)\}\,dt.\end{aligned} \tag{11-22}$$

其中,α 对应于 L 的起点,β 对应于 L 的终点.

例1　计算 $\int_L (x^2 + 2xy)\,dx + (x^2 + y^4)\,dy$,其中 L 为由点 $O(0,0)$ 到点 $A(1,1)$ 的直线段.

解　L 的参数方程为 $x=t,y=t,t$ 从0变到1,则

$$\int_L (x^2 + 2xy)\,dx + (x^2 + y^4)\,dy = \int_0^1 (t^2 + 2t^2 + t^2 + t^4)\,dt = \frac{23}{15}.$$

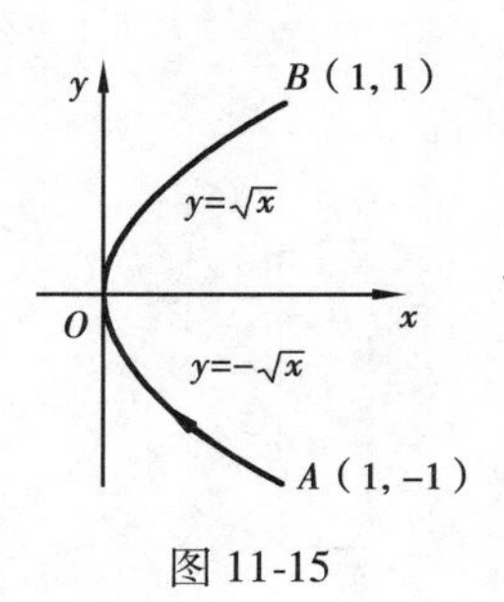

图 11-15

例2　计算 $\int_L xy\,dx$,其中 L 为抛物线 $y^2 = x$ 上从点 $A(1,-1)$ 到点 $B(1,1)$ 的一段弧(见图11-15).

解　方法1:以 x 为参数. L 分为 AO 和 OB 两部分: AO 的方程为 $y = -\sqrt{x}$,x 从1变到0; OB 的方程为 $y = \sqrt{x}$,x 从0变到1. 因此

$$\int_L xy\,\mathrm{d}x = \int_{AO} xy\,\mathrm{d}x + \int_{OB} xy\,\mathrm{d}x$$
$$= \int_1^0 x(-\sqrt{x})\,\mathrm{d}x + \int_0^1 x\sqrt{x}\,\mathrm{d}x$$
$$= 2\int_0^1 x^{\frac{3}{2}}\,\mathrm{d}x = \frac{4}{5}.$$

方法2:以 y 为参数. L 的方程为 $x=y^2$, y 从 -1 变到1. 因此

$$\int_L xy\,\mathrm{d}x = \int_{-1}^1 y^2 y(y^2)'\,\mathrm{d}y = 2\int_{-1}^1 y^4\,\mathrm{d}y = \frac{4}{5}.$$

例3 计算 $\int_L 2xy\,\mathrm{d}x + x^2\mathrm{d}y$,其中 L 为:

(1)抛物线 $y=x^2$ 上从 $O(0,0)$ 到 $B(1,1)$ 的一段弧;

(2)抛物线 $x=y^2$ 上从 $O(0,0)$ 到 $B(1,1)$ 的一段弧;

(3)有向折线 OAB,这里 O,A,B 依次是点 $(0,0),(1,0),(1,1)$.

解 (1)化为对 x 的定积分. L:$y=x^2$, x 从0变到1. 因此

$$\int_L 2xy\,\mathrm{d}x + x^2\mathrm{d}y = \int_0^1 (2x\cdot x^2 + x^2\cdot 2x)\,\mathrm{d}x = 4\int_0^1 x^3\,\mathrm{d}x = 1.$$

(2)化为对 y 的定积分. L:$x=y^2$, y 从0变到1. 因此

$$\int_L 2xy\,\mathrm{d}x + x^2\mathrm{d}y = \int_0^1 (2y^2\cdot y\cdot 2y + y^4)\,\mathrm{d}y = 5\int_0^1 y^4\,\mathrm{d}y = 1.$$

(3) $\int_L 2xy\,\mathrm{d}x + x^2\mathrm{d}y = \int_{OA} 2xy\,\mathrm{d}x + x^2\mathrm{d}y + \int_{AB} 2xy\,\mathrm{d}x + x^2\mathrm{d}y$,

在 OA 上, $y=0$, x 从0变到1. 因此

$$\int_{OA} 2xy\,\mathrm{d}x + x^2\mathrm{d}y = \int_0^1 (2x\cdot 0 + x^2\cdot 0)\,\mathrm{d}x = 0.$$

在 AB 上, $x=1$, y 从0变到1. 因此

$$\int_{AB} 2xy\,\mathrm{d}x + x^2\mathrm{d}y = \int_0^1 (2y\cdot 0 + 1)\,\mathrm{d}y = 1,$$

从而

$$\int_L 2xy\,\mathrm{d}x + x^2\mathrm{d}y = 0 + 1 = 1.$$

由例3可知,虽然沿不同路径,曲线积分的值可以相等.

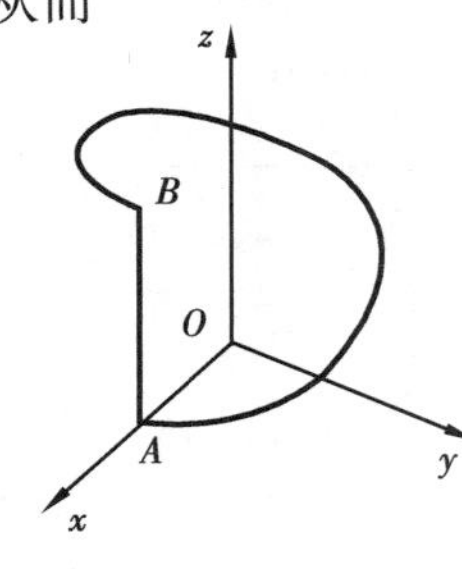

图 11-16

例4 求质点在力场 $\boldsymbol{F}=(y,-x,z)$ 作用下由 $A(R,0,0)$ 沿 L 移动到 $B(R,0,2k\pi)$(见图11-16)所做的功,其中 L 为

(1) $x=R\cos t$, $y=R\sin t$, $z=kt$, $0\leqslant t\leqslant 2\pi$;

(2)直线 AB.

解　$W = \int_L \boldsymbol{F} \cdot \mathrm{d}\boldsymbol{r} = \int_L y\,\mathrm{d}x - x\,\mathrm{d}y + z\,\mathrm{d}z$

(1)由于 $\mathrm{d}x = -R\sin t\,\mathrm{d}t, \mathrm{d}y = R\cos t\,\mathrm{d}t, \mathrm{d}z = k\,\mathrm{d}t$,因此

$$W = \int_0^{2\pi} (-R^2\sin^2 t - R^2\cos^2 t + k^2 t)\,\mathrm{d}t$$

$$= \int_0^{2\pi} (k^2 t - R^2)\,\mathrm{d}t = 2\pi(k^2\pi - R^2).$$

(2)L 的参数方程为 $x = R, y = 0, z = t$, t 从 0 变到 $2k\pi$.

由于 $\mathrm{d}x = 0, \mathrm{d}y = 0, \mathrm{d}z = \mathrm{d}t$. 因此

$$W = \int_0^{2k\pi} t\,\mathrm{d}t = 2k^2\pi^2.$$

11.4.3　两类曲线积分之间的关系

若在定向光滑曲线 L 上,取点(x,y)的一个 L 的弧长微元 $\mathrm{d}\boldsymbol{s}$,作向量 $\mathrm{d}\boldsymbol{s} = \boldsymbol{\tau}\,\mathrm{d}s$,其中 $\boldsymbol{\tau} = (\cos\alpha, \cos\beta)$为曲线 L 上在(x,y)处与 L 同向的切向量. 那么 $\mathrm{d}\boldsymbol{s}$ 在 x 轴上的投影为 $\cos\alpha\,\mathrm{d}s$,可记为 $\mathrm{d}x$,即 $\mathrm{d}x = \cos\alpha\,\mathrm{d}s$. 同理,$\mathrm{d}y = \cos\beta\,\mathrm{d}s$. 因此,第二型曲线积分又可表示为

$$\int_L P\,\mathrm{d}x + Q\,\mathrm{d}y = \int_L (P\cos\alpha + Q\cos\beta)\,\mathrm{d}s, \qquad (11\text{-}23)$$

其中,$(\cos\alpha, \cos\beta)$为有向曲线弧 L 上点(x,y)处的单位切向量.

类似地,有

$$\int_L P\mathrm{d}x + Q\,\mathrm{d}y + R\,\mathrm{d}z = \int_L (P\cos\alpha + Q\cos\beta + R\cos\gamma)\,\mathrm{d}s,$$

其中,$(\cos\alpha, \cos\beta, \cos\gamma)$为有向曲线弧 L 上点(x,y,z)处的单位切向量.

基础题

1. 求下列第二型曲线积分:

(1)$\int_L x\,\mathrm{d}y - y\,\mathrm{d}x$,其中 L 为曲线 $y = 2x^2$ 上从(0,0)到(1,2)之间的一段弧.

(2)$\int_L (2a - y)\,\mathrm{d}x + x\,\mathrm{d}y$,其中 L 是摆线 $x = a(t - \sin t), y = a(1 - \cos t)$ 上对应 t 从 0 到 2π 的一段弧.

(3) $\int_L (x^2-2xy)\,dx+(y^2-2xy)\,dy$，其中 L 是抛物线 $y=x^2$ 上从点 $(-1,1)$ 到点 $(1,1)$ 的一段弧.

(4) $\oint_L \frac{(x+y)\,dx-(x-y)\,dy}{x^2+y^2}$，其中 L 是圆周 $x^2+y^2=a^2$（按逆时针方向绕行）.

(5) $\int_\Gamma x^2\,dx+z\,dy-y\,dz$，其中 Γ 为曲线 $x=k\theta, y=a\cos\theta, z=a\sin\theta$ 上对应 θ 从 0 到 π 的一段弧.

(6) $\int_\Gamma x\,dx+y\,dy+(x+y-1)\,dz$，其中 Γ 是从点 $(1,1,1)$ 到点 $(2,3,4)$ 的一段直线.

2. 计算曲线积分 $\int_\Gamma (y^2-z^2)\,dx+2yz\,dy-x^2\,dz$. 其中 Γ 是曲线 $\begin{cases} x=t \\ y=t^2 \\ z=t^3 \end{cases}$ 上 t 由 0 到 1 的一段弧.

3. 计算 $\int_L (x+y)\,dx+(y-x)\,dy$，其中 L：

(1) 抛物线 $y^2=x$ 上从点 $(1,1)$ 到点 $(4,2)$ 的一段弧.

(2) 从点 $(1,1)$ 到点 $(4,2)$ 的直线段.

(3) 先沿直线从点 $(1,1)$ 到点 $(1,2)$，然后再沿直线到点 $(4,2)$ 的折线.

(4) 曲线 $x=2t^2+t+1, y=t^2+1$ 上从点 $(1,1)$ 到点 $(4,2)$ 的一段弧.

4. 设 $f(x,y)$ 为定义在平面曲线段 $\widehat{AB}$ 上的非负连续函数，且在 $\widehat{AB}$ 上恒大于零.

(1) 证明：$\int_{\widehat{AB}} f(x,y)\,ds>0$.

(2) 第二型曲线积分 $\int_{\widehat{AB}} f(x,y)\,dx>0$ 是否成立？为什么？

提高题

1.【2018 年数一】设 L 为球面 $x^2+y^2+z^2=1$ 与平面 $x+y+z=0$ 的交线，则 $\oint_L xy\,ds=$ ________.

2. 已知曲线 L 的方程为 $y=1-|x|\ (x\in[-1,1])$，起点是 $(-1,0)$，终点是 $(1,0)$，则曲线积分 $\int_L xy\,dx+x^2\,dy=$ ________.

应用题

1. 设质点受力的作用,力的反方向指向原点,大小与质点离原点的距离成正比. 若质点由$(a,0)$沿椭圆移动到$(0,b)$,求力所做的功.

2. 一力场由沿横轴正方向的恒力 $\boldsymbol{F}$ 所构成. 试求当一质量为 m 的质点沿圆周 $x^2+y^2=R^2$ 按逆时针方向移过位于第一象限的那一段弧时场力所做的功.

3. 设 z 轴与重力的方向一致,求质量为 m 的质点从位置(x_1,y_1,z_1)沿直线移到(x_2,y_2,z_2)时重力所做的功.

11.5 格林公式

一元函数的定积分中,有牛顿-莱布尼茨公式

$$\int_a^b f(x)\,\mathrm{d}x = F(b) - F(a)$$

其中,$F(x)$是$f(x)$的一个原函数.

这一关系说明$f(x)$在$[a,b]$上的积分的计算可转化为其原函数在$[a,b]$上端点的函数值的差的问题. 那么二元函数的积分是否也有类似的关系呢? 确切地说,就是在区域 D 的二重积分能否转化为 D 的边界曲线上的曲线积分? 本节将要讨论的格林公式就说明区域 D 上的二重积分与 D 的边界曲线上的第二型曲线积分有着密切的联系. 为此,先对平面上的区域及区域的边界方向作一些说明.

11.5.1 单连通与复连通区域

设 D 为平面区域,如果 D 内任一闭曲线所围的部分都属于 D,则称 D 为平面单连通区域,否则称为复连通区域(即区域 D 内有“洞”,见图 11-17).

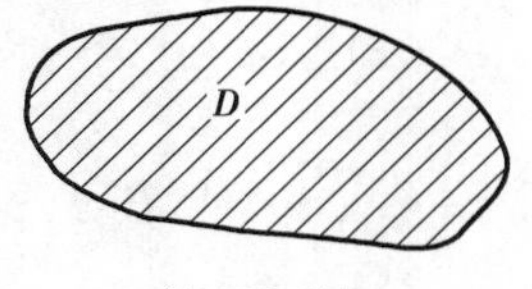

单连通区域

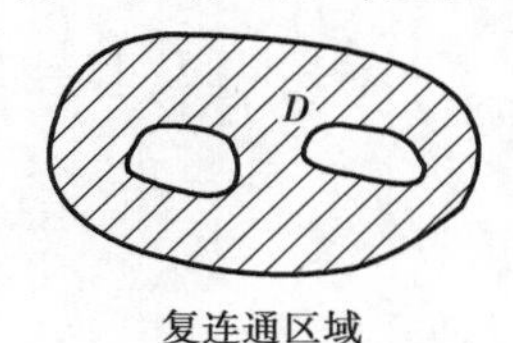

复连通区域

图 11-17

对平面区域 D 的边界曲线 L,规定 L 的正方向如下:当观察者沿 L 行走时,区域 D 总在他的左边. 相反的方向称为负方向,记为 $-L$.

例如,复连通区域 D 的边界曲线 L 的正方向如图 11-18 所示.

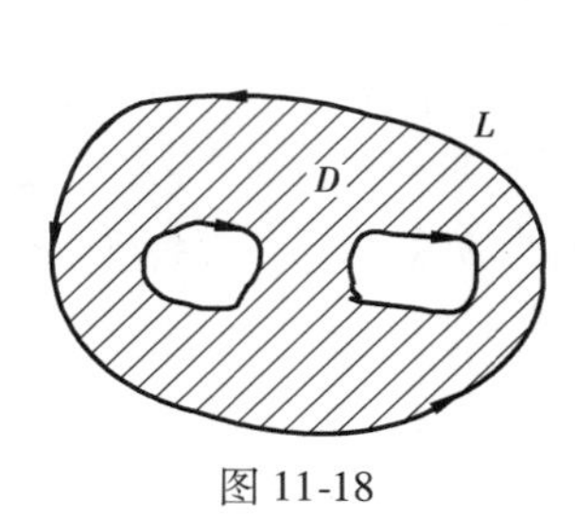

图 11-18

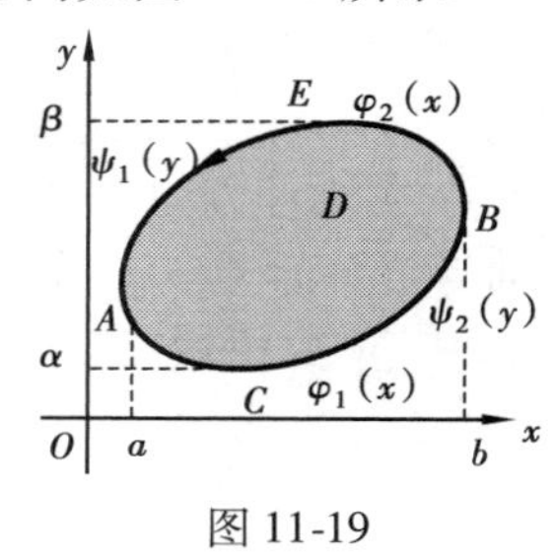

图 11-19

11.5.2 格林(Green)公式

定理 1 设闭区域 D 由分段光滑的曲线 L 围成,函数 $P(x,y)$ 及 $Q(x,y)$ 在 D 上具有一阶连续偏导数,则有

$$\iint_D\left(\frac{\partial Q}{\partial x}-\frac{\partial P}{\partial y}\right)\mathrm{d}x\mathrm{d}y=\oint_L P\mathrm{d}x+Q\,\mathrm{d}y, \tag{11-24}$$

其中,L 是 D 的取正向的边界曲线.

证明 根据区域 D 的不同形状,一般可分为 3 种情况证明.

(1)若 D 既是 X 型区域又是 Y 型区域(见图11-19),设

$$D=\{(x,y)\mid\varphi_1(x)\leqslant y\leqslant\varphi_2(x),a\leqslant x\leqslant b\}.$$

因为$\frac{\partial P}{\partial y}$连续,所以由二重积分的计算法有

$$\iint_D\frac{\partial P}{\partial y}\,\mathrm{d}x\mathrm{d}y=\int_a^b\left\{\int_{\varphi_1(x)}^{\varphi_2(x)}\frac{\partial P(x,y)}{\partial y}\,\mathrm{d}y\right\}\mathrm{d}x$$

$$=\int_a^b\{P[x,\varphi_2(x)]-P[x,\varphi_1(x)]\}\,\mathrm{d}x.$$

另外,由第二型曲线积分的性质及计算法有

$$\oint_L P\,\mathrm{d}x=\int_{\overset{\frown}{ACB}}P\,\mathrm{d}x+\int_{\overset{\frown}{BEA}}P\,\mathrm{d}x=\int_a^b P[x,\varphi_1(x)]\mathrm{d}x+\int_b^a P[x,\varphi_2(x)]\mathrm{d}x$$

$$=-\int_a^b\{P[x,\varphi_2(x)]-P[x,\varphi_1(x)]\}\,\mathrm{d}x.$$

因此

$$-\iint_D\frac{\partial P}{\partial y}\,\mathrm{d}x\mathrm{d}y=\oint_L P\mathrm{d}x.$$

设 $D=\{(x,y)\mid\psi_1(y)\leqslant x\leqslant\psi_2(y),c\leqslant y\leqslant d\}$. 类似地可证

$$\iint_D \frac{\partial Q}{\partial x}\,\mathrm{d}x\mathrm{d}y=\oint_L Q\,\mathrm{d}y.$$

由于 D 既是 X 型区域又是 Y 型区域,因此,以上两式同时成立,两式合并即得

$$\iint_D\left(\frac{\partial Q}{\partial x}-\frac{\partial P}{\partial y}\right)\mathrm{d}x\mathrm{d}y=\oint_L P\,\mathrm{d}x+Q\,\mathrm{d}y.$$

(2)若区域 D 不满足以上条件,则可通过加辅助线将其分割为有限个既是 X 型区域又是 Y 型区域的小区域(见图 11-20),即

$$\begin{aligned}\iint_D\left(\frac{\partial Q}{\partial x}-\frac{\partial P}{\partial y}\right)\mathrm{d}x\mathrm{d}y&=\sum_{k=1}^{n}\iint_{D_k}\left(\frac{\partial Q}{\partial x}-\frac{\partial P}{\partial y}\right)\mathrm{d}x\mathrm{d}y\\&=\sum_{k=1}^{n}\int_{\partial D_k}P\,\mathrm{d}x+Q\,\mathrm{d}y\qquad(\partial D_k\text{ 表示 }D_k\text{ 正向边界}).\end{aligned}$$

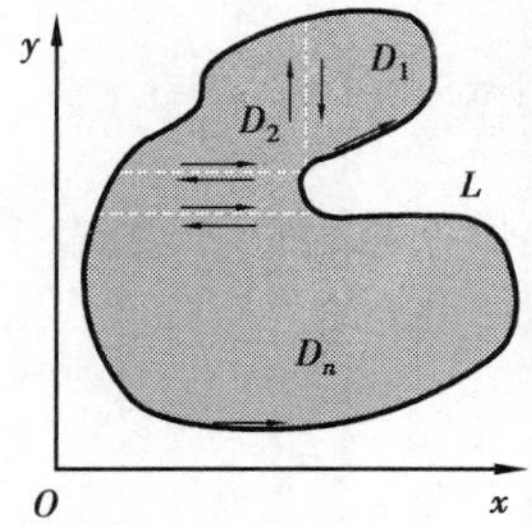

图 11-20

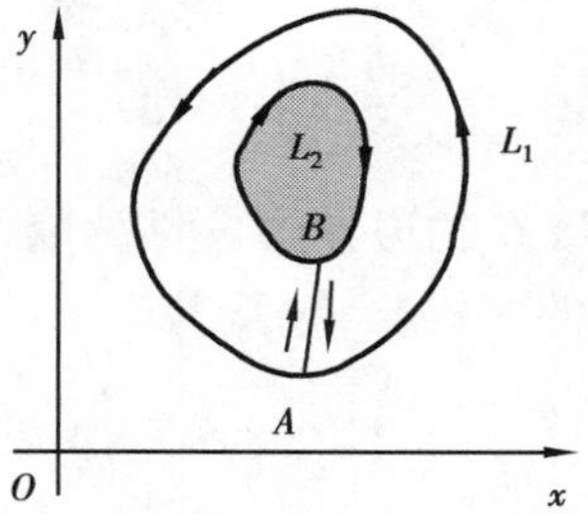

图 11-21

(3)若区域 D 为有限个"洞"的复连通区域,只证明只有一个洞的情况(见图 11-21),即

$$\begin{aligned}\iint_D\left(\frac{\partial Q}{\partial x}-\frac{\partial P}{\partial y}\right)\mathrm{d}x\mathrm{d}y&=\left(\int_{L_1}+\int_{AB}+\int_{L_2}+\int_{BA}\right)P\,\mathrm{d}x+Q\,\mathrm{d}y\\&=\left(\int_{L_1}+\int_{L_2}\right)P\,\mathrm{d}x+Q\,\mathrm{d}y\end{aligned}$$

注 对复连通区域 D,格林公式右端应包括沿区域 D 的全部边界的曲线积分,且边界的方向对于区域 D 来说都是正向.

例 1 计算曲线积分

$$I=\int_L(y^2-\cos y)\,\mathrm{d}x+x\sin y\,\mathrm{d}y.$$

其中,L 为曲线 $y=\sin x$ 上从点 $O(0,0)$ 到点 $A(\pi,0)$ 的一段弧.

解　记 $P=y^2-\cos y, Q=x\sin y$.

添加辅助线$\overline{AO}$:$y=0$,x 从 π 变到 0,则 $L+\overline{AO}$构成封闭曲线(见图 11-22).

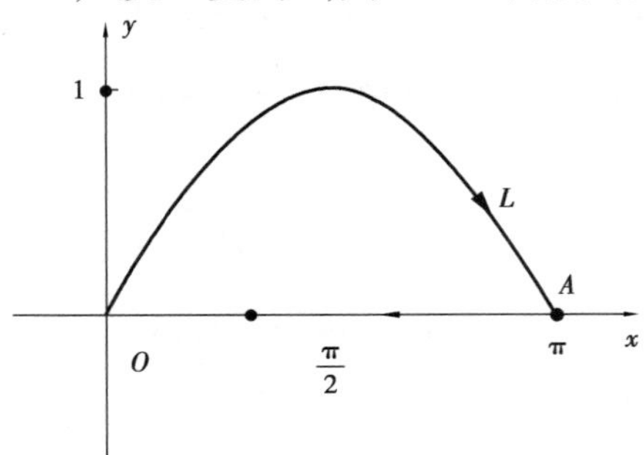

图 11-22

由格林公式

$$I=\left(\int_{L+\overline{AO}}-\int_{\overline{AO}}\right)(y^2-\cos y)\mathrm{d}x+x\sin y\,\mathrm{d}y$$

$$=2\iint\limits_D y\,\mathrm{d}x\mathrm{d}y-\int_{\pi}^{0}(-1)\mathrm{d}x=-\frac{\pi}{2}.$$

设区域 D 的边界曲线为 L,取 $P=-y, Q=x$,则由格林公式得到一个计算平面区域 D 的面积 S_D 的公式

$$S_D=\iint\limits_D \mathrm{d}x\mathrm{d}y=\frac{1}{2}\oint x\,\mathrm{d}y-y\,\mathrm{d}x.$$

可用上述公式来求平面图形的面积.

例 2　求椭圆$\dfrac{x^2}{a^2}+\dfrac{y^2}{b^2}=1$ 所围图形的面积 S.

解　设 D 是由椭圆 $x=a\cos\theta, y=b\sin\theta$ 所围成的区域.

令 $P=-y, Q=x$,则

$$\frac{\partial Q}{\partial x}-\frac{\partial P}{\partial y}=2.$$

于是,由格林公式

$$S=\iint\limits_D \mathrm{d}x\mathrm{d}y=\frac{1}{2}\oint_L -y\,\mathrm{d}x+x\,\mathrm{d}y$$

$$=\frac{1}{2}\int_0^{2\pi}(ab\sin^2\theta+ab\cos^2\theta)\mathrm{d}\theta=\frac{1}{2}ab\int_0^{2\pi}\mathrm{d}\theta=\pi ab.$$

例3　计算$\oint_L \frac{x\,\mathrm{d}y - y\,\mathrm{d}x}{x^2 + y^2}$,其中$L$为任一条分段光滑、无重点且不经过原点的连续曲线,$L$的方向为逆时针方向.

解　因为$P = -\frac{y}{x^2 + y^2}, Q = \frac{x}{x^2 + y^2}$,当$x^2 + y^2 \neq 0$时,有

$$\frac{\partial P}{\partial y} = \frac{y^2 - x^2}{(x^2 + y^2)^2} = \frac{\partial Q}{\partial x}.$$

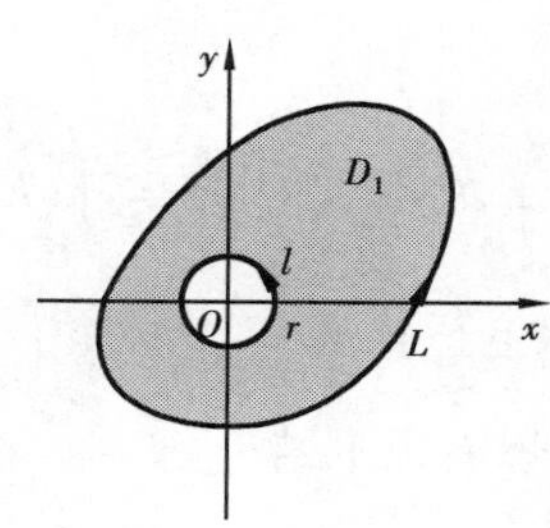

图 11-23

(1)当原点不在L所围区域D内时,由格林公式可得

$$\oint_L \frac{x\,\mathrm{d}y - y\,\mathrm{d}x}{x^2 + y^2} = 0.$$

(2)当原点在L所围区域D内时,不能用格林公式.这时,以原点$O(0,0)$为圆心,适当小的$r>0$为半径,作圆$l: x^2 + y^2 = r^2$,使其含于区域D内.记L和l所围成的闭区域为D_1(见图11-23).对复连通区域D_1应用格林公式,得

$$\oint_L \frac{x\,\mathrm{d}y - y\,\mathrm{d}x}{x^2 + y^2} - \oint_l \frac{x\,\mathrm{d}y - y\,\mathrm{d}x}{x^2 + y^2} = \iint_{D_1} \left(\frac{\partial Q}{\partial x} - \frac{\partial P}{\partial y}\right) \mathrm{d}x\mathrm{d}y = 0,$$

其中,l的方向取逆时针方向.利用l的参数方程$x = r\cos\theta, y = r\sin\theta (0 \leqslant \theta \leqslant 2\pi)$,得

$$\oint_L \frac{x\,\mathrm{d}y - y\,\mathrm{d}x}{x^2 + y^2} = \oint_l \frac{x\,\mathrm{d}y - y\,\mathrm{d}x}{x^2 + y^2} = \int_0^{2\pi} \frac{r^2\cos^2\theta + r^2\sin^2\theta}{r^2}\,\mathrm{d}\theta = 2\pi.$$

11.5.3　平面上曲线积分与路径无关的条件

很容易想象,当函数沿着连接A,B两个端点的路径L积分,一般来说,积分的值会因端点的变化而变化,还会随着路径的不同而不同.然而,重力做功只与路径的端点值有关而与路径无关.下面来探究曲线积分与路径无关的条件.首先给出积分与路径无关的定义.

设D是一个平面区域,$P(x,y)$,$Q(x,y)$在区域D内具有一阶连续偏导数.如果对区域D内任意指定的两个点A,B以及区域D内从点A到点B的任意两条光滑曲线L_1,L_2,等式

$$\int_{L_1} P\,\mathrm{d}x + Q\,\mathrm{d}y = \int_{L_2} P\,\mathrm{d}x + Q\,\mathrm{d}y$$

恒成立,则称**曲线积分**$\int_L P\,\mathrm{d}x + Q\,\mathrm{d}y$**在$D$内与路径无关**,否则称**与路径有关**.

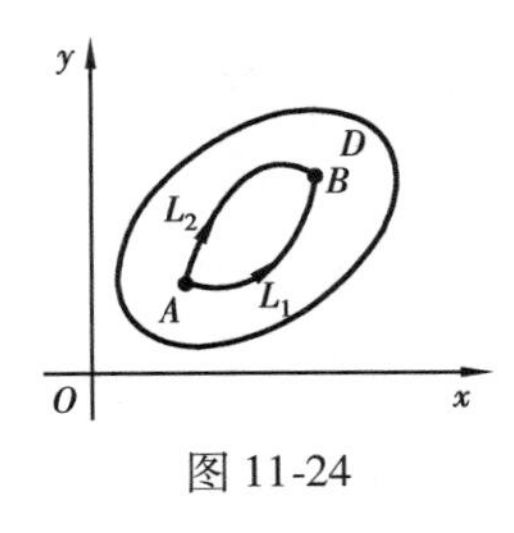

图 11-24

设曲线积分$\int_L P\,dx + Q\,dy$在D内与路径无关，L_1和L_2是D内任意两条从点A到点B的曲线（见图 11-24），则有

$$\int_{L_1} P\,dx + Q\,dy = \int_{L_2} P\,dx + Q\,dy.$$

因为

$$\int_{L_1} P\,dx + Q\,dy = \int_{L_2} P\,dx + Q\,dy \Leftrightarrow \int_{L_1} P\,dx + Q\,dy - \int_{L_2} P\,dx + Q\,dy = 0$$

$$\Leftrightarrow \int_{L_1} P\,dx + Q\,dy + \int_{L_2^-} P\,dx + Q\,dy = 0 \Leftrightarrow \oint_{L_1 + L_2^-} P\,dx + Q\,dy = 0,$$

所以有以下结论：

曲线积分$\int_L P\,dx + Q\,dy$在D内与路径无关的充要条件是沿D内任意闭曲线L的曲线积分$\oint_L P\,dx + Q\,dy$等于零.

定理 2　设区域D是一个单连通域，函数$P(x,y)$及$Q(x,y)$在D内具有一阶连续偏导数，则曲线积分$\int_L P\,dx + Q\,dy$在D内与路径无关（或沿D内任意闭曲线的曲线积分为零）的充分必要条件是等式$\frac{\partial P}{\partial y} = \frac{\partial Q}{\partial x}$在$D$内恒成立.

证明　(1)充分性：若$\frac{\partial P}{\partial y} = \frac{\partial Q}{\partial x}$，则$\frac{\partial Q}{\partial x} - \frac{\partial P}{\partial y} = 0$，由格林公式，对任意闭曲线$L$，有

$$\oint_L P\,dx + Q\,dy = \iint_D \left(\frac{\partial Q}{\partial x} - \frac{\partial P}{\partial y}\right) dxdy = 0.$$

(2)必要性：假设存在一点$M_0 \in D$，使$\frac{\partial Q}{\partial x} - \frac{\partial P}{\partial y} = \eta \neq 0$，不妨设$\eta > 0$，则由$\frac{\partial Q}{\partial x} - \frac{\partial P}{\partial y}$的连续性，存在$M_0$的一个$\delta$邻域$U(M_0,\delta)$，使在此邻域内有$\frac{\partial Q}{\partial x} - \frac{\partial P}{\partial y} \geqslant \frac{\eta}{2}$. 于是，沿邻域$U(M_0,\delta)$边界$l$的闭曲线积分

$$\oint_l P\,dx + Q\,dy = \iint_{U(M_0,\delta)} \left(\frac{\partial Q}{\partial x} - \frac{\partial P}{\partial y}\right) dxdy \geqslant \frac{\eta}{2} \cdot \pi\delta^2 > 0,$$

这与闭曲线积分为零相矛盾. 因此，在D内$\frac{\partial Q}{\partial x} - \frac{\partial P}{\partial y} = 0$.

注　定理要满足区域 D 是单连通区域,且函数 $P(x,y)$ 及 $Q(x,y)$ 在 D 内具有一阶连续偏导数. 如果这两个条件之一不能满足,那么定理的结论不能保证成立. 破坏函数 P,Q 及 $\frac{\partial P}{\partial y},\frac{\partial Q}{\partial x}$ 连续性的点,称为**奇点**.

例4　计算 $\int_L 2xy\,\mathrm{d}x + x^2\mathrm{d}y$,其中 L 为抛物线 $y = x^2$ 上从点 $O(0,0)$ 到点 $B(1,1)$ 的一段弧.

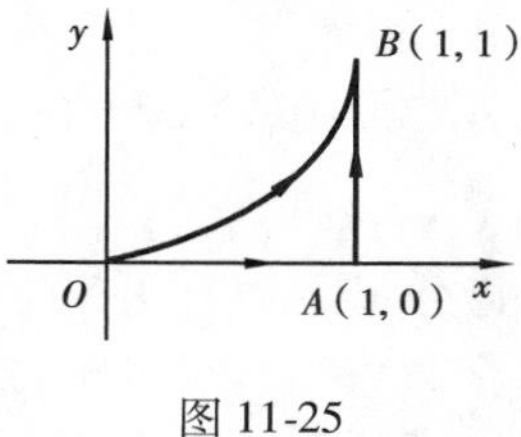

图 11-25

解　因为 $\frac{\partial P}{\partial y} = \frac{\partial Q}{\partial x} = 2x$ 在整个 xOy 面内都成立,所以在整个 xOy 面内,积分 $\int_L 2xy\,\mathrm{d}x + x^2\mathrm{d}y$ 与路径无关,从而可选取折线 OAB 为新的积分路径(见图 11-25),因此

$$\int_L 2xy\,\mathrm{d}x + x^2\mathrm{d}y = \int_{OA} 2xy\,\mathrm{d}x + x^2\mathrm{d}y + \int_{AB} 2xy\,\mathrm{d}x + x^2\mathrm{d}y$$

$$= \int_0^1 1^2\mathrm{d}y = 1.$$

例5　已知 $f(0) = \frac{1}{2}$, 确定 $f(x)$, 使 $\int_A^B [\mathrm{e}^x + f(x)]y\mathrm{d}x - f(x)\mathrm{d}y$ 与路径无关.

解　由积分与路径无关的条件可知

$$\frac{\partial}{\partial y}[\mathrm{e}^x + f(x)]y = \frac{\partial}{\partial x}[-f(x)],$$

即 $\mathrm{e}^x + f(x) = -f'(x)$,也即

$$f(x) + f'(x) = -\mathrm{e}^x.$$

解此方程得

$$f(x) = c\mathrm{e}^{-x} - \frac{1}{2}\mathrm{e}^x.$$

又 $f(0) = \frac{1}{2}$, 从而 $C = 1$. 故所求函数

$$f(x) = \mathrm{e}^{-x} - \frac{1}{2}\mathrm{e}^x.$$

11.5.4　二元函数的全微分求积

曲线积分在 D 内与路径无关,表明曲线积分的值只与起点 (x_0,y_0) 和终点 (x,y) 有关.

如果$\int_L P\,dx+Q\,dy$与路径无关，则把它记为$\int_{(x_0,y_0)}^{(x,y)} P\,dx+Q\,dy$，即

$$\int_L P\,dx+Q\,dy=\int_{(x_0,y_0)}^{(x,y)} P\,dx+Q\,dy. \tag{11-25}$$

若起点(x_0,y_0)为D内的一定点，终点(x,y)为D内的动点，则$u(x,y)=\int_{(x_0,y_0)}^{(x,y)} P\,dx+Q\,dy$为$D$内的$P(x,y)dx+Q(x,y)dy$的原函数.

二元函数$u(x,y)$的全微分为$du(x,y)=\frac{\partial u}{\partial x}dx+\frac{\partial u}{\partial y}dy$. 而表达式$P(x,y)dx+Q(x,y)dy$与二元函数的全微分有相同的结构，但它未必就是某个二元函数的全微分. 那么在什么条件下表达式$P(x,y)dx+Q(x,y)dy$是某个二元函数$u(x,y)$的全微分呢？当这样的二元函数存在时，怎样求出这个二元函数呢？

定理 3 设区域D是一个单连通域，函数$P(x,y)$及$Q(x,y)$在D内具有一阶连续偏导数，则$P(x,y)dx+Q(x,y)dy$在D内为某二元函数$u(x,y)$的全微分的充分必要条件是等式

$$\frac{\partial P}{\partial y}=\frac{\partial Q}{\partial x}$$

在D内恒成立.

证明 （1）必要性：假设存在某一函数$u(x,y)$，使得

$$du=P(x,y)dx+Q(x,y)dy,$$

则有

$$\frac{\partial P}{\partial y}=\frac{\partial}{\partial y}\left(\frac{\partial u}{\partial x}\right)=\frac{\partial^2 u}{\partial x\partial y},\quad \frac{\partial Q}{\partial x}=\frac{\partial}{\partial x}\left(\frac{\partial u}{\partial y}\right)=\frac{\partial^2 u}{\partial y\partial x}.$$

因为$\frac{\partial^2 u}{\partial x\partial y}=\frac{\partial P}{\partial y},\frac{\partial^2 u}{\partial y\partial x}=\frac{\partial Q}{\partial x}$连续，所以$\frac{\partial^2 u}{\partial x\partial y}=\frac{\partial^2 u}{\partial y\partial x}$，即

$$\frac{\partial P}{\partial y}=\frac{\partial Q}{\partial x}.$$

（2）充分性：因为在D内$\frac{\partial P}{\partial y}=\frac{\partial Q}{\partial x}$，所以积分$\int_L P(x,y)dx+Q(x,y)dy$在$D$内与路径无关. 在$D$内从点$(x_0,y_0)$到点$(x,y)$的曲线积分可表示为

$$\int_{(x_0,y_0)}^{(x,y)} P(x,y)dx+Q(x,y)dy.$$

考虑函数$u(x,y)=\int_{(x_0,y_0)}^{(x,y)} P(x,y)dx+Q(x,y)dy$. 下证

$$\frac{\partial u}{\partial x}=P(x,y),\quad \frac{\partial u}{\partial y}=Q(x,y).$$

因为

$$u(x+\Delta x,y)=\int_{(x_0,y_0)}^{(x+\Delta x,y)}P(x,y)\mathrm{d}x+Q(x,y)\mathrm{d}y$$
$$=\int_{(x_0,y_0)}^{(x,y)}+\int_{(x,y)}^{(x+\Delta x,y)}P(x,y)\mathrm{d}x+Q(x,y)\mathrm{d}y$$
$$=u(x,y)+\int_{(x,y)}^{(x+\Delta x,y)}P(x,y)\mathrm{d}x+Q(x,y)\mathrm{d}y$$
$$=u(x,y)+\int_{(x,y)}^{(x+\Delta x,y)}P(x,y)\mathrm{d}x.$$

由偏导数定义可知

$$\frac{\partial u}{\partial x}=\lim_{\Delta x\to 0}\frac{u(x+\Delta x,y)-u(x,y)}{\Delta x}$$
$$=\lim_{\Delta x\to 0}\frac{\int_{(x,y)}^{(x+\Delta x,y)}P(x,y)\mathrm{d}x}{\Delta x}=P(x,y),$$

其中

$$\int_{(x,y)}^{(x+\Delta x,y)}P(x,y)\mathrm{d}x=P(x+\theta\Delta x,y)\Delta x,\quad 0\leqslant\theta\leqslant 1.$$

类似地,有$\frac{\partial u}{\partial y}=Q(x,y)$,从而 $\mathrm{d}u=P(x,y)\mathrm{d}x+Q(x,y)\mathrm{d}y$,即 $P(x,y)\mathrm{d}x+Q(x,y)\mathrm{d}y$ 是某一函数的全微分.

下面给出求全微分的原函数的公式为

$$u(x,y)=\int_{x_0}^{x}P(x,y_0)\mathrm{d}x+\int_{y_0}^{y}Q(x,y)\mathrm{d}y$$

或

$$u(x,y)=\int_{y_0}^{y}Q(x_0,y)\mathrm{d}y+\int_{x_0}^{x}P(x,y)\mathrm{d}x.$$

若$(0,0)\in D$,常选(x_0,y_0)为$(0,0)$.

此外,设(x_1,y_1),(x_2,y_2)是 D 内任意两点,$u(x,y)$是 $P\ \mathrm{d}x+Q\ \mathrm{d}y$ 的任一原函数,则可得

$$\int_{(x_1,y_1)}^{(x_2,y_2)}P\ \mathrm{d}x+Q\ \mathrm{d}y=u(x_2,y_2)-u(x_1,y_1),$$

此式称为**曲线积分的牛顿-莱布尼茨公式**.

例6　设曲线积分$\int_L xy^2\mathrm{d}x+y\varphi(x)\mathrm{d}y$与路径无关,其中$\varphi$具有连续的导数,且 $\varphi(0)=0$,计算$\int_{(0,0)}^{(1,1)}xy^2\mathrm{d}x+y\varphi(x)\mathrm{d}y$.

解 由 $P(x,y)=xy^2$,$Q(x,y)=y\varphi(x)$,得

$$\frac{\partial P}{\partial y}=\frac{\partial}{\partial y}(xy^2)=2xy,\quad \frac{\partial Q}{\partial x}=\frac{\partial}{\partial x}[y\varphi(x)]=y\varphi'(x),$$

因积分与路径无关,有$\frac{\partial P}{\partial y}=\frac{\partial Q}{\partial x}$,故 $y\varphi'(x)=2xy$,从而

$$\varphi(x)=x^2+C.$$

由 $\varphi(0)=0$,得 $C=0$,即 $\varphi(x)=x^2$,故

$$\int_{(0,0)}^{(1,1)}xy^2\mathrm{d}x+y\varphi(x)\mathrm{d}y=\int_0^1 0\ \mathrm{d}x+\int_0^1 y\ \mathrm{d}y=\frac{1}{2}.$$

例 7 应用曲线积分求 $xy^2\mathrm{d}x+x^2y\ \mathrm{d}y$ 的原函数.

解 这里 $P=xy^2$,$Q=x^2y$. 因为 P,Q 在整个 xOy 面内具有一阶连续偏导数,且有

$$\frac{\partial Q}{\partial x}=2xy=\frac{\partial P}{\partial y},$$

取积分路线为从点 $O(0,0)$ 到点 $A(x,0)$ 再到点 $B(x,y)$ 的折线,则所求函数为

$$u(x,y)=\int_{(0,0)}^{(x,y)}xy^2\mathrm{d}x+x^2y\ \mathrm{d}y$$

$$=0+\int_0^y x^2y\ \mathrm{d}y=x^2\int_0^y y\ \mathrm{d}y=\frac{x^2y^2}{2}.$$

习题 11-5

基础题

1. 利用 Green 公式,计算下列曲线积分:

(1)$\oint_L(2x-y+4)\mathrm{d}x+(3x+5y-6)\mathrm{d}y$,其中 L 为 3 顶点分别为$(0,0)$,$(3,0)$ 和$(3,2)$ 的三角形正向边界.

(2)$\oint_L(x^2y\cos x+2xy\sin x-y^2\mathrm{e}^x)\mathrm{d}x+(x^2\sin x-2y\mathrm{e}^x)\mathrm{d}y$, 其中 L 为正向星形线 $x^{\frac{2}{3}}+y^{\frac{2}{3}}=a^{\frac{2}{3}}(a>0)$.

(3)$\oint_L(x^2-xy^3)\mathrm{d}x+(y^2-2xy)\mathrm{d}y$,其中 L 是顶点$(0,0)$,$(2,0)$,$(2,2)$ 和$(0,2)$ 的正方形区域的正向边界.

(4) $\int_L (x^2 - y)\mathrm{d}x - (x + \sin^2 y)\mathrm{d}y$. 其中 L 为圆周 $y = \sqrt{2x - x^2}$ 上由点 $(0,0)$ 到点 $(1,1)$ 的一段弧.

2. 计算 $\int_L (\mathrm{e}^x \sin y - my)\mathrm{d}x + (\mathrm{e}^x \cos y - m)\mathrm{d}y$. 其中 L 为上半圆周 $(x-a)^2 + y^2 = a^2, y \geqslant 0$, 沿逆时针方向.

3. 计算曲线积分 $\int_L \frac{(x+y)\mathrm{d}x - (x-y)\mathrm{d}y}{x^2+y^2}$, 其中 L 为圆周 $x^2 + y^2 = a^2$ $(a > 0)$, 按逆时针方向.

4. 设函数 $f(u)$ 具有一阶连续导数, 证明: 对任何光滑封闭曲线 L, 有 $\oint_L f(xy)(y\,\mathrm{d}x + x\,\mathrm{d}y) = 0$.

5. 证明: 曲线积分 $\int_{(1,2)}^{(3,4)} (6xy^2 - y^3)\mathrm{d}x + (6x^2y - 3xy^2)\mathrm{d}y$ 在整个坐标面 xOy 上与路径无关, 并计算积分值.

6. 求原函数 $u(x,y)$:

(1) $\mathrm{d}u = (3x^2y + 8xy^2)\mathrm{d}x + (x^3 + 8x^2y + 12y\mathrm{e}^y)\mathrm{d}y$.

(2) $\mathrm{d}u = (x + 2y)\mathrm{d}x + (2x + y)\mathrm{d}y$.

7. 求下列曲线所围成的面积:

(1) $9x^2 + 16y^2 = 144$.

(2) 星形线 $x = a\cos^3 t, y = a\sin^3 t$.

8. 为了使曲线积分 $\int_L F(x,y)(y\,\mathrm{d}x + x\,\mathrm{d}y)$ 与路径无关, 可微函数 $F(x,y)$ 应满足怎样的条件?

提高题

1.【2019 年数一】设函数 $Q(x,y) = \frac{x}{y^2}$, 如果对上半平面 $(y > 0)$ 内的任意有向光滑封闭曲线 L 都有 $\oint_L P(x,y)\mathrm{d}x + Q(x,y)\mathrm{d}y = 0$, 那么函数 $P(x,y)$ 可取为(　　).

A. $y - \frac{x^2}{y^3}$　　B. $\frac{1}{y} - \frac{x^2}{y^3}$　　C. $\frac{1}{x} - \frac{1}{y}$　　D. $x - \frac{1}{y}$

2.【2017 年数一】若曲线积分 $\int_L \frac{x\,\mathrm{d}x - ay\,\mathrm{d}y}{x^2 + y^2 - 1}$ 在区域 $D = \{(x,y) \mid x^2 + y^2 < 1\}$

内与路径无关，则 $a=$ ________.

3.【2016 年数一】设函数 $f(x,y)$ 满足 $\frac{\partial f(x,y)}{\partial x}=(2x+1)e^{2x-y}$，且 $f(0,y)=y+1$，L_t 是从点 $(0,0)$ 到点 $(1,t)$ 的光滑曲线，计算曲线积分 $I_t=\int_{L_t}\frac{\partial f(x,y)}{\partial x}dx+\frac{\partial f(x,y)}{\partial y}dy$，并求 I_t 的最小值.

4.【2013 年数一】设 $L_1:x^2+y^2=1$，$L_2:x^2+y^2=2$，$L_3:x^2+2y^2=2$，$L_4:2x^2+y^2=2$ 为 4 条逆时针方向的平面曲线，记 $I_i=\oint_{L_i}\left(y+\frac{y^3}{6}\right)dx+\left(2x-\frac{y^3}{3}\right)dy$ $(i=1,2,3,4)$，则 $\max\{I_1,I_2,I_3,I_4\}=($　　$)$.

A. I_1　　　　B. I_2　　　　C. I_3　　　　D. I_4

5. 计算 $I=\int_L\frac{(x+4y)dy+(x-y)dx}{x^2+4y^2}$，其中 L 为单位圆周 $x^2+y^2=1$ 的正向.

6. 计算 $\oint_L\frac{y\,dx-(x-1)dy}{(x-1)^2+4y^2}$，其中 L 为曲线 $|x|+|y|=2$ 的正向.

应用题

1. 设有一变力在坐标轴上的投影为 $X=x+y^2$，$Y=2xy-8$，该变力确定一个力场. 证明：质点在此场内移动时，场力所做的功与路径无关.

2. 确定一个常数 λ，使在右半平面 $x>0$ 上的向量 $\boldsymbol{A}(x,y)=2xy(x^4+y^2)^{\lambda}\boldsymbol{i}-x^2(x^4+y^2)^{\lambda}\boldsymbol{j}$ 为某个二元函数 $u(x,y)$ 的梯度，并求 $u(x,y)$.

11.6　第一型曲面积分

11.6.1　第一型曲面积分的概念及其性质

在引入第一型曲面积分的概念之前，首先要介绍**光滑曲面**的概念. 所谓光滑曲面，是指曲面上每一点都有切平面，且切平面的法向量随着曲面上的点连续变动而连续变化. 所谓的分片光滑曲面，是指曲面是由有限个光滑曲面逐片拼起来的. 例如，椭球面是光滑曲面，立方体的边界面是分片光滑曲面. 本节讨论的曲面都是指光滑曲面或分片光滑曲面.

类似于第一型曲线积分,面密度函数$\rho(x,y,z)$在曲面Σ上连续时,曲面Σ的质量为

$$M=\lim_{\lambda\to 0}\sum_{i=1}^{n}\rho(\xi_i,\eta_i,\zeta_1)\Delta S_i,$$

其中,λ为各小块曲面直径的最大值.

抽去具体的物理意义,就得到第一型曲面积分的概念.

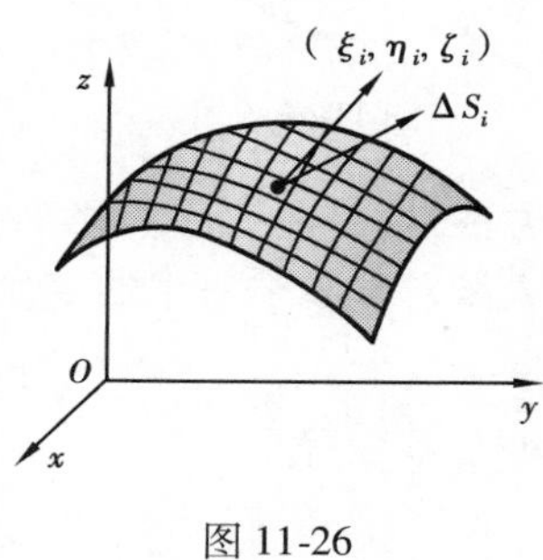

图 11-26

定义1 设曲面Σ是光滑的,函数$f(x,y,z)$在Σ上有界. 把Σ任意分成n小块$\Delta S_1,\Delta S_2,\cdots,\Delta S_n$($\Delta S_i$同时代表第$i$个小块曲面的面积),在$\Delta S_i$上任取一点$(\xi_i,\eta_i,\zeta_i)$(见图 11-26),如果当各小块曲面的直径的最大值$\lambda\to 0$时,极限$\lim\limits_{\lambda\to 0}\sum\limits_{i=1}^{n}f(\xi_i,\eta_i,\zeta_i)\Delta S_i$总存在,则称此极限为函数$f(x,y,z)$在曲面$\Sigma$上的**第一型曲面积分**或**对面积的曲面积分**,记作$\iint\limits_{\Sigma}f(x,y,z)\,\mathrm{d}S$,即

$$\iint\limits_{\Sigma}f(x,y,z)\,\mathrm{d}S=\lim_{\lambda\to 0}\sum_{i=1}^{n}f(\xi_i,\eta_i,\zeta_i)\Delta S_i. \tag{11-26}$$

其中,$f(x,y,z)$称为**被积函数**,Σ称为**积分曲面**.

当$f(x,y,z)$在光滑曲面Σ上连续时第一型曲面积分总是存在的. 今后总假定$f(x,y,z)$在Σ上连续.

特别地,当$f(x,y,z)\equiv 1$时,有

$$\iint\limits_{\Sigma}1\ \mathrm{d}S=\iint\limits_{\Sigma}\mathrm{d}S=S\quad(\text{即曲面 }\Sigma\text{ 的面积}).$$

根据上述定义,光滑曲面Σ的面密度为$\rho(x,y,z)$,则曲面Σ的质量M可表示为$\rho(x,y,z)$在Σ上的第一型曲面积分

$$M=\iint\limits_{\Sigma}f(x,y,z)\,\mathrm{d}S.$$

11.6.2 第一型曲面积分的计算

定理1 设光滑曲面Σ的方程为$z=z(x,y)$,曲面Σ在xOy平面上的投影区域为D_{xy}(见图 11-27),其中$z=z(x,y)$在D_{xy}上具有一阶连续偏导数,被积函

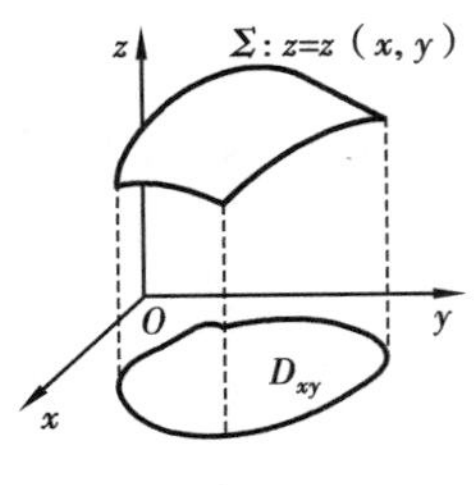

图 11-27

数 $f(x,y,z)$ 在曲面 Σ 上连续，则

$$\iint_{\Sigma} f(x,y,z)\,\mathrm{d}S = \iint_{D} f[x,y,z(x,y)]\sqrt{1+z_x^2(x,y)+z_y^2(x,y)}\,\mathrm{d}x\mathrm{d}y. \tag{11-27}$$

定理的证明从略.

注 定理 1 表明，将第一型曲面积分化为二重积分的方法是：将曲面 Σ 投影到 xOy 平面上得投影区域 D_{xy}，将曲面方程 $z=z(x,y)$ 代入函数 $f(x,y,z)$ 中的变量 z，再将面积微元 $\mathrm{d}S$ 换为

$$\sqrt{1+z_x^2(x,y)+z_y^2(x,y)}\,\mathrm{d}x\mathrm{d}y,$$

即得二重积分

$$\iint_{D} f[x,y,z(x,y)]\sqrt{1+z_x^2(x,y)+z_y^2(x,y)}\,\mathrm{d}x\mathrm{d}y.$$

特别地，当 $f(x,y,z)\equiv 1$ 时，得到曲面 Σ 的面积 S 的计算公式

$$S=\iint_{\Sigma}\mathrm{d}S=\iint_{D_{xy}}\sqrt{1+z_x^2(x,y)+z_y^2(x,y)}\,\mathrm{d}x\mathrm{d}y.$$

如果积分曲面 Σ 的方程由 $x=x(y,z)$ 或 $y=y(x,z)$ 给出，也可类似地把第一型曲面积分化为相应的二重积分.

若曲面 Σ 的方程为 $y=y(x,z)$，则

$$\iint_{\Sigma} f(x,y,z)\,\mathrm{d}S=\iint_{D_{zx}} f[x,y(x,z),z]\sqrt{1+y_x^2(x,z)+y_z^2(x,z)}\,\mathrm{d}x\mathrm{d}z.$$

若曲面 Σ 的方程为 $x=x(y,z)$，则

$$\iint_{\Sigma} f(x,y,z)\,\mathrm{d}S=\iint_{D_{yx}} f[x(y,z),y,z]\sqrt{1+x_y^2(y,z)+x_z^2(y,z)}\,\mathrm{d}y\mathrm{d}z.$$

例 1 求 $\iint_{\Sigma} xyz\,\mathrm{d}S$，其中 Σ 为平面 $x+y+z=1$ 在第一卦限的部分（见图 11-28）.

解 Σ 的方程：$z=1-x-y$，D_{xy}：$0\leqslant x\leqslant 1, 0\leqslant y\leqslant 1-x$（见图 11-29）. 因为

$$\begin{aligned}\mathrm{d}S &= \sqrt{1+z_x^2+z_y^2}\,\mathrm{d}x\mathrm{d}y\\ &= \sqrt{1+(-1)^2+(-1)^2}\,\mathrm{d}x\mathrm{d}y\\ &= \sqrt{3}\,\mathrm{d}x\mathrm{d}y,\end{aligned}$$

所以

$$\iint_{\Sigma} xyz\,\mathrm{d}S = \iint_{D_{xy}} xy(1-x-y)\sqrt{3}\,\mathrm{d}x\mathrm{d}y$$

$$= \sqrt{3}\int_0^1 \mathrm{d}x\int_0^{1-x} xy(1-x-y)\,\mathrm{d}y = \frac{\sqrt{3}}{40}.$$

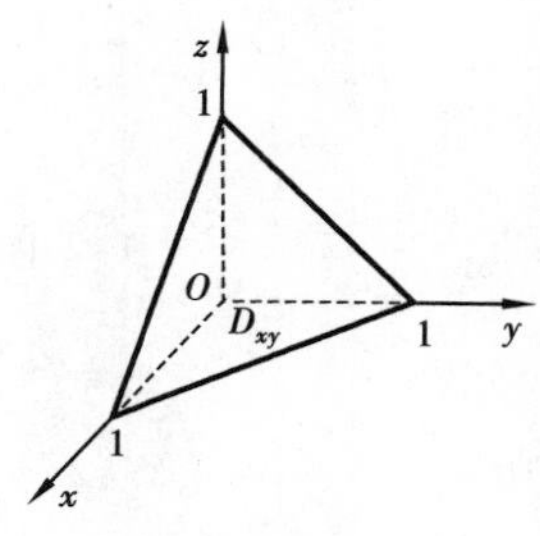

图 11-28

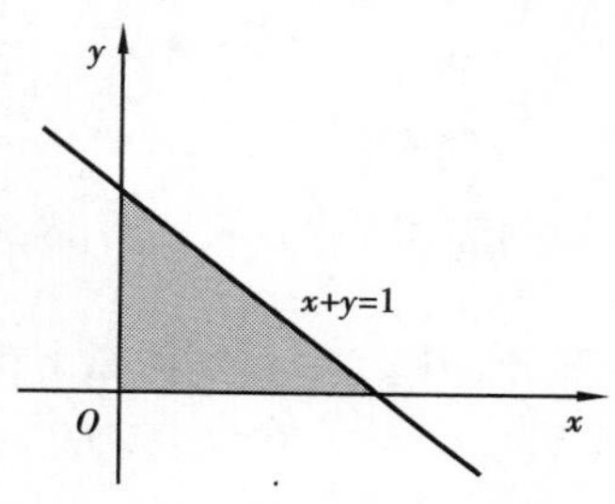

图 11-29

例 2　计算曲面积分$\iint_{\Sigma} \frac{1}{z}\,\mathrm{d}S$，其中 Σ 是球面 $x^2+y^2+z^2=a^2$ 被平面 $z=h(0<h<a)$ 截出的顶部(见图 11-30).

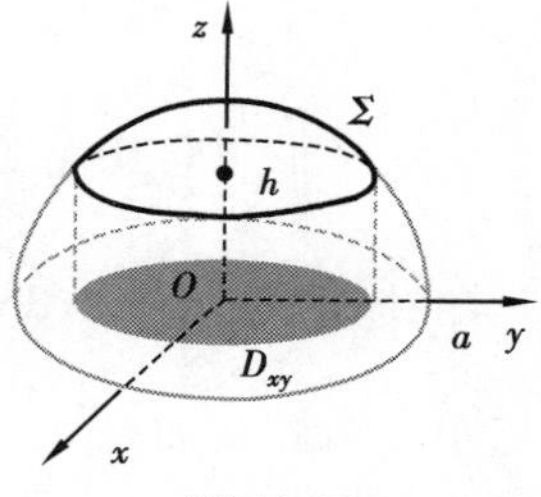

图 11-30

解　Σ 的方程为

$$z=\sqrt{a^2-x^2-y^2},\quad D_{xy}: x^2+y^2 \leqslant a^2-h^2.$$

因为

$$z_x = \frac{-x}{\sqrt{a^2-x^2-y^2}},\quad z_y = \frac{-y}{\sqrt{a^2-x^2-y^2}},$$

$$\mathrm{d}S = \sqrt{1+z_x^2+z_y^2}\,\mathrm{d}x\mathrm{d}y = \frac{a}{\sqrt{a^2-x^2-y^2}}\,\mathrm{d}x\mathrm{d}y,$$

所以

$$\iint_{\Sigma} \frac{1}{z}\mathrm{d}S = \iint_{D_{xy}} \frac{a}{a^2-x^2-y^2}\,\mathrm{d}x\mathrm{d}y$$

$$= a\int_0^{2\pi}\mathrm{d}\theta\int_0^{\sqrt{a^2-h^2}} \frac{r\,\mathrm{d}r}{a^2-r^2}$$

$$= 2\pi a\left[-\frac{1}{2}\ln(a^2-r^2)\right]\Bigg|_0^{\sqrt{a^2-h^2}}$$

$$= 2\pi a\ln\frac{a}{h}.$$

习题 11-6

基础题

1. 计算曲面积分$\iint\limits_{\Sigma} f(x,y,z)\,\mathrm{d}S$,其中$\Sigma$为抛物面$z=2-(x^2+y^2)$在$xOy$平面上方的部分,$f(x,y,z)$分别如下:

(1)$f(x,y,z)=1$.　　(2)$f(x,y,z)=x^2+y^2$.　　(3)$f(x,y,z)=3z$.

2. 计算$\iint\limits_{\Sigma}\left(z+2x+\frac{4}{3}y\right)\mathrm{d}S$,其中$\Sigma$为平面$\frac{x}{2}+\frac{y}{3}+\frac{z}{4}=1$在第一卦限的部分.

3. 计算$\iint\limits_{\Sigma} z\,\mathrm{d}S$,其中$\Sigma$为曲面$z=\sqrt{x^2+y^2}$在柱体$x^2+y^2\leqslant 2x$内的部分.

4. 计算$\iint\limits_{\Sigma}(x^2+y^2)\,\mathrm{d}S$,其中$\Sigma$为锥面$z=\sqrt{x^2+y^2}$及平面$z=1$所围成的区域的整个边界曲面.

5. 计算$\iint\limits_{\Sigma} x^2\,\mathrm{d}S$,$\Sigma$为圆柱面$x^2+y^2=a^2$介于$z=0$与$z=h$之间的部分.

6. 计算$\iint\limits_{\Sigma}(2xy-2x^2-x+z)\,\mathrm{d}S$,其中$\Sigma$为平面$2x+2y+z=6$在第一卦限的部分.

7. 计算$\iint\limits_{\Sigma}\frac{\mathrm{d}S}{(1+x+y)^2}$,其中$\Sigma$为$x+y+z=1$及3个坐标面所围成的四面体的表面.

提高题

1.【2017 年数一】设薄片型物体S是圆锥面$z=\sqrt{x^2+y^2}$被$z^2=2x$割下的有限部分,其上任意一点处的密度$\mu(x,y,z)=9\sqrt{x^2+y^2+z^2}$,记圆锥面与柱面的交线为$C$.

(1)求C在xOy平面上的投影曲线的方程.

(2)求S的质量M.

2. 设 $\Sigma = \{(x,y,z) \mid x+y+z=1, x\geqslant 0, y\geqslant 0, z\geqslant 0\}$，则 $\iint\limits_{\Sigma} y^2 \mathrm{d}S =$ ________.

应用题

1. 求平面 $\frac{x}{a}+\frac{y}{b}+\frac{z}{c}=1(a,b,c>0)$ 被3个坐标面所截的有限部分的面积.

2. 求抛物面壳 $z=\frac{1}{2}(x^2+y^2)(0\leqslant z\leqslant 1)$ 的质量，此壳的面密度 $\rho(x,y,z)=z$.

3. 求面密度为 ρ_0 的均匀半球壳 $x^2+y^2+z^2=a^2(z\geqslant 0)$ 对 z 轴的转动惯量.

11.7　第二型曲面积分

11.7.1　有向曲面

在讨论第二型曲面积分之前，首先建立**有向曲面**及其投影的概念.

在日常生活中，人们所见到的曲面总可分出它的两面. 例如，一张纸我们可以谈它的上面与下面、前面与后面、正面与反面等；一件衣服，我们可以讲它的外面与里面. 这就是说，一个曲面总可分出两侧. 对有两侧的曲面，若用颜料来涂这个曲面，可使曲面的一侧涂上一种颜色，曲面的另一侧涂上另一种颜色，而这两种颜色永远不会碰头. 因此，可用不同的颜色来表示曲面的两侧.

那么是否有不能分出两侧的曲面呢？有的. 所谓**莫比乌斯带**，就是单侧曲面的一个典型例子. 如果把一个长方形纸条的一端扭转180°，再与另一端粘起来就可以得到莫比乌斯带（见图11-31）.

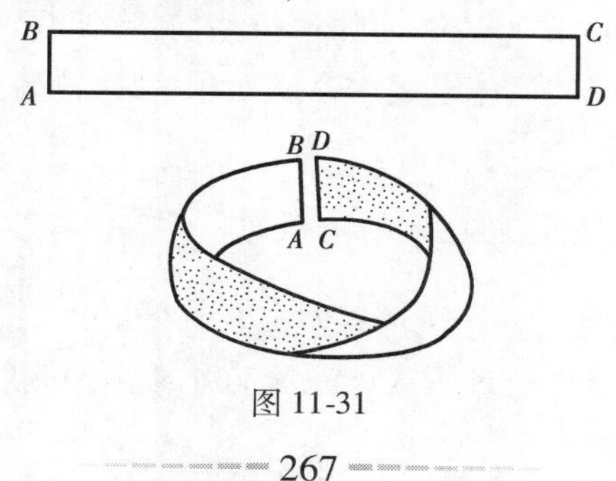

图 11-31

本书不讨论单侧曲面，以后总假定所考虑的曲面都是双侧的．例如，由方程 $z=z(x,y)$ 表示的曲面分为**上侧**与**下侧**．封闭的曲面分为**内侧**与**外侧**．以后总假定所考虑的曲面是双侧的．

在讨论第二型曲面积分时，需要指定曲面的侧，可通过曲面上法向量的指向来定出曲面的侧．不妨设 $\boldsymbol{n}=(\cos\alpha,\cos\beta,\cos\gamma)$ 为曲面上取定的法向量，则曲面上满足 $\cos\gamma>0$ 的侧为上侧，满足 $\cos\gamma<0$ 的侧为下侧．封闭曲面如果取法向量的指向朝外，就认为取曲面的外侧．这种通过确定法向量即确定侧的曲面，称为**有向曲面**．

设 Σ 是有向曲面．在 Σ 上任取一小块曲面 ΔS，把 ΔS 投影到 xOy 平面上得一投影区域，这投影区域的面积记为 $(\Delta\sigma)_{xy}$．假定 ΔS 上各点处的法向量与 z 轴的夹角 γ 的余弦 $\cos\gamma$ 有相同的符号（即 $\cos\gamma$ 都是正的或都是负的）．规定 ΔS 在 xOy 面上的投影 $(\Delta S)_{xy}$ 为

$$(\Delta S)_{xy}=\begin{cases}(\Delta\sigma)_{xy} & \cos\gamma>0\\ 0 & \cos\gamma=0\\ -(\Delta\sigma)_{xy} & \cos\gamma<0\end{cases}.$$

类似地，可定义 ΔS 在 yOz 面及在 zOx 面上的投影 $(\Delta S)_{yz}$ 及 $(\Delta S)_{zx}$．

11.7.2　第二型曲面积分的概念与性质

下面以流体的流动为例，引入第二型曲面积分的概念．

引例　设稳定流动的不可压缩流体（假定密度为 1）在 (x,y,z) 点的速度可表示为

$$\boldsymbol{v}(x,y,z)=P(x,y,z)\boldsymbol{i}+Q(x,y,z)\boldsymbol{j}+R(x,y,z)\boldsymbol{k},$$

Σ 是流速场中的一片光滑有向曲面，函数 $P(x,y,z)$，$Q(x,y,z)$，$R(x,y,z)$ 都在 Σ 上连续，求在单位时间内流向定向曲面 Σ 的流体的质量，即流量 Φ．

如果流体流过平面上面积为 A 的一个闭区域，且流体在这闭区域上各点处的流速为常向量 $\boldsymbol{v}$，又设 $\boldsymbol{n}$ 为该平面的单位法向量（见图 11-32(a)），那么在单位时间内流过这闭区域的流体组成一个底面积为 A、斜高为 $|\boldsymbol{v}|$ 的斜柱体（见图 11-32(b)）．

当 $(\widehat{\boldsymbol{v},\boldsymbol{n}})=\theta\leqslant\dfrac{\pi}{2}$ 时，这斜柱体的体积为

$$A|\boldsymbol{v}|\cos\theta=A\boldsymbol{v}\cdot\boldsymbol{n}.$$

这也就是单位时间内流体通过闭区域 A 流向 $\boldsymbol{n}$ 所指一侧的流量 Φ．

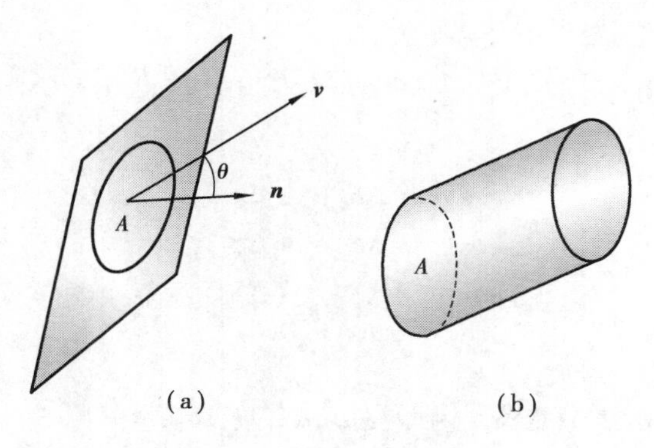

图 11-32

当$(\widehat{\boldsymbol{v},\boldsymbol{n}})=\theta=\dfrac{\pi}{2}$时，显然流体通过闭区域 A 流向 $\boldsymbol{n}$ 所指一侧的流量 $\varPhi$ 为零，而 $A\boldsymbol{v}\cdot\boldsymbol{n}=0$，故 $\varPhi=A\boldsymbol{v}\cdot\boldsymbol{n}=0$.

当$(\widehat{\boldsymbol{v},\boldsymbol{n}})=\theta>\dfrac{\pi}{2}$时，$A\boldsymbol{v}\cdot\boldsymbol{n}>0$，这时仍把 $A\boldsymbol{v}\cdot\boldsymbol{n}$ 称为流体通过闭区域 A 流向 $\boldsymbol{n}$ 所指一侧的流量，它表示流体通过闭区域 A 实际上流向 $-\boldsymbol{n}$ 所指一侧，且流向 $-\boldsymbol{n}$ 所指一侧的流量为 $-A\boldsymbol{v}\cdot\boldsymbol{n}$. 因此，不论$(\widehat{\boldsymbol{v},\boldsymbol{n}})$为何值，流体通过闭区域 A 流向 $\boldsymbol{n}$ 所指一侧的流量 $\varPhi$ 均为 $A\boldsymbol{v}\cdot\boldsymbol{n}$.

由于现在所考虑的不是平面闭区域而是一片曲面，且流速 $\boldsymbol{v}$ 也不是常向量，因此，所求流量不能直接用上述方法计算. 过去在各类积分概念中使用过的方法，也可解决目前的问题.

把曲面 $\varSigma$ 分成 n 小块 $\Delta S_1,\Delta S_2,\cdots,\Delta S_n$（$\Delta S_i$ 同时代表第 i 小块曲面的面积）. 在 $\varSigma$ 是光滑的和 $\boldsymbol{v}$ 是连续的前提下，只要 ΔS_i 的直径很小，则可用 ΔS_i 上任一点(ξ_i,η_i,ζ_i)处的流速

$$\boldsymbol{v}_i=\boldsymbol{v}(\xi_i,\eta_i,\zeta_i)=P(\xi_i,\eta_i,\zeta_i)\boldsymbol{i}+Q(\xi_i,\eta_i,\zeta_i)\boldsymbol{j}+R(\xi_i,\eta_i,\zeta_i)\boldsymbol{k}$$

代替 ΔS_i 上其他各点处的流速，以该点(ξ_i,η_i,ζ_i)处曲面 $\varSigma$ 的单位法向量

$$\boldsymbol{n}_i=(\cos\alpha_i,\cos\beta_i,\cos\gamma_i)$$

代替 ΔS_i 上其他各点处的单位法向量. 从而得到通过 ΔS_i 流向指定侧的流量的近似值

$$\boldsymbol{v}_i\cdot\boldsymbol{n}_i\Delta S_i\qquad(i=1,2,\cdots,n).$$

于是，通过曲面 $\varSigma$ 流向指定侧的流量

$$\varPhi\approx\sum_{i=1}^{n}\boldsymbol{v}_i\cdot\boldsymbol{n}_i\Delta S_i$$

$$= \sum_{i=1}^{n} [P(\xi_i,\eta_i,\zeta_i)\cos\alpha_i + Q(\xi_i,\eta_i,\zeta_i)\cos\beta_i + R(\xi_i,\eta_i,\zeta_i)\cos\gamma_i]\Delta S_i.$$

又因为

$$\cos\alpha_i \cdot \Delta S_i \approx (\Delta S_i)_{yz},$$
$$\cos\beta_i \cdot \Delta S_i \approx (\Delta S_i)_{zx},$$
$$\cos\gamma_i \cdot \Delta S_i \approx (\Delta S_i)_{xy},$$

所以上式可写为

$$\Phi \approx \sum_{i=1}^{n} [P(\xi_i,\eta_i,\zeta_i)(\Delta S_i)_{yz} + Q(\xi_i,\eta_i,\zeta_i)(\Delta S_i)_{zx} + R(\xi_i,\eta_i,\zeta_i)(\Delta S_i)_{xy}].$$

当各小块曲面的直径的最大值 $\lambda \to 0$ 时,取上述和的极限,则可得到流量 Φ 的精确值为

$$\Phi = \lim_{\lambda\to 0}\sum_{i=1}^{n} [P(\xi_i,\eta_i,\zeta_i)(\Delta S_i)_{yz} + Q(\xi_i,\eta_i,\zeta_i)(\Delta S_i)_{zx} + R(\xi_i,\eta_i,\zeta_i)(\Delta S_i)_{xy}]. \tag{11-28}$$

这样的极限还会在其他问题中遇到,抽去它们的具体意义,就可得出**第二型曲面积分**的概念.

定义1 设 Σ 为光滑的有向曲面,函数 $R(x,y,z)$ 在 Σ 上有界. 把 Σ 任意分成 n 块小曲面 ΔS_i(ΔS_i 同时也代表第 i 小块曲面的面积). ΔS_i 在 xOy 面上的投影为 $(\Delta S_i)_{xy}$,(ξ_i,η_i,ζ_i) 是 ΔS_i 上任意取定的一点. 如果当各小块曲面的直径的最大值 $\lambda \to 0$ 时,有

$$\lim_{\lambda\to 0}\sum_{i=1}^{n} R(\xi_i,\eta_i,\zeta_i)(\Delta S_i)_{xy}$$

总存在,则称此极限为函数 $R(x,y,z)$ 在有向曲面 Σ 上的**第二型曲面积分**,记作

$$\iint_{\Sigma} R(x,y,z)\,\mathrm{d}x\mathrm{d}y = \lim_{\lambda\to 0}\sum_{i=1}^{n} R(\xi_i,\eta_i,\zeta_i)(\Delta S_i)_{xy},$$

其中 $R(x,y,z)$ 称为**被积函数**,Σ 称为**积分曲面**.

类似地,可定义函数 $P(x,y,z)$ 在有向曲面 Σ 上的第二型曲面积分

$$\iint_{\Sigma} P(x,y,z)\,\mathrm{d}y\mathrm{d}z$$

及函数 $Q(x,y,z)$ 在有向曲面 Σ 上的第二型曲面积分

$$\iint_{\Sigma} Q(x,y,z)\,\mathrm{d}z\mathrm{d}x$$

分别为

$$\iint_{\Sigma} P(x,y,z)\mathrm{d}y\mathrm{d}z = \lim_{\lambda \to 0}\sum_{i=1}^{n} P(\xi_i,\eta_i,\zeta_i)(\Delta S_i)_{yz},$$

$$\iint_{\Sigma} Q(x,y,z)\mathrm{d}y\mathrm{d}z = \lim_{\lambda \to 0}\sum_{i=1}^{n} Q(\xi_i,\eta_i,\zeta_i)(\Delta S_i)_{zx}.$$

以上 3 个曲面积分也称**对坐标的曲面积分**.

当 $P(x,y,z)$,$Q(x,y,z)$,$R(x,y,z)$ 在有向光滑曲面 Σ 上连续时,第二型曲面积分是存在的,以后总假设 P,Q,R 在 Σ 上连续.

在应用上出现较多的是

$$\iint_{\Sigma} P(x,y,z)\mathrm{d}y\mathrm{d}z + \iint_{\Sigma} Q(x,y,z)\mathrm{d}z\mathrm{d}x + \iint_{\Sigma} R(x,y,z)\mathrm{d}x\mathrm{d}y,$$

为简便起见,这种合并起来的形式常写为

$$\iint_{\Sigma} P(x,y,z)\mathrm{d}y\mathrm{d}z + Q(x,y,z)\mathrm{d}z\mathrm{d}x + R(x,y,z)\mathrm{d}x\mathrm{d}y.$$

因此,上面流向 Σ 指定侧的流量 Φ 可表示为

$$\Phi = \iint_{\Sigma} P(x,y,z)\mathrm{d}y\mathrm{d}z + Q(x,y,z)\mathrm{d}z\mathrm{d}x + R(x,y,z)\mathrm{d}x\mathrm{d}y.$$

若记 $\boldsymbol{A}(x,y,z) = P(x,y,z)\boldsymbol{i} + Q(x,y,z)\boldsymbol{j} + R(x,y,z)\boldsymbol{k}$, $\mathrm{d}\boldsymbol{S} = (\mathrm{d}y\mathrm{d}z, \mathrm{d}z\mathrm{d}x, \mathrm{d}x\mathrm{d}y)$,则第二型曲面积分也可写成向量形式

$$\iint_{\Sigma} \boldsymbol{A} \cdot \mathrm{d}\boldsymbol{S}.$$

第二型曲面积分具有与第二型曲线积分类似的一些性质.

性质 1(方向性)　设 Σ 是有向曲面, $-\Sigma$ 表示与 Σ 取相反侧的有向曲面,则

$$\iint_{-\Sigma} P\,\mathrm{d}y\mathrm{d}z + Q\,\mathrm{d}z\mathrm{d}x + R\,\mathrm{d}x\mathrm{d}y = -\iint_{\Sigma} P\,\mathrm{d}y\mathrm{d}z + Q\,\mathrm{d}z\mathrm{d}x + R\,\mathrm{d}x\mathrm{d}y.$$

性质 2(可加性)　如果把 Σ 分成 Σ_1 和 Σ_2,则

$$\iint_{\Sigma} P\,\mathrm{d}y\mathrm{d}z + Q\,\mathrm{d}z\mathrm{d}x + R\,\mathrm{d}x\mathrm{d}y = \iint_{\Sigma_1} P\,\mathrm{d}y\mathrm{d}z + Q\,\mathrm{d}z\mathrm{d}x + R\,\mathrm{d}x\mathrm{d}y + \iint_{\Sigma_2} P\,\mathrm{d}y\mathrm{d}z + Q\,\mathrm{d}z\mathrm{d}x + R\,\mathrm{d}x\mathrm{d}y.$$

11.7.3　第二型曲面积分的计算

设有向曲面 Σ 由方程 $z = z(x,y)$ 给出,Σ 在 xOy 面上的投影区域为 D_{xy},函数

$z=z(x,y)$ 在 D_{xy} 上具有一阶连续偏导数，被积函数 $R(x,y,z)$ 在 Σ 上连续，则有

$$\iint_{\Sigma} R(x,y,z)\,\mathrm{d}x\mathrm{d}y = \pm \iint_{D_{xy}} R[x,y,z(x,y)]\,\mathrm{d}x\mathrm{d}y,$$

其中，当 Σ 取上侧时，积分前取“+”；当 Σ 取下侧时，积分前取“-”.

这是因为按第二型曲面积分的定义，有

$$\iint_{\Sigma} R(x,y,z)\,\mathrm{d}x\mathrm{d}y = \lim_{\lambda\to 0}\sum_{i=1}^{n} R(\xi_i,\eta_i,\zeta_I)(\Delta S_i)_{xy}.$$

当 Σ 取上侧时，$\cos\gamma>0$，所以 $(\Delta S_i)_{xy}=(\Delta\sigma_i)_{xy}$. 又因 (ξ_i,η_i,ζ_i) 是 Σ 上的一点，故 $\zeta_1=z(\xi_i,\eta_i)$. 从而有

$$\sum_{i=1}^{n} R(\xi_i,\eta_i,\zeta_i)(\Delta S_i)_{xy} = \sum_{i=1}^{n} R[\xi_i,\eta_i,z(\xi_i,\eta_i)](\Delta\sigma_i)_{xy}.$$

令 $\lambda\to 0$ 取上式两端的极限，就得到

$$\iint_{\Sigma} R(x,y,z)\,\mathrm{d}x\mathrm{d}y = \iint_{D_{xy}} R[x,y,z(x,y)]\,\mathrm{d}x\mathrm{d}y.$$

同理，当 Σ 取下侧时，有

$$\iint_{\Sigma} R(x,y,z)\,\mathrm{d}x\mathrm{d}y = -\iint_{D_{xy}} R[x,y,z(x,y)]\,\mathrm{d}x\mathrm{d}y.$$

类似地，如果 Σ 由 $x=x(y,z)$ 给出，则有

$$\iint_{\Sigma} P(x,y,z)\,\mathrm{d}y\mathrm{d}z = \pm \iint_{D_{yz}} P[x(y,z),y,z]\,\mathrm{d}y\mathrm{d}z,$$

等式右端的符号可这样决定：如果积分曲面 Σ 是由方程 $x=x(y,z)$ 所给出的曲面前侧，即 $\cos\alpha>0$，应取正号；反之，如果 Σ 取后侧，即 $\cos\alpha<0$，应取负号.

如果 Σ 由 $y=y(z,x)$ 给出，则有

$$\iint_{\Sigma} Q(x,y,z)\,\mathrm{d}z\mathrm{d}x = \pm \iint_{D_{zx}} Q[x,y(z,z),z]\,\mathrm{d}z\mathrm{d}x,$$

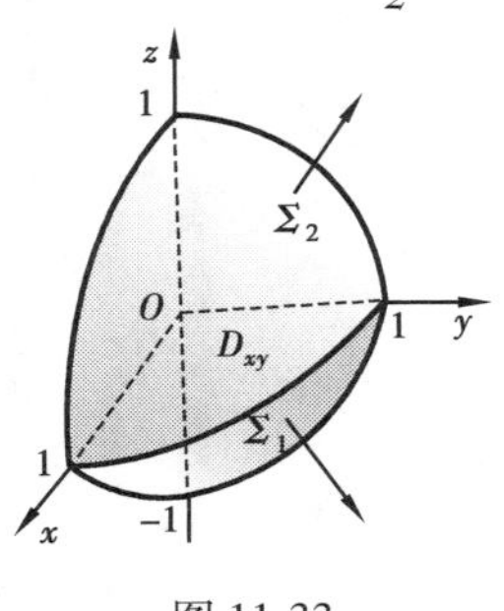

图 11-33

等式右端的符号可这样决定：如果积分曲面 Σ 是由方程 $y=y(z,x)$ 所给出的曲面右侧，即 $\cos\beta>0$，应取正号；反之，如果 Σ 取左侧，即 $\cos\beta<0$，应取负号.

例 1 计算曲面积分 $\iint_{\Sigma} xyz\,\mathrm{d}x\mathrm{d}y$，其中 Σ 是球面 $x^2+y^2+z^2=1$ 外侧在 $x\geqslant 0, y\geqslant 0$ 的部分.

解 把有向曲面 Σ 分成以下两部分（见图11-33）：

$\Sigma_1: z=-\sqrt{1-x^2-y^2}\,(x\geqslant 0, y\geqslant 0)$ 的下侧；

$\Sigma_2: z=\sqrt{1-x^2-y^2}\,(x\geqslant 0, y\geqslant 0)$的上侧.

Σ_1 和 Σ_2 在 xOy 面上的投影区域都是

$$D_{xy}: x^2+y^2\leqslant 1,\ x\geqslant 0, y\geqslant 0,$$

于是

$$\begin{aligned}\iint_{\Sigma} xyz\,\mathrm{d}x\mathrm{d}y &= \iint_{\Sigma 2} xyz\,\mathrm{d}x\mathrm{d}y+\iint_{\Sigma 1} xyz\,\mathrm{d}x\mathrm{d}y\\ &= \iint_{D_{xy}} xy\sqrt{1-x^2-y^2}\,\mathrm{d}x\mathrm{d}y-\iint_{D_{xy}} xy(-\sqrt{1-x^2-y^2})\,\mathrm{d}x\mathrm{d}y\\ &= 2\iint_{D_{xy}} xy\sqrt{1-x^2-y^2}\,\mathrm{d}x\mathrm{d}y\\ &= 2\int_0^{\frac{\pi}{2}}\mathrm{d}\theta\int_0^1 r^2\sin\theta\cos\theta\sqrt{1-r^2}\,r\,\mathrm{d}r\\ &= \frac{2}{15}.\end{aligned}$$

例2　计算$\iint_{\Sigma} z\,\mathrm{d}x\mathrm{d}y$,

(1)Σ 为锥面 $z=\sqrt{x^2+y^2}$在 $0\leqslant z\leqslant 1$ 部分的下侧.

(2)Σ 为锥面 $z=\sqrt{x^2+y^2}$与平面 $z=1$ 所围曲面的内侧.

解　(1)$\Sigma: z=\sqrt{x^2+y^2}, 0\leqslant z\leqslant 1$,取下侧,$\Sigma$ 在 xOy 面上的投影区域为 D_{xy}: $x^2+y^2\leqslant 1$(见图 11-34),则

$$\iint_{\Sigma} z\,\mathrm{d}x\,\mathrm{d}y=-\iint_{Dxy}\sqrt{x^2+y^2}\,\mathrm{d}x\mathrm{d}y=-\int_0^{2\pi}\mathrm{d}\theta\int_0^1 r^2\mathrm{d}r=-\frac{2}{3}\pi.$$

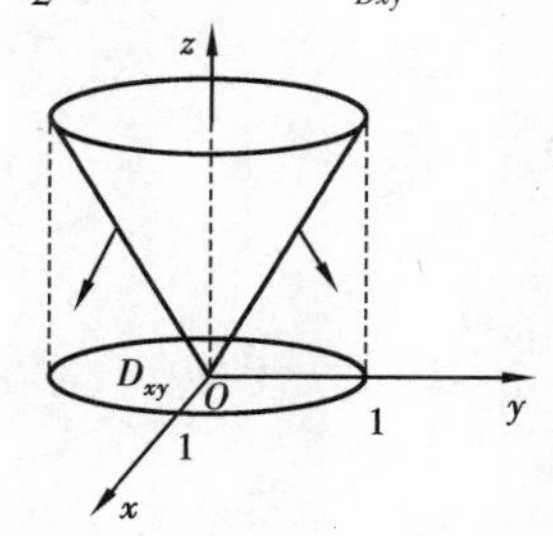

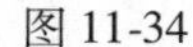
图 11-34

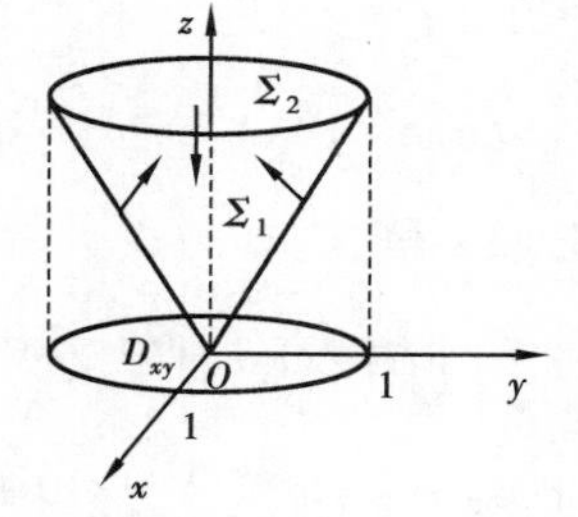

图 11-35

(2)$\Sigma=\Sigma_1+\Sigma_2$,其中 $\Sigma_1: z=\sqrt{x^2+y^2}, 0\leqslant z\leqslant 1$,取上侧;$\Sigma_2: z=1, x^2+y^2\leqslant 1$,取下侧. Σ_1 和 Σ_2 在 xOy 面上的投影区域为 $D_{xy}: x^2+y^2\leqslant 1$(见图 11-35),则

$$\iint_{\Sigma} z\,\mathrm{d}x\mathrm{d}y = \iint_{\Sigma_1} z\,\mathrm{d}x\mathrm{d}y + \iint_{\Sigma_2} z\,\mathrm{d}x\mathrm{d}y$$

$$= \iint_{D_{xy}} \sqrt{x^2 + y^2}\mathrm{d}x\mathrm{d}y - \iint_{D_{xy}} \mathrm{d}x\mathrm{d}y$$

$$= \frac{2}{3}\pi - \pi = -\frac{1}{3}\pi.$$

11.7.4 两类曲面积分之间的联系

设积分曲面 Σ 由方程 $z=z(x,y)$ 给出，Σ 在 xOy 面上的投影区域为 D_{xy}，函数 $z=z(x,y)$ 在 D_{xy} 上具有一阶连续偏导数，被积函数 $R(x,y,z)$ 在 Σ 上连续.

如果 Σ 取上侧，则有

$$\iint_{\Sigma} R(x,y,z)\,\mathrm{d}x\mathrm{d}y = \iint_{D_{xy}} R[x,y,z(x,y)]\,\mathrm{d}x\mathrm{d}y.$$

另一方面，因上述有向曲面 Σ 的法向量的方向余弦为

$$\cos\alpha = \frac{-z_x}{\sqrt{1+z_x^2+z_y^2}},$$

$$\cos\beta = \frac{-z_y}{\sqrt{1+z_x^2+z_y^2}},$$

$$\cos\gamma = \frac{1}{\sqrt{1+z_x^2+z_y^2}},$$

故由第一型曲面积分计算公式有

$$\iint_{\Sigma} R(x,y,z)\cos\gamma\,\mathrm{d}S = \iint_{D_{xy}} R[x,y,z(x,y)]\,\mathrm{d}x\mathrm{d}y.$$

由此可知，有

$$\iint_{\Sigma} R(x,y,z)\,\mathrm{d}x\mathrm{d}y = \iint_{\Sigma} R(x,y,z)\cos\gamma\,\mathrm{d}S.$$

如果 Σ 取下侧，则有

$$\iint_{\Sigma} R(x,y,z)\cos\gamma\,\mathrm{d}S = -\iint_{D_{xy}} R[x,y,z(x,y)]\,\mathrm{d}x\mathrm{d}y.$$

但这时 $\cos\gamma = \dfrac{-1}{\sqrt{1+z_x^2+z_y^2}}$，因此仍有

$$\iint_{\Sigma} R(x,y,z)\,\mathrm{d}x\mathrm{d}y = \iint_{\Sigma} R(x,y,z)\cos\gamma\,\mathrm{d}S,$$

类似地，可推得

$$\iint_{\Sigma} P(x,y,z)\mathrm{d}y\mathrm{d}z = \iint_{\Sigma} P(x,y,z)\cos\alpha\,\mathrm{d}S,$$

$$\iint_{\Sigma} Q(x,y,z)\mathrm{d}z\mathrm{d}x = \iint_{\Sigma} Q(x,y,z)\cos\beta\,\mathrm{d}S.$$

综合起来,有

$$\iint_{\Sigma} P\,\mathrm{d}y\mathrm{d}z + Q\,\mathrm{d}z\mathrm{d}x + R\,\mathrm{d}x\mathrm{d}y = \iint_{\Sigma}(P\cos\alpha + Q\cos\beta + R\cos\gamma)\mathrm{d}S,$$

其中,$\cos\alpha,\cos\beta,\cos\gamma$ 是有向曲面 $\boldsymbol{\Sigma}$ 上点 (x,y,z) 处的法向量的方向余弦.

两类曲面积分之间的联系也可写成向量的形式

$$\iint_{\Sigma}\boldsymbol{A}\cdot\mathrm{d}\boldsymbol{S} = \iint_{\Sigma}\boldsymbol{A}\cdot\boldsymbol{n}\,\mathrm{d}S \text{ 或} \iint_{\Sigma}\boldsymbol{A}\cdot\mathrm{d}\boldsymbol{S} = \iint_{\Sigma}A_n\mathrm{d}S.$$

其中,$\boldsymbol{A}=(P,Q,R)$,$\boldsymbol{n}=(\cos\alpha,\cos\beta,\cos\gamma)$ 是有向曲面 $\boldsymbol{\Sigma}$ 上点 (x,y,z) 处的单位法向量,$\mathrm{d}\boldsymbol{S}=\boldsymbol{n}\,\mathrm{d}S=(\mathrm{d}y\mathrm{d}z,\mathrm{d}z\mathrm{d}x,\mathrm{d}x\mathrm{d}y)$ 称为**有向曲面元**,A_n 为向量 $\boldsymbol{A}$ 在向量 $\boldsymbol{n}$ 上的投影.

例3 计算曲面积分 $\iint_{\Sigma}(z^2+x)\mathrm{d}y\mathrm{d}z - z\,\mathrm{d}x\mathrm{d}y$,其中 $\boldsymbol{\Sigma}$ 是曲面 $z=\frac{1}{2}(x^2+y^2)$ 介于平面 $z=0$ 及 $z=2$ 之间的部分的下侧.

解 由两类曲面积分之间的关系,可得

$$\iint_{\Sigma}(z^2+x)\mathrm{d}y\mathrm{d}z = \iint_{\Sigma}(z^2+x)\cos\alpha\,\mathrm{d}S = \iint_{\Sigma}(z^2+x)\frac{\cos\alpha}{\cos\gamma}\mathrm{d}x\mathrm{d}y.$$

在曲面 $\boldsymbol{\Sigma}$ 上,曲面上向下的法向量为 $(x,y,-1)$,所以

$$\cos\alpha = \frac{x}{\sqrt{1+x^2+y^2}},\quad \cos\gamma = \frac{-1}{\sqrt{1+x^2+y^2}}.$$

故

$$\iint_{\Sigma}(z^2+x)\mathrm{d}y\mathrm{d}z - z\,\mathrm{d}x\mathrm{d}y = \iint_{\Sigma}[(z^2+x)(-x)-z]\mathrm{d}x\mathrm{d}y.$$

再按对坐标的曲面积分的计算法,便得

$$\iint_{\Sigma}(z^2+x)\mathrm{d}y\mathrm{d}z - z\,\mathrm{d}x\mathrm{d}y = -\iint_{D_{xy}}\left\{\left[\frac{1}{4}(x^2+y^2)^2+x\right]\cdot(-x) - \frac{1}{2}(x^2+y^2)\right\}\mathrm{d}x\mathrm{d}y.$$

注意到 $\iint_{D_{xy}}\frac{1}{4}x(x^2+y^2)^2\mathrm{d}x\mathrm{d}y = 0$,故

$$\begin{aligned}\iint_{\Sigma}(z^2+x)\mathrm{d}y\mathrm{d}z - z\,\mathrm{d}x\mathrm{d}y &= \iint_{D_{xy}}\left[x^2+\frac{1}{2}(x^2+y^2)\right]\mathrm{d}x\mathrm{d}y\\ &= \int_0^{2\pi}\mathrm{d}\theta\int_0^2\left(r^2\cos^2\theta+\frac{1}{2}r^2\right)r\,\mathrm{d}r = 8\pi.\end{aligned}$$

基础题

1. 计算下列第二型曲面积分：

（1）$\iint\limits_{\Sigma} z^2 \mathrm{d}x\mathrm{d}y$，其中 Σ 为平面 $x+y+z=1$ 位于第一卦限部分的上侧.

（2）$\iint\limits_{\Sigma} z\,\mathrm{d}x\mathrm{d}y + x\,\mathrm{d}y\mathrm{d}z + y\,\mathrm{d}z\mathrm{d}x$，其中 Σ 是柱面 $x^2+y^2=1$ 被平面 $z=0$ 及 $z=3$ 所截下的第一卦限内部分的前侧.

（3）$\iint\limits_{\Sigma} x^2y^2z\,\mathrm{d}x\mathrm{d}y$，其中 Σ 是球面 $x^2+y^2+z^2=R^2$ 的下半部分的下侧.

（4）$\iint\limits_{\Sigma} x\,\mathrm{d}y\mathrm{d}z + xy\,\mathrm{d}z\mathrm{d}x + xz\,\mathrm{d}x\mathrm{d}y$，其中 Σ 是平面 $3x+2y+z=6$ 在第一卦限部分的上侧.

2. 计算 $\oiint\limits_{\Sigma} \dfrac{x\,\mathrm{d}y\mathrm{d}z + y\,\mathrm{d}z\mathrm{d}x + z\,\mathrm{d}x\mathrm{d}y}{(x^2+y^2+z^2)^{\frac{3}{2}}}$，其中 Σ 为球面 $x^2+y^2+z^2=a^2$ 的外侧.

3. 计算 $\iint\limits_{\Sigma} \dfrac{ax\,\mathrm{d}y\mathrm{d}z + (z+a)^2\mathrm{d}x\mathrm{d}y}{(x^2+y^2+z^2)^{\frac{1}{2}}}$，其中 Σ 为下半球面 $z=-\sqrt{a^2-x^2-y^2}$ 的上侧，a 为正常数.

提高题

1.【2019 年数一】设 Σ 为曲面 $x^2+y^2+4z^2=4(z\geqslant 0)$ 的上侧，则 $\iint\limits_{\Sigma} \sqrt{4-x^2-4z^2}\,\mathrm{d}x\mathrm{d}y=$ ________.

2. 计算 $\oiint\limits_{\Sigma} \dfrac{\mathrm{e}^z}{\sqrt{x^2+y^2}}\mathrm{d}x\mathrm{d}y$，其中 Σ 为锥面 $z=\sqrt{x^2+y^2}$ 及平面 $z=1$，$z=2$ 所围立体表面的外侧.

3. 设 $f(x,y,z)$ 为连续函数，计算曲面积分

$$\iint\limits_{\Sigma}[f(x,y,z)+x]\mathrm{d}y\mathrm{d}z+[2f(x,y,z)+y]\mathrm{d}z\mathrm{d}x+[f(x,y,z)+z]\mathrm{d}x\mathrm{d}y,$$

其中 Σ 是平面 $x-y+z=1$ 在第 Ⅳ 卦限部分的上侧.

应用题

设稳定的、不可压缩的流体的速度场为

$$\boldsymbol{v}(x,y,z) = xz\boldsymbol{i} + x^2y\boldsymbol{j} + y^2z\boldsymbol{k},$$

Σ 是圆柱面 $x^2+y^2=1$ 的外侧被平面 $z=0,z=1$ 及 $x\neq 0$ 截取的位于第一、四卦限的部分，计算流体流向 Σ 指定一侧的流量 Φ.

11.8　高斯(Gauss)公式和斯托克斯(Stokes)公式

格林公式表达了平面区域上二重积分与其边界曲线上的曲线积分之间的关系. 而在空间上，也有同样类似的结论，这就是高斯公式. 它表达了空间区域上三重积分与区域边界曲面上曲面积分之间的关系.

11.8.1　高斯公式

定理 1　设空间闭区域 Ω 是由分片光滑的闭曲面 Σ 所围成，函数 $P(x,y,z)$，$Q(x,y,z)$，$R(x,y,z)$ 在 Ω 上具有一阶连续偏导数，则有

$$\iiint_{\Omega}\left(\frac{\partial P}{\partial x}+\frac{\partial Q}{\partial y}+\frac{\partial R}{\partial z}\right)\mathrm{d}v = \oiint_{\Sigma} P\,\mathrm{d}y\mathrm{d}z + Q\,\mathrm{d}z\mathrm{d}x + R\,\mathrm{d}x\mathrm{d}y, \qquad (11\text{-}29)$$

或

$$\iiint_{\Omega}\left(\frac{\partial P}{\partial x}+\frac{\partial Q}{\partial y}+\frac{\partial R}{\partial z}\right)\mathrm{d}v = \oiint_{\Sigma}(P\cos\alpha + Q\cos\beta + R\cos\gamma)\,\mathrm{d}S, \qquad (11\text{-}29')$$

其中，Σ 是 Ω 的整个边界曲面的外侧；$\cos\alpha,\cos\beta,\cos\gamma$ 为 Σ 上点 (x,y,z) 处的法向量 $\boldsymbol{n}$ 的方向余弦. 式(11-29)、式(11- 29′)称为**高斯公式**.

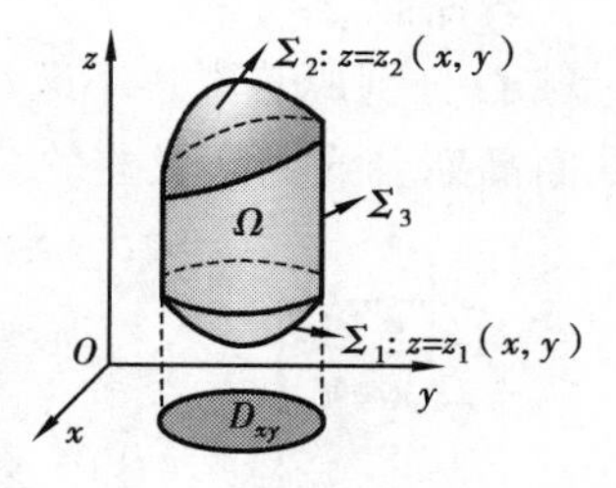

图 11-36

证明　设闭区域 Ω 在 xOy 面上的投影区域为 D_{xy}. 假定穿过 Ω 的内部且平行于 z 轴的直线与 Ω 的边界曲面 Σ 的交点恰好是两个. 这样，可设 Σ 是由曲面 $\Sigma_1: z=z_1(x,y)$，$\Sigma_2: z=z_2(x,y)$ 和边界柱面 Σ_3 所围成，其中 Σ_1 取下侧，Σ_2 取上侧，Σ_3 取外侧(见图 11-36).

一方面，根据三重积分的计算法，有

$$\iiint\limits_{\Omega}\frac{\partial R}{\partial z}\,\mathrm{d}x\mathrm{d}y\mathrm{d}z=\iint\limits_{D_{xy}}\mathrm{d}x\mathrm{d}y\int_{z_1(x,y)}^{z_2(x,y)}\frac{\partial R}{\partial z}\,\mathrm{d}z$$

$$=\iint\limits_{D_{xy}}\{R[x,y,z_2(x,y)]-R[x,y,z_1(x,y)]\}\,\mathrm{d}x\mathrm{d}y.$$

另一方面，有

$$\iint\limits_{\Sigma_1}R(x,y,z)\,\mathrm{d}x\mathrm{d}y=-\iint\limits_{D_{xy}}R[x,y,z_1(x,y)]\,\mathrm{d}x\mathrm{d}y,$$

$$\iint\limits_{\Sigma_2}R(x,y,z)\,\mathrm{d}x\mathrm{d}y=\iint\limits_{D_{xy}}R[x,y,z_2(x,y)]\,\mathrm{d}x\mathrm{d}y,$$

$$\iint\limits_{\Sigma_3}R(x,y,z)\,\mathrm{d}x\mathrm{d}y=0.$$

以上 3 式相加，得

$$\oiint\limits_{\Sigma}R(x,y,z)\,\mathrm{d}x\mathrm{d}y=\iint\limits_{D_{xy}}\{R[x,y,z_2(x,y)]-R[x,y,z_1(x,y)]\}\,\mathrm{d}x\mathrm{d}y,$$

因此

$$\iiint\limits_{\Omega}\frac{\partial R}{\partial z}\,\mathrm{d}x\mathrm{d}y\mathrm{d}z=\oiint\limits_{\Sigma}R(x,y,z)\,\mathrm{d}x\mathrm{d}y.$$

类似地，有

$$\iiint\limits_{\Omega}\frac{\partial P}{\partial x}\,\mathrm{d}x\mathrm{d}y\mathrm{d}z=\oiint\limits_{\Sigma}P(x,y,z)\,\mathrm{d}y\mathrm{d}z,$$

$$\iiint\limits_{\Omega}\frac{\partial Q}{\partial y}\,\mathrm{d}x\mathrm{d}y\mathrm{d}z=\oiint\limits_{\Sigma}Q(x,y,z)\,\mathrm{d}z\mathrm{d}x,$$

把以上 3 式两端分别相加，即得高斯公式.

若曲面 Σ 与平行于坐标轴的直线的交点多于两个，可用光滑曲面将有界闭区域 Ω 分割成若干各小区域，使得围成每个小区域的闭曲面满足定理的条件，从而高斯公式仍是成立的.

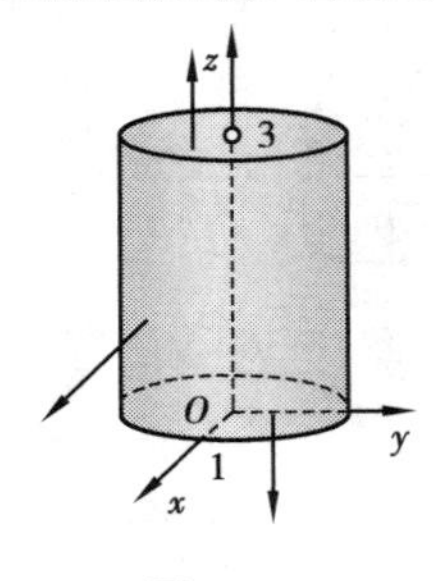

图 11-37

例 1 利用高斯公式计算曲面积分

$$\oiint\limits_{\Sigma}(x-y)\,\mathrm{d}x\mathrm{d}y+(y-z)x\,\mathrm{d}y\mathrm{d}z,$$

其中 Σ 为柱面 $x^2+y^2=1$ 及平面 $z=0,z=3$ 所围成的空间闭区域 Ω 的整个边界曲面的外侧（见图 11-37）.

解 这里

$$P=(y-z)x,\quad Q=0,\quad R=x-y,$$

$$\frac{\partial P}{\partial x}=y-z,\ \frac{\partial Q}{\partial y}=0,\ \frac{\partial R}{\partial z}=0.$$

由高斯公式,有

$$\oiint_{\Sigma}(x-y)\,dxdy+(y-z)x\,dydz$$

$$=\iiint_{\Omega}(y-z)\,dxdy\,dz=\iiint_{\Omega}(\rho\sin\theta-z)\rho\,d\rho d\theta dz$$

$$=\int_0^{2\pi}d\theta\int_0^1\rho\,d\rho\int_0^3(\rho\sin\theta-z)\,dz=-\frac{9\pi}{2}.$$

例2　求$\iint_{\Sigma}(x^2-2y)\,dydz+(z^2-2yz)\,dzdx+(1-2xy)\,dxdy$,其中$\Sigma:z=\sqrt{a^2-x^2-y^2}$,取上侧.

解　取$\Sigma_1:z=0(x^2+y^2\leqslant a^2)$,方向向下,$\Sigma$及$\Sigma_1$所围成区域记为$\Omega$,$\Omega$在$xOy$面上的投影区域为$D_{xy}:x^2+y^2\leqslant a^2$,则

$$\iint_{\Sigma}(x^2-2y)\,dydz+(z^2-2yz)\,dzdx+(1-2xy)\,dxdy$$

$$=\oiint_{\Sigma+\Sigma_1}(x^2-2y)\,dydz+(z^2-2yz)\,dzdx+(1-2xy)\,dxdy-$$

$$\iint_{\Sigma_1}(x^2-2y)\,dydz+(z^2-2yz)\,dzdx+(1-2xy)\,dxdy$$

$$=\iiint_{\Omega}2(x-z)\,dv-\left[-\iint_{D_{xy}}(1-2xy)\,dxdy\right]=-2\iiint_{\Omega}z\,dv+\iint_{D_{xy}}dxdy$$

$$=-2\int_0^a z\,dz\iint_{D_{xy}}dxdy+\pi a^2=-2\int_0^a\pi(a^2-z^2)z\,dz+\pi a^2$$

$$=-\frac{\pi}{2}a^4+\pi a^2=\frac{\pi a^2}{2}(2-a^2).$$

11.8.2　通量与散度

给定一向量场

$$\boldsymbol{A}(x,y,z)=P(x,y,z)\boldsymbol{i}+Q(x,y,z)\boldsymbol{j}+R(x,y,z)\boldsymbol{k},$$

其中,函数$P(x,y,z)$,$Q(x,y,z)$,$R(x,y,z)$具有一阶连续偏导数,则$\frac{\partial P}{\partial x}+\frac{\partial Q}{\partial y}+$

$\left.\dfrac{\partial R}{\partial z}\right|_{(x_0,y_0,z_0)}$ 称为向量场 $\boldsymbol{A}$ 在点(x_0,y_0,z_0)处的**散度**,记作 $\mathrm{div}\boldsymbol{A}(x_0,y_0,z_0)$.

一般地,$\mathrm{div}\boldsymbol{A}=\dfrac{\partial P}{\partial x}+\dfrac{\partial Q}{\partial y}+\dfrac{\partial R}{\partial z}$就表示 $\boldsymbol{A}$ 在场中任一点(x,y,z)处的散度.

第二类曲面积分 $\Phi=\iint\limits_{\Sigma}P\,\mathrm{d}y\mathrm{d}z+Q\,\mathrm{d}z\mathrm{d}x+R\,\mathrm{d}x\mathrm{d}y$ 称为向量场 $\boldsymbol{A}$ 通过曲面 Σ 流向指定侧的**通量**.

通量的向量形式是

$$\Phi=\iint\limits_{\Sigma}\boldsymbol{A}\cdot\boldsymbol{n}\,\mathrm{d}S=\iint\limits_{\Sigma}\boldsymbol{A}\cdot\mathrm{d}\boldsymbol{S},$$

其中,$\boldsymbol{n}$ 是曲面 Σ 在点(x,y,z)处的单位法向量.

对向量场 $\boldsymbol{A}$,若将这里的 Σ 看成高斯公式中区域 Ω 的边界(闭)曲面,且按高斯公式,Σ 取外侧,则有

$$\begin{aligned}\iiint\limits_{\Omega}\left(\frac{\partial P}{\partial x}+\frac{\partial Q}{\partial y}+\frac{\partial R}{\partial z}\right)\mathrm{d}v&=\oint\!\!\!\oint\limits_{\Sigma}P\,\mathrm{d}y\mathrm{d}z+Q\,\mathrm{d}z\mathrm{d}x+R\,\mathrm{d}x\mathrm{d}y\\&=\oint\!\!\!\oint\limits_{\Sigma}\boldsymbol{A}\cdot\boldsymbol{n}\,\mathrm{d}S,\end{aligned}$$

右端表示在单位时间内离开区域 Ω 的流量. 假设流体是稳定流动且不可压缩的,因此,在流体离开区域 Ω 的同时,在 Ω 内部就应该由流体的"源头"产生出同样多的流体来补充,所以高斯公式的左端可解释为分布在 Ω 内的源头在单位时间内所产生的流量.

设 $\boldsymbol{A}=(P,Q,R)$,记$\nabla=\left(\dfrac{\partial}{\partial x},\dfrac{\partial}{\partial y},\dfrac{\partial}{\partial z}\right)$,散度 $\mathrm{div}\boldsymbol{A}=\nabla\cdot\boldsymbol{A}=\dfrac{\partial P}{\partial x}+\dfrac{\partial Q}{\partial y}+\dfrac{\partial R}{\partial z}$,高斯公式可表示为

$$\iiint\limits_{\Omega}\mathrm{div}\boldsymbol{A}\,\mathrm{d}v=\oint\!\!\!\oint\limits_{\Sigma}\boldsymbol{A}\cdot\boldsymbol{n}\,\mathrm{d}S.$$

例 3 求向量场 $\boldsymbol{r}=x\boldsymbol{i}+y\boldsymbol{j}+z\boldsymbol{k}$ 的通量,其中曲面分别为:

(1)穿过圆锥 $x^2+y^2\leqslant z^2(0\leqslant z\leqslant h)$的底(向上).

(2)穿过圆锥 $x^2+y^2\leqslant z^2(0\leqslant z\leqslant h)$的侧表面(向外).

解 设 Σ_1,Σ_2 及 Σ 分别为此圆锥的底面、侧面及全表面,则穿过全表面向外的通量为

$$\Phi=\oint\!\!\!\oint\limits_{\Sigma}\boldsymbol{r}\cdot\mathrm{d}\boldsymbol{S}=\iiint\limits_{\Omega}\mathrm{div}\boldsymbol{r}\,\mathrm{d}v=3\iiint\limits_{\Omega}\mathrm{d}v=\pi h^3.$$

（1）穿过底面向上的通量为

$$\Phi_1 = \oiint_{\Sigma} \boldsymbol{r} \cdot \mathrm{d}\boldsymbol{S} = \iint_{x^2+y^2 \leqslant z^2, z=h} z\,\mathrm{d}x\mathrm{d}y = \iint_{x^2+y^2 \leqslant h^2} h\,\mathrm{d}x\,\mathrm{d}y = \pi h^3.$$

（2）穿过侧表面向外的通量为

$$\Phi_2 = \Phi - \Phi_1 = 0.$$

11.8.3　斯托克斯公式

斯托克斯公式是格林公式的推广，格林公式建立了平面区域上的二重积分与其边界曲线上的曲线积分之间的联系，而斯托克斯公式则建立了沿曲面 Σ 的曲面积分与沿 Σ 的边界曲线 L 的曲线积分之间的联系.

在引入斯托克斯公式之前，先对有向曲面 Σ 的侧与其边界曲线 L 的方向作以下规定：

右手法则　设 Σ 是空间上的光滑曲面，其边界曲线为 L，取定 Σ 的一侧为正侧，伸开右手手掌，以拇指方向指向此侧的法线正向，其余四指伸开微曲，并使曲面 Σ 在手掌的左侧，则其余四指所指的方向就是边界曲线 L 的正方向，反之亦然（见图 11-38）.

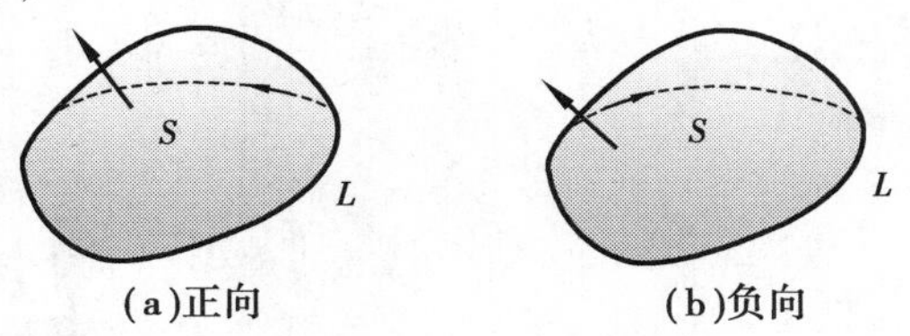

(a)正向　　(b)负向

图 11-38

定理 2　设 L 为分段光滑的空间有向闭曲线，Σ 是以 L 为边界的分片光滑的有向曲面，L 的正向与 Σ 的侧符合右手规则，函数 $P(x,y,z)$，$Q(x,y,z)$，$R(x,y,z)$ 在曲面 Σ（连同边界）上具有一阶连续偏导数，则有

$$\iint_{\Sigma}\left(\frac{\partial R}{\partial y} - \frac{\partial Q}{\partial z}\right)\mathrm{d}y\mathrm{d}z + \left(\frac{\partial P}{\partial z} - \frac{\partial R}{\partial x}\right)\mathrm{d}z\mathrm{d}x + \left(\frac{\partial Q}{\partial x} - \frac{\partial P}{\partial y}\right)\mathrm{d}x\mathrm{d}y = \oint_L P\,\mathrm{d}x + Q\,\mathrm{d}y + R\,\mathrm{d}z.$$

记忆方式为

$$\iint_{\Sigma}\begin{vmatrix} \mathrm{d}y\mathrm{d}z & \mathrm{d}z\mathrm{d}x & \mathrm{d}x\mathrm{d}y \\ \dfrac{\partial}{\partial x} & \dfrac{\partial}{\partial y} & \dfrac{\partial}{\partial z} \\ P & Q & R \end{vmatrix} = \oint_L P\,\mathrm{d}x + Q\,\mathrm{d}y + R\,\mathrm{d}z,$$

或

$$\iint\limits_{\Sigma}\begin{vmatrix}\cos\alpha & \cos\beta & \cos\gamma\\ \dfrac{\partial}{\partial x} & \dfrac{\partial}{\partial y} & \dfrac{\partial}{\partial z}\\ P & Q & R\end{vmatrix}\mathrm{d}S=\oint_L P\,\mathrm{d}x+Q\,\mathrm{d}y+R\,\mathrm{d}z,$$

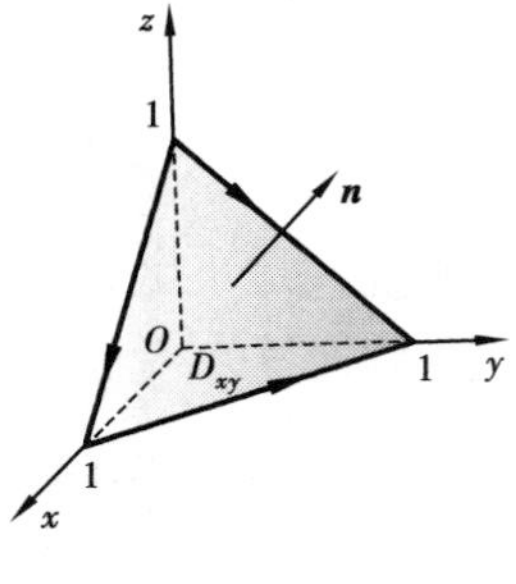

图 11-39

其中,$\boldsymbol{n}=(\cos\alpha,\cos\beta,\cos\gamma)$为有向曲面$\Sigma$在点$(x,y,z)$处的单位法向量.

例 4 利用斯托克斯公式计算曲线积分$\oint\limits_L z\,\mathrm{d}x+x\,\mathrm{d}y+y\,\mathrm{d}z$,其中$L$为平面$x+y+z=1$被 3 个坐标面所截成的三角形的整个边界,它的正向与这个三角形上侧的法向量之间符合右手规则(见图 11-39).

解 设Σ为闭曲线L所围成的三角形平面,Σ在yOz面、zOx面和xOy面上的投影区域分别为D_{yz},D_{zx}和D_{xy}. 根据斯托克斯公式,有

$$\oint_L z\,\mathrm{d}x+x\,\mathrm{d}y+y\,\mathrm{d}z=\iint\limits_{\Sigma}\begin{vmatrix}\mathrm{d}y\mathrm{d}z & \mathrm{d}z\mathrm{d}x & \mathrm{d}x\mathrm{d}y\\ \dfrac{\partial}{\partial x} & \dfrac{\partial}{\partial y} & \dfrac{\partial}{\partial z}\\ z & x & y\end{vmatrix}=\iint\limits_{\Sigma}\mathrm{d}y\mathrm{d}z+\mathrm{d}z\mathrm{d}x+\mathrm{d}x\mathrm{d}y$$

$$=\iint\limits_{D_{yz}}\mathrm{d}y\mathrm{d}z+\iint\limits_{D_{zx}}\mathrm{d}z\mathrm{d}x+\iint\limits_{D_{xy}}\mathrm{d}x\mathrm{d}y=3\iint\limits_{D_{xy}}\mathrm{d}x\mathrm{d}y=\frac{3}{2}.$$

例 5 利用斯托克斯公式计算曲线积分

$$I=\oint_L(y^2-z^2)\mathrm{d}x+(z^2-x^2)\mathrm{d}y+(x^2-y^2)\mathrm{d}z,$$

其中,L是用平面$x+y+z=\dfrac{3}{2}$截立方体:$0\leqslant x\leqslant 1,0\leqslant y\leqslant 1,0\leqslant z\leqslant 1$的表面所得的截痕,若从$x$轴的正向看去取逆时针方向(见图 11-40(a)).

解 取Σ为平面$x+y+z=\dfrac{3}{2}$的上侧被L所围成的部分,Σ的单位法向量$\boldsymbol{n}=\dfrac{1}{\sqrt{3}}(1,1,1)$,即$\cos\alpha=\cos\beta=\cos\gamma=\dfrac{1}{\sqrt{3}}$. 根据斯托克斯公式,有

$$I = \iint_{\Sigma} \begin{vmatrix} \frac{1}{\sqrt{3}} & \frac{1}{\sqrt{3}} & \frac{1}{\sqrt{3}} \\ \frac{\partial}{\partial x} & \frac{\partial}{\partial y} & \frac{\partial}{\partial z} \\ y^2 - x^2 & x^2 - x^2 & x^2 - y^2 \end{vmatrix} dS = -\frac{4}{\sqrt{3}} \iint_{\Sigma} (x + y + z) dS$$

$$= -\frac{4}{\sqrt{3}} \cdot \frac{3}{2} \iint_{\Sigma} dS = -2\sqrt{3} \iint_{D_{xy}} \sqrt{3}\, dx dy,$$

其中,D_{xy}为 Σ 在 xOy 平面上的投影区域(见图 11-40(b)),于是

$$I = -6 \iint_{D_{xy}} dx dy = -6 \cdot \frac{3}{4} = -\frac{9}{2}.$$

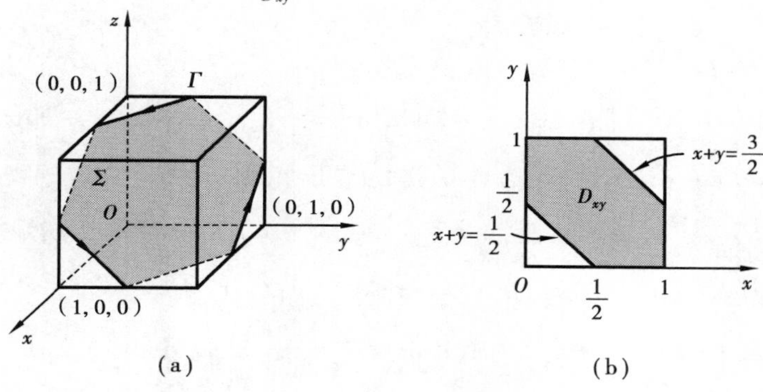

图 11-40

11.8.4　环流量与旋度

设有向量场

$$\boldsymbol{A}(x,y,z) = P(x,y,z)\boldsymbol{i} + Q(x,y,z)\boldsymbol{j} + R(x,y,z)\boldsymbol{k},$$

其中,$P(x,y,z)$,$Q(x,y,z)$,$R(x,y,z)$具有一阶连续偏导数,则向量

$$\left(\frac{\partial R}{\partial y} - \frac{\partial Q}{\partial z}\right)\boldsymbol{i} + \left(\frac{\partial P}{\partial z} - \frac{\partial R}{\partial x}\right)\boldsymbol{j} + \left(\frac{\partial Q}{\partial x} - \frac{\partial P}{\partial y}\right)\boldsymbol{k}$$

称为向量场 $\boldsymbol{A}$ 的**旋度**,记作 $\mathbf{rot}\,\boldsymbol{A}$,即

$$\mathbf{rot}\,\boldsymbol{A} = \left(\frac{\partial R}{\partial y} - \frac{\partial Q}{\partial z}\right)\boldsymbol{i} + \left(\frac{\partial P}{\partial z} - \frac{\partial R}{\partial x}\right)\boldsymbol{j} + \left(\frac{\partial Q}{\partial x} - \frac{\partial P}{\partial y}\right)\boldsymbol{k}.$$

若 Γ 是 $\boldsymbol{A}$ 的定义域内的一条分段光滑的有向闭曲线,$\boldsymbol{\tau}$是 Γ 在点(x,y,z)处的单位切向量,则曲线积分

$$\oint_{\Gamma} P\, dx + Q\, dy + R\, dz = \oint_{\Gamma} \boldsymbol{A} \cdot \boldsymbol{\tau}\, ds$$

称为向量场 $\boldsymbol{A}$ 沿有向闭曲线 $\varGamma$ 的**环流量**.

例 6 求向量场 $\boldsymbol{A}=x^2\boldsymbol{i}-2xy\boldsymbol{j}+z^2\boldsymbol{k}$ 在点 $M_0(1,1,2)$ 处的散度及旋度.

解 $\operatorname{div}\boldsymbol{A}=\dfrac{\partial P}{\partial x}+\dfrac{\partial Q}{\partial y}+\dfrac{\partial R}{\partial z}=2x+(-2x)+2z=2z$,故 $\operatorname{div}\boldsymbol{A}\big|_{M_0}=4$.

$$\mathbf{rot}\,\boldsymbol{A}=\left(\frac{\partial R}{\partial y}-\frac{\partial Q}{\partial z}\right)\boldsymbol{i}+\left(\frac{\partial P}{\partial z}-\frac{\partial R}{\partial x}\right)\boldsymbol{j}+\left(\frac{\partial Q}{\partial x}-\frac{\partial P}{\partial y}\right)\boldsymbol{k}$$
$$=(0-0)\boldsymbol{i}+(0-0)\boldsymbol{j}+(-2y-0)\boldsymbol{k}=-2y\boldsymbol{k},$$

故 $\mathbf{rot}\,\boldsymbol{A}\big|_{M_0}=-2\boldsymbol{k}$.

例 7 求向量场 $\boldsymbol{A}=(-y,x,c)$,其中 C 为常数,沿 $\varGamma:\begin{cases}x^2+y^2=R^2\\ z=0\end{cases}$ 的环流量.

解 环流量

$$\oint_{\varGamma}\boldsymbol{A}\cdot\boldsymbol{\tau}\,\mathrm{d}s=\oint_{\varGamma}P\,\mathrm{d}x+Q\,\mathrm{d}y+R\,\mathrm{d}z=\oint_{\varGamma}-y\,\mathrm{d}x+x\,\mathrm{d}y+c\,\mathrm{d}z,$$

若取 $\varGamma:x=R\cos\theta,y=R\sin\theta,z=0(0\leqslant\theta\leqslant2\pi)$,则

$$\oint_{\varGamma}\boldsymbol{A}\cdot\boldsymbol{\tau}\,\mathrm{d}s=\int_0^{2\pi}(R^2\cos^2\theta+R^2\sin^2\theta+c\cdot0)\mathrm{d}\theta=2\pi R^2.$$

或者取 $\boldsymbol{\Sigma}:z=0(x^2+y^2\leqslant R^2)$,利用斯托克斯公式,有

$$\oint_{\varGamma}\boldsymbol{A}\cdot\boldsymbol{\tau}\,\mathrm{d}s=\iint_{\Sigma}0\,\mathrm{d}y\mathrm{d}z+0\,\mathrm{d}z\mathrm{d}x+2\,\mathrm{d}x\mathrm{d}y=\iint_{\Sigma}2\,\mathrm{d}x\mathrm{d}y=2\pi R^2.$$

基础题

1. 利用高斯公式计算下列曲面积分.

(1) $\oiint\limits_{\Sigma}x^2\mathrm{d}y\mathrm{d}z+y^2\mathrm{d}z\mathrm{d}x+z^2\mathrm{d}x\mathrm{d}y$,其中 $\boldsymbol{\Sigma}$ 是平面 $x=0,y=0,z=0,x=a,y=a,z=a$ 所围成的立体的表面的外侧.

(2) $\oiint\limits_{\Sigma}x^3\mathrm{d}y\mathrm{d}z+y^3\mathrm{d}z\mathrm{d}x+z^3\mathrm{d}x\mathrm{d}y$,其中 $\boldsymbol{\Sigma}$ 是球面 $x^2+y^2+z^2=a^2$ 的外侧.

(3) $\oiint\limits_{\Sigma}yz\,\mathrm{d}y\mathrm{d}z+zx\,\mathrm{d}z\mathrm{d}x+z\,\mathrm{d}x\mathrm{d}y$,其中 $\boldsymbol{\Sigma}$ 是球面 $x^2+y^2+z^2=1$ 的外侧.

(4) $\iint\limits_{\Sigma}x\,\mathrm{d}y\mathrm{d}z+y\,\mathrm{d}z\mathrm{d}x+z\,\mathrm{d}x\mathrm{d}y$,其中 $\boldsymbol{\Sigma}$ 是上半球面 $z=\sqrt{a^2-x^2-y^2}$ 的上

侧.

2. 利用斯托克斯公式计算曲线积分.

(1) $\oint_{\Gamma} xy\,dx + yz\,dy + zx\,dz$,其中 Γ 是以点(1,0,0),(0,3,0),(0,0,3)为顶点的三角形的周界(从 z 轴正向往下看,逆时针方向).

(2) $\int_{\Gamma} z^2 dx + x^2 dy + y^2 dz$,其中 Γ 是球面 $x^2 + y^2 + z^2 = 4$ 位于第一卦限那部分的边界线,从 z 轴正向往下看,逆时针方向.

提高题

1.【2018 年数一】设 $\boldsymbol{F}(x,y,z) = xy\boldsymbol{i} - yz\boldsymbol{j} + zx\boldsymbol{k}$,则 $\mathbf{rot}\boldsymbol{F}(1,1,0) =$ ________.

2.【2018 年数一】设 Σ 是曲面 $x = \sqrt{1 - 3y^2 - 3z^2}$ 的前侧,计算曲面积分

$$I = \iint_{\Sigma} x\,dydz + (y^3 + 2)dzdx + z^3 dxdy.$$

3.【2016 年数一】向量场 $\boldsymbol{A}(x,y,z) = (x+y+z)\boldsymbol{i} + xy\boldsymbol{j} + z\boldsymbol{k}$ 的旋度 $\mathbf{rot}\,\boldsymbol{A} =$ ________.

4.【2016 年数一】设有界区域 Ω 由平面 $2x + y + 2z = 2$ 与 3 个坐标平面围成,Σ 为 Ω 整个表面的外侧,计算曲面积分

$$I = \iint_{\Sigma} (x^2 + 1)dydz - 2y\,dzdx + 3z\,dxdy.$$

5.【2014 年数一】设 Σ 是曲面 $z = x^2 + y^2 (z \leqslant 1)$ 的上侧,计算曲面积分

$$I = \iint_{\Sigma} (x-1)^2 dydz + (y-1)^3 dzdx + (z-1)dxdy.$$

应用题

1. 证明格林第一公式:设 $u(x,y,z)$,$v(x,y,z)$ 在 Ω 上具有一阶和二阶连续偏导数,若 Σ 为包围有界区域 Ω 的光滑曲面,则

$$\iiint_{\Omega} v\,\Delta u\,dv = \oiint_{\Sigma} v\frac{\partial u}{\partial \boldsymbol{n}}dS - \iiint_{\Omega} \nabla \boldsymbol{u} \cdot \nabla \boldsymbol{v}\,dv,$$

其中,$\frac{\partial u}{\partial \boldsymbol{n}}$ 是函数 u 沿曲面 Σ 的外法线方向 $\boldsymbol{n}$ 的方向导数,符号

$$\Delta u = \frac{\partial^2 u}{\partial x^2} + \frac{\partial^2 u}{\partial y^2} + \frac{\partial^2 u}{\partial z^2}$$

称为拉普拉斯算子,$\nabla \boldsymbol{u}$ 和 $\nabla \boldsymbol{v}$ 分别为 u,v 的梯度.

2. 证明：若 S 为包围有界域 V 的光滑曲面，则

$$\oiint_S \frac{\partial u}{\partial \boldsymbol{n}} \mathrm{d}S = \iiint_V \Delta u \ \mathrm{d}x\mathrm{d}y\mathrm{d}z,$$

其中，Δu 为拉普拉斯算子，$\frac{\partial}{\partial \boldsymbol{n}}$是关于曲面 S 沿外法线 $\boldsymbol{n}$ 方向的方向导数.

总习题 11

基础题

1. 选择题：

（1）已知有向光滑曲线 $L: x = \varphi(t), y = \psi(t), \alpha \leqslant t \leqslant \beta$ 的起点 B 对应的参数值为 α，终点 A 对应的参数值为 β，则$\int_L f(x,y)\mathrm{d}x = (\quad)$.

A. $\int_\alpha^\beta f[\varphi(t),\psi(t)]\mathrm{d}t$　　B. $\int_\beta^\alpha f[\varphi(t),\psi(t)]\mathrm{d}t$

C. $\int_\alpha^\beta f[\varphi(t),\psi(t)]\varphi'(t)\mathrm{d}t$　　D. $\int_\beta^\alpha f[\varphi(t),\psi(t)]\varphi'(t)\mathrm{d}t$

（2）设曲线积分 $\int_L (x^4 + 4xy^p)\mathrm{d}x + (6x^{p-1}y^2 - 5y^4)\mathrm{d}y$ 与路径无关，则 $p = (\quad)$.

A. 1　　B. 2　　C. 3　　D. 4

（3）设 L 为椭圆 $\frac{x^2}{4} + \frac{y^2}{3} = 1$，并且该椭圆的周长为 m，则曲线积分 $\oint_L (3x^2 + 4y^2 + 12xy)\mathrm{d}S = (\quad)$.

A. m　　B. $6m$　　C. $12m$　　D. $24m$

（4）设 Σ 是平面 $x + y + z = 4$ 被圆柱面 $x^2 + y^2 = 1$ 截出的有限部分，则曲面积分$\iint_\Sigma y \ \mathrm{d}S(\quad)$.

A. 0　　B. $\frac{4}{3}\sqrt{3}$　　C. $4\sqrt{3}$　　D. π

（5）曲面 $x^2 + y^2 + z^2 = 2z$ 之内及曲面 $z = x^2 + y^2$ 之外所围成的立体的体

积 V = (　　).

A. $\int_0^{2\pi} d\theta \int_0^1 r\, dr \int_{r^2}^{\sqrt{1-r^2}} dz$　　B. $\int_0^{2\pi} d\theta \int_0^r r\, dr \int_{r^2}^{1-\sqrt{1-r^2}} dz$

C. $\int_0^{2\pi} d\theta \int_0^1 r\, dr \int_{r^2}^{1-r} dz$　　D. $\int_0^{2\pi} d\theta \int_0^1 r\, dr \int_{1-\sqrt{1-r^2}}^{r^2} dz$

2. 计算下列三重积分:

(1) $\iiint\limits_{\Omega} xyz\, dv$,其中 Ω 是由 $x = 1, y = x, z = y, z = 0$ 所围成的空间闭区域.

(2) $\iiint\limits_{\Omega} (x + z)\, dv$,其中 Ω 是由 $z = \sqrt{x^2 + y^2}, z = \sqrt{1 - x^2 - y^2}$ 所围成的立体区域.

(3) $\iiint\limits_{\Omega} e^{-(x^2+y^2)}\, dv$,其中 $\Omega: x^2 + y^2 \leqslant 1, 0 \leqslant z \leqslant 1$.

(4) $\iiint\limits_{\Omega} z\, dv$,其中 Ω 是由 $z = x^2 + y^2, z = \sqrt{2 - x^2 - y^2}$ 所围成的立体区域.

(5) $\iiint\limits_{\Omega} z\sqrt{x^2 + y^2}\, dv$,其中 Ω 是由 $y = \sqrt{2x - x^2}, z = 0, z = 3, y = 0$ 所围成的空间闭区域.

3. 计算下列曲线积分和曲面积分:

(1) 计算 $\int_L xy\, ds$,其中 L 为圆 $x^2 + y^2 = 9$ 在第一象限的一段弧.

(2) 计算 $\int_L y\, dx + x\, dy$,其中 L 为圆周 $x = R\cos t, y = R\sin t$ 上对应于 $t = 0$ 到 $t = \frac{\pi}{2}$ 的一段弧.

(3) 计算 $\oint_L \frac{(x + y)dx - (x - y)dy}{x^2 + y^2}$,其中 L 为圆周 $x^2 + y^2 = a^2 (a > 0)$,方向为逆时针方向.

(4) 证明: $\int_{(1,0)}^{(2,1)} (2xy - y^4 + 3)dx + (x^2 - 4xy^3)dy$ 与路径无关,并计算其值.

(5) 验证 $(2x\cos y + y^2\cos x)dx + (2y\sin x - x^2\sin y)dy$ 是某个函数 $u(x,y)$ 的全微分,并求 $u(x,y)$.

(6) 计算曲面积分 $\iint\limits_{\Sigma} (x + y + z)dS$,其中 Σ 为球面 $x^2 + y^2 + z^2 = a^2$ 上 $z \geqslant$

$h(0 < h < a)$ 的部分.

(7) 计算曲面积分 $\iint\limits_{\Sigma}(x^2 + y^2)\mathrm{d}x\mathrm{d}y$，其中 Σ 是圆锥面的一部分 $z = \sqrt{x^2 + y^2}, x \geqslant 0, y \geqslant 0, 0 \leqslant z \leqslant 1$ 的下侧为外表面.

(8) 设曲面 Σ 是 $z = \sqrt{4 - x^2 - y^2}$ 的上侧，求 $\iint\limits_{\Sigma} xy\,\mathrm{d}y\mathrm{d}z + x\,\mathrm{d}z\mathrm{d}x + x^2\mathrm{d}x\mathrm{d}y$.

提高题

1. 填空题：

(1) 已知曲线 $L: y = x^2(0 \leqslant x \leqslant \sqrt{2})$，则 $\int_L x\,\mathrm{d}s =$ ________.

(2) 设 L 为正向圆周 $x^2 + y^2 = 2$ 在第一象限中的部分，则曲线积分 $\int_L x\,\mathrm{d}y - 2y\,\mathrm{d}x$ 的值为________.

(3)【2011 年数一】设 L 是柱面 $x^2 + y^2 = 1$ 与平面 $z = x + y$ 的交线，从 z 轴正向往 z 轴负向看去为逆时针方向，则曲线积分 $\oint_L xz\,\mathrm{d}x + x\,\mathrm{d}y + \frac{y^2}{2}\,\mathrm{d}z =$ ________.

(4) 设曲面 Σ 是 $z = \sqrt{4 - x^2 - y^2}$ 的上侧，则 $\iint\limits_{\Sigma} xy\,\mathrm{d}y\mathrm{d}z + x\,\mathrm{d}z\mathrm{d}x + x^2\mathrm{d}x\mathrm{d}y =$ ________.

(5) 设 Ω 是由锥面 $z = \sqrt{x^2 + y^2}$ 与半球面 $z = \sqrt{R^2 - x^2 - y^2}$ 围成的空间区域，Σ 是 Ω 的整个边界的外侧，则 $\iint\limits_{\Sigma} x\,\mathrm{d}y\mathrm{d}z + y\,\mathrm{d}z\mathrm{d}x + z\,\mathrm{d}x\mathrm{d}y =$ ________.

(6) 设曲面 $\Sigma: |x| + |y| + |z| = 1$，则 $\oiint\limits_{\Sigma}(x + |y|)\mathrm{d}S =$ ________.

2. 解答题：

(1) 计算 $\iiint\limits_{\Omega}(x + y + z)\mathrm{d}x\mathrm{d}y\mathrm{d}z$，其中 Ω 由 $x^2 + y^2 \leqslant z^2, 0 \leqslant z \leqslant h$ 围成.

(2) 计算 $\iiint\limits_{\Omega}(x + z)\mathrm{d}x\mathrm{d}y\mathrm{d}z$，其中 Ω 由 $z = \sqrt{x^2 + y^2}$ 与 $z = \sqrt{1 - x^2 - y^2}$ 围成.

(3)【2014 年数一】设曲面 $\Sigma: z = x^2 + y^2(z \leqslant 1)$，取上侧，计算曲面积分

$$I = \iint_{\Sigma}(x-1)^3\mathrm{d}y\mathrm{d}z + (y-1)^3\mathrm{d}z\mathrm{d}x + (z-1)\mathrm{d}x\mathrm{d}y.$$

(4)计算 $\oiint_{\Sigma}\frac{x\,\mathrm{d}y\mathrm{d}z + z^2\mathrm{d}x\mathrm{d}y}{\sqrt{x^2+y^2+z^2}}$,其中 Σ 是球面 $x^2+y^2+z^2=R^2$ 的外侧.

(5)计算曲线积分 $\int_L \sin 2x\,\mathrm{d}x + 2(x^2-1)y\,\mathrm{d}y$,其中 L 是曲线 $y=\sin x$ 上从点$(0,0,)$ 到点$(\pi,0)$ 的一段.

(6)计算曲面积分 $I=\iint_{\Sigma}xy\,\mathrm{d}y\mathrm{d}z + 2zy\,\mathrm{d}z\mathrm{d}x + 3xy\,\mathrm{d}x\mathrm{d}y$,其中 Σ 为曲面 $z=1-x^2-\frac{y^2}{4}(0\leqslant z\leqslant 1)$ 的上侧.

(7)设在上半平面 $D=\{(x,y)\mid y>0\}$ 内,函数 $f(x,y)$ 有连续偏导数,且对任意的 $t>0$ 都有 $f(tx,ty)=t^2f(x,y)$. 证明:对 L 内的任意分段光滑的有向简单闭曲线 L,都有$\oint_L yf(x,y)\mathrm{d}x - xf(x,y)\mathrm{d}y = 0$.

(8)计算曲面积分 $I=\iint_{\Sigma}2x^3\mathrm{d}y\mathrm{d}z + 2y^3\mathrm{d}z\mathrm{d}x + 3(z^2-1)\mathrm{d}x\mathrm{d}y$,其中 Σ 是曲面 $z=1-x^2-y^2(z\geqslant 0)$ 的上侧.

(9)设函数 $f(x)$ 在 R 上具有一阶连续导数,L 是上半平面$(y>0)$内的有向分段光滑曲线,起点为(a,b),终点为(c,d). 记

$$I=\int_L \frac{1}{y}[1+y^2f(xy)]\mathrm{d}x + \frac{x}{y^2}[y^2f(xy)-1]\mathrm{d}y,$$

(a)证明:曲线积分 I 与路径 L 无关.

(b)当 $ab=cd$ 时,求 I 的值.

(10)计算曲线积分 $I=\oint_L \frac{x\,\mathrm{d}y - y\,\mathrm{d}x}{4x^2+y^2}$,其中 L 是以点$(1,0)$ 为中心,R 为半径的圆周$(R>1)$ 取逆时针方向.

3. 设函数 $f(x)$具有连续的导数,且 $f(0)=0$,试求

$$\lim_{t\to 0}\frac{1}{\pi t^4}\iiint_{x^2+y^2+z^2\leqslant t^2} f(\sqrt{x^2+y^2+z^2})\mathrm{d}v.$$

应用题

1. 设有一物体由圆锥以及这一锥体共底的半球拼成,而锥的高等于它的底半径 a,求该物体关于对称轴的转动惯量$(\mu=1)$.

2. 求密度均匀（密度常数为 K）的圆柱体对其底面中心处单位质点的引力.

3. 一力场由沿横轴正方向的常力 $\boldsymbol{F}$ 构成，试求当一质量为 m 的质点沿圆周 $x^2+y^2=R^2$ 按逆时针方向移过位于第一象限的那一段弧时场力所做的功.

4. 设在右半平面 $x>0$ 时有一力场 $\boldsymbol{F}=(yf(x),-xf(x))$，$f(x)$ 为可微函数，且 $f(1)=1$，求 $f(x)$ 使质点在此场内移动时场力所做的功与路径无关，再计算质点由 $(1,0)$ 移动到 $(2,3)$ 时场力所做的功.

5.【鹰的飞翔】一只鹰沿上升的螺旋路径 $L: x=2\ 400\cos\frac{t}{2}, y=2\ 400\sin\frac{t}{2}, z=500t$ 翱翔，其中 x,y,z 以英尺（ft）度量，t 以分钟（min）度量. 在时间区间 $0\leqslant t\leqslant 10$ 这种鹰能飞多远？

参考文献

[1] 同济大学应用数学系. 高等数学[M]. 6 版. 北京:高等教育出版社,2007.
[2] 赵家国,彭年斌,胡清林. 微积分:经管类[M]. 北京:高等教育出版社,2011.
[3] 张景中. 教育数学探索[M]. 成都:四川教育出版社,1994.
[4] 华东师范大学数学系. 数学分析[M]. 3 版. 北京:高等教育出版社,2009.
[5] 赵树嫄. 微积分:经济应用数学基础[M]. 北京:中国人民大学出版社,2006.
[6] 吴赣昌. 微积分:经管类[M]. 5 版. 北京:中国人民大学出版社,2017.
[7] 吴赣昌. 微积分:理工类[M]. 4 版. 北京:中国人民大学出版社,2011.
[8] 刘智鑫,胡清林. 微积分[M]. 成都:四川大学出版社,2008.
[9] 贾晓峰,王希云. 微积分与数学模型[M]. 2 版. 北京:高等教育出版社,2008.
[10] 姜启源. 数学模型[M]. 2 版. 北京:高等教育出版社,1993.
[11] 傅英定,谢云荪. 微积分[M]. 2 版. 北京:高等教育出版社,2009.